W0260383

Heiko Lünser

Ökobilanzen im Brückenbau

Eine umweltbezogene,

ganzheitliche Bewertung

BAU PRAXIS   Springer Basel AG

Der Autor:

Dr.-Ing. Heiko Lünser
Wirtschaftsministerium Baden-Württemberg
Referat 64 (Bautechnik, Bauökologie, bauliche Anlagen in der Kerntechnik)
Theodor-Heuss-Straße 4
70174 Stuttgart

D 93

Die Deutsche Bibliothek – CIP-Einheitsaufnahme

Lünser, Heiko:
Ökobilanzen im Brückenbau : eine umweltbezogene, ganzheitliche Bewertung / Heiko Lünser. –
Basel ; Boston ; Berlin : Birkhäuser, 1999
   ISBN 978-3-7643-5946-1   ISBN 978-3-0348-8776-2 (eBook)
   DOI 10.1007/978-3-0348-8776-2

Gedruckt auf säurefreiem Papier, hergestellt aus chlorfrei gebleichtem Zellstoff. TCF∞
Umschlaggestaltung: Karin Weisener
Umschlagfoto: Ruhrtalbrücke in Wennemen, ZÜBLIN AG Stuttgart

ISBN 978-3-7643-5946-1

9 8 7 6 5 4 3 2 1

Vorwort

Umweltbezogene Produktbewertungen, insbesondere Ökobilanzen, haben sich in den letzten Jahren als eigenständige Bewertungsinstrumente etabliert. Um Handlungsempfehlungen ableiten zu können, muß ihre allgemeine Methodik an die Erfordernisse der zu bewertenden Produkte angepaßt werden. In dem vorliegenden Buch werden die Möglichkeiten einer umweltbezogenen Bewertung von Brücken analysiert. Aus den Ergebnissen wird ein Bewertungsverfahren für den Vergleich von Entwurfsvarianten abgeleitet. Die Forschungsarbeiten, auf die dieses Buch zurückgeht, entstanden im Rahmen der *Forschergruppe Ingenieurbauten*, die von 1991 bis 1997 an der Universität Stuttgart bestand und deren Ziel es war, eine Methode für die ganzheitliche Bewertung von Ingenieurbauten am Beispiel von Brücken zu entwickeln. Daher wird hier auch der Frage nachgegangen, wie sich die Resultate umweltbezogener Bewertungen in ganzheitliche Bewertungsansätze integrieren lassen und beispielsweise bei der Bewertung von Wettbewerbsentwürfen angewendet werden können. Das Buch wendet sich somit an alle im Brückenbau tätigen Ingenieure, vor allem aber an diejenigen, die mit der Auslobung von Wettbewerben sowie mit der Ausschreibung und Vergabe entsprechender Bauleistungen zu tun haben. Obwohl die vorgeschlagene Bewertungsmethode speziell für Brücken entwickelt wurde, sind die Ergebnisse auch auf andere Ingenieurbauten übertragbar, was dieses Buch ebenso für andere Bauplaner interessant macht.

Das vorliegende Buch entspricht inhaltlich meiner Dissertation „Zur Berücksichtigung von Umweltbelastungen bei der Bewertung von Brücken", mit der ich im Juli 1997 an der Universität Stuttgart promovierte. Die Arbeit entstand während meiner Tätigkeit als wissenschaftlicher Mitarbeiter am Institut für Werkstoffe im Bauwesen.

Mein besonderer Dank gilt Herrn Prof. Dr.-Ing. H.-W. Reinhardt für die Anregungen zu dieser Arbeit, für die langjährige Betreuung und für die Übernahme des Hauptberichtes.

Herrn Prof. Dr.-Ing. Drs. h.c. J. Schlaich danke ich für das meiner Arbeit entgegengebrachte Interesse und für die Übernahme des Mitberichtes.

Allen Mitarbeitern des Institutes für Werkstoffe im Bauwesen sei Dank gesagt für die gewährte Unterstützung. Bedanken möchte ich mich auch bei allen Mitarbeitern der Forschergruppe Ingenieurbauten, deren fachliche Hinweise eine große Hilfe für mich waren. Die Diplomarbeiten von M. Schumm, J. Dietz, C. Schwarz, S. Babic und V. Würth sowie die Seminararbeit von R. Häussermann lieferten wichtige Ergebnisse für meine Arbeit. Für seine tatkräftige Hilfe bei den redaktionellen Arbeiten bin ich Herrn J. Koptik zu großem Dank verpflichtet. Herrn M. Jehlicka danke ich für wichtige Hinweise. Nicht zuletzt möchte ich meiner Frau Katrin für das entgegengebrachte Verständnis danken, ohne das diese Arbeit nicht möglich gewesen wäre.

Stuttgart im März 1998   *Heiko Lünser*

Inhalt

1 Einleitung

Der Mensch beeinflußt durch Industrie, Landwirtschaft, Verkehr und Freizeitaktivitäten die Umwelt in einem erheblichen Maß. Hatten die Auswirkungen menschlicher Tätigkeit in vergangenen Jahrzehnten eher lokalen oder regionalen Charakter, so muß heute bereits in globalen Dimensionen gedacht werden. Klimaveränderungen, Ozonloch, Arten- und Waldsterben sowie umweltbedingte Gesundheitsschäden sind Alarmsignale, die auf überschrittene Grenzen hinweisen. Bereits in den siebziger und achtziger Jahren wurde deshalb in den Industrieländern versucht, auf die Gefahren für die Umwelt zu reagieren. Die Anstrengungen zur Reduzierung von Umweltbelastungen konzentrierten sich dabei auf die Emissionen von Industrieanlagen und Kraftwerken sowie auf die Abfallbeseitigung. Eine Reihe von Gesetzen, Verordnungen und Bestimmungen regelt seither den Betrieb umweltrelevanter Anlagen oder beeinflußt deren Neubau. Für große Industrie- und Verkehrsanlagen wird bspw. durch die Richtlinie über die Umweltverträglichkeitsprüfung [UVP85] gefordert, die unmittelbaren und mittelbaren Auswirkungen des Vorhabens auf Mensch, Flora, Fauna, Luft, Wasser, Boden, Klima und Landschaft zu prüfen.

Zusätzlich zum anlagenbezogenen Umweltschutz gilt die umweltbezogene Produktbewertung als Möglichkeit, Umweltbelastungen zu reduzieren. Das ständig steigende Interesse an umweltbezogenen Produktbewertungen resultiert in erster Linie aus dem Bestreben der Käufer und Benutzer von Produkten, durch eine gezielte Entscheidung bei der Produktauswahl, zum Schutz der Umwelt beizutragen. In den letzten Jahren wurden dazu verschiedene Verfahren entwickelt (z.B.: [Rub89, Ahb90, Koc91, SET93, Mer95, Eye96]). Als umfassendste Ansätze sind Produktvergleiche auf der Basis von Energie- und Stoffflüssen anzusehen, für die in Deutschland Begriffe wie Ökobilanz, Lebenszyklusanalyse oder Ganzheitliche Bilanzierung existieren. Gegenübergestellt und bewertet werden die Umweltbelastungen, die aus der Herstellung, Nutzung und Entsorgung vergleichbarer Produkte resultieren. Während sich der anlagenbezogene Umweltschutz auf die Umgebung der Anlage konzentriert, werden bei der umweltbezogenen Produktbewertung ganze Lebenszyklen untersucht. Die räumlichen, zeitlichen und sachlichen Grenzen einer solchen Analyse sind dadurch viel weiter.

Ein wichtiges Ergebnis der umfangreichen Forschungen zu diesem Thema ist die Erkenntnis, daß die allgemeine Methodik der umweltbezogenen Produktbewertung an die Erfordernisse verschiedener Produktgruppen und Produkte anzupassen ist. Sie muß vereinfacht werden, um sie handhabbar zu machen. Aus der nahezu unüberschaubaren Anzahl von Parametern und Bewertungskriterien müssen diejenigen herausgefiltert werden, die für das betreffende Produkt oder die Produktgruppe relevant sind. Verschiedene Veröffentlichungen, vor allem [Schm95], haben deutlich gemacht, daß nur dieses Herangehen zu wirklichen Handlungsempfehlungen führen kann.

In diesem Buch werden Brücken als eigenständige Produktgruppe untersucht. Die Auswahl dieser Produktgruppe leitet sich aus dem Thema der 1991 an der Universität Stuttgart gegründeten Forschergruppe *„Ingenieurbauten – Wege zu einer ganzheitlichen Betrachtung"* (FOGIB) ab. Das Ziel der Forschergruppe bestand darin, eine Methodik zu entwickeln, welche eine möglichst umfassende, ganzheitliche Bewertung der Qualität von Ingenieurbauwerken im allgemeinen und von Brücken im speziellen ermöglicht [FOG91, FOG95, FOG97]. Von der Forschergruppe wurden Brücken als Untersuchungsgegenstand ausgewählt, weil sie klassische Ingenieurbauwerke sind und weil die Formel „Tragwerk = Bauwerk", mit der sich Ingenieurbauwerke von Hochbauten abgrenzen lassen (nach [Schl86]), für Brücken in besonderem Maße gilt. Für die Auswahl von Brücken sprachen eine Reihe weiterer Gründe, bspw. die technischen Herausforderungen, die der Brückenbau für die planenden Ingenieure darstellt, die hohen Anteile der Brücken an den Gesamtkosten eines Verkehrsweges und nicht zuletzt auch die erheblichen Wirkungen, die Brücken auf Landschafts- und Stadtbild haben können [Schl93]. Außerdem wurde auf den Trend reagiert, für Brücken Entwurfswettbewerbe auszuloben [Soh89, Jes94].

Im weiteren werden die Möglichkeiten einer umweltbezogenen Bewertung von Brücken ausgelotet und ein Bewertungsverfahren für den Vergleich von Entwurfsvarianten abgeleitet. Außerdem wird gezeigt, wie die Ergebnisse des Bewertungsverfahrens in den ganzheitlichen Ansatz der oben genannten Forschergruppe integriert werden können. Dabei geht es nicht um die Suche nach einem methoden- und personenunabhängigen Bewertungskonzept. Es gibt bereits genug Forschungsarbeiten, die gezeigt haben, daß das wegen des nicht ausräumbaren subjektiven Charakters jeder Bewertung nicht möglich ist[1]. Hier geht es vielmehr darum, Antworten auf folgende Fragen zu finden, die sich bei der Bewertung von Brücken ergeben:

- Welche Aussagen zu den von Brücken ausgehenden Umweltbelastungen sind möglich, welche Informationen liegen dazu vor und können bewertet werden?
- Durch welche Parameter werden die Umweltbelastungen hauptsächlich beeinflußt?
- Führen die im Brückenbau möglichen Entwurfs-, d.h. Produktvarianten, zu deutlichen Unterschieden hinsichtlich der Umweltbelastungen?
- Welche Bewertungskriterien sind sinnvoll?
- Wie werden diese durch die Parameter beeinflußt?
- Wie genau sind die Bewertungsergebnisse?
- Reichen vereinfachte Bewertungsansätze aus?
- Wie ergänzen sich produkt- und anlagenbezogene Bewertung?
- Wie ist der Einfluß der Umweltbelastungen auf die ganzheitliche Qualität einer Brücke zu beurteilen?

Es soll gezeigt werden, wie die von Brücken ausgehenden Umweltbelastungen im Kontext des derzeitigen Forschungsstandes bewertet werden können, und wie sich die Bewertung von Umweltbelastungen in einen ganzheitlichen Bewertungsansatz integrieren läßt.

---

[1] In [Schm95] wird der Terminus „wissenschaftliche Bewertung" z.B. als *contradictio in adjecto*, d.h. als Widerspruch in der Beifügung bezeichnet.

2 Definitionen

Im Zusammenhang mit dem Beschreiben und Bewerten von Umweltbelastungen wird in der Literatur eine Vielzahl von Begriffen benutzt und unterschiedlich interpretiert. Es ist deshalb sinnvoll, einige im weiteren häufig verwendete Termini zu definieren:

Der Begriff *Umwelt* umfaßt die Lebensräume von Menschen, Tieren und Pflanzen, andererseits aber auch die Organismen selbst. Luft, Wasser und Boden sind *Umweltmedien*. Nach [UVP90] werden Lebewesen, Umweltmedien sowie Klima und Landschaft als *Schutzgüter* bezeichnet. *Umweltbelastungen* sind durch menschliche Tätigkeit verursachte, negativ zu bewertende Einflüsse auf die Umwelt [Scha95] und alle anthropogenen Veränderungen der geogenen Stoffflüsse und Reservoire [Fri95]. Umweltbelastungen lassen sich in vier Kategorien einteilen:

– Eingriffe in den Naturhaushalt,

– Ressourcenverbrauch,

– Emissionen in Luft, Wasser und Boden,

– Abfälle.

Als *Eingriffe in den Naturhaushalt* werden hier Veränderungen der Gestalt oder der Nutzung von Grundflächen bezeichnet, durch die die Leistungsfähigkeit des Naturhaushalts und seiner Wirkungsgefüge, z.B. Lebensräume von Tieren und Pflanzen, Klima, Wasserhaushalt und Boden, beeinträchtigt wird.

Der Begriff *Ressourcen* umfaßt im weitesten Sinne alle produktions- und lebensbedeutsamen Umweltgüter für die wirtschaftliche Tätigkeit des Menschen [Les94], also die Rohstoffe sowie die Umweltmedien Luft, Wasser und Boden. Ressourcen gelten als verbraucht, wenn eine weitere Nutzung nicht mehr möglich ist. Von einem Verbrauch ist hauptsächlich bei den Rohstoffen auszugehen, die entweder durch Freisetzen der Bindungsenergie irreversibel zerstört oder vermischt, verdünnt und zerstreut werden.

Unter *Emissionen* wird der unerwünschte Ausstoß fester, flüssiger oder gasförmiger Stoffe aus Anlagen oder infolge technischer Prozesse verstanden, durch die Umweltmedien belastet werden. Schadstoffe sind Stoffe, die in der vorkommenden Konzentration schädlich für Individuen oder Ökosysteme sind. Im ökologischen Sinne sind neben den Schadstoffen auch Wärme, Lärm und Strahlen als Emissionen anzusehen [Les94].

Als *Abfälle* werden im Sinne des Kreislaufwirtschafts- und Abfallgesetzes alle beweglichen Sachen bezeichnet, derer sich der Besitzer entledigt, entledigen will oder entledigen muß.

Üblicherweise werden die Umweltbelastungen von Produkten während ihres ganzen *Lebenszyklus* betrachtet, der mit der Entnahme der Rohstoffe beginnt, Herstellung und Nutzung des Produktes einschließt und mit dessen Entsorgung endet. Lebenszyklen lassen sich in *Lebensphasen* einteilen. Darunter sind räumlich oder sachlich (nach

Nutzungs-, Verantwortungs- oder Besitzverhältnissen) abgrenzbare Zeiteinheiten zu verstehen.

Setzt man Lebensphasen und Umweltbelastungen zueinander in Beziehung, entsteht die in Bild 2-1 skizzierte Matrix, die das Grundschema einer umweltbezogenen Lebenszyklusanalyse wiedergibt.

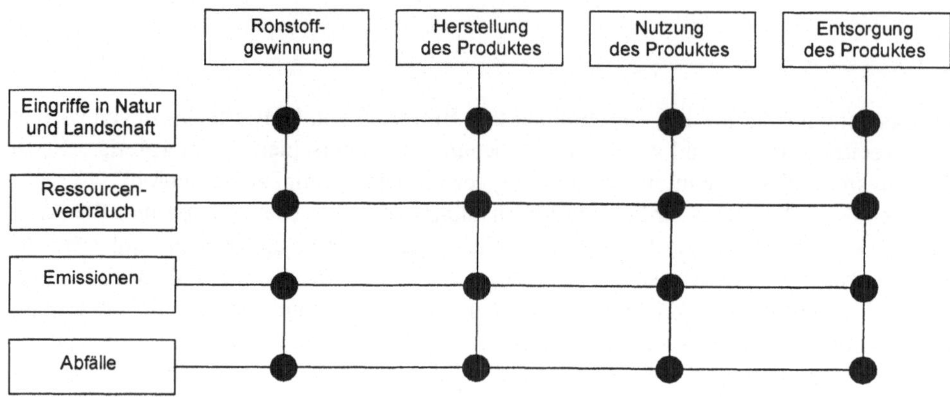

Bild 2-1: Schema einer umweltbezogenen Lebenszyklusanalyse

3 Bewertungsinstrumente

3.1 Gesetze und andere Rechtsvorschriften

3.1.1 Allgemeine Gesetze

Das Umweltrecht beinhaltet eine Vielzahl von Gesetzen und anderen Rechtsvorschriften
u.a. zum Natur- und Gewässerschutz, zur Abfallbeseitigung, zum Immissions- und
Strahlenschutz sowie zum Umgang mit Gefahrstoffen [Umw81]. Aus den Rechtsvorschriften lassen sich zunächst generelle Bewertungsziele ableiten. Als Beispiel sei
hier das Prinzip der Abfallvermeidung angeführt (Kreislaufwirtschafts- und Abfall-
gesetz). Darüber hinaus sind solche Gesetze, Verordnungen oder Richtlinien als
Bewertungshilfe geeignet, in denen Grenzwerte für tolerable Umweltbelastungen angegeben sind. Grenzwerte existieren z.B. für die Schadstoffgehalte der Abgase großer
Industrieanlagen und die Immissionen in deren Umgebung [TALu86], für Immissions-
konzentrationen [MIK86], für die Schadstoffkonzentrationen an Arbeitsplätzen [MAK]
und für den Lärmschutz [TALä].

3.1.2 Bauproduktenrichtlinie

Die Bauproduktenrichtlinie (BPR) regelt den freien Warenverkehr von Bauprodukten
innerhalb der Europäischen Gemeinschaft [BPR88, BPG92]. Als Bauprodukt werden
alle Produkte bezeichnet, die hergestellt werden, um dauerhaft in Bauwerke des Hoch-
und Tiefbaus eingebaut zu werden [Bre94]. Der direkte Anwendungsbereich der BPR
bezieht sich somit nur auf handelsfähige Gegenstände. Indirekt sind die baulichen Anlagen aber ebenfalls betroffen, da viele spezielle Anforderungen an Bauprodukte nur aus
den Anforderungen an die Bauwerke ableitbar sind.

Die BPR besteht aus mehreren Grundlagendokumenten. Grundlagendokument Nr. 3
enthält die Anforderungen hinsichtlich Hygiene, Gesundheit und Umweltschutz. Sie
betreffen die Verhältnisse im Inneren von Gebäuden, die Wasserversorgung sowie die
Entsorgung von Abwässern und festen Abfällen. Zusätzlich wird von Bauprodukten
gefordert, daß sie keine Schadstoffe freisetzen, welche die Gesundheit und Hygiene von
Bewohnern, Benutzern und Anwohnern beeinträchtigen. Außerdem sollen Auswirkungen auf die unmittelbare Umwelt durch Luft-, Boden- und Wasserverschmutzung vermieden werden. Durch diese Forderung sind insbesondere die Baustoffe betroffen, die
im unmittelbaren Kontakt mit der Umwelt stehen, also die Baustoffe für Gründungen,
Kellerfußböden, Außenwände und Dächer.

Die Forderungen der BPR beziehen sich durch ihren Gültigkeitsbereich ausschließlich auf die Nutzungsphase der Bauprodukte. Es wird jedoch angeregt, auch andere
Lebensphasen zu berücksichtigen.

Mit Formulierungen, wie „keine Schadstoffe freisetzen" und „Auswirkungen vermeiden" sind in der BPR nur grobe Bewertungsmaßstäbe vorgegeben. Der Anspruch der BPR geht darüber auch nicht hinaus. Für die Umsetzung der Anforderungen, bspw. in Grenzwerte, wird vielmehr auf sogenannte *Technische Spezifikationen* verwiesen. Darunter sind harmonisierte europäische Normen und technische Zulassungen sowie auf Gemeinschaftsebene anerkannte, nicht harmonisierte Normen und Zulassungen zu verstehen. Bezüglich der Anforderungen an die äußere Umwelt liegen Technische Spezifikationen für Baustoffe derzeit noch nicht vor. Es ist jedoch davon auszugehen, daß die BPR und die von ihr beeinflußten Technischen Spezifikationen in den nächsten Jahren eine große Rolle bei der Auswahl von Bauprodukten, insbesondere von Baustoffen spielen werden. Weiterhin ist anzunehmen, daß sich die Technischen Spezifikationen stark an den Grenzwerten der bereits vorhandenen und oben genannten Regelwerke orientieren werden.

3.1.3 Richtlinie über die Umweltverträglichkeitsprüfung

Nach der Richtlinie über die Umweltverträglichkeitsprüfung [UVP85] sind für größere Bauobjekte Umweltverträglichkeitsprüfungen (UVP) durchzuführen. Eine UVP ist „ein unselbständiger Teil verwaltungsbehördlicher Verfahren, die der Zulässigkeit von Vorhaben dienen". Sie hat die Prüfung und Bewertung der unmittelbaren und mittelbaren Auswirkungen eines Projektes auf Mensch, Flora und Fauna, Luft, Wasser und Boden, Klima und Landschaft sowie Kultur- und sonstiger Sachgüter zum Inhalt. Gefordert werden UVP u.a. für den Neu- und Ausbau von Straßen-, Schienen und Wasserverkehrswegen. Brücken als integrale Bestandteile von Verkehrswegen sind somit indirekt betroffen. Sachlicher Bestandteil der UVP sind Umweltverträglichkeitsstudien (UVS), die sich in den letzten Jahren als eigenständiges Bewertungsinstrument etabliert haben. Im folgenden Kapitel wird deren Methodik erläutert.

3.2 Umweltverträglichkeitsstudien

Im Verkehrswegebau sind Umweltverträglichkeitsstudien wichtige Instrumente zum Finden von Trassen. Sie laufen nach dem im Bild 3.2-1 dargestellten Schema ab. Als erstes wird der Untersuchungsraum abgegrenzt (Schritt 1). Innerhalb des Untersuchungsraumes werden alle Schutzgüter sowie die vorhandenen und geplanten Flächennutzungen erfaßt (Schritt 2). Als Grundlage dienen z.B. Landschaftsrahmen-, Flächennutzungs- und Regionalpläne, Biotop- und Waldfunktionenkartierungen, Wasserwirtschaftliche Rahmenpläne sowie Bodenkarten der geologischen Landesämter. Die Bedeutung und Empfindlichkeit der Schutzgüter und Flächen wird in der Regel anhand einer mehrstufigen Skala gemessen. Üblich sind drei oder vier Kategorien (z.B. [Ull95]: mittel, hoch, sehr hoch). Alle Flächenfunktionen werden anschließend überlagert, um Flächen mit hohem und Flächen mit geringem Konfliktpotential voneinander abgrenzen zu können (Schritt 3). Die Schritte 1 bis 3 können unter dem Begriff Raumempfindlichkeitsanalyse zusammengefaßt werden [Ull95]. Die Planung von Trassenvarianten innerhalb der konfliktarmen Korridore (Schritt 4) geschieht dann in Kenntnis der betroffenen Schutzgüter. Liegen mehrere Varianten vor, werden deren bau-, anlagen- und betriebsbedingten Umweltbelastungen sowie mögliche Auswirkungen auf die Schutzgüter abgeschätzt und aus dem Vergleich die konfliktärmste Variante abgeleitet (Schritt 5). Gegenüber der Raumempfindlichkeitsanalyse beinhaltet der Variantenvergleich größere methodische Probleme, da einerseits Wirkungen vorhergesagt werden müssen, andererseits verschiedene Schutzgüter gegeneinander aufzuwiegen sind.

Wie komplex die Wirkungszusammenhänge sein können, zeigt beispielhaft Bild 3.2-2. Durch die dargestellte Vernetzung einzelner Schutzgüter innerhalb von Ökosystemen ist die Vorhersage von Wirkungen nur eingeschränkt möglich. Deshalb werden in UVS in der Regel quantifizierbare Umweltbelastungen bewertet, z.B. Flächeninanspruchnahme, Trassenlängen, Lärmpegel und Schadstoffmengen [Kau89, Koc90]. Die betroffenen Schutzgüter werden u.a. durch das Unterscheiden von Flächen verschiedener ökologischer Bedeutung berücksichtigt.

Um eine aggregierte Aussage bei einem Variantenvergleich zu erhalten, werden in UVS drei Verfahren angewendet: Die Nutzwertanalyse ist aus der Bewertungstheorie bekannt [Kru72, Bec78], wird bei UVS aber nur selten benutzt (z.B.: [Arn77]). Verbreiteter ist die ökologische Risikoanalyse, bei der die Intensität einer Umweltbelastung und die Bedeutung der betroffenen Schutzgüter kategorisiert und daraus das ökologische Risiko der Belastung abgeleitet wird (Bild 3.2-3). Die abschließende Gegenüberstellung verschiedener Risiken erfolgt verbal-argumentativ. Beim dritten Verfahren wird auf die Kategorisierung verzichtet und nur verbal-argumentativ bewertet.

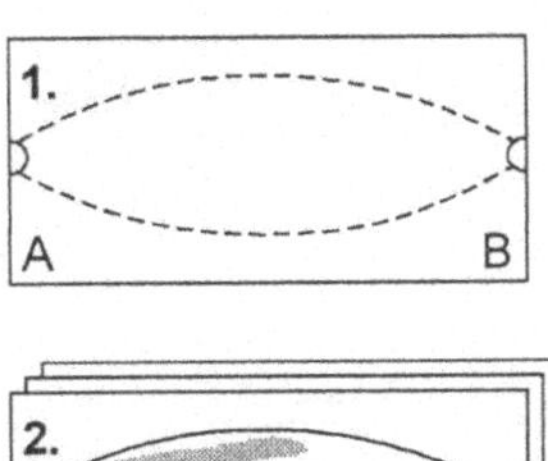
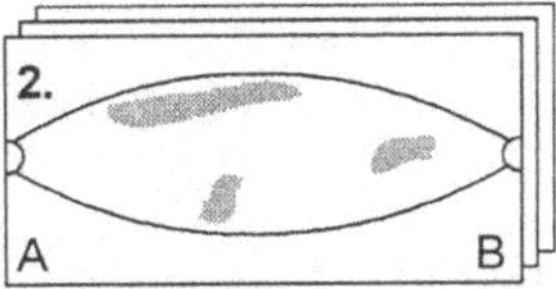
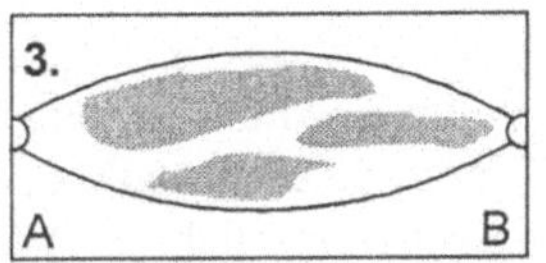
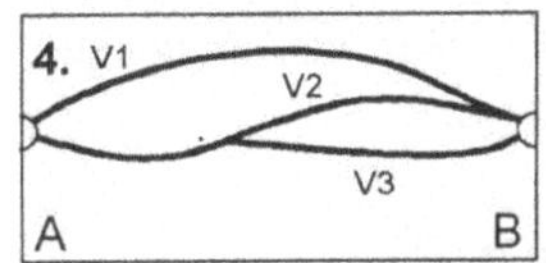
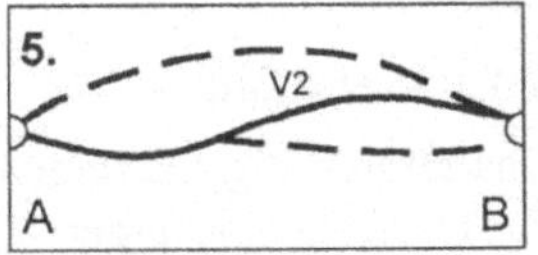

Bild 3.2-1:
UVS für eine Straße [Spo88]

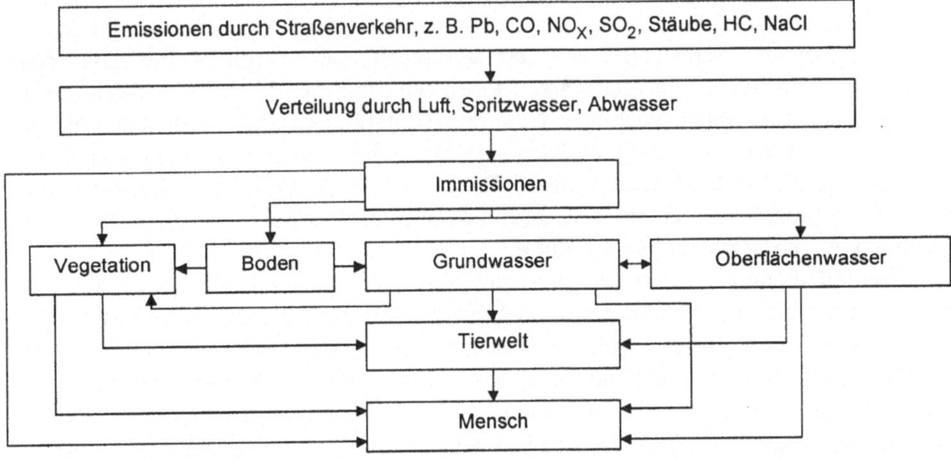

Bild 3.2-2: Schema zur Ausbreitung von Emissionen des Straßenverkehrs (nach [Fro91])

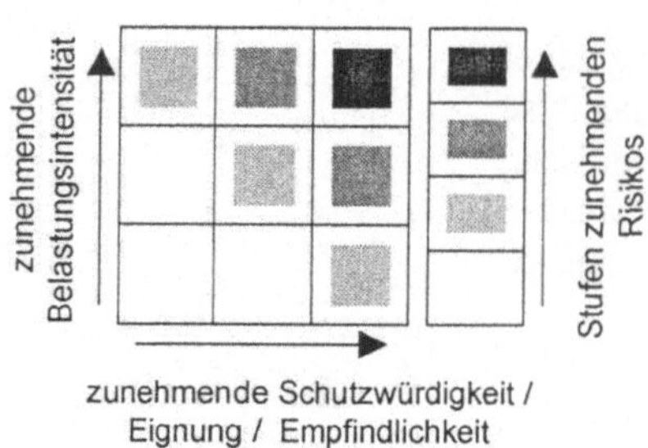

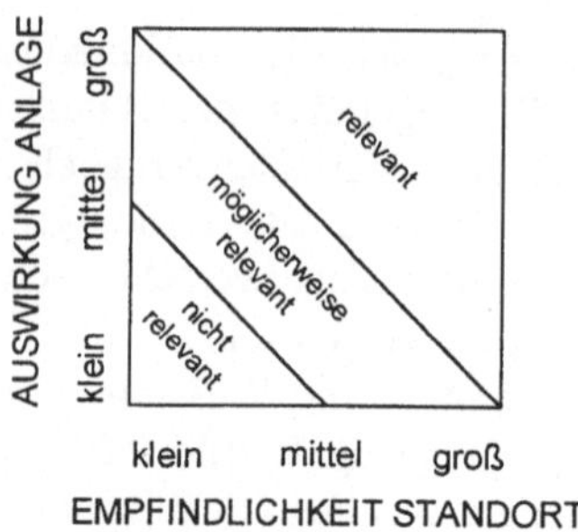

Bild 3.2-3: Ermittlung des ökologischen Risikos nach [Fro91] und [UVP92]

Im Regelfall ist keine der untersuchten Varianten konfliktfrei oder konfliktarm. Die Vorzugsvariante stellt also nicht immer eine umweltverträgliche Trasse, sondern nur die umweltverträglichste Trasse der untersuchten Varianten dar. Findet sich keine andere Alternative und kann auf das Projekt nicht verzichtet werden, sind die Eingriffe an anderer Stelle auszugleichen.

3.3 Ökobilanzen

3.3.1 Sachstand

Das Bewertungsinstrument Ökobilanz ist aus dem Bestreben heraus entwickelt worden, die Umweltbelastungen von Produkten über ihren ganzen Lebenszyklus, d.h. möglichst vollständig zu erfassen und Produktvarianten diesbezüglich vergleichen zu können. Neben dem Begriff Ökobilanz, der sich im deutschen Sprachraum durchgesetzt hat, existieren für dieses Konzept eine Reihe weiterer Bezeichnungen, z.B. Energie- und Stoffbilanz und Lebenszyklusanalyse (englische Bezeichnung: Life-Cycle Analysis).

Ökobilanzen sind relativ neue Bewertungsinstrumente. Ihre Vorläufer sind in den Energiebilanzen zu suchen, deren wissenschaftliche Grundlagen in den siebziger Jahren entwickelt wurden [Sch77, Bou79]. Der Verbrauch von Energie wurde unter dem Aspekt der Knappheit energetischer Ressourcen und als Ursache weitreichender Umweltschäden zu einem wichtigen Bewertungskriterium bei der Produktauswahl erklärt. Energiebilanzen von Bauprodukten wurden u.a. für Baustoffe, Bauteile und Hallen aufgestellt [BBT81, Dri81, Dri83, Mar86, Poh86, Rah91, And95]. In der Regel sind nur Herstellungsprozesse betrachtet worden, es gibt aber auch Beispiele für die energetische Analyse von Lebenszyklen [Bai82, Koh91].

Ebenfalls Ende der siebziger Jahre wurde von *Müller-Wenk* [Mül78] eine Methode zur Kontrolle der von Unternehmen ausgehenden Umweltbelastungen vorgeschlagen, die der Autor ökologische Buchhaltung nannte. Die daraus abgeleiteten betriebs- oder unternehmensbezogenen Ökobilanzen dienen vorrangig der innerbetrieblichen Schwachstellenanalyse, der Kontrolle der Einhaltung von Grenzwerten und zur Risikoabschätzung (Ökocontrolling). Sie sind von den, auf Variantenvergleiche ausgerichteten, produktbezogenen Ökobilanzen abzugrenzen.

Das Konzept der produktbezogenen Ökobilanz wurde in den letzten Jahren ständig weiterentwickelt, angewendet und öffentlichkeitswirksam diskutiert. Wegweisende Arbeiten zur Methodik waren z.B. [Ahb90, Hei92, SET92, UBA92, SET93]. Mit den speziellen methodischen Problemen von Energie- und Stoffbilanzen im Hochbau beschäftigten sich u.a. *Lützkendorf* und *Kohler* [Lüt92, Koh94].

Die umfangreichen Diskussionen zur Methodik produktbezogener Ökobilanzen haben zu Übereinkünften in wichtigen Fragen geführt, die u.a. in [DIN94] dokumentiert sind und im folgenden erläutert werden. Inzwischen wird auch versucht, die methodischen Grundlagen zu normen [NAG95, DIN33926] oder Empfehlungen für bestimmte Anwender festzuschreiben [Bru96, Lei96].

Ökobilanzen sind Hilfsmittel zum Erfassen und Bewerten der von Produkten ausgehenden Umweltbelastungen. Zu betrachten ist der gesamte Lebenszyklus der Produkte, einschließlich der Prozesse der Energiebereitstellung und notwendiger Transporte. Produktbezogene Ökobilanzen dienen der Schwachstellenanalyse, d.h. zum deutlich machen wesentlicher Umweltbelastungen und zum Vergleich von Varianten. Grundlage eines Variantenvergleichs ist ein definierter Gebrauchswert der betrachteten Produkte, welcher als *Funktionale Einheit* bezeichnet wird. Eine Ökobilanz beinhaltet vier aufeinanderfolgende, methodisch voneinander abgrenzbare Schritte:

– Zieldefinition und Abgrenzung des Bilanzraumes
Neben den Zielen der Bilanz, also dem Erkenntnisinteresse, ist in diesem Schritt festzulegen, welche Lebensphasen, Prozesse sowie Umweltbelastungen untersucht werden. Damit werden die sachlichen, zeitlichen und räumlichen *Systemgrenzen* der Ökobilanz gezogen.

– Sachbilanz
Inhalt der Sachbilanz ist das lebensphasenweise Erfassen aller von den untersuchten Produkten ausgehenden Umweltbelastungen. Eine Sachbilanz enthält hauptsächlich quantifizierte Daten, sie kann aber auch qualitativ formulierte Aussagen zu Umweltbelastungen einschließen. Als Methode zur Datenerfassung hat sich die Prozeßkettenanalyse durchgesetzt. Hierbei werden Abschnitte des Produktlebenszyklus, z.B. die Herstellung des Produktes, in technologisch abgrenzbare Prozeßschritte zerlegt, welche einzeln untersucht werden.

– Wirkungsbilanz
Auf Grundlage der bilanzierten Umweltbelastungen werden mögliche Wirkungen abgeschätzt. Dazu werden zunächst Umweltbelastungen mit gleichen Wirkungen sogenannten Wirkungskategorien zugeordnet. Mit Hilfe von Wirkungs- oder Äquivalenzfaktoren, die innerhalb einer Wirkungskategorie die Wirkungspotentiale einzelner Umweltbelastungen anhand einer Referenzsubstanz gewichten, läßt sich ein Gesamtwirkungspotential für die jeweilige Kategorie berechnen.

– Bilanzbewertung
Im letzten Schritt erfolgt die Bewertung der vorangegangenen Bilanzen mit dem Ziel, zu einer abschließenden Aussage für den Variantenvergleich zu kommen. Die Bilanzbewertung wird mitunter durch Sensitivitäts- und Verbesserungsanalysen erweitert.

Da die bisher durchgeführten Ökobilanzen den subjektiven Charakter dieses Bewertungsinstrumentes deutlich gemacht haben, wird in [DIN33926] gefordert, Ökobilanzen durch externe *Kritische Stellungnahmen* zu ergänzen. Unabhängige Experten sollen überprüfen, ob beim Erstellen einer Ökobilanz die anerkannten methodischen

Regeln eingehalten wurden. Generell wird für Ökobilanzen die Nachvollziehbarkeit der getroffenen Annahmen und der bilanzierten Daten verlangt (Prinzip der transparenten Ökobilanz).

Nimmt man die Anzahl der mittlerweile veröffentlichten Ökobilanzen als Maßstab für die Akzeptanz dieses Bewertungsinstrumentes, könnte man konstatieren, daß sich Ökobilanzen bereits allgemein etabliert haben. Einer der ersten umfassenden Vergleiche von Alternativen beschäftigte sich mit Getränkeverpackungen [Hab91]. *Stölting* und *Rubik* [Stö92] stellten 1992 bereits 30 produktbezogene Sach- und Ökobilanzen (Bezeichnung der Autoren: ökologische Produktbilanzen) vorwiegend aus dem deutschsprachigem Raum zusammen. Inzwischen ist die Anzahl der veröffentlichten Ökobilanzen kaum noch zu übersehen. Es gibt wohl keine Produktgruppe mehr, für die nicht an Ökobilanzen gearbeitet wird oder für die nicht bereits eine Ökobilanz existiert (z.B. Papier [Tie93], Waschmittel [Klü93], Automobile [UPI93], Farben [Sut92, Sut95]). Vergleichende Ökobilanzen im Baubereich liegen für Abwasserrohre [Dri94], Freileitungsmasten [Kün95, Mer95], Fenster [Ric96] und für Brücken [Kre87, Fra92] vor. Trotz der Vielzahl von Anwendungen ist die Akzeptanz der Bewertungsergebnisse von Produktvergleichen auf der Basis von Ökobilanzen nur gering, was vorwiegend auf die methodischen Probleme dieses Bewertungsinstrumentes zurückzuführen ist.

3.3.2 Methodische Probleme

Die Unmöglichkeit einer alles umfassenden Ökobilanz wird allgemein akzeptiert und erfordert das Festlegen von sachlichen, räumlichen und zeitlichen Systemgrenzen. Diese sind von großem Einfluß auf das Bilanzergebnis, weshalb sie nicht willkürlich gezogen werden können. In [NAG95] wird bspw. gefordert, die Systemgrenzen so festzulegen, daß „die Inputs und Outputs an den Systemgrenzen Hauptstoffflüsse sind". Interpretationsmöglichkeiten liegen hier in dem Begriff Hauptstoffflüsse.

Eine Reihe von Parametern, z.B. Energieträgerstruktur, Transportentfernungen, Lebensdauer und Entsorgungsverfahren lassen sich nur schätzen. Der Einfluß entsprechender Annahmen auf das Bewertungsergebnis muß anhand von Sensitivitätsanalysen bestimmt werden.

Das größte Problem bei Sachbilanzen ist die derzeit noch unzureichende Datenbasis. Viele Prozesse sind noch nicht ausreichend genau bilanziert. Dazu kommt die Zurückhaltung der Industrie, entsprechende Daten zu veröffentlichen, was sich einerseits mit dem sicher berechtigten Interesse der Unternehmen begründen läßt, interne Prozeßdaten geheimzuhalten. Andererseits spielen aber auch Befürchtungen eine Rolle, daß vergleichende Bewertungen zu Wettbewerbsnachteilen führen könnten. Das Erfassen von Daten ohne Industriebeteiligung erfolgt daher in der Regel umständlich und mühsam über Literaturrecherchen. Häufig werden dann Daten benutzt, die den tatsächlichen Verhältnissen nur ungenügend entsprechen und deren Herkunft, Qualität und Alter mit anderen verwendeten Werten nicht vergleichbar sind. Unzulängliche Daten und fehlende Vergleichswerte führen zu Problemen mit der Akzeptanz der berechneten Ergebnisse. Abhilfe wird hier von Standarddatensätzen erwartet, in denen häufig benötigte Daten transparent aufbereitet sind. Für die Bearbeiter von Ökobilanzen reduziert sich dadurch der Arbeitsaufwand erheblich. Des weiteren kann durch das Bilden von Mittelwerten aus den Daten einzelner Produzenten die Geheimhaltung interner Daten gewahrt bleiben. Ein weiterer Vorteil ist, daß alle Daten nach einheitlichen Regeln bilanziert werden. Solche Datensätze gibt es für Prozesse der Energiebereitstellung [Frit95, Fri95], für

Transporte [Mai95] und eingeschränkt auch für Baustoffe [Wei95] sowie für Hochbau-
konstruktionen [Ste95]. An weiteren Datensätzen für Baustoffe wird gearbeitet [Gabi].
Gleichzeitig steigt die Bereitschaft der Industrie, Daten zu den Umweltbelastungen ihrer
Produkte zu veröffentlichen. Für folgende Baustoffe liegen von den jeweiligen Herstellern stammende Sachbilanzen vor: Holzprodukte [Bun90], Zellulosedämmstoff [Iso91],
Porenbeton [Ank93], EPS-Dämmstoff [EPS93], Kunststoffe [Bou94], Kalksandstein
[Ede95], Stahl [Phi94], Kalk [Scho95] und Kupfer [Bru95]. Im Rahmen der Ökoaudit-
verordnung [Öko93] ist eine zunehmende Transparenz zu erwarten. Noch überwiegt
aber der Anspruch der Industrie auf Geheimhaltung interner Daten. In [Schm95] wurden
aus diesem Grund nur aggregierte Daten ohne Quellenangabe aufgelistet.

Die für Ökobilanzen geforderte Transparenz benötigt umfangreiche Herleitungen,
die mitunter überschaubare Dimensionen weit überschreiten. Außerdem sind Daten-
mengen wie sie z.B. in [Fri95] bilanziert wurden (rund 700 verschiedene Umweltbelastungen je Prozeß oder Produkt, hauptsächlich Emissionen) ohne elektronische
Hilfsmittel nicht mehr zu bewältigen. Es existieren daher auch Computerprogramme zu
Ökobilanzen [Frit95, EDV95, Schm96, Eye96]. Sie sind bisher für Bauprodukte aber
nur eingeschränkt anwendbar, da die entsprechende Datenbasis noch unzureichend ist.

Innerhalb von Wirkungsbilanzen wird in der Regel auf die Kategorien und Faktoren
von [Hei92] zurückgegriffen. Akzeptanzprobleme gibt es dabei mit den Wirkungsfaktoren und dem generellen Bewertungskonzept von toxischen Emissionen [Schm95].

Der abschließende Schritt einer Ökobilanz, die Bilanzbewertung, ist der umstritten-
ste Abschnitt, da hier der Anteil subjektiver Annahmen zwangsläufig am größten ist.
Das Ableiten einer Entscheidung, bspw. einer Rangfolge von Varianten, verlangt die
Gewichtung einzelner Teilbewertungsergebnisse, z.B. von Daten aus der Sach- oder
Ergebnissen der Wirkungsbilanz. Spätestens an dieser Stelle sind die sprichwörtlichen
Äpfel und Birnen zu vergleichen. Hierfür kann es kein objektives Verfahren geben.
Dennoch existieren einige Vorschläge für die Aggregation von Sach- oder Wirkungs-
bilanzergebnissen: Allgemeiner Natur, da auch von anderen Anwendungen bekannt, sind
die bereits bei der UVS erwähnte Nutzwertanalyse [Kru72, Bec78] und der Analytisch-
Hierarchische Prozeß [Saa80]. Direkt auf die Aggregation von Umweltbelastungen zu-
geschnitten sind dagegen die Ökopunktmethode [Ahb90] und die Monetarisierung (z.B.
[Frit95]). Bei diesen Methoden werden die Umweltbelastungen wie bei der Wirkungsbilanz mit Faktoren multipliziert und die Produkte summiert. Im Gegensatz zur
Wirkungsbilanz werden aber keine Wirkungskategorien unterschieden. Die Faktoren
werden bei der Ökopunktmethode aus kritischen Stoffflüssen, bei der Monetarisierung
aus Schadens- oder Vermeidungskosten abgeleitet. Ausnahmslos akzeptiert wird in der
Fachwelt keines der genannten Bilanzbewertungsverfahren [Hof91]. Zur Zeit werden
verbal-argumentative Methoden favorisiert, die ohne Vollaggregation zu einem transparenten Urteil finden [Schm95] oder nur Teile des Lebenszyklus quantitativ bewerten
[Ste95].

Erkennbar ist auch eine Tendenz, Variantenvergleiche wegen der damit verbundenen methodischen Probleme generell in Frage zu stellen [NAG95]. Auch die Gefahr, mit
Aussagen für oder gegen ein Produkt in juristische Verfahren verwickelt zu werden,
wird gegen Vergleiche vorgebracht. Tatsache ist, daß die Ergebnisse von Ökobilanzen
manipulierbar sind und von Lobbyisten mißbräuchlich ausgelegt werden können. Verhindern läßt sich so etwas nur, wenn für alle Schritte eine größtmögliche Transparenz
des Vorgehens gefordert wird.

3.3.3 Besonderheiten von Ökobilanzen im Baubereich

Für Baustoffe, Bauteile und Bauwerke können Ökobilanzen ebenso erstellt werden wie für alle anderen Produkte. Der Bausektor weist aber einige Besonderheiten auf (z.T. aus [Lüt92]):

- Der Anspruch, den gesamten Lebenszyklus exakt zu erfassen, ist für die meist sehr langlebigen Bauwerke nur schwer zu realisieren. Probleme bereiten vor allem die Lebensphasen Nutzung, Abbruch und Entsorgung, da Lebensdauer, Nutzerverhalten, Instandhaltungsintervalle, Abbruchtechnologie und Möglichkeiten zur Verwendung und Verwertung nur abzuschätzen sind. Im Gegensatz zu Ökobilanzen von kurzlebigen Produkten, deren Lebenszyklus relativ gut quantifiziert werden kann, sind für Bauwerke oft nur Ausschnitte des Lebenszyklus quantitativ erfaßbar. In dem Bewertungsvorschlag für Hochbauten nach [Ste95] werden deshalb, ausgehend von den verwendeten Baustoffen, die Lebensphasen Rohstoffaufbereitung und Baustoffherstellung als „Index" quantifiziert (Primärenergie, Emissionen) und die übrigen Lebensphasen als „Profil" nur qualitativ beschrieben (Bild 3.3-1).

- Bauwerke bestehen aus einer Vielzahl von Baustoffen. Des weiteren sind Bau, Instandhaltung, Abbruch und Entsorgung mit verschiedenartigsten Prozessen verbunden, so daß das Erfassen von Umweltbelastungen umfangreiche Analysen erforderlich macht.

- Zur Realisierung gleicher Funktionen stehen häufig mehrere Material- und Technologievarianten zur Auswahl. Vor allem letztere sind stark vom Stand der Technik und von der ausführenden Baufirma abhängig und deshalb in der Entwurfsphase kaum vorhersehbar. Außerdem sind die Umweltbelastungen der Bauprozesse an schwer kalkulierbare Randbedingungen wie Winterbau, Nachtarbeit und Sorgfalt der Bauausführenden gebunden.

- Vergleichende Betrachtungen mit bereits ausgeführten Bauten sind nur begrenzt möglich, da es sich bei Bauwerken meist um Unikate handelt.

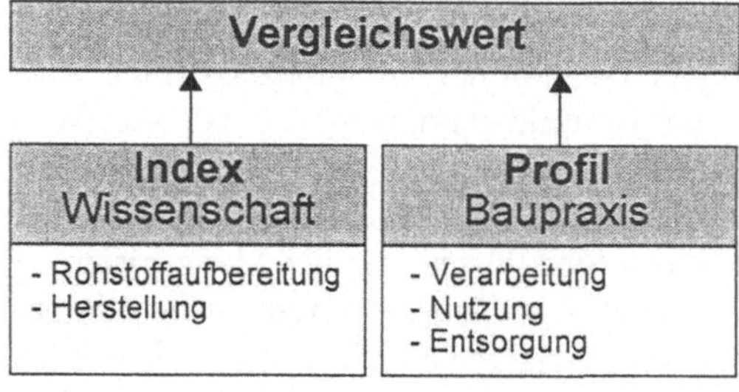

Bild 3.3-1: Bewertung nach [Ste95]

Ökobilanzen für Bauwerke erfordern also ein spezielles Herangehen, z.B. das Arbeiten mit Szenarien. Aufgrund der Vielzahl zu treffender Annahmen sind die oben erwähnten Sensitivitätsanalysen unerläßlich. Der lange Betrachtungszeitraum bedingt aber immer, daß Lebenszyklusanalysen von Bauwerken einen stark prognostischen Charakter haben und die Aussagen daher mit erheblichen Unsicherheiten verbunden sind.

3.4 Ganzheitliche Bewertungsmethoden

Für die Integration der Bewertung von Umweltbelastungen in ganzheitliche Bewertungsverfahren existieren mehrere Vorschläge:

- Bei der *Standardisierten Bewertung von Verkehrsweginvestitionen des öffentlichen Personennahverkehrs* [Mei85, Heim89] werden bestimmte Umweltbelastungen (Schadstoffe, Primärenergie- und Flächenverbrauch, Lärm) gleichwertig mit anderen Kriterien (z.B. Betriebskosten, Reisezeiten, Unfallschäden) beurteilt. Alle quantifizierbaren Kriterien werden in sogenannten *originären Meßgrößen*, nicht quantifizierbare Kriterien verbal erfaßt. Die Bewertung erfolgt mit Hilfe einer Wertrelationsmatrix und orientiert sich am Konzept der Nutzwertanalyse. Im Sinne einer Ökobilanz werden bei der *Standardisierten Bewertung* Sachbilanzdaten verglichen.

- Ganzheitliche Bewertungsansätze, die das methodische Konzept von Ökobilanzen erweitern, sind die *Produktlinienanalyse* [Rub89, Gri91] und die *Ganzheitliche Bilanzierung* [Eye96]. Bei der *Produktlinienanalyse* werden neben ökologischen Aspekten auch ökonomische, soziale und nutzenbezogene Kriterien untersucht. Eine Aggregation der dabei bilanzierten Daten wird von den Autoren dieser Methode abgelehnt. Die *Ganzheitliche Bilanzierung* schließt technische, wirtschaftliche und umweltliche Aspekte als gleichwertige Kriterien ein. Hier wird ebenfalls das Konzept der Nutzwertanalyse zur Aggregation von Teilbewertungsergebnissen benutzt.

Die drei Beispiele zeigen, daß sich die Bewertung von Umweltbelastungen in ganzheitliche Bewertungskonzepte integrieren läßt. Als Voraussetzung dafür müssen die umweltbezogenen Bewertungsergebnisse so aufgearbeitet sein, daß sie mit anderen Kriterien verglichen werden können. Als praktikable Aggregationsmethode kann aus den Beispielen die Nutzwertanalyse abgeleitet werden. Alternativ dazu wird in [SET93] und von *Rudolph* [Rud94] das AHP-Verfahren nach [Saa80] vorgeschlagen.

4 Bewertungsgrundlagen

4.1 Funktionale Einheit

Als funktionale Einheit wird bei Produktbewertungen ein definierter Gebrauchswert der zu vergleichenden Produkte bezeichnet. Der Gebrauchswert von Brücken ist gleich, wenn sie:

– zwei bestimmte Punkte miteinander verbinden,

– die gleiche Funktion haben (z.B. Eisenbahn-, Straßen- oder Fußgängerbrücke),

– der gleichen Brückenklasse angehören, womit die Tragfähigkeit definiert ist,

– die gleiche Leistungsfähigkeit in Bezug auf den Verkehr besitzen (Anzahl und Breite der Fahrstreifen, Anzahl der Gleise usw.),

– alle Forderungen erfüllen, die sich aus technischen Vorschriften ergeben.

Im Normalfall wird die funktionale Einheit bei gleich langen Brücken durch die Widerlager begrenzt (Bild 4.1-1a) und umfaßt das komplette Bauwerk, also Gründungen, Unter- und Überbauten. Denkbar ist aber auch der in Bild 4.1-1b dargestellte Fall, bei dem sich eine lange Brücke und ein Damm mit einer kurzen Brücke gegenüberstehen. In diesem Fall ist ein Teil des Verkehrsweges als funktionale Einheit zu wählen. Eine weitere funktionale Einheit ergibt sich bei Vergleichen von Entwürfen mit bereits gebauten Brücken. Hier lassen sich in der Regel nur die Überbauten gegenüberstellen. Unterbauten und Gründungen sind dagegen stark von Baugrund und Topographie abhängig, so daß diesbezüglich eine Vergleichbarkeit meist nicht mehr gegeben ist. Als funktionale Einheit kann dann ein m^2 Überbaufläche angesetzt werden (Bild 4.1-1c). Als Vergleichsbasis sind hinsichtlich Konstruktionsart, Stützweite und Feldanzahl ähnliche Brücken heranzuziehen.

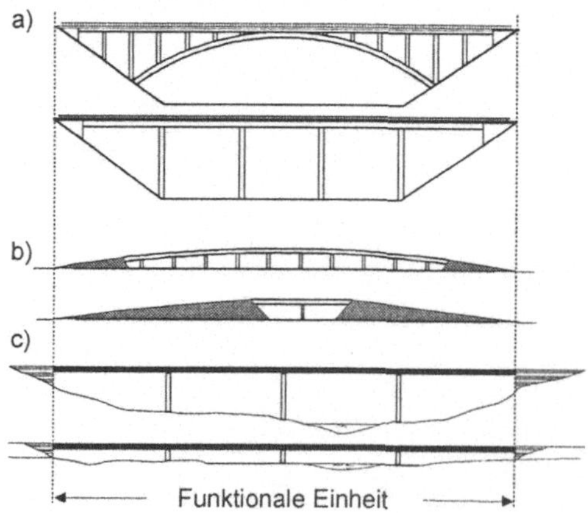

Bild 4.1-1: Funktionale Einheiten

4.2 Systematik der Umweltbelastungen

Brücken sind Bestandteile von Verkehrswegen. Von ihnen gehen also ähnliche Umwelt-belastungen aus, wie sie für Bau und Betrieb von Verkehrswegen charakteristisch sind. Bild 4.2-1 zeigt beispielhaft typische Umweltbelastungen einer Straße und die resul-tierenden Wirkungen im Umfeld des Verkehrsweges[1].

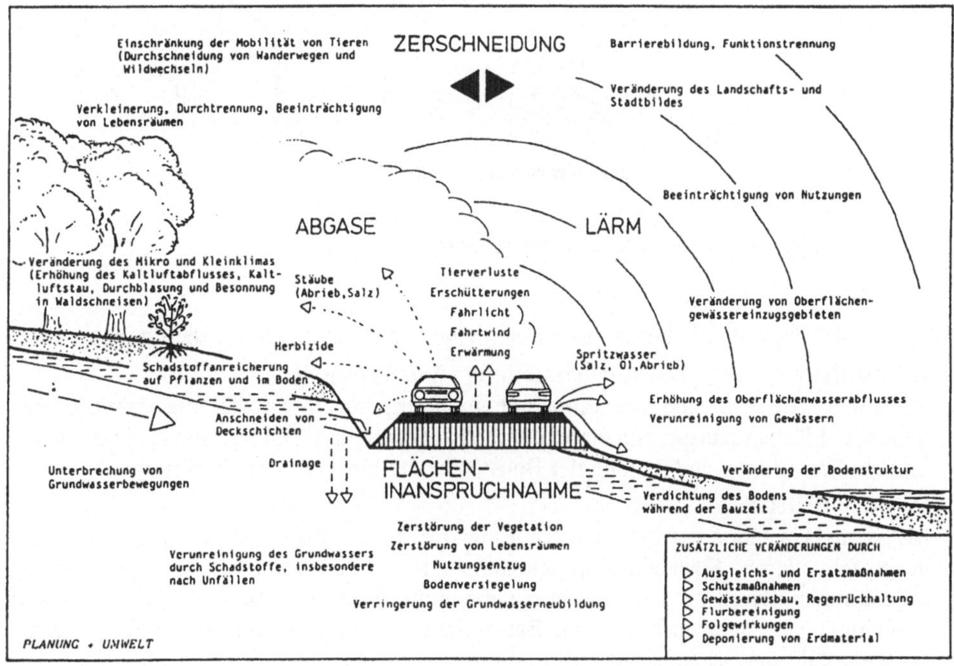

Bild 4.2-1: Umweltbelastungen infolge einer Straße [Koc90]

Die Einflüsse einer Brücke auf die Umwelt reduzieren sich aber nicht nur auf Bau und Betrieb und gehen auch über das Umfeld hinaus. Bild 4.2-2 zeigt schematisch den Lebenszyklus einer Brücke. Als abgrenzbare Lebensphasen können Baustoffherstellung (incl. Rohstoffgewinnung und Vorfertigung), Bau, Nutzung, Abbruch und das Entsorgen der Abbruchmassen unterschieden werden. Die zeitlich dominante Lebensphase ist die Nutzungsphase, die für Brücken mit mindestens 80 Jahren anzusetzen ist [Abl80]. Das Umfeld der Brücke wird während des Baus, der Nutzung und des Abbruchs beeinflußt.

---

[1] Der Begriff Umfeld läßt sich nicht exakt fassen. Üblicherweise wird damit der Bereich der Umgebung eines Verkehrsweges bezeichnet, in dem Wirkungen infolge Bau und Betrieb auftreten. Die Reichweite von Umweltbelastungen ist aber sehr unterschiedlich. Sie kann zwischen wenigen Metern (z.B. Änderung des Mikroklimas) und mehreren hundert Metern liegen (z.B. Lärm, Zerschneidung von Lebensräumen) [Rec93]. Da die Reichweite auch von den örtlichen Verhältnissen abhängig ist, muß das Umfeld jeweils konkret definiert werden.

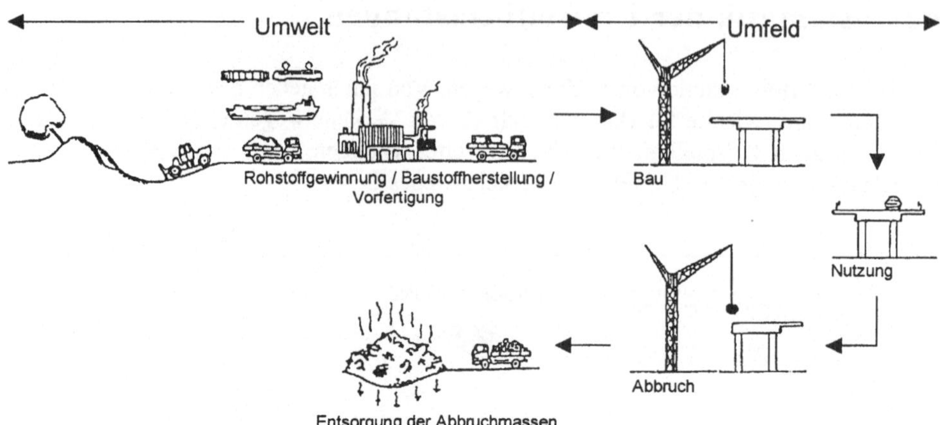

Bild 4.2-2: Lebenszyklus einer Brücke (nach [Gro90])

Während der einzelnen Lebensphasen treten eine Vielzahl von Umweltbelastungen auf:

- **Rohstoffgewinnung / Baustoffherstellung / Vorfertigung**
  Umweltbelastungen sind die Entnahme mineralischer Rohstoffe, die damit einher gehende Flächeninanspruchnahme durch Tagebaue und Halden sowie Energieverbrauch, Emissionen und Abfälle der Baustoffherstellung und der Vorfertigung.

- **Bau der Brücke**
  Mit dem Bau beginnen die direkten Eingriffe in den Naturhaushalt des Umfeldes, verursacht durch Flächeninanspruchnahme, Bodenverdichtung und Grundwasserabsenkungen, durch prozeß- und energiebedingte Emissionen sowie durch Lärm und Schwingungen. Baumaschinen und Baustelleneinrichtung verbrauchen Energie. Baustellenabfälle sind zu entsorgen.

- **Nutzung der Brücke**
  Von der Brücke ausgehende, anlagenbedingte Umweltbelastungen sind die Flächeninanspruchnahme durch das Bauwerk selbst, räumliche Zerschneidungen durch Staukörper im Grundwasser oder in Fließgewässern sowie Behinderungen von Luftbewegungen. Außerdem können abgewitterte oder ausgewaschene Bestandteile von Baustoffen in das Umfeld gelangen. Die durch den Verkehr auf der Brücke verursachten Umweltbelastungen sind in Bild 4.2-1 dargestellt. Des weiteren ist der Austausch von Bauteilen im Laufe der Brückennutzung zu nennen, der zu weiterem Rohstoff- und Energieverbrauch sowie zu Abfällen führt. Instandsetzungsarbeiten sind mit Emissionen und Abfällen verbunden.

- **Abbruch der Brücke**
  Während des Abbruchs treten ähnliche Umweltbelastungen wie in der Bauphase auf. Das Umfeld wird hauptsächlich durch Flächeninanspruchnahme für temporäre Straßen sowie Demontage- und Lagerplätze und durch Schadstoff- und Lärmemissionen (Baumaschinen, Sprengen) belastet. Die Abbruchprozesse sind in der Regel energetisch aufwendige Verfahren.

– Entsorgung der Abbruchmassen

Recyclingprozesse benötigen Energie, z.T. werden dabei Schadstoffe frei. Ist eine Verwertung der Abbruchmassen nicht möglich, werden Deponieflächen benötigt. Von kontaminierten Deponaten können Umweltgefahren ausgehen.

Zusätzlich sind die Prozesse der Energiebereitstellung und Transporte zu berücksichtigen, die erhebliche Beiträge zu den Gesamtumweltbelastungen liefern. Aus dem Gesagten lassen sich folgende wichtige Verursacher von Umweltbelastungen ableiten:

– Prozesse der Rohstoffgewinnung und Baustoffherstellung,

– Bauprozesse,

– Anlagen der Baustelleneinrichtung,

– Bauwerk,

– Verkehr auf der Brücke,

– Verwertungs- und Entsorgungsprozesse,

– Prozesse der Energiebereitstellung,

– Transporte.

In Tabelle 4.2-1 sind die Verursacher in Beziehung zu den oben erwähnten Lebensphasen gesetzt und durch Beispiele präzisiert.

Tab. 4.2-1: Lebensphasen und relevante Verursacher von Umweltbelastungen

	Rohstoff-gewinnung, Baustoff-herstellung, Vorfertigung	Bau	Nutzung	Abbruch, Entsorgung
Prozesse der Rohstoffgewinnung und Baustoffherstellung	X[1]	X[2]	X[3]	X[2]
Bauprozesse		X	X[4]	X[5]
Anlagen der Baustelleneinrichtung		X	X	X
Bauwerk			X[6]	
Verkehr auf der Brücke			X	
Verwertungs- und Entsorgungsprozesse	X[7]	X[8]	X[9]	X[10]
Prozesse der Energiebereitstellung	X	X	X	X
Transporte	X[11]	X[12]	X[12]	X[13]

[1] Einbaustoffe

[2] Hilfskonstruktionen, Baustraßen...

[3] Austausch von Bauteilen, Verstärkungen

[4] z.B. Betoninstandsetzung, Korrosionsschutz

[5] Abbruchprozesse

[6] Flächeninanspruchnahme, Abwitterung

[7] Abraum, Produktionsabfälle

[8] Bodenaushub, Baustellenabfälle

[9] ausgetauschte Bauteile, Baustellenabfälle

[10] Entsorgung der Abbruchmassen

[11] Rohstofftransporte

[12] Baustofftransporte

[13] Transporte der Abbruchmassen

4.3 Anwendbare Bewertungsinstrumente

Die im Kapitel 3 beschriebenen Bewertungsinstrumente sind in unterschiedlichem Maß für das Bewerten der von Brücken ausgehenden Umweltbelastungen geeignet:

– **Gesetze und andere Rechtsvorschriften**

Gesetze und andere Rechtsvorschriften können als Bewertungshilfsmittel angesehen werden, da in ihnen Zielvorgaben (z.B. Emissionsminderung, Abfallvermeidung) enthalten sind. Das Einhalten von Grenzwerten, bspw. bei den industriellen Prozessen der Baustoffherstellung, läßt sich innerhalb von Variantenvergleichen aber nicht kontrollieren. Anhand von Grenzwerten können jedoch die Gefahrenpotentiale bestimmter Emissionen für die ökologische Risikoanalyse abgeleitet werden (z.B. anhand der Stoffklassen in der TA-Luft [TALu86]). Die Forderungen der Bauproduktenrichtlinie [BPR88, BPG92] bezüglich der unmittelbaren Umwelt betreffen im wesentlichen alle Baustoffe einer Brücke, die in Kontakt mit den umgebenden Umweltmedien stehen. Mehr als allgemeine Zielvorgaben lassen sich aber wegen der bisher fehlenden technischen Spezifikationen auch aus der Bauproduktenrichtlinie nicht ableiten. Aus der Richtlinie über die Umweltverträglichkeitsprüfung ergibt sich für den Neubau von Straßen die Notwendigkeit, Umweltverträglichkeitsstudien durchzuführen.

– **Umweltverträglichkeitsstudien**

In Umweltverträglichkeitsstudien von Verkehrsanlagen werden einzelne Bauwerke normalerweise nicht detailliert berücksichtigt. Die Methodik ist aber auch auf Brücken anwendbar. Da das Bewertungskonzept von einer Kenntnis der betroffenen Schutzgüter ausgeht, ist es nur für die Beurteilung der Belastungen des Brückenumfeldes geeignet. Berücksichtigt werden können die Umweltbelastungen infolge Bauprozessen und der Anlagen der Baustelleneinrichtung, infolge des Bauwerkes selbst sowie infolge des Verkehrs auf der Brücke.

– **Ökobilanzen**

Das Konzept der Ökobilanz eignet sich für das Erfassen und Bewerten aller derjenigen Umweltbelastungen, die außerhalb des Umfeldes entstehen und somit nicht auf bestimmte Schutzgüter bezogen werden können. Ökobilanzen können also als Ergänzung von Umweltverträglichkeitsstudien angesehen werden.

5 Sachbilanzen von Brücken

5.1 Parameter

In diesem Kapitel werden die Faktoren erläutert, die die von Brücken ausgehenden Umweltbelastungen bestimmen. Zu jedem Parameter werden mögliche Alternativen dargestellt. Außerdem wird gezeigt, wie genau die Einflußfaktoren bei Variantenvergleichen vorhergesagt werden können.

5.1.1 Bauart

Die Bauart einer Brücke beeinflußt die von der Brücke ausgehenden Umweltbelastungen in hohem Maße. Direkt von der Bauart abhängig sind die anlagenbedingten Umweltbelastungen. Indirekt sind alle weiteren Umweltbelastungen betroffen, da sich aus der Bauart u.a. Einflüsse auf die benötigten Baustoffe, mögliche Bauverfahren, Unterhaltungsaufwand und Entsorgungsmöglichkeiten ergeben. Der Entwurf einer Brücke wird durch eine Vielzahl von Faktoren, z.B. Verwendungszweck, überbrücktes Hindernis, Geländetopographie, Kosten und gestalterische Gesichtspunkte bestimmt. Trotz der genannten Zwangspunkte bietet der Brückenbau genug Entwurfsfreiheiten, so daß eine Aufgabe in der Regel mehrere Varianten ergibt. Insbesondere im Großbrückenbau kann eine beachtliche Formenvielfalt erreicht werden (Bild 5.1-1).

Die wesentlichen Unterschiede zwischen möglichen Brückenbauarten beziehen sich auf die Tragwerksart (u.a. Balken-, Rahmen-, Bogen-, Hänge- und Schrägseilbrücken), auf die Auflösung des Überbaus (Vollwand, Fachwerk), auf die Lage des Tragwerkes (Deck- und Trogbrücken), auf die Querschnittsform des Überbaus (Platte, Plattenbalken, Hohlkasten) und auf den Grad der statischen Unbestimmtheit. Es ist auch möglich, daß sich Varianten nur in der Baustoffart unterscheiden (Bild 5.1-2).

Auf der Grundlage von Vorentwürfen lassen sich allerdings nur Aussagen zu den anlagenbedingten Umweltbelastungen ableiten. Für darüber hinausgehende Analysen der Umweltbelastungen sind Angaben zu Baustoffart, Baustoffmengen und zum Bauverfahren erforderlich. In der Regel liegen diese Angaben beim Vergleich von Wettbewerbsentwürfen, spätestens aber bei der Entwurfsplanung für die Planfeststellung vor.

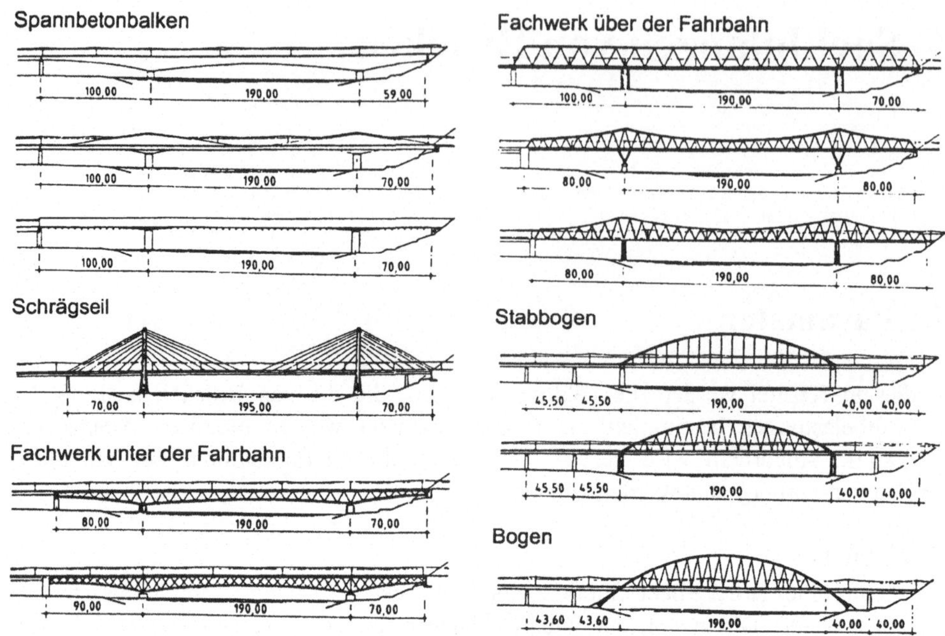

Bild 5.1-1: Entwurfsvarianten für die Mainbrücke Nantenbach [Schw91]

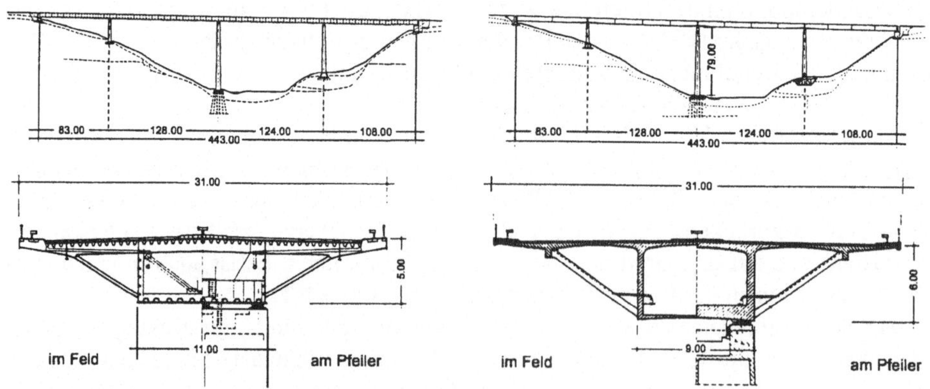

Bild 5.1-2: Entwurfsvarianten für die Eschachtalbrücke [Som78],
links: Variante 1 Stahl (Verwaltungsentwurf),
rechts: Variante 2 Spannbeton (ausgeführter Sondervorschlag)

5.1.2 Baustoffe

Neben den Baustoffmengen ist es vor allem die Baustoffart, die Art und Umfang der von Brücken ausgehenden Umweltbelastungen bestimmt. Der Einfluß der Baustoffe erstreckt sich dabei nicht nur auf die Prozesse der Baustoffherstellung. Betroffen sind auch Bau-, Unterhaltungs- und Abbruchprozesse, die im Brückenbau sehr materialspezifisch sind.

Im Vergleich zum Hochbau ist die Palette der im Brückenbau eingesetzten Baustoffe relativ klein. Sie beschränkt sich für tragende Bauteile im wesentlichen auf Beton, Stahl und Holz. Der heutige Straßenbrückenbau ist vor allem durch Stahlbeton- und Spannbetonbrücken gekennzeichnet (Bild 5.1-3). Bei Eisenbahnbrücken ist der Anteil von Stahl- und Stahlverbundbrücken wegen der größeren Verkehrslasten höher, der wichtigste Baustoff beim Brückenneubau ist aber auch hier Spannbeton. Die Dominanz des Spannbetons läßt sich hauptsächlich mit den wirtschaftlichen Vorteilen begründen, die diese Bauweise im Vergleich zum Stahlbau bietet.

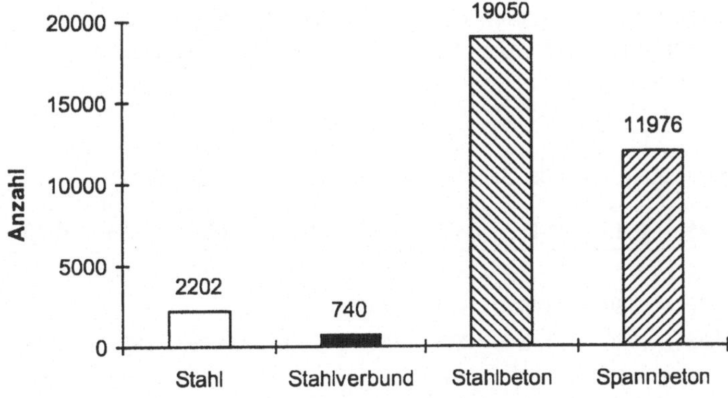

Bild 5.1-3: Bestand der Brücken an Bundesfernstraßen (Stand 1.1.94) [Els95]

Holz wird in Deutschland nur für Fußgängerbrücken oder untergeordnete Straßenbrücken verwendet. In den Vereinigten Staaten gibt es aber auch Autobahn- und Eisenbahnbrücken aus Holz [Brü92].

Natursteine und Ziegel sind im heutigen Brückenbau eine Ausnahme. Werden Steine verwendet, tragen sie nicht selbst, sondern verkleiden lediglich das eigentliche Tragwerk (z.B. Talbrücke Diepmannsbach bei Remscheid [Hol95], Talbrücke Wommen im Zuge der A4). In der Literatur finden sich auch Beispiele für den Einsatz von Aluminium [Hein89, Alu95, Küf96], Glasfasern [Spe89, Jur92] und faserverstärkten Kunststoffen [Kun95, Sei96] als tragende Baustoffe für Brücken. Die Perspektiven dieser Baustoffe im Brückenbau sind momentan aber noch nicht abzusehen.

Eine gewisse Baustoffvielfalt ergibt sich aus der Tatsache, daß durch unterschiedliche Ausgangsstoffe, Zusammensetzungen und Herstellungsverfahren Betone, Stähle und Holzprodukte mit unterschiedlichen Eigenschaften erzeugt werden können:

– Die Betonzusammensetzungen sind von den gewünschten Eigenschaften abhängig, z.B. von Forderungen an Festigkeit, Rohdichte, Hydratationswärme, Pumpfähigkeit, Korngröße, Wasserundurchlässigkeit und Frost-Tausalzbeständigkeit [Rei90a]. Innerhalb eines Bauwerkes können eine Vielzahl verschiedener Betonzusammensetzungen zum Einsatz kommen, bspw. 26 für die Vorlandbrücken der Rheinbrücke A 42 bei Duisburg-Beeckerwerth [Web91], 16 für Brückenbauwerke im Zuge der OW IIIa in Dortmund [Web91], 9 für die Schornbachtalbrücke im Zuge der B 29 [Schu94]). Die Betonzusammensetzungen unterscheiden sich bezüglich Zementart und -menge, Art und Sieblinienbereich der Zuschläge, Wasser-Zement-Wert sowie Art der Zusatzstoffe und Zusatzmittel (Tabelle 5.1-1). Üblich sind Normalbetone aus Portlandzementen und natürlichen Zuschlägen, es werden aber auch Hochofenzement, Leichtbeton und hochfester Beton verwendet (z.B.: [Web91, Gru79, Lia96, Cha92, Cad92, Mal92]).

– Übliche Stähle für Stahlkonstruktionen sind die Baustähle S235 (St-37) und S355 (St-52), wetterfeste Baustähle, hochfeste Feinkornbaustähle sowie Stahlguß. Bei Betonkonstruktionen kommen Betonstähle in Form von Stäben und Matten sowie Spannstähle verschiedener Festigkeiten zum Einsatz. Für Schrägseil- und Hängekonstruktionen werden aus hochfesten Drähten Bündelspannglieder oder Seile hergestellt.

– Im Holzbrückenbau werden verschiedene Holzprodukte (Rund-, Schnitt- und Brettschichtholz, Baufurnierplatten) verwendet, die aus diversen heimischen oder importierten Nutzholzarten, z.B. Fichte, Kiefer, Tanne, Douglasie, Eiche, Buche, Azobé (Bongossi) hergestellt werden.

Tab. 5.1-1: Betonzusammensetzungen bei der Schornbachtalbrücke in kg/m^3 [Schu94]

	B 45	B 45	B 45	B 45	B 35	B 25	B 25	B 15	B 10
CEM I 32,5 (PZ 35)	–	–	–	–	–	350	370	190	120
CEM I 42,5 (PZ 45)	370	350	378	310	340	–	–	–	–
Kies / Sand	1828	1780	1782	1826	1871	1851	1745	1922	1948
Flugasche	–	50	–	90	–	–	–	40	40
Wasser	179	171	185	155	168	175	199	162	162

Bild 5.1-4 macht die Unterschiede deutlich, die zwischen den wichtigsten Brückenbaustoffen bezüglich Dichte und Festigkeitskennwerten bestehen.

Weitere Baustoffe werden beim Brückenausbau für Fahrbahn, Abdichtungen, Lager, Fahrbahnübergänge, Beschichtungen, Entwässerungsanlagen, Lärmschutzwände usw. benötigt. Hier sind Bitumen, Asphalt, Kunststoffe, Glas, Gußeisen, Steinzeug und Anstrichstoffe als wichtige Baustoffe zu nennen.

Art und Menge der für die Tragwerke erforderlichen Baustoffe sind bei Variantenvergleichen in der Regel bekannt oder können überschläglich anhand von Erfahrungswerten ermittelt werden.

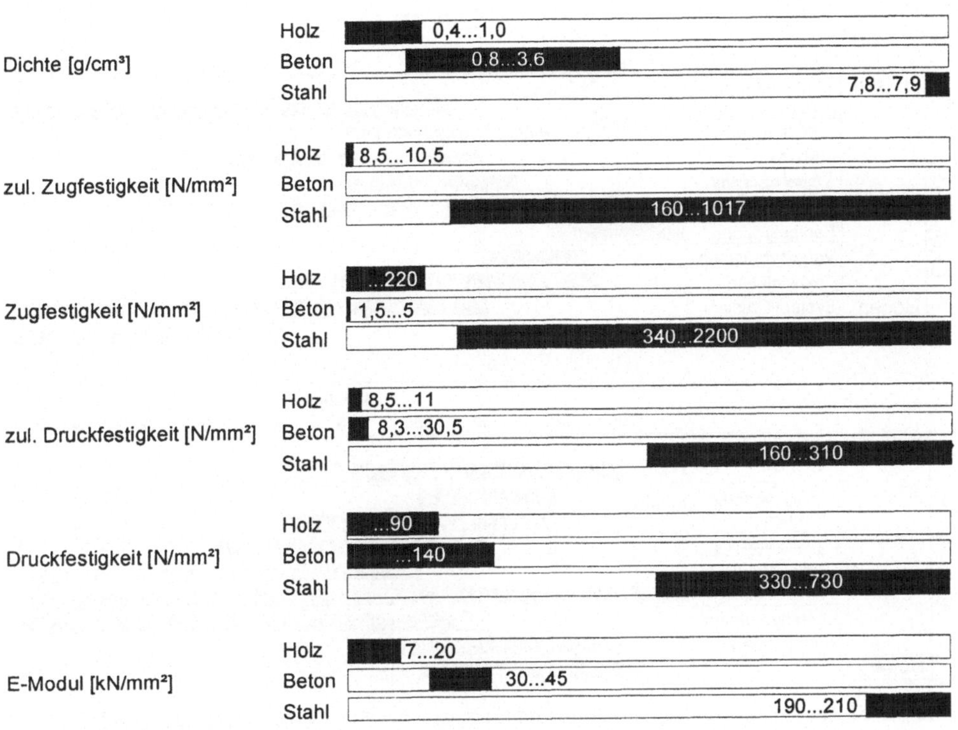

Bild 5.1-4: Eigenschaften der wichtigsten Brückenbaustoffe

5.1.3 Bauverfahren

Das gewählte Bauverfahren beeinflußt die Umweltbelastungen während des Baus der Brücke. Von der Auswahl hängt vor allem ab, in welchem Umfang baubedingte Umweltbelastungen durch Vorfertigungsprozesse aus dem Umfeld ferngehalten werden können. Des weiteren bestehen Zusammenhänge zwischen dem Bauverfahren und dem zusätzlichen Baustoffaufwand für Gerüste, Schalungen und Hilfskonstruktionen.

Die für Massivbrücken üblichen Bauverfahren kann man in Ortbeton- (Lehrgerüst, Vorschubgerüst, Freivorbau, Taktschieben) und Fertigteilbauweisen (Vollmontage-, Misch-, Komplett- und Sonderbauweisen [Ros88]) unterteilen. Stahl- und Holzbrücken werden soweit wie möglich in der Werkstatt vormontiert. Für die Montage der vorgefertigten Segmente kommen ähnliche Verfahren wie im Betonbau zur Anwendung (Hilfsgerüst, Freivorbau, Längs- und Querverschub).

Die Wahl des Bauverfahrens ist von einer Reihe von Einflußfaktoren abhängig, z.B. von der Einzelstützweite und der Brückenlänge (Bild 5.1-5).

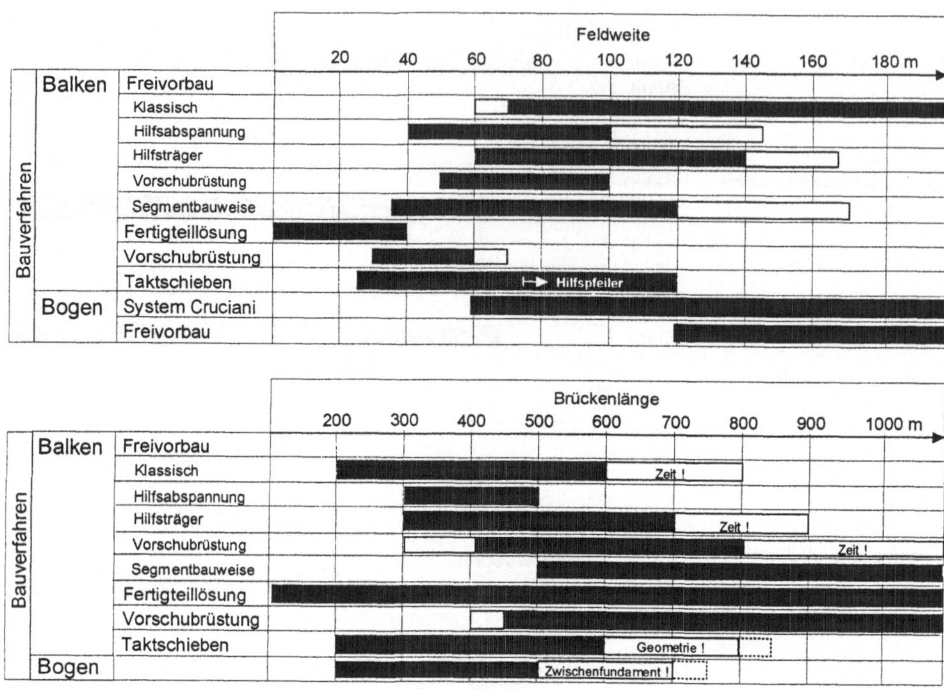

Bild 5.1-5: Zuordnung von Bauverfahren und Einzelstützweite bzw. Brückenlänge [Fen80]

Weitere Einflüsse ergeben sich aus der Bauart des Überbaus (z.B. Taktschieben für Balkenbrücken, Freivorbau bei Schrägseilbrücken), örtlichen Gegebenheiten (z.B. Einschwimmen von Flußbrücken, Querverschub beim Ersatz von Brücken), der zur Verfügung stehenden Bauzeit (Fertigteile) oder sind von der ausführenden Firma abhängig (Know-How, vorhandene Spezialgeräte).

Eine bestimmte Bauart erfordert nicht zwangsläufig ein bestimmtes Montage- oder Bauverfahren. Zum Beispiel kann eine Brücke, die als Durchlaufträger mit konstantem Querschnitt ausgebildet ist und über ein flaches Tal führt, mit dem Taktschiebeverfahren, mit einem Vorschubgerüst oder mit einem Lehrgerüst errichtet werden. Fertigteile lassen sich in einer Feldfabrik oder im Fertigteilwerk herstellen.

Was von den aus dem Bau der Brücke resultierenden Umweltbelastungen kalkuliert werden kann, hängt davon ab, in welcher Planungsphase der Variantenvergleich erfolgt. Da es, wie dargestellt, meist mehrere grundsätzliche Möglichkeiten gibt, eine bestimmte Konstruktion zu errichten, kann das zum Einsatz kommende Bauverfahren während der Entwurfsplanung nicht sicher vorhergesagt werden. Daraus resultiert, daß der voraussichtliche Maschineneinsatz, die notwendigen Hilfskonstruktionen und deren Wiederverwendbarkeit, die Größe der Baustelleneinrichtung, Transportentfernungen sowie die Bauzeit in dieser Planungsphase nur schwer abzuschätzen sind. Relativ gut kalkulierbar sind dagegen alle Dinge, die aus der Bauart und den Baustoffmengen abgeleitet werden können. Dazu zählen der mögliche Grad der Vormontage, die einzubauenden und zu transportierenden Massen, die Oberfläche des Bauwerkes und der daraus resultierende Schal- oder Beschichtungsaufwand, Aushubkubaturen, Gründungsgeometrien sowie die Notwendigkeit besonderer Bauprozesse (Schweißen, Beschichten, aufwendige Erdarbeiten usw.). Detaillierte Informationen zum Bauverfahren liegen erst in der Phase der Ausführungsplanung vor. Ein genauer Vergleich der Umweltbelastungen verschiedener Bauverfahren für eine Brücke kann also erst in dieser Planungsphase erfolgen.

5.1.4 Brückenunterhaltung

Zur Brückenunterhaltung zählen Bauwerksüberwachungen und -untersuchungen, Schutzmaßnahmen, Ausbesserungen, Instandsetzungen, Bauteil- und Bauwerksverstärkungen und der Austausch von Bauteilen. Von Einfluß auf die Umweltbelastungen sind vor allem der Herstellungsaufwand für die auszutauschenden Bauteile und die Instandsetzungsverfahren für Oberflächen, da diese mit aufwendigen Bauprozessen verbunden sind.

Für das überschlägliche Ermitteln der aus der Brückenunterhaltung resultierenden Umweltbelastungen sind die Nutzungsdauer der Brücke (siehe dazu Kap. 5.1.5) sowie Umfang und Häufigkeit der Unterhaltungsmaßnahmen zu prognostizieren. Für letzteres existieren Modelle in der Literatur [Kön86,Vol90], die aufgestellt wurden, um den voraussichtlichen Finanzbedarf für die Unterhaltung von Brücken abzuschätzen. Die Szenarien gehen von mittleren Zeiträumen aus, nach denen bestimmte Bauwerkskomponenten auszutauschen und Oberflächen instand zu setzen sind (Tabelle 5.1-2).

Aus der Tabelle wird deutlich, daß das Berücksichtigen variantenspezifischer Aspekte nur in geringem Umfang möglich ist. Es beschränkt sich im Prinzip auf die Frage, ob eine der in der Tabelle aufgelisteten Bauwerkskomponenten vorhanden ist oder nicht. Einflüsse der Brückenbauart auf die Wahrscheinlichkeit der Schädigung einer Bauwerkskomponente, bspw. das Vorhandensein tragender Bauteile im Spritzwasserbereich, werden durch einen pauschalen Ansatz solcher Szenarien nicht erfaßt. Tabelle 5.1-3 zeigt, wie unterschiedlich die tatsächliche Nutzungsdauer einzelner Bauwerkskomponenten sein kann.

Tab. 5.1-2: Mittlere Nutzungsdauer von Bauwerkskomponenten [Kön86] (nach [Lan85])

Baumaßnahme	Zeitraum in Jahren
Belag und Abdichtung	15
Übergangskonstruktionen	20
Lager	30
Betonkappen	20
Betonoberflächen	20
Stahlüberbau	30
Korrosionsschutz	15
Schutzplanken und Geländer	30
Entwässerungsanlage	30
Lärmschutzwände	20

Tab. 5.1-3: Minimale und maximale Nutzungsdauer von Bauwerkskomponenten in Jahren [Kön86]

Baumaßnahme	nach [Schm85] min. - max.	nach [Lan85] min. - max.	nach [Kön86] min. - max.
Belag und Abdichtung	8 – 35	11 – 20	8 – 32
Übergangskonstruktionen	8 – 35	5 – 30	13 – 32
Lager	25 – 50	20 – 40	10 – ...
Betonkappen	25 – 50	10 – 35	22 – ...
Betonoberflächen			13 – 32
Stahlüberbau	keine Angaben	keine Angaben	keine Angaben
Korrosionsschutz: - Stahlbrücken	8 – 35	10 – 25	keine Angaben
- Stahlbauteile	8 – 35	10 – 25	13 – 30
Stahlgeländer	10 – 45	10 – 40	19 – 30
Entwässerungsanlage, Lärmschutzwände	10 – 45	15 – 30	17 – 30

Die Ungenauigkeit von Prognosen des Unterhaltungsaufwandes erhöht sich durch die Tatsache, daß die Aussagen zu voraussichtlichen Nutzungsdauern von Bauwerkskomponenten aus Erfahrungen mit dem derzeitigen Brückenbestand abgeleitet wurden. Technische Weiterentwicklungen bestimmter Komponenten, z.B. verbesserte Korrosionsschutzsysteme oder dauerhaftere Fahrbahnübergänge, sind also nicht berücksichtigt. Ebensowenig läßt sich der Einfluß zunehmender Verkehrsstärken und Achslasten erfassen.

Die Art der Maßnahmen zur Oberflächeninstandsetzung ist vom Schädigungsgrad der betroffenen Bauteile abhängig. Bei Betonoberflächen reicht die Vielfalt möglicher Verfahren von einfachen Hydrophobierungen bis zum kompletten Erneuern der Oberfläche mit den Arbeitsschritten Abstemmen des schadhaften Betons, Sandstrahlen, Beschichten der korrodierten Bewehrung und Aufbringen einer neuen Spritzbetonschicht. Für Stahl-, Holz- und Asphaltoberflächen ist die Bandbreite ähnlich. Annahmen zu konkreten Prozessen sind daher mit großen Unsicherheiten verbunden.

Bezüglich der Brückenunterhaltung läßt sich aus den bei Variantenvergleichen zur Verfügung stehenden Informationen folgendes ableiten:

– das Vorhandensein häufig auszutauschender Bauwerkskomponenten,

– die Art der Oberflächeninstandsetzung in Abhängigkeit vom Baustoff,

– der Umfang der Oberflächeninstandsetzung anhand der Größe der Bauwerksoberfläche,

– die Schädigungswahrscheinlichkeit anhand der Lage und der konstruktiven Ausbildung der Bauteile.

Aus diesen Parametern, den Angaben zur Nutzungsdauer (Tabellen 5.1-2 und 5.1-3) sowie einer Annahme zur Nutzungsdauer der Brücke können variantenabhängige Szenarien erstellt werden. Diese bilden die Grundlage einer Analyse der aus der Brückenunterhaltung resultierenden Umweltbelastungen.

5.1.5 Nutzungsdauer der Brücke

Die voraussichtliche Nutzungsdauer einer Brücke ist einerseits für die Untersuchung der Umweltbelastungen während der Nutzungsphase wichtig, da sich daraus die Anzahl periodischer Unterhaltungsmaßnahmen ergibt. Andererseits sollten Umweltbelastungen analog einer Gesamtkostenanalyse stets auf die Nutzungsdauer bezogen werden. Die Nutzungsdauer erhöhende Mehraufwendungen bei der Herstellung eines Produktes können so zu geringeren jährlichen Umweltbelastungen führen (Bild 5.1-6).

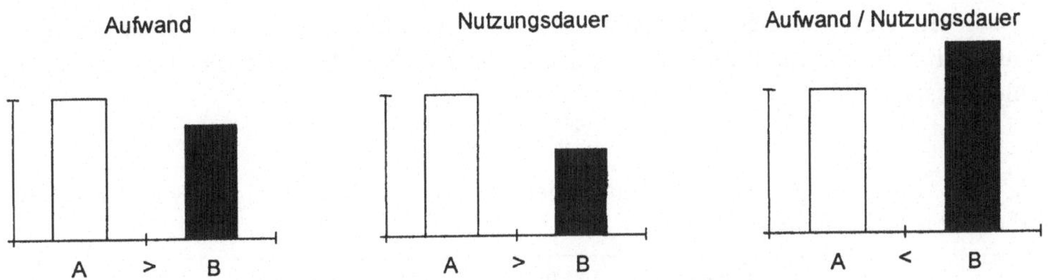

Bild 5.1-6: Fiktives Beispiel für die Auswirkungen der Nutzungsdauer auf die jährlichen Umweltbelastungen

Prognosen der Nutzungsdauer von Brücken sind problematisch, da bei Brücken die Serienreife nicht wie bei kurzlebigen Produkten ausprobiert werden kann. Üblicherweise werden Prognosen daher aus den Erfahrungen mit dem Brückenbestand abgeleitet. Die Geschichte des Brückenbaus bietet hierzu extreme Beispiele. Auf der einen Seite stehen sehr alte und noch funktionsfähige Brücken, wie die mittelalterlichen Steinbrücken in Würzburg, Regensburg und Prag. Auf der anderen Seite gab es Brücken, die nur kurze Zeit ihren Dienst taten, z.B. das Kreuzungsbauwerk Berlin-Schmargendorf [Kön86]. Beispiele dieser Art sind natürlich nicht repräsentativ, zeigen aber die Problematik von Prognosen. Die mittlere Lebensdauer von Brücken wird im allgemeinen mit 80 bis 100 Jahren angegeben. *Siebke* [Sie85] zitiert dazu eine Untersuchung der Deutschen Bundesbahn, bei der aus bahneigenen Brückendaten für die Nutzungsdauer von Eisenbahnbrücken ein Erwartungswert von 90 Jahren und ein Variationskoeffizient von 33% ermittelt wurde.

Theoretisch ist die Lebensdauer dynamisch beanspruchter Tragwerksteile durch die Ermüdung begrenzt und kann berechnet werden [Kön86a]. Die Praxis zeigt aber, daß eher andere Einflüsse zum Abbruch einer Brücke führen:

– geänderte Anforderungen (Anzahl der Fahrspuren, Lichtraumprofil, Verkehrslasten),

– Stillegung des Verkehrsweges,

– Konstruktions- und Ausführungsfehler,

– Instandhaltungsmängel,

– äußere Einwirkungen (z.B. Pfeileranprall, Unterspülung von Fundamenten).

Dieser Umstand erschwert individuelle Prognosen zur Nutzungsdauer, die für Variantenvergleiche erforderlich sind. In der Literatur wird diesbezüglich nur zwischen den Baustoffen des Tragwerkes unterschieden (siehe Tabelle 5.1-4). Interessant ist, daß die Angaben für Eisenbahnbrücken wesentlich über den Werten für Straßenbrücken liegen.

Offensichtlich spielen hier die größeren Erfahrungen der Bahn mit älteren Bauwerken und die fehlende Tausalzeinwirkung eine Rolle.

Des weiteren ist die erreichbare Nutzungsdauer einer Brücke vom betriebenen Unterhaltungsaufwand abhängig. Dieser ist erfahrungsgemäß meist kleiner als der tatsächliche Bedarf [Bas92], so daß für unterhaltungsarme Brücken eine höhere Lebensdauer prognostiziert werden kann als für unterhaltungsintensive Bauwerke. Die in Kapitel 5.1.4 aufgezählten, die Brückenunterhaltung beeinflussenden Parameter gelten also auch für die Prognose der Nutzungsdauer. Eine lange Nutzungsdauer ist auch bei robusten Tragwerken zu erwarten, die unvorhergesehene Einwirkungen problemlos hinnehmen oder an geänderte Anforderungen angepaßt werden können. Der Einfluß von Unterhaltungsarmut und Robustheit auf die Nutzungsdauer von Brücken läßt sich aber nur schwer in Zahlen fassen.

Tab. 5.1-4: Literaturangaben zur Nutzungsdauer von Brücken in Abhängigkeit vom Hauptbaustoff des Tragwerkes in Jahren

	[Bas92]	[Abl80]	[Lan84]	[Schmu85]
Überbauten aus Stahl	100 – 120	80	50 – 100 i.M. 83	50 – 100 i.M. 80
Überbauten aus Stahl- und Spannbeton	> 110	70	50 – 80 i.M. 67	50 – 100 i.M. 70
Überbauten aus Holz				30 – 80 i.M. 50
Überbauten aus Naturstein				80 – 150 i.M. 100
Gewölbe aus Mauerwerk	150 – 200	115		
Walzträger in Beton	100 – 120	80		50 – 110 i.M. 80
Unterbauten aus Beton	100 – 200	110	60 – 120 i.M. 94	70 – 150 i.M. 110

5.1.6 Abbruchverfahren

Beim Abbruch von Brücken können die Prozeßschritte Niederlegen oder Demontage des Überbaus und Zerkleinern in transport-, verwertungs- und deponiefähige Teile unterschieden werden.

Die Beeinträchtigung des Areals unter der Brücke und weiterer Flächen ist davon abhängig, wie die Brücke niedergelegt oder demontiert wird. Die Möglichkeiten richten sich einerseits nach der Konstruktion, andererseits nach den örtlichen Bedingungen: Massivbrücken werden häufig gesprengt, wobei das mit dem Sprengen einhergehende Zerkleinern des Überbaus von den eingesetzten Sprengstoffmengen (nur Niederlegen [Fen82] oder größtmögliches Zerkleinern [Kna86]), aber auch von der Fallhöhe abhängig ist [Mei87]. Das Sprengen von Stahl- und Holzbrücken ist ebenfalls möglich [Bau93, Bau77], aber nicht die Regel. Bei diesen Brücken besteht die Möglichkeit, den Überbau im Ganzen oder in Teilen zu demontieren, an eine geeignete Stelle zu transportieren und dort auf dem Boden zu zerlegen [Ber81, Ohl84, Eis88, Rum92]. Bei besonderen Verhältnissen kommen unkonventionelle Methoden zum Einsatz: Die Tallegung des alten Sulzbachtal-Viaduktes im Zuge der A8 erfolgte bspw. durch das Umkippen der bei dieser Brücke vorhandenen Pendelstützen [Hof82]. Beim Rückbau wird das Bauwerk im Einbauzustand zerlegt, bzw. abgetragen. Dieses Verfahren ist anwendbar, wenn der Brückenüberbau im Freivorbau errichtet wurde [Ruh86], aus Fertigteilen besteht oder durch Gerüste abgestützt wird [Voß77]. Für das Zerlegen kommen bei Stahlbauteilen u.a. Schneidbrenner und Schrottzangen, für massive Bauteile Hydraulikhämmer, Betonzangen und Sägen zum Einsatz. Mit den gleichen Geräten erfolgt das Zerkleinern der Abbruchmassen nach dem Sprengen oder der Demontage. Des weiteren existieren eine Anzahl hydraulischer und thermischer Verfahren für das Trennen von Stahlbetonbauteilen (Abrasivwasserstrahler, Wasserwerfer, Sauerstofflanzen, Pulverschneid- und Plasmabrenner, Schmelztechnik mit Thermit) [Lin82, BMT87, Bre96]. In der Entwicklung befinden sich Trennverfahren mit Laser-, Elektronen- und Infrarotstrahlung. Abbruchmethode und Maschineneinsatz beeinflussen maßgeblich den Energieverbrauch und die Emissionen während des Abbruchs.

Die Auswahl des Abbruchverfahrens ist von vielen Parametern abhängig. Aus dem Gesagten lassen sich Zusammenhänge zur Bauart und zu den Hauptbaustoffen ableiten, ebenso wichtig sind aber die örtlichen Verhältnisse, Forderungen aus dem Verkehr bei Ersatzbauten, wirtschaftliche Faktoren, technische Möglichkeiten, die vorgesehene Entsorgung der Abbruchmassen (Wiederverwendung, Verwertung oder Deponierung) und die zur Verfügung stehende Zeit. Wie das Bauverfahren ist also auch das voraussichtliche Abbruchverfahren wegen der vielfältigen Möglichkeiten nicht genau beschreibbar. Erschwerend kommt hier die zeitliche Entfernung hinzu. Man muß sich dazu nur die technischen Möglichkeiten für den Abbruch von Betonkonstruktionen vor Augen halten, die im Vergleich mit heutigen Verhältnissen vor 80 Jahren bestanden.

Anhand der bekannten Abbruchverfahren auf der einen Seite und der Bauart der Brücken, der Baustoffe des Tragwerkes und der örtlichen Verhältnisse auf der anderen Seite lassen sich aber Vorzugsvarianten für einen Abbruch ableiten [Ruh86].

5.1.7 Umgang mit den Abbruchmassen

Hinsichtlich des Umgangs mit den Abbruchmassen einer Brücke können drei generelle Möglichkeiten unterschieden werden. Der Wiederaufbau der Brücke an einer anderen Stelle oder der Einbau von Brückenteilen in ein neues Bauwerk werden als Verwendung bezeichnet. Werden die Abbruchmassen nach Aufarbeitungsschritten stofflich oder energetisch genutzt, wird von Verwertung gesprochen. Das Verbrennen ohne Energienutzung und das Deponieren sind als Entsorgung anzusehen (Bild 5.1-7).
Die genannten Möglichkeiten unterscheiden sich erheblich bezüglich der von ihnen ausgehenden Umweltbelastungen. Wird bspw. das Bauwerk oder Teile davon an einem anderen Ort wiederverwendet, ist der erforderliche Demontageaufwand in der Regel kleiner als bei einem normalen Abbruch. Verwertungsprozesse entfallen und Deponieflächen sind nicht oder nur in geringerem Umfang erforderlich. Den Vorteil, zu entsorgende Abfälle und Deponieflächen zu sparen, bieten auch die stoffliche und energetische Verwertung von Abbruchmassen.

Die realen Möglichkeiten für den Umgang mit einem konkreten Bauwerk ergeben sich aus den Gründen, die zum Abbruch führen: Das Verwenden des Bauwerkes oder von tragenden Bauteilen ist grundsätzlich nur möglich, wenn die Grenzlebensdauer noch nicht erreicht ist. Das ist z.B. denkbar, wenn die Brücke wegen geänderter Anforderungen

oder Stillegung des Verkehrsweges abgebrochen wird. Hierzu können bei der Brücken-
planung jedoch keine Aussagen gemacht werden.

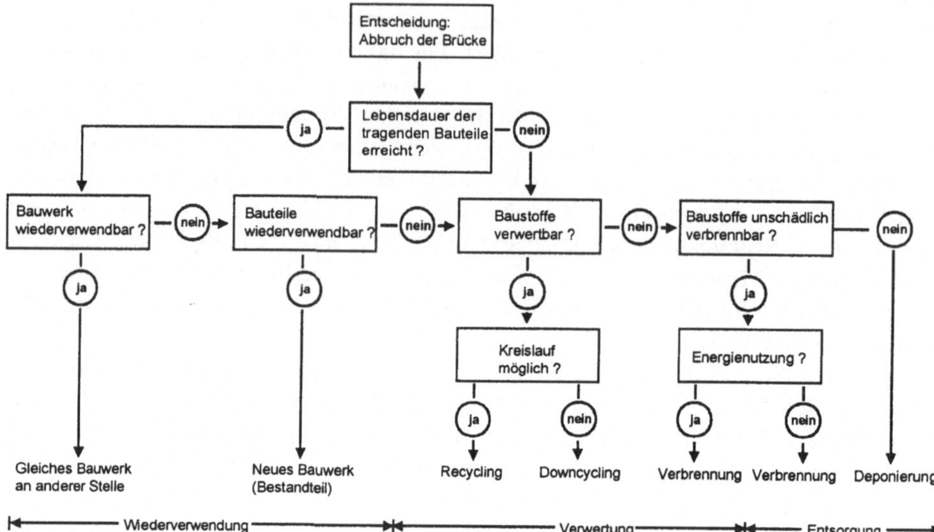

Bild 5.1-7: Möglichkeiten für den Umgang mit den Abbruchmassen

Die fiktiven Möglichkeiten zur Verwendung und Verwertung der Brücke sowie
ihrer Bauteile und Baustoffe lassen sich aber anhand der Bauart und der Baustoffe
beschreiben (siehe Kapitel 6.5). Für Brücken ist vor allem die Verwertbarkeit der Baustoffe von Bedeutung. Obwohl die zukünftigen technischen, umweltpolitischen und wirtschaftlichen Verhältnisse nicht exakt vorhersehbar sind, kann dabei aus heutiger Sicht
von ständig steigenden Verwertungsraten ausgegangen werden. Unter Beachtung der
Verwertungsmöglichkeiten der für eine Brücke verwendeten Baustoffe, läßt sich also
zumindest eine Aussage machen, welche Abfallmengen nach dem Abbruch zu entsorgen
sind.

5.2 Quantifizierbare Umweltbelastungen

Im vorangegangenen Kapitel wurde erläutert, welche Informationen zu einer Brücke
vorliegen oder mittels Szenarien und Prognosen abgeleitet werden können. Anhand der
Brückenbeschreibung läßt sich aber noch keine umfassende Analyse der Umweltbelastungen erstellen. Darüber hinaus wird eine Vielzahl weiterer Informationen benötigt.
Das Grundprinzip der Analyse ist in Bild 5.2-1 dargestellt. Elemente der Brückenbeschreibung (z.B. Stahlgewichte in t, Stahloberflächen in m^2) werden mit Modulen verknüpft, die Informationen zu Umweltbelastungen enthalten. Diese sind auf die entsprechenden Einheiten der Brückenbeschreibung bezogen (z.B. herstellungsbedingte
Umweltbelastungen einer Tonne Stahl, Umweltbelastungen beim Aufbringen des Korro-
sionsschutzmittels auf einen m^2 Oberfläche).

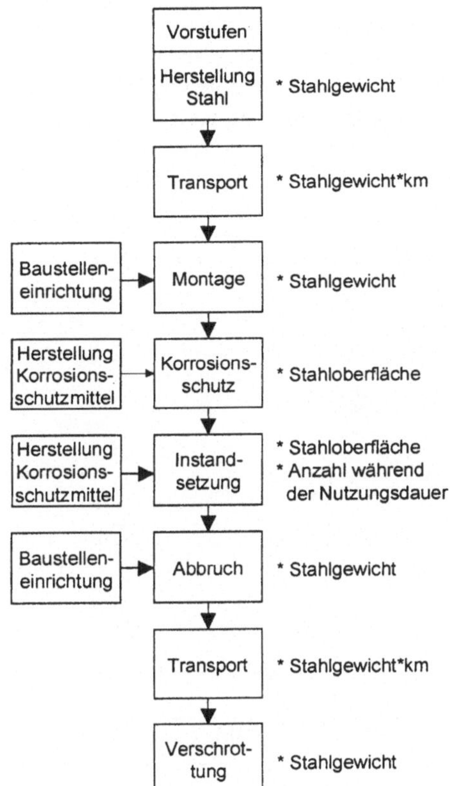

Bild 5.2-1:
Prinzip der Verknüpfung von Brückenbeschreibung und Umweltbelastungsdaten

Im weiteren wird dargestellt, wofür Module erstellt werden können. Die Systematik dieses Kapitels bezieht sich auf die in Kapitel 4.2 genannten Verursacher von Umweltbelastungen. Es wird gezeigt, wovon Art und Umfang der Umweltbelastungen abhängen und was im einzelnen quantifizierbar ist. Gleichzeitig wird die Datenbasis der Zahlenbeispiele erläutert.

5.2.1 Prozesse der Baustoffherstellung

Baustoffe sind Massenprodukte, die in der Regel in großen, ortsfesten Anlagen mit kontinuierlich ablaufenden Verfahren hergestellt werden. Auch die vorgelagerte Gewinnung der Rohstoffe ist durch gleichbleibende oder ständig wiederkehrende Prozesse gekennzeichnet. Für die Prozesse der Rohstoffgewinnung und der Baustoffherstellung sind daher Daten zu den auftretenden Umweltbelastungen erfaßbar, die auf Mengeneinheiten der untersuchten Baustoffe bezogen werden können. In Kapitel 3.3.2 wurde bereits erwähnt, zu welchen Baustoffen von Herstellern autorisierte Sachbilanzen vorliegen.

Tabelle 5.2-1 zeigt den Bilanzumfang verschiedener Sachbilanzen für Baustoffe. Es wird deutlich, daß der Verbrauch von energetischen Rohstoffen und Wasser, die Emissionen in Luft und die Abfälle in allen Bilanzen erfaßt wurden. Dagegen wurden der Verbrauch mineralischer Rohstoffe, Flächeninanspruchnahme, Abwärme sowie die Emissionen in Wasser und Boden nicht immer bilanziert. Aspekte wie Lärm, Erschütterungen, Schwingungen, Strahlung und Gerüche waren in keinem Fall Bestandteil der Sachbilanzen. Das Fehlen bestimmter Umweltbelastungen in den zitierten Bilanzen ist nur selten darauf zurückzuführen, daß die Belastungen bei den untersuchten Prozessen nicht auftreten oder von untergeordneter Bedeutung sind. Häufig mußte wegen fehlender Informationen oder eingeschränkter Meßbarkeit auf die Bilanzierung verzichtet werden.

Tab. 5.2-1: Inhalte ausgewählter Sachbilanzen

	(1)	(2)	(3)	(4)	(5)	(6)
Verbrauch mineralischer Rohstoffe		X	X		X	X
Verbrauch energetischer Rohstoffe	X	X	X	X	X	X
Wasserverbrauch	X	X	X	X	X	X
Flächeninanspruchnahme						X
Emissionen in Luft	X	X	X	X	X	X
Emissionen in Wasser	X	X		X		X
Emissionen in Boden	X					X
Abwärme						X
Abfälle	X	X	X	X	X	X

(1) Zellulosedämmstoff [Iso91]   (4) EPS-Dämmstoff (Polystyrol-Hartschaum) [EPS93]
(2) Kunststoffe [Bou94]   (5) Stahl [Phi94]
(3) Porenbeton [Ank93]   (6) Energiesysteme/Baustoffe [Fri95, Wei95]

Bei der Bilanzierung von Prozessen der Baustoffherstellung ist zu beachten, daß zwischen einzelnen Herstellern eines Baustoffes erhebliche technologische Unterschiede bestehen können, aus denen sich auch unterschiedlich große Umweltbelastungen ergeben. Beispielsweise lag der mittlere Brennstoffenergieverbrauch deutscher Zementwerke im Jahr 1992 bei 3710 MJ/t Klinker [Kuh94]. Neue Zementwerke benötigen dagegen weniger als 3200 MJ/t [Rit94], während der Energieverbrauch veralteter Anlagen erheblich über dem Mittelwert liegt[1]. Es ist eher eine Ausnahme, daß derartige Angaben zu technologisch bedingten Bandbreiten von Umweltbelastungen vorliegen. In der Regel gibt es entweder exemplarische Daten eines Herstellers (z.B. [Ank93]) oder gemittelte Werte einer Branche (z.B. [Bou94]). Letzteres ist von Vorteil, wenn der Hersteller nicht bekannt ist. Differenzen zwischen berechneten und tatsächlich auftretenden Umweltbelastungen sind dabei allerdings unvermeidbar.

Zu beachten ist auch, daß sich einige Baustoffe aus verschiedenen Rohstoffen und mit unterschiedlichen Verfahren herstellen lassen. Die Frage der Rohstoffe spielt z.B. bei Zementen mit Zumahlstoffen eine Rolle. Wie Bild 5.2-2 zeigt, führt der Ersatz des Portlandzementklinkers durch Kalksteinmehl, Flugasche oder Hüttensand, bezogen auf die gleiche Menge Beton, zu geringeren Emissionen. Der Energieverbrauch wird ebenfalls reduziert [Mar86]. Flugasche und Hüttensand sind Produkte, die nicht direkt herge-

---

[1] Die Unterschiede resultieren hauptsächlich aus dem technischen Stand der Wärmerückgewinnung.

stellt, sondern als Nebenprodukte anderer Prozesse (Stromerzeugung, Roheisen-herstellung) anfallen. Diskussionsstoff bietet hier deshalb die Frage, wie die Umwelt-belastungen auf Haupt- und Nebenprodukte zu verteilen sind.

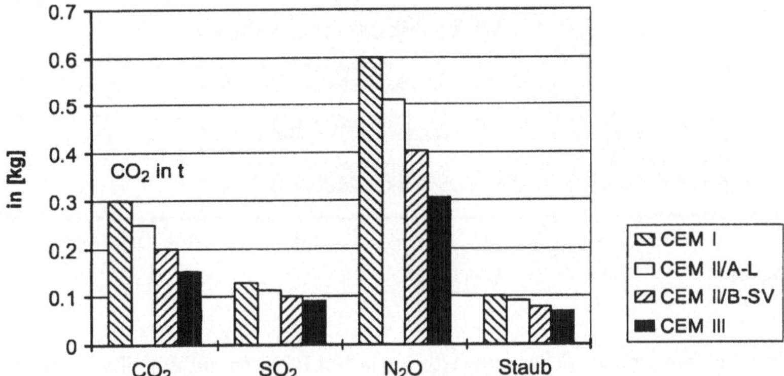

Bild 5.2-2: Spezifische Emissionen bei der Herstellung unterschiedlicher Zementarten bezogen auf Beton mit 330 kg Zement/m^3 Beton [Schm93]

Wichtiger als beim Zement sind unterschiedliche Rohstoffe und Herstellungs-verfahren bei Stahlprodukten. Für die Rohstahlerzeugung werden hauptsächlich zwei Verfahren angewendet[1]. Beim Oxygenstahlverfahren wird der Rohstahl durch Frischen von Roheisen hergestellt, welches im Hochofen aus Eisenerz und Zuschlägen gewonnen wird. Hauptsächlicher Energieträger dieses Prozesses ist Koks. Ausgangsmaterial beim Elektrostahlverfahren ist Schrott. Die zum Einschmelzen erforderliche Energie wird hier durch elektrischen Strom zugeführt. Beide Verfahren unterscheiden sich deutlich im Energieverbrauch und in anderen Umweltbelastungen (Bild 5.2-3). Für die Weiterver-arbeitung des Rohstahls spielt das Herstellungsverfahren im Prinzip keine Rolle mehr, d.h. für verschiedene Stahlprodukte kommt sowohl das Oxygen-, als auch das Elektro-stahlverfahren in Betracht. Dies gilt im Baubereich für Profile sowie für Beton- und Spannstähle.

---

[1] Außerdem gibt es verschiedene Verfahren zur Direktreduktion von Eisenerz, die aber keine großen Marktanteile haben.

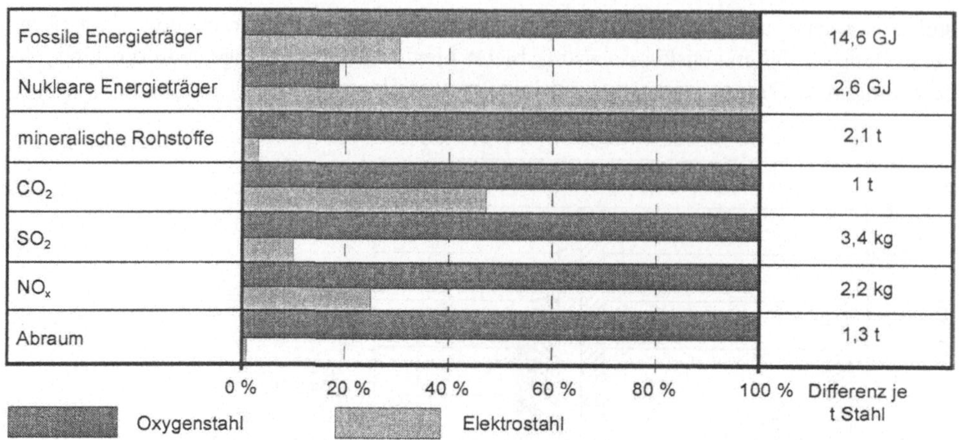

Bild 5.2-3: Gegenüberstellung verschiedener Umweltbelastungen bezogen auf eine Tonne Oxygen- bzw. Elektrostahl (siehe Anhang A)

Die in den Bildern 5.2-2 und 5.2-3 dargestellten Unterschiede sollten bei Brücken berücksichtigt werden, d.h. für bestimmte Baustoffe (Zement, Profil-, Beton- und Spannstahl) müßten jeweils mehrere Module vorhanden sein.

Im Anhang A sind Daten zu den Umweltbelastungen bei der Herstellung der wichtigsten Brückenbaustoffe aufgelistet. Hier wird diesbezüglich nur eine kurze Übersicht zu Herkunft und Umfang der Daten gegeben:

— Die Sachbilanzdaten für Betone und deren Ausgangsstoffe basieren auf einer eigenen Literaturrecherche [Lün94]. Mit den vorliegenden Daten sind Normalbetone unterschiedlicher Festigkeitsklassen und Zusammensetzungen bilanzierbar. Wegen fehlender Daten zu Zumahlstoffen konnten nur die Portlandzemente PZ 35 und PZ 45 bilanziert werden.

— Basis der Stahldaten war eine Sachbilanz von Profilstahl auf Oxygenstahlbasis [Phi94], die durch weitere Literaturdaten zu anderen Stahlprodukten ergänzt wurde. Spezielle Daten liegen zu Baustahl (Profile, Grobblech), Betonstahl, Spannstahl und Feinkornbaustahl auf Oxygenstahlbasis vor. Profil-, Beton- und Spannstähle wurden zusätzlich auf Elektrostahlbasis bilanziert.

— Die Datengrundlage für Holzprodukte bilden Bilanzen aus [Bun90] und [Kün95]. Abgeleitet wurden Datensätze zu Rund-, Schnitt-, Brettschicht- und Sperrholz.

— Die Daten zu Bitumen stammen aus [Fri95]. Sie bilden die Grundlage für die Sachbilanzen verschiedener Asphalte durchschnittlicher Zusammensetzungen (Gußasphalt, Asphalttragschicht, Asphaltbinder, Splittmastixasphalt).

— Weitere Datensätze gibt es zu den Kunststoffen PE und PVC sowie zu Alkydharzlack und Flachglas. Hier wurde direkt auf Literaturdaten zurückgegriffen [Bou94, Sut95, Fri95].

Bei den Daten handelt es sich teilweise um gemittelte, teilweise um spezifische Herstellerdaten. Das Verwenden von Daten nur einer Kategorie war nicht möglich. Beim Vergleich der hier benutzten Daten mit Sachbilanzen anderer Autoren ist außerdem zu beachten, daß es sich jeweils um aggregierte Daten handelt, die aus Verknüpfungen verschiedener Prozesse hervorgegangen sind. Mögliche Abweichungen ergeben sich durch diverse Annahmen zu Prozessen der Energiebereitstellung, Transporten, Verteilungsregeln usw. oder aus den verwendeten Datensätzen selbst.

Folgende Umweltbelastungen wurden bilanziert: Überschläglich konnte die Flächeninanspruchnahme infolge der Eisenerz-, Kalkstein- und Sand/Kiesgewinnung berechnet werden. Verallgemeinerbare Aussagen zu den betroffenen Schutzgütern waren nicht möglich. Der Verbrauch mineralischer und energetischer Rohstoffe ließ sich ausreichend genau bilanzieren. Die Vielfalt möglicher Emissionen konnte nicht vollständig erfaßt werden. Zu Emissionen in die Luft lagen meist nur Informationen zu den Standardemissionen CO_2, SO_2, NO_x, CO, CH_4, NMVOC[1] und Staub vor, wobei nur die CO_2-Emissionen stöchiometrisch nachvollziehbar sind. Alle anderen Angaben sind mit Unsicherheiten verbunden, was vor allem für die Summenwerte NMVOC und Staub gilt. Angaben zu Emissionen in Wasser waren nur für wenige Prozesse erhältlich, deren Verwendung zu Verwerfungen in der Gesamtaussage geführt hätte. Erfaßt wurde aber der Wasserverbrauch, der im weitesten Sinne auch ein Maß für die Belastung des Wassers durch Emissionen darstellt. Aussagen zu direkten Emissionen in den Boden waren nicht möglich, da die meisten Schadstoffe über die Luft oder in Wasser gelöst in den Boden gelangen. Zum Abraum, der bei der Rohstoffgewinnung zurückbleibt, lagen nur wenige Informationen vor. Auch die Angaben zu den Produktionsabfällen sind nur ungenügend und in den Quellen bereits auf verschiedene Weise kategorisiert, so daß die Vergleichbarkeit untereinander nicht immer gewährleistet ist.

Zusammenfassend läßt sich feststellen, daß anhand der vorliegenden Daten ein großer Teil der Umweltbelastungen infolge Rohstoffgewinnung und Baustoffherstellung quantifiziert werden kann. Die Aussagen sind aber mit einer Reihe von Unsicherheiten verbunden und können auch nicht den Anspruch auf Vollständigkeit erheben.

5.2.2 Bauprozesse

Als Bauprozesse werden alle Tätigkeiten während der Bau-, Instandsetzungs- und Abbrucharbeiten bezeichnet. Sie sind in der Regel durch Maschineneinsatz gekennzeichnet und mit Energieverbrauch, Emissionen und Abfällen verbunden. Direkte Eingriffe in den Naturhaushalt ergeben sich weniger aus den Bauprozessen als aus den Anlagen der Baustelleneinrichtung und dem Bauwerk selbst.

Die Preise für Bauleistungen werden kalkuliert, in dem Bauprozesse auf Mengeneinheiten aus der Bauwerksbeschreibung bezogen werden, z.B.: 1 m^3 Bodenaushub, 1 m^3 eingebauter Beton, 1 m^2 beschichtete Stahloberfläche. Es wäre sinnvoll, auch die Umweltbelastungen von Bauprozessen auf der Basis solcher Mengeneinheiten zu quantifizieren. Allerdings hängen die Umweltbelastungen der Bauprozesse nicht nur von der gewählten Technologie, sondern auch von den örtlichen Verhältnissen, der Witterung und der Sorgfalt der Ausführenden ab. Ein umfassender Datensatz für Bauprozesse müßte diese Einflüsse berücksichtigen und mehrere Module für die gleiche Bauleistung enthalten. Bereits diese Vielfalt macht das Quantifizieren der Umweltbelastungen von Bauprozessen schwierig. Zusätzlich kommt hinzu, daß es bisher kaum systematische Sachbilanzen von Bauprozessen gibt.

---

[1] *Non Methan Volatile Organic Compounds* = flüchtige organische Verbindungen (Kohlenwasserstoffe) ohne Methan.

Am einfachsten zu bestimmen ist der Energieverbrauch von Baumaschinen, der als Diesel-, Strom- oder Gasverbrauch quantifiziert werden kann. Für verschiedene Straßenbauprozesse existieren dazu Literaturangaben (z.B. [BBT81, Poh86]). Auch von Kalkulatoren sind entsprechende Daten zu bekommen [Die95]. Naheliegend ist es dann, aus dem Energieverbrauch die energiebedingten Emissionen zu berechnen, also bspw. Zusammenhänge zwischen dem Dieselverbrauch der Baumaschinen und den Emissionen der Verbrennungsmotoren herzustellen. In [BUW94] wird folgendes Vorgehen für die Ermittlung des Treibstoffverbrauchs und der Schadstoffemissionen von Baumaschinen vorgeschlagen:

– Zusammenstellen genereller Informationen zum Projekt ,

– Berechnen der zu leistenden Arbeit (z.B. Aushubkubaturen),

– Festlegen des Maschinenparkes,

– Berechnen der erforderlichen Betriebsstunden der ausgewählten Baumaschinen bezogen auf die zu leistende Arbeit,

– Ableiten des Treibstoffverbrauchs und der Emissionen aus den berechneten Betriebsstunden.

Benötigt werden Daten zu den spezifischen Betriebsstunden bestimmter Baumaschinen pro Leistungseinheit. Solche Zahlen sind in der erwähnten Studie für einige Tätigkeiten des Straßen- und Tunnelbaus aufgelistet (Ausheben, Verladen, Deponieren, Dammschüttung, Belagarbeiten, Schrämmen und Ausbruch, Transporte). Die Werte beruhen allerdings auf Einzeluntersuchungen und sind daher nicht allgemeingültig. Das wird in der Studie gezeigt, in dem mit den exemplarischen Daten der voraussichtliche Treibstoffverbrauch von drei Baustellen berechnet und mit dem tatsächlichen Verbrauch verglichen wurde. Die Differenzen lagen zwischen −57% und +183%. Durch eine breitere Datenbasis läßt sich die Genauigkeit sicher erhöhen. Abweichungen zwischen Prognose und Realität wird es aber immer geben, da die örtlichen Bedingungen stets eine Rolle spielen. Eine weitere Unsicherheit resultiert aus dem Umstand, daß Treibstoffverbrauch und Emissionen nur bedingt miteinander korrelieren. Das Berechnen der energiebedingten Emissionen über den Treibstoffverbrauch ist zwar praktikabel, führt aber nach [BUW94] nicht immer zu einem realistischen Ergebnis, weil die Emissionen auch durch Bauart und Wartungszustand der Motoren sowie durch das Verhalten der Maschinisten beeinflußt werden.

Wesentlich schlechter als Energieverbrauch und energiebedingte Emissionen sind die prozeßbedingten Emissionen zu quantifizieren, z.B. die frei werdenden Schadstoffe bei Korrosionsschutzarbeiten oder die Staubemissionen beim Abbruch von Betonkonstruktionen. Aus Gründen des Arbeitsschutzes werden auf Baustellen zwar Schadstoffkonzentrationen gemessen (z.B. [Sche92]), die Werte lassen sich aber nicht auf Mengeneinheiten beziehen. Außerdem sind die prozeßbedingten Emissionen noch mehr von der Situation und der Sorgfalt der Baufirmen abhängig als Energieverbrauch und energiebedingte Emissionen. Staubemissionen beim Abbruch von Massivbauten lassen sich z.B. durch Besprühen mit Wasser eindämmen. Im allgemeinen kann man also nur qualitative Aussagen zu den prozeßbedingten Emissionen machen, d.h. es ist mehr oder weniger gut bekannt, welche Emissionen bei bestimmten Prozessen auftreten oder auftreten können. Im weiteren wird eine Übersicht zu den im Brückenbau wichtigen prozeßbedingten Emissionen gegeben:

– Bei Grund- und Erdbauarbeiten wird direkt in den Boden eingegriffen. In der Regel wird dabei der Mutterboden entfernt und das Grundwasser angeschnitten. Tiefere Bodenschichten und Grundwasser sind dadurch zugänglich für Stoffeinträge aller Art, z.B. für abtropfendes Öl und Kraftstoff aus Fahrzeugen und Baumaschinen. Ein generelles Problem des Grund- und Erdbaus sind Lärm und Erschütterungen.

– Im Zusammenhang mit Betonarbeiten ist die Auslaugung von Alkalien aus dem Frischbeton unerwünscht, die insbesondere bei Spritzbeton auftritt und den pH-Wert des Oberflächen- und Grundwassers in der Umgebung der Baustelle nachteilig verändern kann. Durch entsprechende Betonrezepturen kann die Auslaugung aber weitgehend vermieden werden [May94]. Bei Schalarbeiten können Schalöle in den Boden gelangen. Sie bestehen im wesentlichen aus Mineralölen und sind teilweise mit Paraffinen und Wachsen vermischt [Gre93]. Beim Aufbringen der Trennmittel mit Sprühgeräten können Sprühnebel mit gesundheitsgefährdenden Aerosolkonzentrationen entstehen [Rüh91]. Instandsetzungsarbeiten an Betonoberflächen sind ebenfalls mit prozeßbedingten Emissionen verbunden (alkalische Stäube bei Stemmarbeiten, Aerosole, Lösungsmittel und Tropfverluste bei Beschichtungsarbeiten).

– Bei Schweißarbeiten bilden sich in Abhängigkeit von den verwendeten Elektroden und Gasen eine Vielzahl luftverunreinigender oder toxischer Stoffe (u.a. NO_x, CO, Ozon, Staub, diverse Oxide) [Ric90, Kün95].

– Während des Beschichtens von Stahloberflächen und bei vorbereitenden Maßnahmen (Strahlen, Entfernen von alten Beschichtungen usw.) werden u.a. Stäube, Strahlschutt, Rauchgase, Farbpartikel und Lösemitteldämpfe freigesetzt. Wegen des großen toxischen Potentials dieser Schadstoffe werden Korrosionsschutzarbeiten in der Regel in Einhausungen durchgeführt. Stäube, Partikel und Gase werden so weit es geht abgesaugt. Geringe Staubaustritte sind aber nicht immer zu vermeiden [Vol90].

– Holzschutzmittel enthalten organische oder anorganische Schadstoffe in teilweise hoher Konzentration, mitunter auch Lösemittel. Beim Auftragen bestehen ähnliche Gefahren für die Umgebung und die Verarbeiter wie bei der Verarbeitung von Korrosionsschutzmitteln. Ebenso ist eine Verteilung der Holzschutzmittel im Umfeld durch Säge- und Bohrspäne möglich.

– Im Zusammenhang mit Asphaltarbeiten werden mögliche Gefahren durch Bitumendämpfe diskutiert, da Bitumen nach [MAK] ein Stoff mit „Verdacht auf krebserzeugende Eigenschaften" ist. *Schellenberg* [Sche92] zitiert aber Emissionsmessungen an Straßenbauarbeitsplätzen, nach denen eine Gefährdung durch Bitumendämpfe nicht gegeben ist. Ähnliche Aussagen finden sich in [Schmi93] und [Pfe93].

– Als generelles Problem aller Abbrucharbeiten sind Lärm, Erschütterungen sowie Staub- und Rauchemissionen anzusehen [Lin82, Bre96].

– Allgemeine Baustellenprozesse sind außerdem mit einer Vielzahl schwer erfaßbarer Emissionsquellen verbunden, deren Auftreten in erster Linie von der Sorgfalt der am Bau Beteiligten abhängig ist. Dazu zählen Tropfverluste von Fahrzeugen und Baumaschinen, verwehte leichte Bestandteile aus der Lagerung von Baustoffen, vergrabene Abfälle usw.

Im Gegensatz zu den prozeßbedingten Emissionen sind zu den prozeßbedingten Abfällen spezifische, auf bestimmte Bauprozesse bezogene Daten erfaßbar (Tabelle 5.2-2). Es liegen dazu aber nur wenig Daten vor.

Tab. 5.2-2: Spezifische Abfallmengen im Spezialtiefbau [Hol96]

Leistungsart	Abfallarten / Abfallmengen		
Schachtung mit Stützflüssigkeit (Schlitzwand-SW)	1. Stützflüssigkeit: 2. Restbeton: 3. Spülwasser: 4. Bodenaushub:	$167 - 660$ kg/m^2 SW $28 - 150$ kg/m^2 SW 50 l/m^2 SW $d \cdot 1700$ kg/m^3 SW	bei SW-Stärken $0{,}40 - 1{,}50$ m bei SW-Stärken $0{,}40 - 1{,}50$ m bei SW-Stärken $0{,}40 - 1{,}50$ m
Schachtung mit Stützflüssigkeit (Dichtwand-DW)	1. Dichtwandmaterial: 2. Bodenaushub: 3. Spülwasser:	6 kg/m^2 DW $785 - 2869$ kg/m^2 DW 11 kg/m^2 DW	bei SW-Stärken $0{,}40 - 1{,}50$ m bei SW-Stärken $0{,}40 - 1{,}50$ m bei SW-Stärken $0{,}40 - 1{,}50$ m
Bohrungen $\leq \varnothing$ 300mm (Kleinbohrpfähle)	1. Bohrgut: 2. Bohrspülung: 3. Restbeton:	$50 - 120$ kg/m Pfahl $90 - 180$ kg/m Pfahl $11 - 15$ kg/m Pfahl	bei $\varnothing$ $200 - 300$ mm bei $\varnothing$ $200 - 300$ mm bei $\varnothing$ $200 - 300$ mm
Großbohrpfähle $> \varnothing$ 300mm	1. Bohrgut (Greifer): 2. Bohrgut (Schnecke): 3. Bohrgut (Schraube): 4. Restbeton: 5. Spülwasser:	$500 - 5650$ kg/m Pfahl $170 - 3180$ kg/m Pfahl $290 - 1150$ kg/m Pfahl $700 - 2600$ kg/m Pfahl $60 - 160$ kg/m Pfahl	bei $\varnothing$ $600 - 2000$ mm bei $\varnothing$ $350 - 1500$ mm bei $\varnothing$ $450 - 900$ mm bei $\varnothing$ $600 - 1500$ mm bei $\varnothing$ $550 - 1500$ mm
Rammpfähle	1. Restbeton (Mehrb.): 2. Kappbeton	100 kg/m $200 - 400$ kg/m Stück	alle $\varnothing$ bei $\varnothing$ $420 - 610$ mm
Hochdruckinjektionen	1. Überschußsuspension: 2. Restbeton: 3. Spülwasser:	1500 kg/m^3 Hochdruckinjektion (HDI) 5 kg/m^3 HDI + 200 kg/m^3 sichtbare HDI-Fläche 75 kg/m^3 HDI	
Verbauarbeiten (Trägerbohlwände)	1. Bodenaushub: 2. Holzabfälle: 3. Spritzbetonrückprall:	$28 - 64$ m^3/m 2 kg/m^2 100 kg/m^2	bei $\varnothing$ $600 - 900$ mm bei 2,5 m Trägerabstand bei 15 cm starker Ausfachung

Als Fazit läßt sich ableiten, daß die Umweltbelastungen der Bauprozesse nur in eingeschränktem Umfang quantifizierbar sind. In der Regel lassen sich lediglich zum Energieverbrauch und zu den energiebedingten Emissionen, mitunter auch zu den Abfällen Aussagen machen. Die prozeßbedingten Emissionen können nur qualitativ beschrieben werden. Zur Zeit liegen nur wenige verallgemeinerbare Module zu Bauprozessen vor (siehe Anhang A, Kap. A.11).

5.2.3 Baustelleneinrichtung

Die wesentlichsten Umweltbelastungen der Baustelleneinrichtung stellen die durch den Bau der Brücke beeinträchtigten und in Anspruch genommenen Flächen dar. Deren Größe kann zum Teil aus der Bauwerksbeschreibung abgeleitet werden, da die gesamte Fläche unter der Brücke durch den Bau der Unterbauten fast immer beeinflußt wird. Was zusätzlich an Flächen für Baustraßen, Baustellenunterkünfte, Werk- und Lagerplätze usw. in Anspruch genommen wird, ist vom Bauverfahren, von den örtlichen Bedingungen und auch von der ausführenden Baufirma abhängig. Welche Aussagen dazu möglich sind, hängt davon ab, in welcher Planungsphase die Umweltbelastungen analysiert werden.

Schwieriger ist der Grad der Beeinträchtigung zu bestimmen. Von einem nahezu vollständigen Entfernen der Vegetation kann bei allen für den Bau in Anspruch genommenen Flächen ausgegangen werden. Weitere Schäden können von Versiegelungen durch Baustraßen oder Bodenverdichtung durch Fahrzeugüberfahrten ausgehen.

Quantifizierbar ist der Energieverbrauch für Baustellenbeleuchtung, Unterkünfte usw. Im Normalfall ist der Anteil am Gesamtenergieverbrauch einer Baustelle relativ gering [Schwa95]. In bestimmten Fällen, z.B. bei Winterbaustellen oder beheizten Montagehallen kann der Anteil aber relevante Größen erreichen.

5.2.4 Bauwerk

Zu den bauwerks- oder anlagenbedingte Umweltbelastungen zählen die überbauten und überdeckten Flächen, die räumlichen Zerschneidungen und die Emissionen, die direkt vom Baukörper infolge Auswaschungen, Abwitterungen usw. ausgehen. Die Größen der überbauten und überdeckten Flächen und die Trennwirkungen sind anhand der Bauwerksbeschreibung direkt bestimmbar. Problematisch sind Aussagen zu den resultierenden Wirkungen. Zu den direkt vom Bauwerk ausgehenden Emissionen sind nur qualitative Aussagen möglich. Es gibt zwar Untersuchungen zu diesem Thema, z.B. [Gre93], allgemeine Aussagen, die auf Oberflächen und Baustoffe beziehbar sind, lassen sich aber nicht ableiten. Mögliche Emissionen werden im folgenden aufgezählt:

- Bauwerksoberflächen werden mechanisch und chemisch stark beansprucht. In der Folge gelangen Bestandteile der oberflächennahen Baustoffe in das Umfeld des Bauwerkes. Die Gefahren für die Umwelt sind von der Zusammensetzung der Baustoffe abhängig.
- Von den Betonoberflächen sind vor allem die Bauteile im Untergrund betroffen. Aggressives Grundwasser ist in der Lage den Beton von Fundamenten, Widerlagern usw. anzugreifen und zu zerstören, so daß die Inhaltsstoffe freigesetzt werden (Alkalien, u.U. Schwermetalle). Als kritisch werden vor allem Baukörper aus Spritzbeton und Betonzusatzmittel angesehen [Jör93, May94]. Des weiteren können Partikel von Oberflächenschutzsystemen für Beton in den Boden oder in Gewässer gelangen. Die Mechanismen der Einbindung von Schadstoffen in Zement und Beton und deren Auslaugung sind bisher nur in Kurzzeitversuchen untersucht worden [Rei93].
- Bei Korrosionsschutzsystemen findet ein Filmabbau statt, der nach [Vol90] je nach Beschichtung, atmosphärischer Belastung und sonstigen Bedingungen 1-5 µm pro Jahr betragen kann. Bei wetterfesten Stählen ist das Abrosten einkalkuliert [Fis92].
- Besonders zu beachten sind die toxischen Wirkstoffe von Holzschutzmitteln. Nach [Umw93] besteht bei der Verwendung von Chrom-, Kupfer- und Arsensalzen die Gefahr des Auswaschens (siehe auch [Gre93, Bri89]).
- Der Fahrbahnbelag spielt keine entscheidende Rolle. In [Sche92] sind Ergebnisse einer Analyse von Straßenabwässern zitiert, bei denen die Abwässer einer Betondecke mit denen einer Asphaltdecke verglichen wurden. Die gemessenen Inhaltsstoffe sind annähernd gleich. Daraus wurde geschlossen, daß die Inhaltsstoffe der Abwässer nicht vom Fahrbahnbelag, sondern vorrangig vom Verkehr, z.B. von Fahrzeugabgasen, Tropfverlusten, Reifenabrieb und Streusalzen ausgehen.

5.2.5 Verkehr auf der Brücke

Vom Verkehr auf der Brücke gehen Schadstoff- und Lärmemissionen aus, wobei bei Eisenbahnbrücken nur letzteres eine Rolle spielt. Schadstoffe werden von den Verbrennungsmotoren freigesetzt, gelangen aber auch durch Reifen- und Bremsbelagabrieb, Tropfverluste sowie durch Straßenunterhaltung und Winterdienst in die Umwelt [Rei91]. Die wesentlichen Emissionen der Verbrennungsmotoren (CO, NO_x, SO_2, Kohlenwasserstoffe, Blei, Ruß) können streckenbezogen nach [MLuS-92] berechnet werden, wenn Angaben zu Verkehrsstärke, Verkehrssituation (Betriebszustand) und zum Lkw-Anteil vorliegen. Mit [RLS-90] kann der Lärmpegel in Abhängigkeit von Verkehrsstärke und Lkw-Anteil ermittelt werden.

Der Verkehr auf der Brücke wird im Normalfall durch die Bauart der Brücke nicht beeinflußt, so daß die aus dem Verkehr resultierenden Umweltbelastungen im allgemeinen variantenunabhängig sind. Variantenbedingte Unterschiede können sich bei funktionalen Einheiten nach Bild 4.1-1b ergeben, wenn die Zufahrten, resultierend aus der Lage des Tragwerkes, verschiedene Längsneigungen aufweisen (Bild 5.2-4).

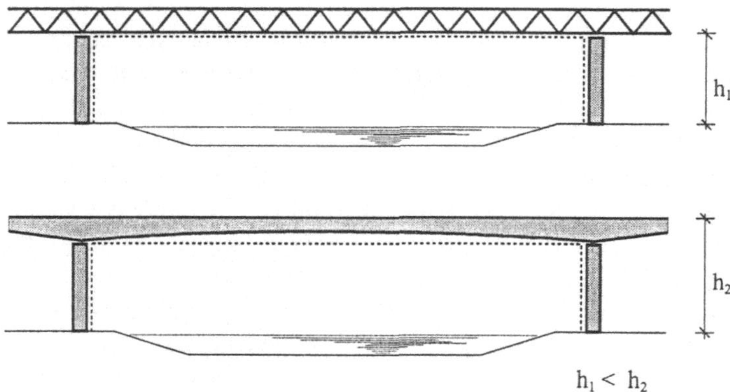

Bild 5.2-4: Einfluß der Lage des Tragwerkes auf die Brückengradiente

Die oben zitierten Berechnungsmethoden für Schadstoff- und Lärmemissionen lassen aber kein genaues Erfassen der Unterschiede zu: Das Berechnungsverfahren zur Immissionsabschätzung nach [MLuS-92] ist für Längsneigungen von 0 bis 6% ohne Unterschiede gültig. Nach [TÜV84] ist aber bereits bei Steigungen ab 3% mit einem Anstieg der Emissionen zu rechnen. Bezüglich des Lärmes ist bei einer Steigung über 5% ein Zuschlag zu beachten [DIN18005]. In [Ger97] wird ein linearer Zusammenhang von Lärmpegelzunahme ΔL_G und der Fahrbahngradiente G erwähnt:

$$\Delta L_G = 0,4 \cdot G \quad [dB(A)] \tag{5-1}$$

Nach [Säl82] ist jedoch davon auszugehen, daß bei Längsneigungen bis 6% die Zunahme des Lärmpegels durch eine Abnahme auf der Gegenseite kompensiert wird. Ähnliches ist auch für die Schadstoffemissionen zu vermuten.

Einen Korrekturfaktor für den Lärmpegel gibt es auch für die Art der Straßenoberfläche (siehe Tabelle 5.2-3), ein Detail, was allenfalls bei Stadt- und Fußgängerbrücken wählbar ist.

Tab. 5.2-3: Korrekturfaktor für Straßenoberflächen [DIN 18005]

Straßenoberfläche	ΔL [dB]
nicht geriffelter Gußasphalt	0
Asphaltbeton	$-0,5$
Beton- oder geriffelter / gewalzter Gußasphalt	$+1,0$
Pflaster mit ebener Oberfläche	$+2,0$
Pflaster mit nicht ebener Oberfläche	$+4,0$

Für die Schadstoff- und Lärmausbreitung sind verschiedene Elemente des Brückenausbaus ausschlaggebend. Als wichtigstes Detail ist die Lärmschutzwand zu nennen. Ebenso wichtig ist, ob die Brückenabwässer einem Vorfluter zugeführt werden oder im Umfeld versickern. Da diesbezüglich vieles durch Vorschriften geregelt ist, sind die variantenbedingten Unterschiede meist gering. Die durch den Verkehr auf der Brücke erzeugte Lärmabstrahlung des Brückentragwerkes wird hier nicht betrachtet.

5.2.6 Verwertungs- und Entsorgungsprozesse

Zu den Verwertungsprozessen sind alle Prozeßschritte zu rechnen, die nach dem Abbruch einer Brücke notwendig sind, um die Abbruchmassen für eine neue Nutzung aufzubereiten (siehe Tabelle 5.2-4). Die Entsorgung hat entweder prozeßualen Charakter, z.B. bei der Müllverbrennung ohne Energienutzung, oder ist ein Dauerzustand, wie die Deponierung. Wichtige Umweltbelastungen bei den Verwertungs- und Entsorgungsprozessen sind Energieverbrauch, Emissionen und Flächeninanspruchnahme.

Tab. 5.2-4: Verwertungsprozesse

Baustoff	Abbruch	Verwertungsprozeß	Neue Prozeßkette
Stahl	Chargierfähige Brückenteile	Schrottlogistik	Stahlwerk
Beton	Haufwerk	Betonrecycling	neues Bauwerk
Asphalt	Fahrbahnaufbruch	Asphaltrecycling	neues Bauwerk
Holz / Kunststoffe	zerschnittene Teile	Verbrennung	Energienutzung

Theoretisch sind für diese Prozesse auf Mengeneinheiten bezogene Module bilanzierbar, z.B. für die Emissionen bei der Verbrennung von einer Tonne Kunststoffabfall, zur Flächeninanspruchnahme eines m^3 Abraums oder zu den Emissionen während der Deponierung von einem m^3 inerter Abfälle. Hierzu gibt es aber kaum verallgemeinerbare Daten. Der Aufwand, modulare Daten zusammenzustellen, lohnt sich auch kaum, da der größte Teil des Abfalls erst beim Abbruch einer Brücke anfällt. Bis dahin haben sich die technischen Bedingungen mit Sicherheit derart verändert, daß heutige Daten nur

noch Makulatur sind. Außerdem ist von einer hohen Verwertungsrate der Abbruchmassen einer Brücke auszugehen. Aussagen zu den Produktions- und Baustellenabfällen
beziehen sich dagegen auf die heutige Zeit. Das Zahlenmaterial zu den Größen ist aber
sehr schlecht (siehe Kapitel 5.2.1 und 5.2.2), so daß sich auch hier der Aufwand für das
Aufstellen von Modulen kaum lohnt. Im Anhang finden sich Angaben zu Umweltbelastungen folgender Verwertungs- und Entsorgungsprozesse:
– Emissionen bei der Verbrennung von unbehandeltem Holz (Anhang A, Tab. A.2-3),
– Energieverbrauch beim Recycling von Betonschutt (Anhang A, Kap. A.10).

5.2.7 Prozesse der Energiebereitstellung

Bei der Bilanzierung der Umweltbelastungen eines Prozesses ist in der Regel der Energieverbrauch bekannt. Erfaßt wird die sogenannte Endenergie, die sich aus Nutzenergie
und prozeßbedingten Umwandlungsverlusten zusammensetzt. Sie stellt aber nicht den
gesamten Energieverbrauch dar. Einerseits bedarf die Gewinnung der Energieträger und
deren Transport zum Verbraucher einen gewissen Aufwand, andererseits durchlaufen
viele Energieträger vor ihrer Nutzung verschiedene Umwandlungsstufen, bei denen
Energieverluste (z.B. Abwärme) entstehen. Gleichzeitig ist die Umwandlung fossiler
Energieträger in leitungsgebundene Energie (Strom, Fernwärme) mit erheblichen Umweltbelastungen, vor allem Emissionen verbunden. Als Prozesse der Energiebereitstellung
werden hier die Gewinnung und Bereitstellung von Energieträgern, die Erzeugung und
Verteilung von leitungsgebundener Energie sowie die Herstellung von Treibstoffen
bezeichnet. Solche Prozesse können jedem Glied einer *Prozeßkette* zugeordnet werden
(Bild 5.2-5).

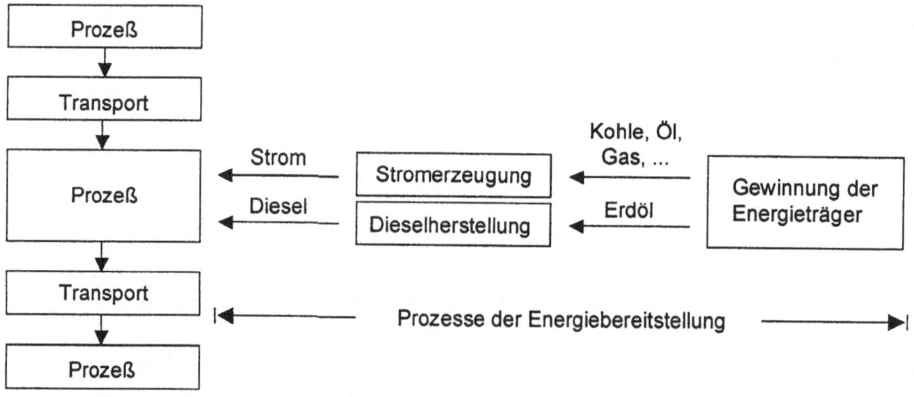

Bild 5.2-5: Prozeßkette mit Prozessen der Energiebereitstellung

Die Umweltbelastungen der Energiebereitstellung sind von bemerkenswertem Umfang, wie das Energieflußdiagramm in Bild 5.2-6 anschaulich zeigt. Die verbrauchte
Endenergie, d.h. die Energie die bei Prozessen gemessen wird, macht nur 65% des Ge-
samtenergieverbrauchs in der Bundesrepublik aus. Besonders hohe Verluste treten beim
Erzeugen, Umwandeln und Verteilen elektrischer Energie auf. Hier stellt die Endenergie
nur 30-40% des tatsächlichen Energieverbrauchs dar [Frit95].

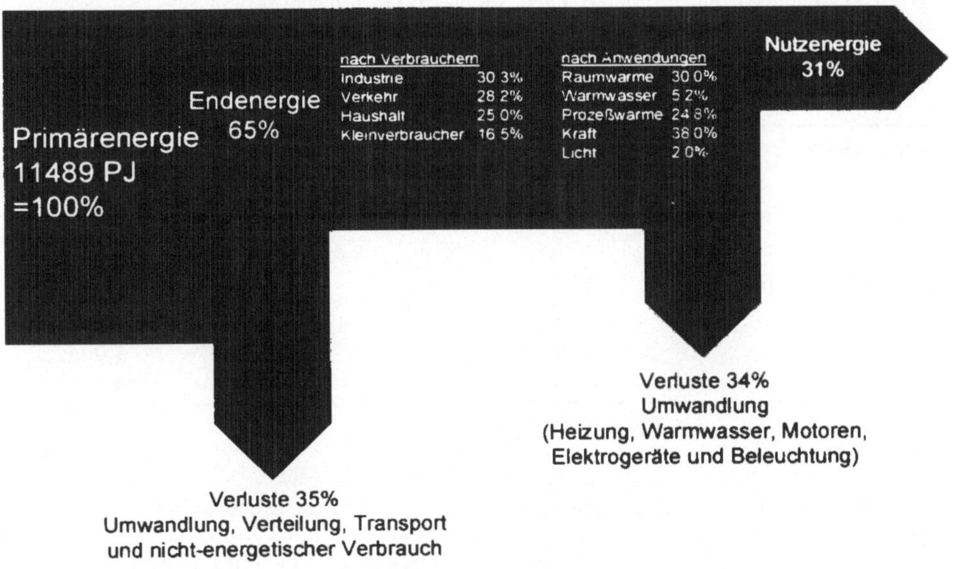

Bild 5.2-6: Energieflußdiagramm der Bundesrepublik [Umw93]

Ein spezifisches Problem der Bilanzierung von Umweltbelastungen infolge Energie-bereitstellung ist der sogenannte Strom-Mix. Hierbei handelt es sich um eine Annahme zu den prozentualen Anteilen einzelner Möglichkeiten der Stromerzeugung an der verbrauchten elektrischen Energie. In Deutschland wird Strom bspw. aus Stein- und Braunkohle, Atomkraft und diversen anderen Energieträgern erzeugt. Annahmen dazu sind erforderlich, da nicht alle Verbraucher einheitlich hergestellten Strom beziehen. So gibt es z.B. historisch bedingte Unterschiede zwischen den alten und den neuen Bundesländern. Außerdem sind nicht alle Verbraucher an das öffentliche Netz angeschlossen. Bahnstrom wird bspw. in bahneigenen Kraftwerken erzeugt und hat dadurch einen vom öffentlichen Netz abweichenden Strom-Mix (Tabelle 5.2-5).

Rohstoffverbrauch und Emissionen der einzelnen Verfahren zur Stromerzeugung unterscheiden sich deutlich (Tabelle 5.2-6). Der Strom-Mix beeinflußt die Ergebnisse von Sachbilanzen entsprechend stark. Üblich sind Annahmen zu einem mittleren Kraftwerkspark für Deutschland [Frit95] oder einem europäischen Mittelwert [Fri95].

In Einzelfällen können solche Annahmen aber zu völlig falschen Ergebnissen führen, bspw. dann, wenn ein Hüttenwerk Eigenstrom aus Abwärme erzeugt. Diesbezüglich bestehen oft große Unsicherheiten, weil zwar der Stromverbrauch bekannt ist, aber keine Informationen darüber vorliegen, wie der Strom erzeugt wird.

Tab. 5.2-5: Anteile einzelner Stromerzeuger (Strom-Mix) in % nach [Frit95]

	Grundlast-strom West	Grundlast-strom Ost	Grundlast-strom (Ost/West)	Fahrstrom-Bahn (Ost/West)
Atomkraftwerk	45,0	5,3	39,0	14,0
Steinkohle-KW	15,0	–	13,0	41,0
Braunkohle-KW (westelbisch)	–	13,4	2,0	2,0
Braunkohle-KW (ostelbisch)	–	80,0	12,0	11,0
Braunkohle-KW (rheinisch)	35,0	–	30,0	–
Gas-KW	–	–	–	17,0
Öl-KW	–	–	–	1,0
Wasser-KW	5,0	1,3	4,0	14,0

Tab. 5.2-6: Umweltbelastungen in Abhängigkeit vom Strom-Mix (berechnet nach [Frit95])

Emissionen $[kg/TJ_{end}]$	Grundlast-strom West	Grundlast-strom Ost	Grundlaststrom (Ost/West)	Fahrstrom-Bahn (Ost/West)
SO_2	104	191	118,3	132
NO_x	125	175	133,9	147
Staub	17,5	20,5	18,1	18,2
CO_2	154000	260000	171261	182500
Primärenergie $[TJ/TJ_{end}]$	2,9	2,59	2,86	2,73

Für das Beispiel in Kapitel 5.3 wurde mit Annahmen zum Strom-Mix nach [Frit95] gearbeitet. Die Daten zu den Umweltbelastungen der Energiebereitstellung wurden ebenfalls dieser Studie entnommen (siehe Anhang A). Auf dieser Grundlage sind der Verbrauch der fossilen Energieträger Erdöl, Erdgas und Kohle sowie die Standardemissionen (CO_2, SO_2, NO_x, CO, CH_4, NMVOC, Staub) bilanzierbar. Die Umweltbelastungen der Energiebereitstellung wurden jeweils aus dem gegebenen Endenergieverbrauch und der Energieträgerverteilung eines Prozesses ermittelt und zu den prozeßbedingten Umweltbelastungen addiert. Das genaue Vorgehen ist in Anhang A beschrieben.

Mit [Fri95] liegt eine wesentlich umfassendere Studie zu den Umweltbelastungen der Energiebereitstellung vor, als sie [Frit95] darstellt. Sie enthält je Prozeß Angaben zu etwa 700 verschiedenen Umweltbelastungen. Die Ergebnisse dieser Studie wurden hier aber nicht berücksichtigt, da das Einbeziehen derartig umfassender Analysen nur sinnvoll ist, wenn die Prozesse, um die es eigentlich geht, ähnlich genau analysierbar sind. Das war nicht der Fall, so daß die Daten aus [Frit95] für das Beispiel ausreichend sind.

5.2.8 Transporte

Transporte stellen in Sachbilanzen die Bindeglieder zwischen den einzelnen Schritten einer Prozeßkette dar (Bild 5.2-5). Im Unterschied zum Verkehr auf der Brücke, bei dem die Umweltbelastungen auf die Länge der Brücke und die darüber fahrenden Fahrzeuge bezogen werden müssen, ist hier die Transportleistung in Tonnenkilometer die Bezugsbasis. Für Transporte existieren allgemeine Module in der Literatur [Frit95, Fri95, Mai95, Vos96]. Sie sind uneinheitlich, was den Umfang der Daten und die jeweiligen Werte angeht. Von großem Einfluß ist die Wahl der Systemgrenzen, vor allem, ob die herstellungs-, unterhaltungs- und entsorgungsbedingten Aufwendungen für die Verkehrswege und -mittel bilanziert werden oder nicht. Letzteres wird in [Fri95] als indirekte Prozesse, in [Frit95] als materielle Vorstufen bezeichnet. *Voss* [Vos96] unterscheidet antriebsbedingte und nicht antriebsbedingte Umweltbelastungen (Tab. 5.2-7).

Tab. 5.2-7: Antriebsbedingte und nicht antriebsbedingte Umweltbelastungen [Vos96]

		Einheit	CO	NO$_x$	SO$_2$	CO$_2$	PEA
Lkw	antriebsbedingt	g bzw. MJ	193	619	50	36200	496
	nicht antriebsbedingt	g bzw. MJ	34	19	12	6700	111
	gesamt	g bzw. MJ	227	638	62	42900	607
	Anteil nicht antriebsbedingt	%	16	3	20	16	18
Bahn	antriebsbedingt	g bzw. MJ	34	67	34	21400	387
	nicht antriebsbedingt	g bzw. MJ	27	14	6	3700	62
	gesamt	g bzw. MJ	61	81	40	25100	449
	Anteil nicht antriebsbedingt	%	44	17	16	15	14

Die Tabelle zeigt, daß die antriebsbedingten Umweltbelastungen den größeren Anteil an den Gesamtbelastungen haben. Die Anteile der nicht antriebsbedingten Umweltbelastungen liegen mit einer Ausnahme unter 20%. In [Fri95] wurden für bestimmte Umweltbelastungen (z.B. Flächeninanspruchnahme, bestimmte Emissionen) höhere Anteile der indirekten Prozesse ermittelt. Die Tendenz dürfte auch in diese Richtung gehen. Je genauer und detaillierter die indirekten Prozesse untersucht werden, um so mehr indirekte Belastungen werden einbezogen. Die direkten Belastungen sind dagegen schon ausreichend genau bilanziert.

Der Einfluß der indirekten Belastungen ist vor allem dann wichtig, wenn unterschiedliche Transportmittel zu vergleichen sind. Die Wahl der Systemgrenzen kann dabei entweder Vorteile für das eine oder für das andere Transportmittel ergeben. Bei der Bewertung von Brücken sind die Transporte nur Bestandteile umfassender Prozeßketten. Daher spielt die Wahl der Systemgrenzen keine entscheidende Rolle.

Für das Beispiel werden Daten aus [Frit95] und [Lei96] (siehe Anhang A, Kap. A.2) verwendet. Bilanziert wurden der Verbrauch energetischer Rohstoffe und die Standardemissionen (siehe Kap. 5.2.7) für Lkw im Fern- und Nahverkehr, Bahn, Binnen- und Seeschiff. In anderen Arbeiten werden die Transportmittel weiter spezifiziert (z.B. [Eye96]: Lkw verschiedener Nutzlast und Auslastung) oder mehr Umweltbelastungen angegeben (z.B. [Fri95]). Auf detaillierte Daten zu den Transporten wurde hier aber verzichtet, da dadurch eine Genauigkeit unterstellt wird, die während der Bilanzierung

einer Brücke ohnehin nicht durchgehalten werden kann. Exakte Aussagen zu Transportmitteln und -entfernungen liegen bei Variantenvergleichen nämlich gar nicht vor. Alle
angesetzten Werte basieren bereits auf mehr oder weniger genauen Annahmen. So beeinflußt bspw. die angenommene Transportmittelauslastung die anzusetzenden Umweltbelastungsdaten weit mehr als die Systemgrenzen.

5.3 Beispiel

Die Möglichkeiten, Umweltbelastungen zu quantifizieren, werden anhand eines Beispiels gezeigt. Als Beispiel ausgewählt wurde die Schornbachtalbrücke in der Nähe von
Stuttgart (Bild 5.3-1). Bilanziert wurden die Umweltbelastungen für den Lebenszyklus
der Brücke, beginnend mit der Rohstoffgewinnung und endend mit der Entsorgung der
Abbruchmassen. Für die Bilanzierung standen die Projektunterlagen zur Verfügung. Der
Bau der Brücke wurde direkt während der Bauarbeiten bilanziert. Alle Berechnungen zu
späteren Lebensphasen beruhen auf Prognosen und Annahmen. In den folgenden Kapiteln wird dargestellt, welche Informationen zur Brücke und zu den Umweltbelastungen
vorlagen und welche Annahmen zu treffen waren, um eine Sachbilanz aufzustellen.

Bild 5.3-1: Schornbachtalbrücke (Foto: Marc Schumm)

5.3.1 Allgemeines

Die Schornbachtalbrücke ist Bestandteil der im Bau befindlichen Ortsumgehung Schorndorf im Zuge der vierspurigen, autobahnähnlich ausgebauten Bundesstraße B 29 Stuttgart-Aalen (Anhang B, Bild B-1). Sie war Ende 1996 weitestgehend fertiggestellt. Die 618 m lange Brücke führt in geringer Höhe (max. 15 m) über das Schornbachtal nördlich von Schorndorf und überbrückt den Schornbach, eine Kreisstraße und vier Feldwege. Im Grundriß liegt die Brücke in einem Kreisbogen mit einem Radius von R = 1100 m. Sie besteht aus zwei getrennten Überbauten mit je 12,7 m Breite (Ausbauquerschnitt RQ24). Die Brücke hat eine Grundfläche von 15700 m^2. Die Überbauten sind als Spannbetonplatten mit Vouten über den Pfeilern ausgebildet und weisen eine Querneigung von 4% auf (Anhang B, Bild B-2). Das statische System ist ein 14-feldriger Durchlaufträger mit Stützweiten von 33 m, 12 x 46 m und 33 m (Anhang B, Bilder B-3 und B-4). Die Überbauten ruhen auf Betonpfeilern, die Widerlager sind als Kastenlager ausgebildet. Pfeiler und Widerlager sind auf Ortbetonrammpfählen (Franki-Pfählen) gegründet. Feste Lager befinden sich an den mittleren Pfeilern 6, 7 und 8. Die übrigen Lager sind in Längsrichtung, bzw. in Längs- und Querrichtung verschieblich. Die Temperaturverformungen werden an den Widerlagern durch Übergangskonstruktionen ausgeglichen. Die Brückenabdichtung erfolgt mit Flüssigkunststoff. Der Fahrbahnbelag besteht aus mehreren Asphaltschichten. Für das Ableiten des Oberflächenwassers der Brücke wurden beiderseits des Schornbachs Regenklärbecken angeordnet. Da sich südlich der Brücke ein Wohngebiet befindet, gibt es auf der Südseite eine Lärmschutzwand (Anhang B, Bild B-5).

Die Mengen der verwendeten Baustoffe wurden [Schu94] entnommen. Sie sind im Anhang B, Tabelle B-1 aufgelistet. Die Gesamtmasse des Bauwerkes beträgt 57029 t = 3,6 t/m^2. Den Hauptanteil daran hat der Überbau mit einer Masse von 36047 t = 2,3 t/m^2 (63,2%). Der Rest verteilt sich auf Unterbau (5495 t = 9,6%), Gründung (8590 t = 15,1%) und Ausbau (6897 t = 12,1%). Nach Baustoffen geordnet ergibt sich folgende Verteilung: 50707 t Beton (88,9%), 3129 t Stahl (5,5%), 3045 t bituminöse Baustoffe (5,34%) und 148 t sonstige Baustoffe (0,26%) (Bild 5.3-2).

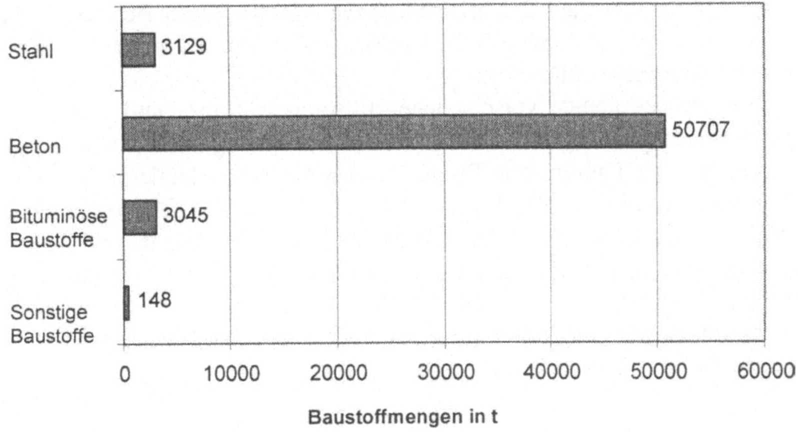

Bild 5.3-2: Massenbilanz der Schornbachtalbrücke

Die Herkunft des größten Teils der Stahlmengen ist bekannt: Der Betonstahl stammte aus Elektrostahlwerken (60% aus den Badischen Stahlwerken Kehl, der Rest aus anderen deutschen und französischen Werken). Der Spannstahl wurde auf Oxygenstahlbasis hergestellt. Beim Bau der Brücke kamen 9 verschiedene Betone zum Einsatz (siehe Tabelle 5.1-1).

5.3.2 Informationen zum Bau der Brücke

Der Bau der Brücke wurde von *Schumm* in einer Diplomarbeit ausführlich beschrieben [Schu94]. Hier werden deshalb nur die Informationen zusammengestellt, die für die Sachbilanz von Interesse sind. *Schumm* beobachtete ca. 2 Monate der insgesamt etwa 40 Monate währenden Bauzeit. Im Beobachtungszeitraum (Juni-Juli 94) wurde gerade an Abschnitten des Überbaus gearbeitet. Bilanziert wurde der Energieverbrauch in Form von Diesel, Strom und Propangas, bezogen auf einzelne Phasen des Bauablaufs. *Schumm* unterschied die Bauphasen Gründung, Erdbau, Unterbau, Überbau und Ausbau (Tabelle 5.3-1). Die Aufwendungen für Heizung und Beleuchtung verteilten sich über die gesamte Bauzeit und wurden dem allgemeinen Baustellenbetrieb zugeordnet. Alle Angaben zu den zeitlich vor dem Beobachtungszeitraum liegenden Tätigkeiten wurden von *Schumm* erfragt oder aus Abrechnungen entnommen. Die Werte zu Arbeiten, die zum Beobachtungszeitraum noch ausstanden, wurden hochgerechnet oder abgeschätzt.

Tab. 5.3-1: Energieverbrauch der Baustelle

	Allgemein	Gründung	Erdbau	Unterbau	Überbau	Ausbau	Summe
Diesel [l]	2 000	54 800	30 500	19 600	20 100	2 220	129 220
Strom [kWh]	32 000	32 000	–	20 000	164 000	32 000	280 000
Propangas [l]	40 220	–	–	–	–	–	40 220

Alle Transporte von Baustoffen, Hilfskonstruktionen, Baumaschinen, Teilen der Baustelleneinrichtung, Hilfsstoffen und Abfällen wurden erfaßt. Aus den jeweils bilanzierten Transportentfernungen und den transportierten Massen ergab sich die Transportleistung in tkm (Anhang B, Tabelle B-2). Die Baustofftransporte wurden jeweils ab Werktor des Baustoffherstellers bilanziert.

Beim Bau der Brücke kamen verschiedene Hilfskonstruktionen und -materialien zum Einsatz: Zur Befestigung des Baufeldes wurde eine tragfähige Schicht aus Recyclingmaterial aufgeschüttet. Parallel zur Brücke entstand eine asphaltierte Baustraße. Über den Schornbach wurde eine Hilfsbrücke errichtet. Für die Herstellung der Pfeiler wurde eine Stahlrahmenkonstruktion mit aufgedoppelter Holzschalung und Kletterrüstungen mit konventionellen Trägerschalungen verwendet. Die Widerlager wurden mit Hilfe einer Holzträgerschalung errichtet. Die Brückenüberbauten wurden abschnittsweise gefertigt. Die Vorschubrüstung ruhte auf Zwischentürmen, für die Hilfsgründungen (ebenfalls Franki-Pfähle) erforderlich waren (Bild 5.3-3).

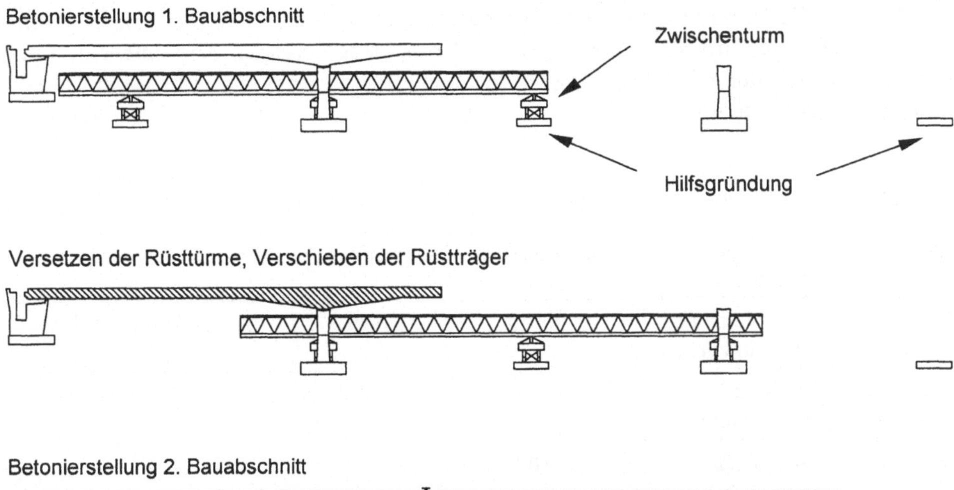

Bild 5.3-3: Vorschubrüstung mit Zwischentürmen [Schu94]

Für die verbrauchten Hilfskonstruktionen und -materialien wird der Baustoffaufwand erfaßt. Als „verbraucht" werden bezeichnet:

- auf der Baustelle verbleibende Baustoffe („verlorene" Gründung der Vorschubrüstung, Recyclingmaterial zur Baugrundverbesserung),

- als Abfall zu entsorgende Baustoffreste (Schalholz, Baustraßenabbruch),

- der abgeschriebene Anteil wiederverwendbarer Schalungen, Rüstungen, Hilfskonstruktionen usw.

Der Baustoffaufwand für den Bau der Brücke ist in Tabelle 5.3-2 aufgelistet. Die angesetzten Abschreibungen wiederverwendbarer Bauteile wurden aus der jeweiligen Einsatzdauer und üblichen Abschreibungssätzen [Bau91] abgeleitet. Der Abschreibungssatz für das Vorschubgerüst beruht auf Angaben der Betreiberfirma. In Tabelle 5.3-2 ist auch die Entsorgungsart aufgeführt, da die verbrauchten Baustoffe einen Teil der Abfälle darstellen.

Von *Schumm* wurden folgende Abfälle bilanziert:

- 46 t Betonstahlverschnitt (2,1% der Betonstahlmenge),

- 14 t Spannstahlverschnitt (1,8% der Spannstahlmenge),

- 16 500 m^2 PE-Folie (Schutzmaßnahmen für Frischbeton),

- 90 m^3 Abbruchbeton (Kappbeton der Bohrpfähle).

Die Stahlabfälle wurden als Schrott vollständig verwertet. Das Restholz wurde zum Teil verbrannt, zum Teil deponiert. Hierzu sind keine genauen Mengen bekannt, es wird jeweils ein Anteil von 50% angenommen. Über den Verbleib der Folie ist nichts bekannt, angenommen wird eine Deponierung. Für den Baustraßenabbruch wird eine Dichte von 2 t/m^3, für das Holz von 0,5 t/m^3 angesetzt. Für die PE-Folie wird nach

[Sae75] eine Dicke von 0,6 mm angenommen, woraus sich ein Volumen von rd. 10 m^3 ergibt. Als Dichte wird 0,95 t/m^3 angesetzt. Die zu deponierenden Abfallmengen ergeben sich aus Tabelle 5.3-2 und den von *Schumm* erfaßten Abfällen und sind in Tabelle 5.3-3 zusammengefaßt.

Tab. 5.3-2: Baustoffaufwand für den Bau der Brücke

Art	Verwendungs-zweck	Gebrauch	Abschreibung	Verbrauch	Entsorgung
Beton B 35	Hilfspfähle für Vorschubgerüst	681 m^3	100%	681 m^3	verbleibt im Boden
Betonstahl BSt 500	Hilfspfähle für Vorschubgerüst	81 t	100%	81 t	verbleibt im Boden
Baustahl St 37-2	Spundwand	50 t	5%	2,5 t	
	Pfeilerschalung	25 t	10%	2,5 t	
	Vorschubgerüst	360 t	40%	144 t	
	Kappenschalwagen	22 t	75%	16,5 t	
	Hilfsgerüst	2 t	100%	2 t	
	Schutzgerüst	5 t	100%	5 t	
	Hilfsbrücke	11 t	100%	11 t	
	Summe	475 t		83,5 t	Schrott
Schnittholz	Schalung	70 m^3	100%	70 m^3	Verbrennung, Deponie
Sperrholz	Schalung	30 m^3	100%	30 m^3	Verbrennung, Deponie
Asphalt-binder	Baustraße	336 t	100%	336 t	Deponie
Recycling-material	Baustraße	6 000 t	100%	6 000 t	verbleibt im Boden

Tab. 5.3-3: Abfallmengen

Abfälle	m^3	t	kg
Baustraßenabbruch	168	336	336 000
Restholz	50	25	25 000
Abbruchbeton	90	216	216 000
PE-Folie	10	9,5	9 500
Summe	308	586,5	586 500

5.3.3 Annahmen zur Unterhaltung der Brücke

Für die Unterhaltung der Brücke wurde ein Szenario nach [Kön86] angesetzt. Es geht von einer Nutzungsdauer des Überbaus von 60 Jahren aus. Für die einzelnen Bauwerkskomponenten werden die in Tabelle 5.3-4 aufgelisteten Unterhaltungsmaßnahmen angenommen. Die angenommenen Unterhaltungsmaßnahmen umfassen im einzelnen:

- **Fahrbahnbelag, Abdichtung**
  Entfernen des alten Fahrbahnbelages mit einer Fräse, Entfernen der Abdichtung durch Erwärmen und Abstemmen, Erneuern des Belages und der Abdichtung

- **Fahrbahnübergänge, Lager**
  Kompletter Austausch

- **Kappen**
  Abstemmen der Kappen mit Hydraulikhämmern, Bewehrungsstahl schneiden, Laden des Abbruchmaterials, Kappen betonieren

- **Betonoberfläche**
  Abstemmen der Betonoberfläche, Sandstrahlen, Auftragen von Spritzbeton

- **Geländer, Lärmschutzwand, Entwässerung**
  Kompletter Austausch

Tab. 5.3-4: Angenommene Unterhaltungsmaßnahmen

Bauwerkskomponente	Angenommene Nutzungsdauer in Jahren	Erneuerungen während der Brückennutzungsdauer
Belag/Abdichtung	20	2
Fahrbahnübergang	20	2
Lager	30	1
Kappen [1]	30	1
Betonoberfläche [2]	30	1
Geländer/Lärmschutz [3]	30	1
Entwässerung [4]	20	2

[1] Kappen sind hohen Belastungen durch Tausalze ausgesetzt und von vornherein so konstruiert, daß sie als Verschleißteile ausgetauscht werden können. Für Kappen werden relativ hohe Werte für die Lebensdauer angegeben: 20 bzw. 30 Jahre [Kön86, Schm85]. Möglich ist eine Vollerneuerung oder die Instandsetzung nach ZTV-SIB. Hier wird von einer Vollerneuerung nach 30 Jahren ausgegangen.

[2] Instandsetzungsmaßnahmen am Betonüberbau werden in [Lan84] und [Kön86] nach jeweils 20 Jahren angesetzt. Der genaue Umfang der Arbeiten wird aber nicht benannt. Alle 20 Jahre eine komplette Erneuerung der Betonoberfläche mit Abstemmen, Sandstrahlen und Auftragen von Spritzbeton anzunehmen, dürfte aber unrealistisch sein, weshalb nur eine solche Erneuerung nach 30 Jahren angesetzt wird.

[3] Da Geländer und Lärmschutz bei der Schornbachtalbrücke eine Einheit bilden, ist es sinnvoll für beide Bauteile die gleiche Lebensdauer anzusetzen (Lage und Beanspruchung, bspw. durch Tausalze, sowie Korrosionsschutz sind gleich oder ähnlich). Angenommen wird ein einmaliger Austausch nach 30 Jahren.

[4] Die Entwässerung der Brücke liegt teilweise ungeschützt, so daß hier von einer zweimaligen Erneuerung ausgegangen wird.

Transporte wurden für Abfälle, für neue Baustoffe und für die benötigten Geräte und Hilfskonstruktionen angesetzt. Die Transportentfernungen orientieren sich an den bilanzierten Entfernungen der Bauphase. Nur für die benötigten Geräte und Hilfskonstruktionen wurden geringere Transportentfernungen angesetzt, da hier keine Spezialgeräte erforderlich sind und davon ausgegangen werden kann, daß die benötigten Dinge (z.B. Gerüste) aus der näheren Umgebung herangeschafft werden können.

Neue Baustoffe sind für den Austausch von Bauteilen (Übergangskonstruktion, Lager, Geländer, Entwässerung, Lärmschutzwand) sowie die Erneuerung von Fahrbahnbelag, Abdichtung, Kappen und Betonoberfläche zu bilanzieren. Für die Bauteile sowie Fahrbahnbelag, Abdichtung und Kappen wurden die gleichen Massen wie bei der Herstellung der Brücke angesetzt. Für die Erneuerung der Betonoberfläche wurde eine Spritzbetonschichtdicke von 4 cm angenommen. Als Zusammensetzung wurde gewählt: 310 kg PZ 35, 1850 kg Zuschlag (nach [Loh89]).

Alle ausgetauschten Bauteile werden als Abfall bilanziert. Wie bei der Bauphase wird von einer vollständigen Verwertung der Stahlabfälle ausgegangen. Ebenso wird ein Glasrecycling angenommen. Beim Fahrbahnbelag wird ein Abfallanteil von 10% angesetzt, da Ausbauasphalt wiederverwendbar ist. Als weitere Abfälle fallen die abgebrochenen Kappen, der abgestemmte Oberflächenbeton, Strahlschutt, der Rückprall des Spritzbetons und die Steinzeugrohre der Entwässerung an. Ein Recycling wird für den Beton nicht angenommen, da bei der Kappe und bei dem Oberflächenbeton von einer Kontaminierung mit Tausalzen ausgegangen werden muß.

5.3.4 Annahmen zum Abbruch und zur Entsorgung der Brücke

Nach dem angesetzten Unterhaltungsszenario wird nach 60 Jahren nur der Überbau erneuert. Wenn die Unterbauten erhalten werden sollen, verbietet sich das Sprengen der Brücke, was aufgrund der örtlichen Situation (flaches Tal, gute Zugänglichkeit) und der Bauart der Brücke (monolithische Konstruktion, getrennte Überbauten) gut möglich wäre. Angenommen wird deshalb ein abschnittsweiser Rückbau auf Hilfsstützen mittels auf Bagger montierter Hydraulikhämmer und Schneidzangen. Vor dem Abbruch der Spannbetonkonstruktion wird der Fahrbahnbelag entfernt und alle sonstigen Bauteile, wie Geländer, Lärmschutzanlagen und Übergangskonstruktionen demontiert. Für die Kappen wird kein gesonderter Abbruch angesetzt. Angesichts der großen Betonmenge, die bei dem Abbruch des Überbaus anfällt, wird angenommen, daß die Trennung von Stahl und Beton und die Aufbereitung des Betons zu Betonsplitt in einer mobilen Brech- und Sortieranlage vor Ort stattfindet.

Bilanziert wurden Transporte für den Abtransport des Stahlschrottes, der Scheiben der Lärmschutzwand und des Betonsplitts. Für den Transport des Betonsplitts wurde eine Entfernung von 10 km, für den Stahlschrott von 100 km angesetzt.

Es muß davon ausgegangen werden, daß eine vollständige Verwertung der Abbruchmassen nicht möglich ist. Einer Verwertung stehen z.B. die Kontamination von Beton mit Tausalzen oder die eingeschränkte Brauchbarkeit von Feinkornmaterial im Wege. Für die Fahrbahn und den Beton werden jeweils 10% als nicht verwertbar angesetzt. Für die Steinzeugrohre der Entwässerung wird angenommen, daß sie vollständig unbrauchbar sind.

5.3.5 Sachbilanz

Anhand der verfügbaren Informationen und der getroffenen Annahmen wurden die Umweltbelastungen über eine Nutzungsdauer von 60 Jahren berechnet. Im einzelnen wurde folgendermaßen vorgegangen:

– Prozesse der Baustoffherstellung

Die Umweltbelastungen infolge der Baustoffherstellung wurden mit Hilfe der Module aus Anhang A berechnet. Das Prinzip wurde für die Einbaustoffe, für die Baustoffe der Hilfskonstruktionen und -materialien sowie für die Baustoffe der Ersatzbauteile gleichermaßen angewendet. Die aktuellen Umweltbelastungsdaten wurden somit auch für Baustoffe angesetzt, die erst in zwanzig oder dreißig Jahren hergestellt werden. Für die Sachbilanz mußten einige Annahmen getroffen werden: Der Konstruktionsstahl der Lager, Übergangskonstruktionen, Geländer und Lärmschutzwände wurde als Oxygenstahl bilanziert. Die bitumiösen Schichten des Fahrbahnbelages wurden mit Durchschnittswerten berechnet, da die genaue Zusammensetzung nicht bekannt war. Für die Abdichtungsbestandteile Epoxidharz und Flüssigkunststoff standen keine Sachbilanzdaten zur Verfügung. Alternativ wurde eine nach ZTV-BEL-B 1987 ebenfalls zulässige Polymerbitumen-Schweißbahn angenommen. In Lagern und Übergangskonstruktionen sind geringe Mengen Gummi und Neopren (PTFE) enthalten. Auch für diese Kunststoffe liegen keine Sachbilanzdaten vor. Sie wurden deshalb als PE bilanziert.

– Bauprozesse

Aus den von *Schumm* bilanzierten Diesel-, Strom- und Propangasverbräuchen der Bauphase wurden der Verbrauch an Primärenergieträgern und die Standardemissionen mit Hilfe der im Anhang A, Tabellen A.2-1 bis A.2-3 angegebenen Faktoren ermittelt. Die Emissionen entstehen zu einem Teil auf der Baustelle (lokale Emissionen), zum anderen Teil sind sie mit den Prozessen der Energiebereitstellung verbunden und fallen somit außerhalb des Umfeldes an. Die lokalen Emissionen wurden getrennt erfaßt. Für die Unterhaltungs- und Abbruchprozesse wurden auf der Grundlage von Baustoffmengen und Oberflächengrößen zunächst Diesel-, Strom- und Propangasverbräuche bilanziert. Die Basis dafür stellten spezifische Werte aus [Die95] und eigene Recherchen dar (siehe Anhang A). Anschließend wurden die berechneten Energieverbräuche wie bei der Bauphase weiter bearbeitet.

– Transporte

Aus den Transportleistungen in Tonnenkilometern wurden Energieverbrauch und Emissionen mit den Daten aus Anhang A, Tab. A.2-6 und A.2-7 berechnet.

– Entsorgungsprozesse

Die Emissionen bei der Verbrennung von Restholz sind auf der Grundlage der Daten in Anhang A, Tabelle A.2-3 berechnet worden. Als Abfälle werden nur die Dinge bilanziert, die nicht verwertbar sind.

Die Sachbilanz der Schornbachtalbrücke ist im Anhang B, Tabelle B-3 aufgelistet. Die Sachbilanz wird auf der Ebene Wirkungsbilanz-Wirkungskategorien (Kapitel 6) ausgewertet. Dort werden die Anteile einzelner Lebensphasen sowie einzelner Verursacher an den Gesamtumweltbelastungen analysiert. Eine entsprechende Analyse bereits hier durchzuführen, wäre zu unübersichtlich.

5.4 Möglichkeiten von Sachbilanzen

Aus den Kapiteln 5.1 bis 5.3 können die Möglichkeiten abgeleitet werden, genaue und vollständige Sachbilanzen für Brücken aufzustellen. Art und Größe der von einer Brücke ausgehenden Umweltbelastungen sind von einer Vielzahl von Parametern abhängig, die sich in die Kategorien „bekannt", „eingeschränkt vorhersehbar" und „nur prognostizierbar" einteilen lassen. Bekannt sind neben der Bauart der Brücke in der Regel auch Art und Menge der benötigten Baustoffe. Während der Ausführungsplanung liegen zum Bauverfahren ebenfalls genaue Informationen vor. Eingeschränkt vorhersehbar sind Parameter dann, wenn es mehrere technologische Möglichkeiten gibt und nicht feststeht, welche davon angewendet wird. Solche Parameter sind die Herkunft der Baustoffe, das Bauverfahren während der Entwurfsplanung, die Bauprozesse der Unterhaltung, das Abbruchverfahren und der Umgang mit den Abbruchmassen. Bei Parametern, die in der Zukunft liegende Dinge betreffen, ist die Vorhersehbarkeit zusätzlich durch den nur bedingt kalkulierbaren technischen Fortschritt eingeschränkt. Nur prognostizierbar sind der erforderliche Unterhaltungsaufwand, die Lebensdauer auszutauschender Bauteile und die Nutzungsdauer der Brücke. Die quantitative Beschreibung des Lebenszyklus einer Brücke ist zwangsläufig nur ungenau oder unvollständig.

Für Sachbilanzen müssen verallgemeinerbare Informationen zu den von Prozessen und Anlagen ausgehenden Umweltbelastungen vorliegen. Anhand von Kapitel 5.2 wurde deutlich, daß vollständigen Analysen noch nicht möglich sind. Einerseits fehlen notwendige Daten ganz, andererseits können für viele Prozesse nicht alle auftretenden Umweltbelastungen quantifiziert werden. Ein Problem sind auch hier die vielfältigen, jeweils zu unterschiedlichen Umweltbelastungen führenden technischen Möglichkeiten.

Anhand des Beispiels wurde deutlich, daß für die lebenszyklusbezogene Sachbilanz einer Brücke eine Reihe von spezifischen Informationen notwendig sind, um eine einigermaßen befriedigende Genauigkeit zu erreichen. Wichtig sind genaue Angaben zu den Baustoffen, z.B. möglichst detaillierte Angaben zur Herkunft des Stahls und zu den Betonzusammensetzungen, des weiteren Informationen zum Energieverbrauch der Bauphase, zu Transportentfernungen, zum Umgang mit Abfällen, zu den erforderlichen Hilfskonstruktionen usw. So wie die Bauphase der Schornbachtalbrücke hier bilanziert wurde, kann man nur während des Baus oder danach vorgehen. Während der Entwurfsplanung ist solch eine Bilanzierung nicht möglich. Weiterhin hat das Beispiel gezeigt, daß für eine lebenszyklusbezogene Sachbilanz diverse pragmatische Annahmen erforderlich sind. Deutlich wurde auch, wie groß der kalkulatorische und rechnerische Aufwand ist.

Der Anspruch, für Brücken möglichst genaue Sachbilanzen aufzustellen, läßt sich nur in begrenztem Umfang erfüllen. Wegen der vielen zu treffenden Annahmen ist es kaum möglich, subjektive Ansichten des Aufstellers auszuschließen. Auch eine Vollständigkeit ist kaum gegeben, hier wird sich die Situation aber verbessern, wenn weitere Umweltbelastungen erfaßt und Daten dazu veröffentlicht werden.

Schlußfolgernd läßt sich ableiten, daß der Umfang von Sachbilanzen an die erzielbare Aussagegenauigkeit angepaßt werden sollte. Beim Vergleich von Entwurfs- und Wettbewerbsvarianten sind genaugenommen nur die Bauart der Brücke sowie Baustoffart und Baustoffmengen bekannt. Sinnvoll quantifizieren lassen sich dann die Prozesse der Baustoffherstellung und die anlagenbedingten Umweltbelastungen.

6 Wirkungsbilanzen von Brücken

Anhand von Sachbilanzdaten kann theoretisch eine umweltbezogene Bewertung von Produkten erfolgen. Jede Umweltbelastungskategorie könnte dabei ein Bewertungskriterium sein. Die Bewertungsrichtung ergibt sich aus den Zielen des anthropozentrischen Umwelt- und Naturschutzes. Dort stehen der Schutz menschlichen Lebens und menschlicher Gesundheit sowie die langfristige Sicherung der natürlichen Lebensgrundlagen des Menschen durch den Erhalt und den Schutz von Bestandteilen der Natur im Vordergrund. Aus diesen Zielen folgt die generelle Forderung nach geringen Umweltbelastungen, d.h. nach möglichst wenig Eingriffen in den Naturhaushalt, nach einem sparsamen Umgang mit natürlichen Ressourcen und nach minimalen Emissionen, Immissionen und Deponaten. Die Komplexität von umweltbezogenen Bewertungen verlangt jedoch danach, den Bewertungsumfang einzugrenzen, um überhaupt eine Aussage erhalten. Außerdem sollten Umweltbelastungen nicht losgelöst von den resultierenden Wirkungen bewertet werden. In Ökobilanzen übernimmt die Wirkungsbilanz (Wirkungsanalyse) beide Aufgaben.

Wirkungsbilanzen lassen sich in zwei Arbeitsschritte einteilen: Im ersten Schritt werden die in der Sachbilanz erfaßten Umweltbelastungen nach ihren Wirkungen systematisiert und Wirkungskategorien zugeordnet. Im zweiten Schritt wird das Gesamtwirkungspotential quantifiziert, indem die Wirkungspotentiale einzelner Umweltbelastungen mit Äquivalenzfaktoren gewichtet und anschließend addiert werden. Die derzeit anwendbaren Verfahren zur Wirkungsabschätzung in Ökobilanzen gehen auf Vorschläge in [Hei92] zurück. Das Prinzip der Wirkungsanalyse in Umweltverträglichkeitsstudien wurde bereits in Kapitel 3.2 erläutert. Der wesentliche Unterschied zur Wirkungsanalyse in Ökobilanzen besteht darin, daß bei Umweltverträglichkeitsstudien die Schutzgüter bekannt sind und Wirkungen auf Schutzgüter bezogen analysiert werden können.

Im Kapitel 6 werden die in der Literatur vorhandenen Vorschläge zu Wirkungskategorien auf ihre Anwendbarkeit geprüft und dem Bewertungsobjekt Brücke angepaßt[1]. Für die Umweltbelastungen im Umfeld von Brücken werden spezielle Wirkungskategorien aufgestellt, die sich am Konzept von Umweltverträglichkeitsstudien orientieren. Jeder Wirkungskategorie wird eine Übertragungsfunktion zugeordnet, mit der aus den beschreibenden Größen, den Umweltbelastungen, eine bewertbare Meßgröße (Bewertungsgröße) abgeleitet werden kann. Die folgende Systematik der Wirkungskategorien leitet sich aus den Kategorien von Umweltbelastungen ab, die in Kapitel 2 unterschieden wurden.

---

[1] Der Entwurf für eine Norm für Ökobilanzen [NAG95] läßt für die Wirkungsbilanz großen Spielraum zu: „Der Detaillierungsgrad, die Auswahl der bewerteten Beeinflussungen und der verwendeten Methoden hängt von der Zielsetzung und dem Bilanzraum der Studie ab".

6.1 Eingriffe in den Naturhaushalt

Eingriffe in den Naturhaushalt beeinträchtigen dessen Leistungsfähigkeit. *Carlsen* [Car95] nennt dazu folgende Störungskategorien:

– Versiegelung von Bodenflächen,

– Zerschneidung von Lebensräumen für Flora und Fauna,

– Vernichtung bzw. Beeinträchtigung bestimmter Biotope,

– Veränderungen des (Mikro)Klimas,

– Veränderungen des Grund(Wasserhaushalts).

Derartige Beeinträchtigungen treten bei Brücken vor allem im Umfeld auf: Die bau- und anlagenbedingte Flächeninanspruchnahme führt zur Versiegelung von Bodenflächen und zur Vernichtung oder Beeinträchtigung der ursprünglich vorhandenen Flora und Fauna. Aus räumlichen Zerschneidungen durch ober- und unterirdische Baukörper können sich Einflüsse auf Flora, Fauna, Mikroklima, Fließgewässer und Grundwasser ergeben. Außerhalb des Umfeldes gehen von Tagebauen, von Anlagen für die Herstellung von Baustoffen sowie von Verkehrswegen und Deponien ebenfalls Eingriffe in den Naturhaushalt aus. Sie lassen sich aber bei der Bewertung nur schwer erfassen und einzelnen Untersuchungsobjekten zuordnen. Eingeschränkt bewertbar ist die Flächeninanspruchnahme infolge der Rohstoffgewinnung. Aus den oben genannten Störungskategorien und den wichtigsten von einer Brücke ausgehenden Beeinträchtigungen des Naturhaushaltes werden folgende Wirkungskategorien abgeleitet[1)]

– Flächeninanspruchnahme im Umfeld (Flora, Boden),

– Flächeninanspruchnahme infolge Rohstoffgewinnung (Flora, Boden),

– Zerschneidung von Lebensräumen (Fauna),

– Einflüsse auf Luftbewegungen (Mikroklima),

– Einflüsse auf Fließgewässer (Wasser),

– Einflüsse auf den Grundwasserspiegel (Grundwasser).

6.1.1 Flächeninanspruchnahme im Umfeld

Als Flächeninanspruchnahme werden alle Umwandlungen des Zustandes einer Fläche bezeichnet. In der Literatur wird auch von Flächenverbrauch, -nutzung, -veränderung, oder Flächenbedarf gesprochen. Bei einer umweltbezogenen Bewertung ist der ökonomische Aspekt einer Knappheit von Flächen nur von geringem Interesse. Zu bewerten sind der ökologische Wert der betroffenen Flächen, der Grad der Veränderung, die Dauer der Flächeninanspruchnahme und die Rekultivierbarkeit.

Die Flächeninanspruchnahme durch eine Brücke ist entweder bau- oder anlagenbedingt. Es können überbaute, überdeckte, versiegelte und verdichtete Flächen unterschieden werden (Bild 6.1-1). Aus dem Bild lassen sich die Abmessungen der Brücke und das Bauverfahren als wesentliche Einflußfaktoren dieser Wirkungskategorien ableiten.

[1)] In den Klammern sind jeweils die unmittelbar betroffenen Schutzgüter aufgeführt. Wegen der komplexen Wirkzusammenhänge in Ökosystemen sind in der Regel auch andere Schutzgüter betroffen (siehe Bild 3.2-2).

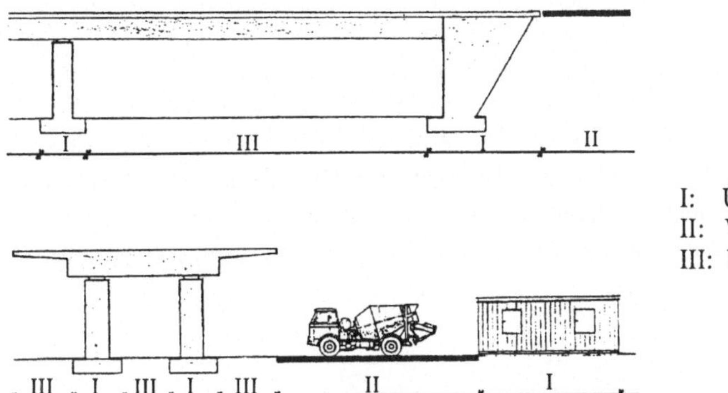

I: Überbauung
II: Versiegelung
III: Überdeckung

Bild 6.1-1: Arten der Flächeninanspruchnahme

Für die Beschreibung des ökologischen Wertes der Flächen im Umfeld einer Brücke kann auf übliche Kriterien zur Flächenbewertung zurückgegriffen werden, z.B. Grad der Natürlichkeit, Arten- und Strukturvielfalt und Reifegrad von Ökosystemen sowie Seltenheit und Gefährdung bestimmter Arten [Arn77, Dab81]. In Tabelle 6.1-1 wird ein Vorschlag von *Kaule* [Kau89] wiedergegeben.

Tab. 6.1-1: Flächenkategorien nach [Kau89]

Kategorie	Beschreibung
9	Gebiete mit internationaler oder gesamtstaatlicher Bedeutung (Naturschutzgebiet oder Naturpark); seltene und repräsentative natürliche und extensiv genutzte Ökosysteme mit Spitzenarten der Roten Liste
8	Gebiete mit besonderer Bedeutung auf Landes- und Regionalebene (Naturschutzgebiet oder Naturpark); wie 9, jedoch weniger gut ausgebildet
7	Gebiete mit örtlicher und regionaler Bedeutung, LSG oder geschützter Bestandteil; nicht oder extensiv genutzte Flächen mit Rote-Liste-Arten zwischen Wirtschaftsflächen, regional zurückgehende Arten
6	kleinere Ausgleichsflächen zwischen Nutzökosystemen (Kleinstrukturen) nur in Landschaftskomplexen LSG; Arten, die in den eigentlichen Kulturflächen nicht mehr vorkommen
5	Nutzflächen, in denen nur noch wenig standortspezifische Arten vorkommen
4	Nutzflächen, in denen nur noch Arten eutropher Einheitsstandorte vorkommen
3	Nur für sehr wenige Ubiquisten nutzbare Flächen
2	Fast vegetationsfreie Flächen
1	Vegetationsfreie Flächen

Wie stark und wie lange die Flächen beeinträchtigt werden, hängt von der Art der Flächeninanspruchnahme ab. Überbaute Flächen werden dem Ökokreislauf für die Nutzungsdauer der Brücke vollständig entzogen. Die durch eine Brücke überdeckten Flächen sind dagegen differenzierter zu betrachten. Im Normalfall werden die später überdeckten Flächen zunächst durch die Bauarbeiten beeinträchtigt, z.B. durch das Freimachen des Baufeldes oder durch Gründungsarbeiten (Bild 6.1-2). Als dauernd beeinträchtigt ist die überdeckte Fläche aber nur dann anzusehen, wenn sie nicht natürlich beregnet werden kann und keine Maßnahmen zur Bewässerung vorgesehen sind (Bild 6.1-3).

Bild 6.1-2: Flächenveränderung im Baufeld [Leo96]

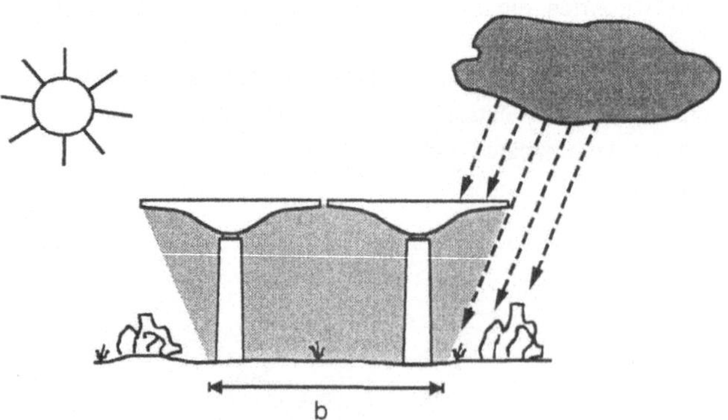

Bild 6.1-3: Verödung unter einer Brücke

Diese Einschätzung ergibt sich aus der Beobachtung, daß fehlender Regen zu einer vollständigen Verödung unter einer Brücke führt, was ökologisch gesehen einer Überbauung gleichkommt. Die Lichtverhältnisse sind nach [Was] weniger ausschlaggebend. Ist eine natürliche Beregnung möglich oder ist eine künstliche Bewässerung vorgesehen[1], kann die vorhandene Vegetation erhalten bleiben oder es kann sich wieder Vegetation ansiedeln. In diesen Fällen ist die überdeckte Fläche als temporäre Flächeninanspruchnahme zu werten.

Ähnliche Wirkungen wie überbaute Flächen haben temporär versiegelte Flächen, wozu z.B. Baustraßen und Lagerplätze zu rechnen sind. Der Grad der Versiegelung ist von der Materialdurchlässigkeit, der Fugenausbildung, der Unterbaubeschaffenheit sowie dem Gefälle der versiegelten Oberfläche abhängig (Tabelle 6.1-2).

Tab. 6.1-2: Versiegelungen [Röm93]

Versiegelungs-grad	Belagsart
100 %	Gebäude
90 %	Asphaltdecken, Pflaster und Plattenbeläge mit Fugenverguß oder gebundenem Unterbau
80 %	Verbundpflaster, Kunststein- und Plattenbeläge (Kantenlänge der Einzelkomponenten über 16 cm)
70 %	Mittel und Großpflaster mit offenen Fugen und einem Sand-/Kiesunterbau
60 %	Mosaik- und Kleinpflaster mit großen, offenen Fugen
40 %	Wassergebundene Decken (Schotterrasen, Kiesflächen, Grand- und Tennenflächen) und Rasengittersteine auf natürlichem Boden
0 %	natürlicher Boden mittlerer Lagerungsdichte

Die Wirkungen verdichteter Böden sind mit denen versiegelter Oberflächen vergleichbar. Durch Druck auf die Bodenoberfläche, durch Einschlämmen von Feinteilen oder durch Erschütterungen wird das Porenvolumen verringert und die Porengrößenverteilung verändert. Als verdichtet gilt ein Boden, wenn das Porenvolumen kleiner als 40% ist [Gre93]. Mit Verdichtungsgeräten bewußt herbeigeführte Bodenverdichtungen dienen zur Verbesserung der Bodeneigenschaften im Bereich von Gründungen und Baustraßen. Bodenstabilisierungen durch Einbau von Bindemitteln oder grobkörnigem Material kommen einer Versiegelung gleich. Im Bereich von Baustellen treten aber auch unbeabsichtigte Bodenverdichtungen auf, z.B. durch Überfahrten von Baugeräten, durch Rammarbeiten oder durch das Abstellen schwerer Gegenstände.

Temporär überbaute, versiegelte und verdichtete Flächen können in der Regel rekultiviert werden. Die Rekultivierungsdauer ist vom Grad der Schädigung und dem Alter der betroffenen Ökosysteme abhängig. Bei mitteleuropäischen Ökosysteme ist von Rekultivierungszeiträumen von 5 bis 50 Jahren auszugehen [UVP92, Fri95].

---

[1] z.B. durch Sprinkleranlagen, Ableiten von Brückenabwässern unter die Brücke oder durch das Anlegen künstlicher Gewässer [Bän91].

Bewertungsansatz

Der Bewertungsansatz ergibt sich aus den Informationen, die bei Variantenvergleichen zur Verfügung stehen: Die dauerhaft überbaute Fläche, d.h. die anlagenbedingte Flächeninanspruchnahme läßt sich relativ leicht aus den Projektunterlagen ermitteln. Die Grenzen sind entsprechend der funktionalen Einheit festzulegen. Zusätzlich kann die Breite $b_{üb}$ der nicht natürlich beregneten Fläche unter einer Brücke mit Formel 6-1 berechnet werden. Bild 6.1-4 zeigt die wichtigsten Einflußfaktoren. Der Regeneinfallwinkel α ergibt sich aus Windstärke und -richtung, für grobe Berechnungen kann von $\alpha = 65-75°$ ausgegangen werden.

$$b_{üb} = b - \frac{2 \cdot h}{\tan \alpha}, \quad \text{in m} \tag{6-1}$$

Anhand der Bauwerksbeschreibung kann auch die baubedingte Flächeninanspruchnahme überschlagen werden. Der Grad der Versiegelungen und die Stärke von Bodenverdichtungen lassen sich dagegen kaum prognostizieren, da sie im Detail von den lokalen Bedingungen, dem Bauverfahren und der Sorgfalt der ausführenden Baufirma abhängig sind. Die durch den Bau in Anspruch genommenen Flächen lassen sich daher nur als Summenwert angeben.

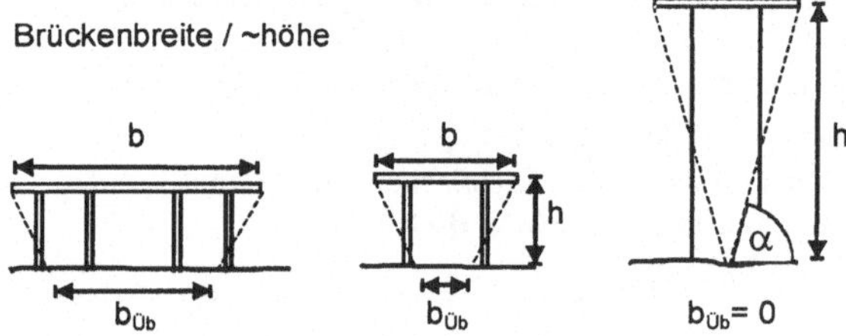

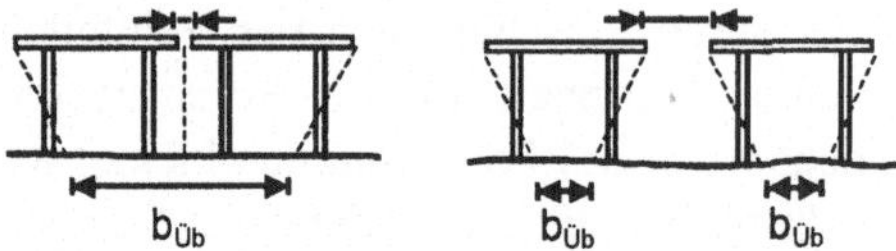

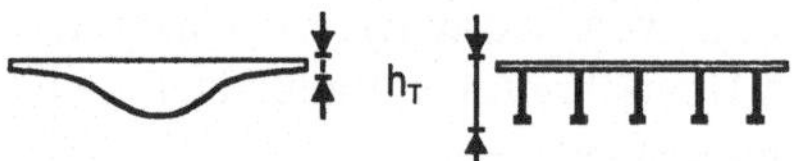

Durchlässigkeit der Fahrbahn (z.B. Gitterrost)

Hauptwindrichtung

Bild 6.1-4: Einflußfaktoren für die Breite der verödeten Fläche unter einer Brücke

Für eine sachgerechte Bewertung der Flächeninanspruchnahme muß eine Beschreibung des Umfeldes vorliegen, aus der der ökologische Ausgangszustand hervorgeht. Hier bieten sich die oben beschriebenen Kategorien von *Kaule* an. Anhand dieser Kategorien und der Projektunterlagen sollte eine differenzierte Beschreibung des Umfeldes stets möglich sein.

Für die Wirkungskategorie *Flächeninanspruchnahme im Umfeld* werden die anlagen- und die baubedingte Flächeninanspruchnahme, oder anders gesagt die dauernden und die temporären Beeinträchtigungen als Bewertungsgrößen definiert. Nur bei der baubedingten Flächeninanspruchnahme wird die Dauer erfaßt, um unterschiedliche Bauzeiten berücksichtigen zu können. Bei der anlagenbedingten Flächeninanspruchnahme ist die Zeit ohne Bedeutung, weil im allgemeinen nach dem Ablauf der Nutzungsdauer eines Bauwerkes ein Ersatzbauwerk an der gleichen Stelle errichtet wird. Variantenbedingte Unterschiede hinsichtlich der Brückenlebensdauer heben sich dadurch auf.

Die anlagenbedingte Flächeninanspruchnahme A_{Anlage} ergibt sich aus der Summe aller überbauten und nicht beregneten überdeckten Flächen $A_{üb}$, wobei Flächen unterschiedlicher Wertkategorie mit einem Gewichtungsfaktor W differenziert zu gewichten sind.

$$A_{Anlage} = \sum_i (A_{üb;\ Kategorie\ i} \cdot W_i), \quad \text{in m}^2 \tag{6-2}$$

Die baubedingte Flächeninanspruchnahme A_{Bau} setzt sich aus allen durch den Bau beeinträchtigten Flächen A_b zusammen. Hierzu zählen versiegelte, verdichtete, temporär überbaute und alle anderweitig beeinträchtigten Flächen. Als Dauer t ist die Summe aus Bau- und Rekultivierungszeit anzunehmen.

$$A_{Bau} = \sum_i (A_{b;\ Kategorie\ i} \cdot t_i \cdot W_i), \quad \text{in m}^2\text{a} \tag{6-3}$$

Gewichtungsfaktoren für die Flächenkategorien werden hier nicht angegeben. Sie lassen sich nur anhand konkreter Situationen festlegen. Die Rekultivierungsmöglichkeiten ergeben sich aus Empfindlichkeit und Seltenheit der betroffenen Ökosysteme, was über die Kategorien und über die Gewichtungsfaktoren berücksichtigt werden kann. Je seltener und wertvoller ein Ökosystem ist, um so unwahrscheinlicher ist, daß es rekultiviert werden kann, bzw. um so länger dauert eine Rekultivierung.

6.1.2 Flächeninanspruchnahme infolge Rohstoffgewinnung

Die Flächeninanspruchnahme infolge Rohstoffgewinnung findet außerhalb des Umfeldes statt. Sie läßt sich nicht auf die gleiche Weise bewerten wie die Flächeninanspruchnahme im Umfeld, weshalb ihr eine gesonderte Wirkungskategorie zugeordnet wird. Wegen der großen Anteile an der gesamten Flächeninanspruchnahme sollte sie auf jeden Fall beachtet werden. Allein die Flächeninanspruchnahme für die Gewinnung von Betonzuschlägen beträgt etwa 30–50 km^2 pro Jahr [Hin77]. Die gesamte Neuflächeninanspruchnahme durch Rohstoffgewinnung, Bebauung, Verkehrswege, Versiegelung usw. wird in [Gro90] für Deutschland mit 1,2 km^2/d = 438 km^2/a beziffert.

Über den ökologischen Wert und den Veränderungsgrad außerhalb des Umfeldes in Anspruch genommener Flächen kann in produktorientierten Ökobilanzen nur spekuliert werden. Selten ist mehr als ein Kategorisieren nach dem Grad der Natürlichkeit möglich.

In [Fri95] werden dazu vier Flächenkategorien unterschieden (Tabelle 6.1-3). Ähnliche Vorschläge finden sich in [Hei92] und [Eye96], wo fünf bzw. sieben Kategorien definiert werden (natürlich, naturnah, *halbnatürlich* (nur in [Eye96]), bedingt naturfern, naturfern, *naturfremd* (nur in [Eye96]) und künstlich).

Tab. 6.1-3: Flächenkategorien aus [Fri95]

Flächen-kategorie	Beschreibung	Definition
I	Natürlich	Einfluß des Menschen nicht größer als derjenige anderer Spezies
II	Modifiziert	Einfluß des Menschen größer als derjenige anderer Spezies, aber unkultivierte Komponenten
III	Kultiviert	Einfluß des Menschen größer als derjenige anderer Spezies, meist kultivierte Komponenten
IV	Bebaut	dominiert durch Gebäude, Straßen, Dämme, Tagebaue usw.

Der Unterschied zu den Kategorien in Tabelle 6.1-1 soll an einem Beispiel demonstriert werden: Eine für Süddeutschland typische Streuobstwiese mit altem Obstbaumbestand wird von *Kaule* [Kau89] je nach Artenbestand in die Kategorien 6, 7, 8 oder 9 eingeordnet. In Tabelle 6.1-3 wäre sie als naturuntypische Kulturlandschaft in die Kategorie III (kultiviert) einzustufen. Das Beispiel zeigt, daß diese Kategorien den ökologischen Wert einer Fläche wesentlich ungenauer beschreiben als die Kategorien nach *Kaule*.

Mit den Kategorien läßt sich auch der Grad der Flächenveränderung beschreiben. Wird bspw. eine Fläche der Kategorie I durch eine Straße überbaut, ergibt sich nach Tabelle 6.1-3 eine Flächenveränderung von Kategorie I auf Kategorie IV. Bei vier Kategorien sind sechs Veränderungskategorien möglich (I $\rightarrow$ II, I $\rightarrow$ III, I $\rightarrow$ IV, II $\rightarrow$ III, II $\rightarrow$ IV, III $\rightarrow$ IV), bei mehr Kategorien wächst die Anzahl entsprechend.

Als Dauer einer Flächeninanspruchnahme wird in [Fri95] der Zeitraum angesehen, indem sich die Fläche in einem Zustand befindet, der vom ursprünglichen Zustand abweicht. Es wird also nicht nur die eigentliche Nutzung, sondern auch die Rekultivierungsdauer berücksichtigt. Bild 6.1-5 illustriert diesen Ansatz anhand der Flächeninanspruchnahme eines Tagebaus. Die Fläche, unter der ein Rohstoffvorkommen liegt, hat vor der Rohstoffentnahme eine bestimmten ökologischen Wert. Dieser wird durch die Rohstoffentnahme im Tagebau verringert und bleibt konstant, bis die Fläche rekultiviert wird. Ab diesem Moment steigt der ökologische Wert wieder und erreicht nach einer Rekultivierungszeit günstigstenfalls die alte Qualität. Der ökologische Wert der Flächen während der Rekultivierung kann ebenfalls durch Veränderungskategorien beschrieben werden (z.B. IV $\rightarrow$ III; III $\rightarrow$ II).

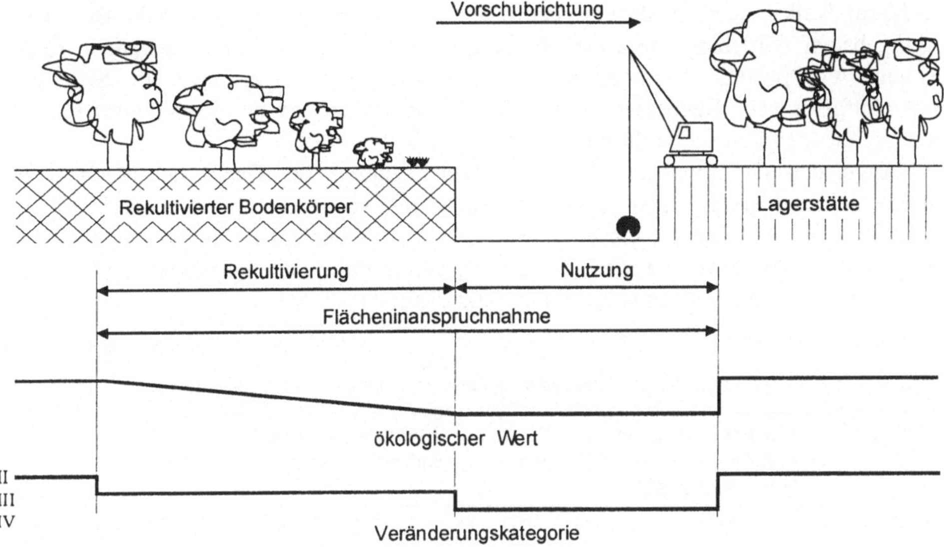

Bild 6.1-5: Flächeninanspruchnahme durch einen Tagebau

Allgemein kann die Flächeninanspruchnahme außerhalb des Umfeldes beschrieben werden durch die Veränderungskategorien $A_{(x \to y)}$ und die Dauer der jeweiligen Veränderung t mit t = Nutzungsdauer t_N + Rekultivierungsdauer t_R. Werden die Veränderungskategorien mit Gewichtungsfaktoren W versehen, ergibt sich folgende allgemeine Formel:

$$Flächeninanspruchnahme = \sum_i (A_{i;(x \to y)} \cdot t_i \cdot W_i) , \text{ in } m^2a \qquad (6\text{-}4)$$

Bewertungsansatz

Zahlen zur Flächeninanspruchnahme infolge Rohstoffgewinnung liegen nur für die wichtigsten mineralischen Baustoffe des Brückenbaus, für Sand/Kies, Natursteine und Eisenerz vor, wobei der Wert für Eisenerz relativ unsicher ist. Die Werte ergeben sich aus der Tagebautiefe und der Dichte der Rohstoffe (Anhang A und Tabelle 6.1-4).

Das in Deutschland verarbeitete Eisenerz wird in der Regel aus Regionen mit hohem Natürlichkeitsgrad (z.B. Brasilien-Regenwald, Schweden-Tundra) importiert. Steine, Sand und Kies stammen dagegen meist aus einheimischen Lagerstätten, wo ein Großteil der Flächen bereits vor der Rohstoffentnahme land- oder forstwirtschaftlich genutzt wird. Es scheint daher angemessen zu sein, den einzelnen Rohstoffen unterschiedlichen Flächenkategorien zuzuordnen. Nach Tabelle 6.1-3 kämen für Eisenerz die Flächenkategorien II oder I, für Steine, Sand und Kies die Flächenkategorien III oder II in Frage. Allerdings ist anzumerken, daß die Eisenerzlagerstätten im brasilianischen Urwald nur deshalb entdeckt wurden, weil die Flächen aufgrund des hohen Eisenerzgehaltes des Bodens so gut wie nicht bewachsen waren [Wil92]. Es ist fraglich, ob solche Flächen dann noch in die Kategorie I einzustufen sind.

Relativ unsicher sind auch die Informationen zur Dauer der Flächeninanspruchnahme: Bekannt ist lediglich, daß Tagebaue für Sand und Kies oft nur relativ kurz (etwa

10 Jahre), Kalksteinbrüche dagegen häufig 50 Jahre und mehr genutzt werden. Bei Eisenerztagebauen wird hier von einer Nutzungsdauer von 20 Jahren ausgegangen (siehe Anhang A). Spezielle Aussagen zur Rekultivierungsdauer liegen nicht vor. Sieht man einen aufgelassenen Baggersee mit Schilfgürtel als rekultiviert an, so sind auch hier die anzurechnenden Zeiträume für die Sand/Kiesgewinnung relativ kurz.

Angesichts der erwähnten Unsicherheiten bezüglich der Größe der Flächeninanspruchnahme, dem Zuordnen von Flächenkategorien sowie der Nutzungs- und Rekultivierungszeiträume sind zu dieser Wirkungskategorie nur relativ ungenaue Aussagen möglich. Für die Beispiele werden nur die Größe der Flächeninanspruchnahme und Anhaltswerte für die Nutzungsdauer angesetzt (Tabelle 6.1-4).

Tab. 6.1-4: Annahmen zur Flächeninanspruchnahme infolge Rohstoffgewinnung

Rohstoff	Flächeninanspruchnahme A in m^2/t (siehe Anhang A)	Dauer t in a	Flächeninanspruchnahme in m^2a/t
Kalkstein	0,022	50	1,1
Sand/Kies	0,09	15	1,35
Eisenerz	0,02	30	0,6

Die Bewertungsgröße *Flächeninanspruchnahme infolge Rohstoffgewinnung* $A_{Roh-stoff}$ berechnet sich dann aus der Summe der jeweiligen Rohstoffverbräuche R_i multipliziert mit der Flächeninanspruchnahme A_i und der Dauer t_i.

$$A_{Rohstoff} = \sum_i (R_i \cdot A_i \cdot t_i), \quad \text{in } m^2a \tag{6-5}$$

6.1.3 Zerschneidung von Lebensräumen

Verkehrswege zerschneiden Lebensräume, da sie für Tierwanderungen eine erhebliche Barriere darstellen. Sie sind für viele Arten entweder unüberwindbar oder die Querung ist mit hohem Risiko und hohen Verlustraten verbunden. Zerschneidungen können aber auch die Flora betreffen, für die eine Vernetzung von Ökosystemen ebenfalls notwendig ist.

Für die Bewertung von Zerschneidungen ist die Größe der verbleibenden Restflächen von Bedeutung. Populationen von Organismen benötigen zur Aufrechterhaltung ihrer Lebensfunktionen sogenannte Minimalareale. Sie sind für ein ausreichendes Futterangebot, für Ruhezonen und für den notwendigen Genaustausch innerhalb der Population lebensnotwendig. Sind durch Zerschneidungen entstandene Restflächen kleiner als die Minimalarealgröße einer Art, ist die betroffene Art früher oder später auf der Restfläche nicht mehr vorhanden. Zur Minimalarealgröße einzelner Arten werden Angaben nach [Les94] zitiert:

– Wirbellose (0,1-10 mm Länge): 5–10 ha

– Wirbellose (1-5cm Länge): 5–100 ha

– kleine Landwirbeltiere: 0,1–1 km^2

– größere Landwirbeltiere: 1–100 km^2

Die durch Brücken verursachten Zerschneidungen sind nicht mit denen einer Straße oder eines Wasserweges vergleichbar. Verödete Flächen unter einer Brücke können Tierwanderungen aber auch behindern, da viele Arten bei der Fortbewegung auf eine Vegetationsschicht angewiesen sind.

Bewertungsansatz
Kaule [Kau89] schlägt für Umweltverträglichkeitsprüfungen vor, die Trennwirkung von Straßen in laufenden Metern zu erfassen. Dieser Vorschlag wird hier übernommen und präzisiert. Es werden vollständige und teilweise Zerschneidungen unterschieden. Als vollständig wird eine Zerschneidung bezeichnet, wenn Tierwanderungen auf dem Landweg völlig unterbrochen oder stark erschwert sind. Von einer völligen Unterbrechung ist auszugehen, wenn die Zerschneidung nicht nur flächig, wie bei einer Straße, sondern auch räumlich ist, z.B. infolge eines hohen Dammes. Als teilweise wird eine Zerschneidung bezeichnet, wenn Wanderungen möglich sind, aber durch verödete Flächen behindert werden (Bild 6.1-6). Ob eine Behinderung vorliegt oder nicht, hängt von den betroffenen Arten und von der Breite $b_{üb}$ der verödeten Fläche ab (siehe Kap. 6.1.1).

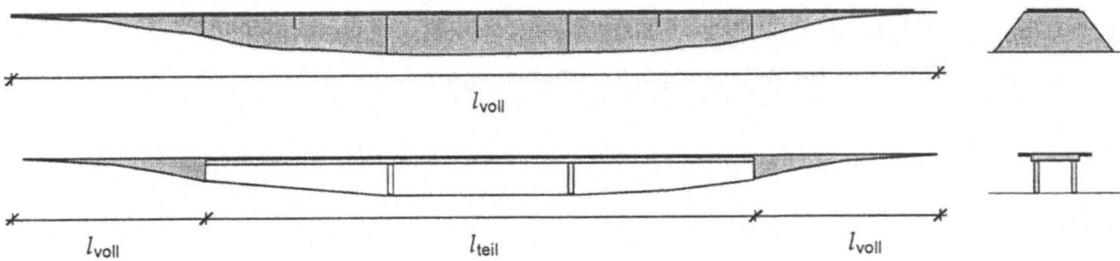

Bild 6.1-6: Zerschneidungen infolge Brücke und Damm

Als Bewertungsgrößen für die Wirkungskategorie *Zerschneidung von Lebensräumen* werden die Längen der vollständigen Zerschneidung l_{voll} und der teilweisen Zerschneidung l_{teil} definiert. Der Bewertungsansatz muß konkreten Situationen angepaßt werden. Die Bedeutung der infolge einer Zerschneidung verbliebenen Restflächen könnte z. B. eine Rolle spielen, wenn eine vollständige und eine teilweise Zerschneidung gegeneinander aufzuwiegen sind. Besteht die Gefahr infolge der vollständigen Zerschneidung Minimalarealgrößen zu unterschreiten, wird das durch den bloßen Vergleich geometrischer Größen nicht ausreichend berücksichtigt. In solchen Fällen bietet sich eine gesonderte Gewichtung der vollständigen Zerschneidung an. Die unterschiedliche Zerschneidungswirkung unterschiedlich breiter verödeter Flächen (siehe Bild 6.1-4: Abstand separater Fahrbahnen) kann durch eine entsprechende Gewichtung von l_{teil} berücksichtigt werden.

6.1.4 Einflüsse auf Luftbewegungen

Bodennahe Luftbewegungen sind für den lokalen Luftaustausch und das Mikroklima von Bedeutung. Bauwerke können Luftbewegungen beeinflussen, wobei vor allem zwei Phänomene relevant sind, die Beeinträchtigung von Frischluftschneisen und die Gefahr von Kaltluftstau.

1. Beeinträchtigung von Frischluftschneisen

Frischluftschneisen sind Areale, die durch ihre Lage, ihre Vegetationsstruktur und ihr Ausstrahlungsverhalten geeignet sind, Frischluft zu erzeugen und/oder sie in Siedlungsräume einfließen zu lassen (Bild 6.1-7) [Les94]. Hindernisse aller Art beeinträchtigen die Wirksamkeit von Frischluftschneisen.

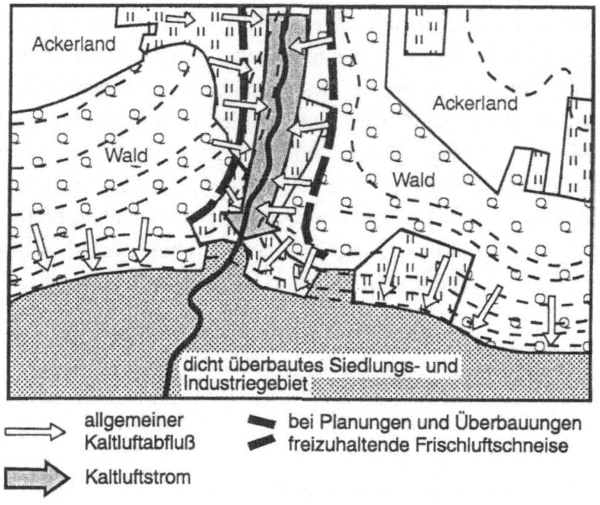

Bild 6.1-7: Frischluftschneise (nach [Les94])

Bewertungsansatz

Die Wirkung von Hindernissen läßt sich näherungsweise nach einem Vorschlag von *Neddens* [Ned86] berechnen. Ausgegangen wird von der Annahme, daß sich an einem Hindernis eine Strömungswiderstandskraft (Staukraft) bildet, die einem sich bewegenden Luftkörper einen Teil seiner Bewegungsenergie entzieht. Aus der angeströmten Fläche A_S und dem aerodynamischen Windbeiwert c_w des Hindernisses sowie aus der Querschnittsfläche des Tales ohne Hindernis A_T ergibt sich die Behinderungswirkung, ausgedrückt als Verhältnis von ideeller Windgeschwindigkeitszunahme bei Fortfall des Hindernisses v_i zu der Windgeschwindigkeit im Tal vor dem Hindernis v_w.

$$Behinderungswirkung = \frac{v_i}{v_w} = \sqrt{\frac{c_w \cdot A_S}{A_T}} \ , \ \text{in \%} \tag{6-6}$$

Der aerodynamische Windbeiwert c_w von Brücken muß in Windkanalversuchen ermittelt werden [Roi86]. Für Dämme kann näherungsweise der c_w-Wert eines liegenden unendlich langen Prismas angesetzt werden, der nach [Ned86] 2,05 beträgt. Als angeströmte Fläche A_S ist für Brücken die Windangriffsfläche nach [DIN1072] anzunehmen. Die so berechnete Behinderungswirkung eignet sich näherungsweise als eine Bewertungsgröße für die Wirkungskategorie *Einflüsse auf Luftbewegungen*.

2. Gefahr von Kaltluftstau

In wolkenlosen, windschwachen Nächten gibt der Boden seine tagsüber gespeicherte Wärme in Form von langwelliger Strahlung ab. Dabei wird der über dem Boden liegenden Luft Wärme entzogen. Es bildet sich eine Kaltluftschicht, die durch Absinkvorgänge noch verstärkt wird [Bau94]. Das Ausmaß der Kaltluftbildung ist von den Boden- und Bewuchsverhältnissen abhängig. Als Kaltluftherde gelten z.B. Areale mit lockeren Böden geringer Wärmespeicherfähigkeit unter gut isolierenden Grasdecken oder Feuchtgebiete, wie Riede und Moore [Les94]. In geneigtem Gelände strömt Kaltluft infolge der Schwerkraft talwärts. Dämme und andere große Baukörper können zu einer Behinderung von bodennahen Kaltluftströmen führen. Durch den Anstau von Kaltluft an Hindernissen kann es auf der hangseitig liegenden Fläche zu einem verfrühten Frostbeginn und zur Frostverschärfung kommen, was sich negativ auf kälteempfindliche landwirtschaftliche Kulturen oder die natürliche Flora auswirken kann. Die Effekte treten aber nur in wenigen Nächten im Jahr auf und sind auf wenige Stunden begrenzt. Die Reichweite der Staubereiche ist nach [For155] von der Hindernishöhe abhängig und liegt zwischen 20 und 60 m. Öffnungen in den Hindernissen ermöglichen den Kaltluftabfluß und verringern somit die Gefahr eines Kaltluftstaus.

Um das Risiko eines Kaltluftstaus bewerten zu können, ist nicht nur das Bauwerk zu betrachten. In welchem Ausmaß Kaltluftströme auftreten, ist von den Boden- und Bewuchsverhältnissen der angrenzenden Flächen, der Geländerauhigkeit und der Geländetopographie abhängig. In ebenem Gelände treten keine Kaltluftströme auf. Die Windoffenheit beeinflußt die Häufigkeit des Anstaus. Die Dauer des Kaltluftflusses steht im Zusammenhang mit den Abflußverhältnissen unterhalb des Hindernisses [For155]. Das Bauwerk selbst ist entscheidend dafür, ob ein Kaltluftstau auftritt, welche Ausdehnung er hat und in welchem Maße sich die Frostgefahr erhöht. Letztendlich hängt es von der betroffenen Vegetation ab, ob ein Kaltluftstau als Gefahr anzusehen ist oder nicht.

Ein Kaltluftstau setzt eine Staufläche voraus. Die Hindernisflächen, die Brücken im Normalfall bilden, haben nach [For155] „keinen merklichen Einfluß auf die klimatischen Verhältnisse der angrenzenden Geländeabschnitte". Dagegen können quer zu einem Hang stehende Dämme die lokalen klimatischen Verhältnisse beeinflussen.

Bewertungsansatz

In [For155] beschriebene Versuchsergebnisse ermöglichen ein Abschätzen kleinklimatischer Veränderungen in Abhängigkeit von der Ausbildung eines Dammes: Als Meßgröße dient der Temperatureffekt E mit T_A = Temperatur ohne Hindernis, T_B = Temperatur bei geschlossenem Hindernis und T_C = Temperatur bei Hindernis mit Öffnung.

$$E = \frac{T_C - T_B}{T_A - T_B} \cdot 100\% , \quad \text{in } \% \tag{6-7}$$

Ein hoher Temperatureffekt drückt aus, daß der Damm nur einen geringen Einfluß auf den Kaltluftstrom hat. In Bild 6.1-8 ist der Zusammenhang zwischen der relativen Öffnungsweite eines Durchlasses in einem Damm und dem Temperatureffekt dargestellt. Die relative Öffnungsweite ist definiert als Verhältnis der Durchlaßöffnung zur Gesamtfläche des Hindernisses.

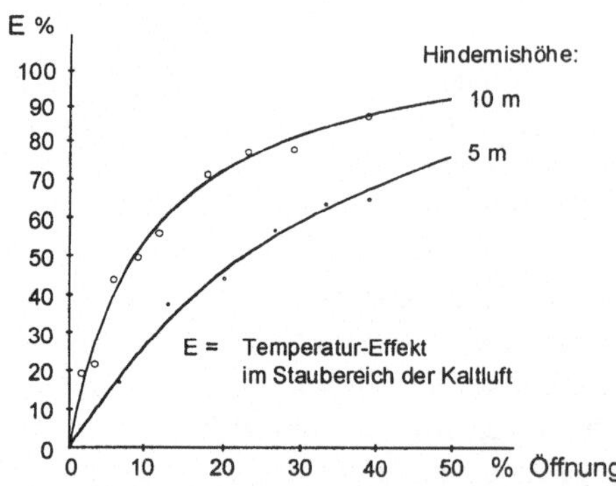

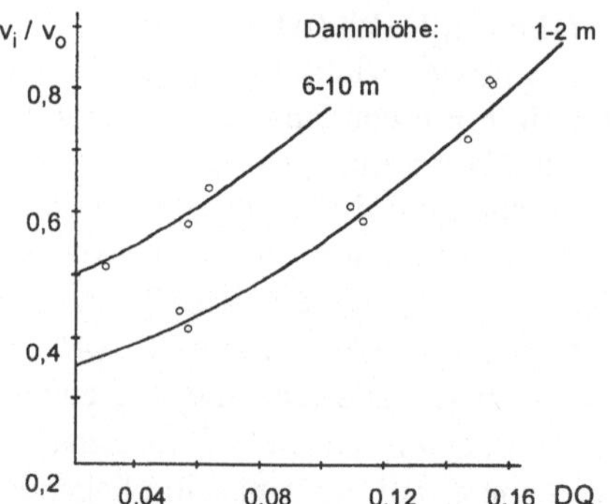

Bild 6.1-8: Abhängigkeit des Temperatureffektes von der relativen Öffnungsweite eines Durchlasses in einem Damm [For155]

Bild 6.1-9: Zusammenhang von Durchlaßquotient und relativer Durchflußgeschwindigkeit [For155]

Es wird deutlich, daß die relative Öffnungsweite die Gefahr eines Kaltluftstaus entscheidend beeinflußt. Bereits verhältnismäßig geringe relative Öffungsweiten führen zu einem hohen Temperatureffekt. Ein höherer Staukörper hat dabei einen positiven Einfluß, da sich dadurch ein höherer Staudruck einstellt, welcher zu einem verstärkten Kaltluftabfluß führt. Der Kaltluftstrom wird auch durch die Reibungsverhältnisse in der Dammöffnung beeinflußt. Bild 6.1-9 zeigt den Zusammenhang zwischen dem Durchlaßquotienten DQ und der relativen Durchflußgeschwindigkeit v_i/v_o mit v_i = mittlere Geschwindigkeit des Kaltluftstromes im Durchlaß und v_o = Geschwindigkeit des Kaltluftstromes über der Dammkrone. Der Durchlaßquotient DQ ergibt sich aus Breite b, Höhe h und Tiefe t des Durchlasses:

$$Durchla\beta quotient = \frac{b \cdot h}{2(b+h) \cdot t}$$

(6-8)

Da der Zusammenhang zwischen der relativen Öffnungsweite und dem Temperatureffekt näherungsweise linear ist (Bild 6.1-8), kann die relative Öffnungsweite als Bewertungsgröße für die Gefahr eines Kaltluftstaus und somit als zweite Bewertungsgröße für die Wirkungskategorie *Einflüsse auf Luftbewegungen* dienen. Sie ergibt sich aus den Seitenansichtsflächen der Öffnung $A_Ö$ und der Gesamtfläche des Hindernisses $A_S+A_Ö$. Bei geringer Öffnungsgröße ist der Einfluß der Reibungsverhältnisse zu beachten. Hier bietet es sich an, die relative Durchflußgeschwindigkeit v_i/v_o als Gewichtungsfaktor anzusetzen, die wiederum näherungsweise kongruent zum Durchlaßquotienten DQ ist (Bild 6.1-9). Für die Bewertungsgröße *Relative Öffnungsweite* ergibt sich somit folgende Formel:

$$Relative\ \ddot{O}ffnungsweite = \frac{A_Ö}{(A_S + A_Ö)} \cdot \frac{v_i}{v_o}, \ \text{in \%}$$

(6-9)

6.1.5 Einflüsse auf Fließgewässer

In Fließgewässern stehende Baukörper verengen den Abflußquerschnitt. Sie können dadurch die Abflußverhältnisse lokal verändern, was sich in einem Aufstau und in einer niedrigeren Fließgeschwindigkeit auf der stromauf gelegenen Seite und in einer höheren Fließgeschwindigkeit im verbleibenden Querschnitt äußert (Bild 6.1-10). Im Zusammenhang mit Brücken sind Pfeiler oder Baugrubenumschließungen zu untersuchen. Bei kleineren Flußbreiten sind auch Widerlager und angrenzende Dämme (vor allem bei Hochwasser) zu beachten (Bild 6.1-11).

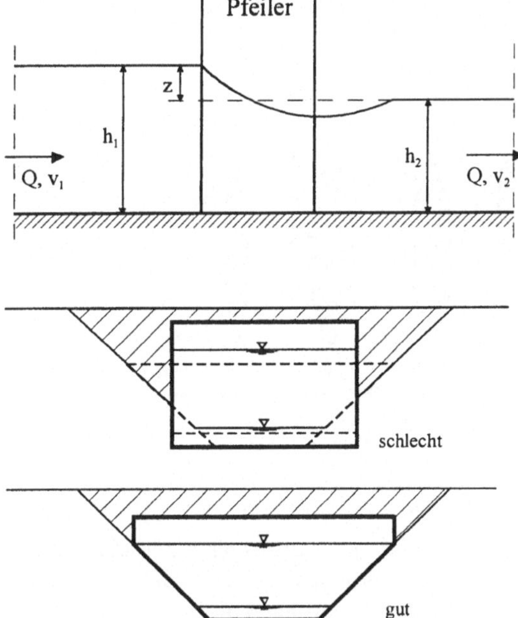

Bild 6.1-10:
Pfeilerstau [Schn90]

Bild 6.1-11:
Ausbildung des Durchflußquerschnittes [Lan93]

Ökologisch gesehen ist der durch Baukörper verursachte Aufstau von Interesse: Durch die dauernde Erhöhung des Wasserspiegels wird die Ufervegetation beeinflußt. Im ungünstigsten Fall werden angrenzende Flächen überflutet. Der Aufstau wirkt auch auf den Grundwasserspiegel [Bol96]. Die verringerte Fließgeschwindigkeit stromauf führt zur verstärkten Sedimentation, die höhere Fließgeschwindigkeit im Restabflußquerschnitt zu einer Zunahme der Erosion. In besonderen Fällen können auch Eisbildung und -abfluß beeinflußt werden. Zu bewerten ist also, ob es durch die Baukörper zu veränderten Abflußverhältnissen kommt und welche ökologischen Auswirkungen dadurch auftreten.

Die Stauhöhe z nach Bild 6.1-10 läßt sich mit den bekannten Gesetzen der Hydromechanik berechnen. Ob es zu einem Aufstau kommt, ist von den Abflußverhältnissen abhängig. Bei schießendem Abfluß entsteht ein Aufstau nur dann, wenn die Verbauung sehr groß ist [Bol96]. Im Normalfall liegt bei Flüssen, bei denen ein Flußpfeiler auf

Grund der Flußbreite überhaupt erforderlich wird, strömender Abfluß vor. Unter der Voraussetzung, daß der strömende Abfluß erhalten bleibt, gilt die Pfeilerstauformel von *Rehbock*:

$$z = \alpha(\delta - \alpha(\delta - 1)) \cdot (0{,}4 + \alpha + 9\alpha^3) \cdot \left(1 + \frac{v_2^2}{g \cdot h_2}\right) \cdot \frac{v_2^2}{2g} \ , \ \text{in m} \tag{6-10}$$

Einflußgrößen sind das Verbauverhältnis α, als Quotient aus dem verbauten Querschnitt A_V und dem ungestauten Abflußquerschnitt A_2, die Pfeilerform, ausgedrückt durch den Pfeiler-Formbeiwert δ (Bild 6.1-12), die mittlere Fließgeschwindigkeit v_2 und die Wasserspiegelhöhe h_2. Die ersten zwei Einflußgrößen sind konstruktionsabhängige Parameter, die anderen zwei werden durch die örtlichen Verhältnisse bestimmt. Bei stärkeren Querschnittsverengungen erfolgt ein Fließwechsel zum Schießen. In diesem Fall ist Formel 6-10 nicht mehr anwendbar. Die Berechnung erfolgt dann nach dem Extrementalprinzip [Schn90].

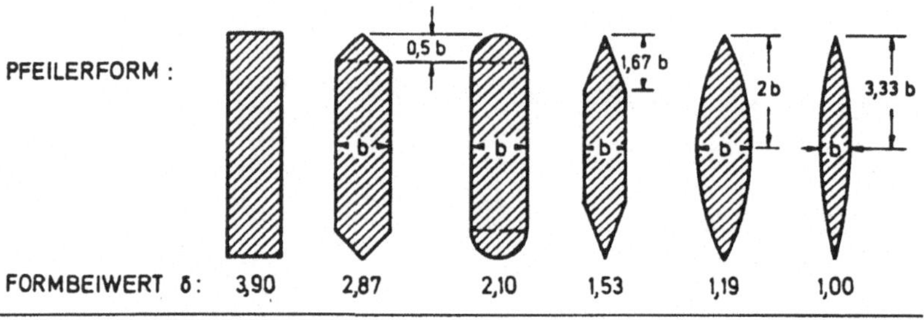

Bild 6.1-12: Pfeiler-Formbeiwerte [Schn90]

Bewertungsansatz

Die Pfeilerform und das Verbauverhältnis lassen sich aus den Projektunterlagen ableiten. Ebenso dürften Angaben zum Fließgewässer vorliegen, so daß auch die Fließgeschwindigkeit und die Wasserspiegelhöhe bekannt sind. Anhand dieser Angaben kann die Fließgewässerstauhöhe berechnet und als Bewertungsgröße für die Wirkungskategorie *Einflüsse auf Fließgewässer* herangezogen werden.

$$\textit{Fließgewässerstauhöhe} = f(\alpha, \delta, v_2, h_2) \ , \ \text{in m} \tag{6-11}$$

Entscheidend für die Relevanz dieses Kriteriums ist die Empfindlichkeit der betroffenen Ökosysteme. Wie schwierig es ist, mögliche Wirkungen abzuschätzen, macht die derzeit im Bau befindliche Brücke über den Großen Belt (Dänemark) deutlich. Dort beträgt die Querschnittsverringerung durch die im Wasser befindlichen Baukörper weniger als 2%. Da die Meeresströmungen an dieser Stelle für die gesamte Ostsee von Bedeutung sind (Wasseraustausch mit der Nordsee), wurde aber kein Risiko eingegangen und der ursprüngliche Abflußquerschnitt durch Ausgleichsgrabungen erhalten [Bel94].

6.1.6 Einflüsse auf den Grundwasserspiegel

Grundwasser ist im Boden versickertes Niederschlags- oder Flußwasser, das sich über wasserundurchlässigen Schichten sammelt. Haben diese Schichten ein Gefälle, fließt (strömt) das Grundwasser ähnlich wie Oberflächenwasser. Infolge von Baumaßnahmen wird der Grundwasserspiegel hauptsächlich durch zwei Effekte beeinflußt, durch Staukörper und durch temporäre Wasserhaltungen. Aus ökologischer Sicht beeinflussen Veränderungen des Grundwasserspiegels vor allem die Flora (Bild 6.1-13).

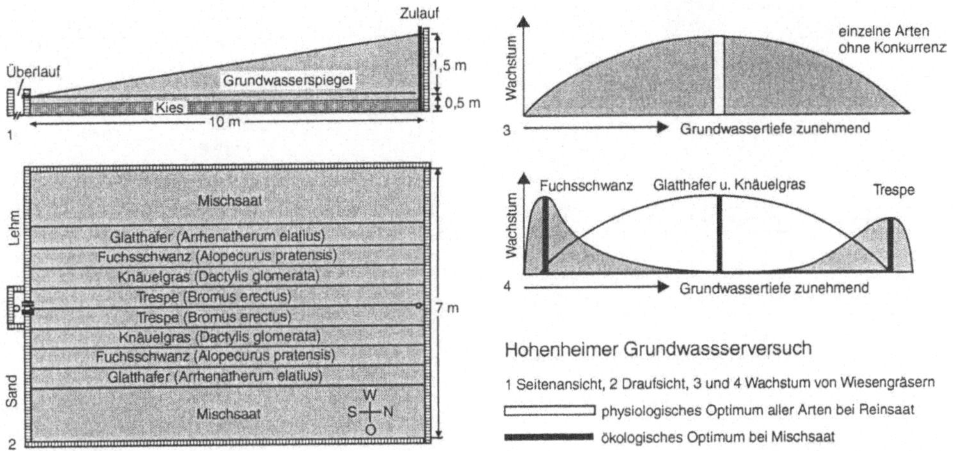

Bild 6.1-13: Einfluß des Grundwasserspiegels auf das Wachstum verschiedener Pflanzen (nach [dtV91])

1. Grundwasserstau

Im Grundwasser stehende Baukörper erhöhen den Grundwasserspiegel stromaufwärts und senken ihn stromabwärts um den gleichen Betrag. Als Extremfall sind dabei lange Bauwerke, z.B. Tunnel anzusehen, die auf einer grundwasserundurchlässigen Schicht stehen und somit weder um- noch unterströmt werden können [Bil71].

Stauhöhen im Grundwasser sind nicht so einfach zu berechnen wie die in Fließgewässern, da sie durch wesentlich mehr Parameter beeinflußt werden. Von Einfluß sind die Bauwerksabmessungen, das Verbauverhältnis, die Möglichkeiten zur Um- und Unterströmung, die Strömungsgeschwindigkeit als Funktion von hydraulischem Gefälle i und Durchlässigkeitsbeiwert k_f des Grundwasserleiters sowie die Höhe des Grundwasserspiegels. In der Literatur [Bil71, Nen78, Schn81, Schn82, Schn83, Kön95] sind eine Reihe von Verfahren zur Berechnung von Stauhöhen im Grundwasser beschrieben, die allerdings immer nur unter bestimmten Voraussetzung anwendbar sind. *Nendza* und *Lehmann* [Nen78] unterscheiden bspw. drei Grundsatzfälle (Bild 6.1-14) für die sie Lösungsmöglichkeiten aufzeigen. Für Gründungen von Brücken kommt Grundsatzfall 3 in Frage. Als Parameter gehen lediglich das Verbauverhältnis l/L und die Anzahl der Bauwerke n ein.

Grundsatzfall 1: Unterströmung eines Bauwerkes
(ebenes System: l = ∞)
Grundsatzfall 2: Unterströmung eines Bauwerkes
(räumliches System)
Grundsatzfall 3: Umströmung eines Bauwerkes
(ebenes System: a = 0)

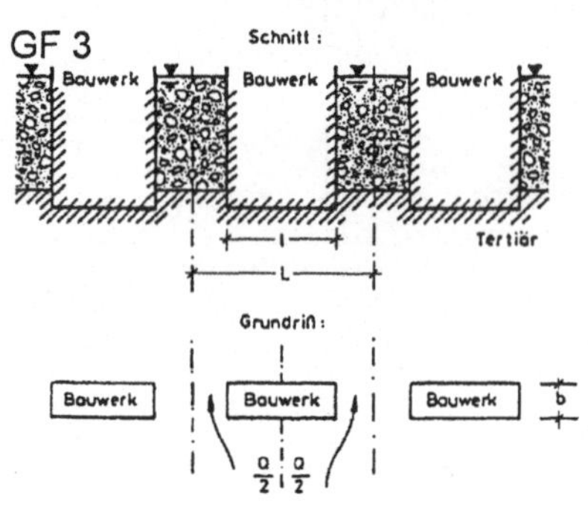

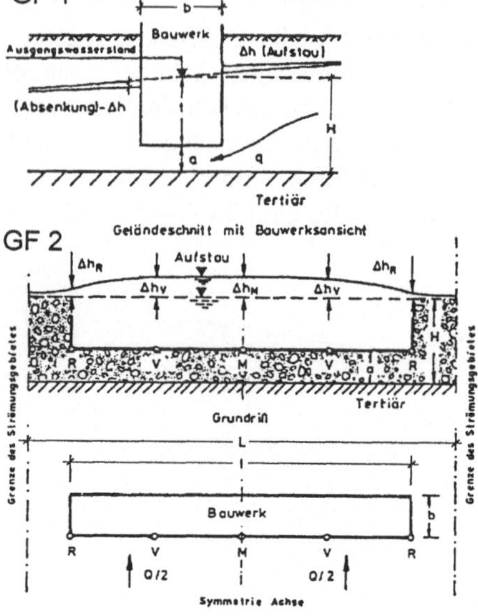

Bild 6.1-14: Grundsatzfälle nach [Kön95]

Bewertungsansatz

Das Verbauverhältnis und die Anzahl der unterirdischen Bauwerke können aus den Projektunterlagen abgeleitet werden. Wenn zusätzlich Angaben zu den Strömungsverhältnissen des Grundwassers vorliegen, kann die Grundwasserstauhöhe als eine Bewertungsgröße der Wirkungskategorie *Einflüsse auf den Grundwasserspiegel* herangezogen werden (Formel 6-12). Gleichzeitig ist zu hinterfragen, ob die berechneten Stau- und Absenkhöhen die vorhandene Vegetation tatsächlich schädigen können. Hierfür kann kein allgemeiner Bewertungsvorschlag angegeben werden. .

$$Grundwasserstauhöhe = f(H, a, b, l/L, n, i, k_f, Q) \text{ , in m} \tag{6-12}$$

2. Grundwasserabsenkung

Zum Trockenhalten von Baugruben, deren Sohle unterhalb des Grundwasserspiegels liegt, werden mitunter Grundwasserabsenkungen mit Schwerkraftbrunnen vorgenommen. Dabei stellt sich ein Absenktrichter ein (Bild 6.1-15). Die Größe des Absenktrichters ist von der Absenktiefe s und vom Durchlässigkeitsbeiwert k_f des anstehenden Bodens abhängig. Die Reichweite R der Grundwasserspiegeländerung kann nach der empirischen Formel von *Sichardt* abgeschätzt werden[1].

$$R = 3000 \cdot s \cdot \sqrt{k_f} \text{ , in m} \tag{6-13}$$

---

[1] Die Gleichung ist nicht dimensionsrein. Die Absenktiefe s ist in m, k_f in m/s einzugeben.

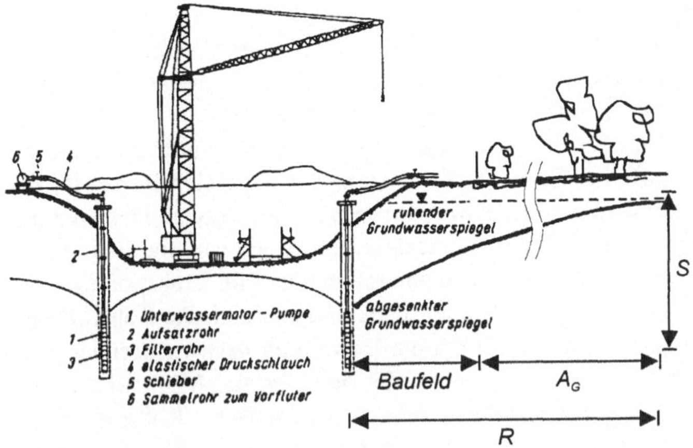

Bild 6.1-15: Absenktrichter (nach [Klö87])

Bewertungsansatz
Für die Größe der Wirkungen ist die Absenktiefe entscheidend (Bild 6.1-13). Die größte Absenktiefe tritt jedoch in Bereichen auf, in denen die Vegetation infolge der Bauarbeiten ohnehin entfernt wurde. Als zweite Bewertungsgröße für die Wirkungskategorie *Einflüsse auf den Grundwasserspiegel* sollte daher die Größe derjenigen Flächen herangezogen werden, die außerhalb des Baufeldes durch eine Grundwasserabsenkung betroffen sind (Bild 6.1-15). Die zusätzlich zur baubedingten Flächeninanspruchnahme durch eine Grundwasserabsenkung beeinträchtigte Fläche A_G ist berechenbar, wenn Angaben zum Grundwasserspiegel, zum Gründungsverfahren, insbesondere zur Lage der Baugrubensohle, zum Durchlässigkeitskennwert des Baugrundes k_f und zur Größe der Baustelleneinrichtung vorliegen.

$$A_G = f(R, A_b), \text{ in m}^2 \tag{6-14}$$

Die tatsächlichen Wirkungen sind von der Art der Vegetation sowie von der Dauer und dem Zeitpunkt der Absenkung abhängig und müssen im Einzelfall prognostiziert werden. Außerhalb der Vegetationsperiode sind die zu erwartenden Schäden bspw. deutlich geringer als innerhalb.

6.2 Ressourcenverbrauch

Entsprechend der Definition in Kapitel 2 werden hier die Umweltmedien Luft, Wasser und Boden sowie die natürlichen Rohstoffe als Ressourcen bezeichnet. Von einem Verbrauch im Sinne einer Überführung des Mediums oder Stoffes in den Zustand der Unnutzbarkeit ist nur bei den Rohstoffen auszugehen.

Bei der Bewertung des Rohstoffverbrauchs sind nicht-erneuerbare und erneuerbare (nachwachsende) Rohstoffe zu unterscheiden. Während bei den nicht-erneuerbaren Rohstoffen ein fortwährender Verbrauch unvermeidbar zur Erschöpfung der Vorräte führt, werden die Vorräte erneuerbarer Rohstoffe nur dann erschöpft, wenn der Verbrauch größer ist als die nachwachsende Menge (nachhaltige Nutzung der Vorräte). Wenn nur die nachwachsende Menge entnommen wird, kann die Nutzung erneuerbarer Rohstoffe, auf die Gesamtvorräte bezogen, auch als Gebrauch bezeichnet werden.

Im Zusammenhang mit Brücken fällt vor allem der Bedarf an mineralischen Rohstoffen für die Brückenbaustoffe ins Gewicht. Von den nachwachsenden Rohstoffen ist Holz als Baustoff und Material für Hilfskonstruktionen von Bedeutung. Des weiteren werden für eine Brücke große Mengen an energetischen Rohstoffen benötigt, u.a. für die Herstellung der Baustoffe, für den Betrieb von Baumaschinen und für Transporte.

Üblicherweise werden mineralische, nachwachsende und energetische Rohstoffe gesondert bewertet (z.B. [Schm95]). Die eigenständige Bewertung nachwachsender Rohstoffe ergibt sich aus der Möglichkeit des Gebrauchs der Vorräte. Mineralische und energetische Rohstoffe werden gesondert bewertet, da energetische Rohstoffe beim Freisetzen ihrer Bindungsenergie irreversibel zerstört, mineralische Rohstoffe dagegen nur vermischt oder zerstreut werden. Trotzdem muß bei mineralischen Rohstoffen von einem Verbrauch gesprochen werden, da ein vollständiges Rückführen genutzter mineralischer Rohstoffe aus technischen und energetischen Gründen meist nicht möglich ist.

Die Ressourcen Luft, Wasser und Boden werden in industriellen Prozessen nicht verbraucht, sondern in ihrer Qualität verändert. Die Qualitätsveränderungen werden für den Boden durch die Wirkungskategorien *Flächeninanspruchnahme im Umfeld* und *Flächeninanspruchnahme infolge Rohstoffgewinnung* (siehe Kapitel 6.1), für die Luft durch die Wirkungskategorien *Treibhauseffekt, Versauerung von Böden und Gewässern, Bodennahe Ozonbildung* und *Human- und Ökotoxizität* erfaßt (siehe Kapitel 6.3). Auch Wasser wird strenggenommen nicht verbraucht, sondern nur verunreinigt. Starke Verunreinigungen können aber zur Unbrauchbarkeit als Lebensraum, Nahrungsmittel oder Hilfsmittel für technische Zwecke führen. Da genaue Angaben zu den Emissionen in das Wasser für die meisten hier zu untersuchenden Prozesse nicht vorlagen (siehe Kapitel 5), wird der Wasserverbrauch als weitere Wirkungskategorie innerhalb des Ressourcenverbrauchs untersucht. Der Ressourcenverbrauch wird also mit folgenden Wirkungskategorien bewertet:

– Verbrauch mineralischer Rohstoffe

– Holzverbrauch

– Verbrauch energetischer Rohstoffe

– Wasserverbrauch

6.2.1 Verbrauch mineralischer Rohstoffe

Minerale sind die chemisch einheitlichen festen anorganischen Grundbestandteile der Erde, die in geologischen Zeiträumen beständig sind. Der größte Teil der Mineralien besteht aus chemischen Verbindungen zweier oder mehrerer Komponenten. Mineralien sind jedoch auch die chemischen Elemente [Les94].

Anzustreben ist eine möglichst langfristige Sicherung der Vorräte an mineralischen Primärrohstoffen, also derjenigen Rohstoffe, die direkt der Natur entnommen werden. Durch eine Nutzung von Sekundärrohstoffen wird die Abbaurate von Primärrohstoffen verringert und damit die Reichweite der Vorräte erhöht. Es ist also ausreichend, den Verbrauch mineralischer Primärrohstoffe zu bewerten.

In der Literatur (z.B. [Hei92, Eye96]) wird vorgeschlagen, den Verbrauch einzelner mineralischer Rohstoffe differenziert zu bewerten, da sich die Möglichkeiten einer stofflichen Nutzung, der Verbrauch, die Vorräte und die Erschöpfungsgeschwindigkeit der einzelnen Rohstoffe unterscheiden. Als Gewichtungsfaktor soll die Knappheit eines Rohstoffes herangezogen werden, die sich aus dem Produkt von Vorrat und statischer Reichweite ergibt. Die statische Reichweite stellt den Quotient aus dem Vorrat und dem derzeitigen Jahresverbrauch eines Rohstoffes dar.

$$Erschöpfungsbeitrag\ pro\ Jahr = \sum_i \frac{Rohstoffverbrauch_i}{Vorrat_i \cdot statische\ Reichweite_i} \qquad (6\text{-}15)$$

Der nach Formel 6-15 berechnete Erschöpfungsbeitrag einer Produktvariante, kann theoretisch als Bewertungsgröße für die Wirkungskategorie *Verbrauch mineralischer Rohstoffe* herangezogen werden. Voraussetzung für die Anwendbarkeit dieses Ansatzes ist, daß Zahlen zu den Vorräten und Prognosen zu den Reichweiten einzelner Rohstoffe vorliegen. Da viele Mineralien in der Erdrinde relativ häufig vorkommen und außerdem in gewissem Umfang eine Rückführung verbrauchter Rohstoffe in den Stoffkreislauf möglich ist, sind solche Angaben mit großen Unsicherheiten verbunden oder liegen gar nicht vor. Für die im Brückenbau wichtigen Primärrohstoffe Eisenerz, Sand, Kies, Kalkstein und andere Natursteine existieren zwar einige Aussagen, sie sind aber für eine Bewertung nach obigem Schema nicht brauchbar:

– Zur Knappheit von Eisenerz gibt es Literaturangaben [Bos94, Fis95], die sich in Nuancen, aber nicht in der Grundaussage unterscheiden. Demnach ist Eisenerz kein knapper Rohstoff. Allein die bekannten Vorräte lassen beim derzeitigen Verbrauch eine Reichweite von rund 200 Jahren zu [Bos94]. Die tatsächlichen Reserven sind aber viel höher (Eisen ist das vierthäufigste Element der Erdrinde).

– Die Vorräte an Kalk- und sonstigen Natursteinen sowie an Sand und Kies sind aus geologischer Sicht nahezu unbegrenzt. Genaue Zahlen zu den globalen Vorräten existieren nicht. Zur Größenordnung der Vorräte in Deutschland liegen dagegen Daten vor [Lüt79, Ste85, Egg86, Ste94]. Sie beziehen sich aber meist auf die genehmigten Abbauvorräte und sagen daher nur wenig zur tatsächlichen Verfügbarkeit aus. Der Tenor ist jedoch einheitlich: Vor allem bei den natürlichen Zuschlägen ist mit Engpässen zu rechnen. Es werden Reichweiten von 30 Jahren und weniger genannt. Solche Zahlen klingen beunruhigend, allerdings ist zu beachten, daß es sich um regionale Engpässe handelt. Hier zeigt die Entwicklung auf dem Eisenerzmarkt, daß Massentransporte über große Entfernungen kein Hindernis für die Wirtschaft darstellen. Das in Deutschland verhüttete Eisenerz kommt aus Brasilien, Australien, Schweden, Liberia und Kanada [Pet90], im Prinzip also aus der ganzen Welt, obwohl die Eisenerzvorräte in Deutschland noch lange nicht erschöpft sind [Fis95]. Die inländischen Lagerstätten sind aber nicht wirtschaftlich abbaubar. Mit regionalen Knappheiten kann hier also nicht argumentiert werden, da sonst die für den Brückenbau wichtigsten Primärrohstoffe Eisenerz und Sand/Kies mit zweierlei Ellen gemessen werden würden. Die mit längeren Transportwegen zusammenhängenden Umweltbelastungen können durch andere Wirkungskategorien erfaßt werden (*Verbrauch energetischer Rohstoffe, Auswirkungen von Emissionen*).

Bewertungsansatz

Aus dem Gesagten geht hervor, daß Formel 6-15 für die Bewertung der Primärrohstoffe des Brückenbaus nicht anwendbar ist. Als Bewertungsgröße für die Wirkungskategorie *Verbrauch mineralischer Rohstoffe* kann daher nur der summierte *Primärrohstoffverbrauch* angesetzt werden, der anhand der verbrauchten Baustoffe und mit den Sachbilanzdaten aus Anhang A, Kapitel 3.9 ermittelbar ist. Folgende Primärrohstoffe wurden dort bilanziert: Eisenerz, Gipsstein, Kalkstein, Naturstein, Sand/Kies, Steinsalz und Ton.

6.2.2 Holzverbrauch

Holz ist ein nachwachsender Rohstoff, der stofflich und energetisch genutzt werden kann. Bei der energetischen Nutzung wird das Holz zerstört. Bei der stofflichen Nutzung bleibt das Material dagegen erhalten, wird aber früher oder später zersetzt, da es sich um organische Materie handelt. Ein stoffliches Recycling wie bei Metallen ist nicht möglich.

Ähnlich wie bei den mineralischen Rohstoffen sollte die unterschiedliche Verfügbarkeit, bzw. Knappheit verschiedener Holzarten bei der Bewertung des Holzverbrauches berücksichtigt werden. Dem steht aber auch hier die Schwierigkeit fehlender Zahlen zu Vorräten und Verbrauch entgegen. Unterschieden werden sollten aber zumindest zwei Kategorien: Holz aus nachhaltiger und Holz aus nicht-nachhaltiger Forstwirtschaft. Schwierigkeiten bereitet das Zuordnen der verschiedenen, im Brückenbau gebräuchlichen Holzarten zu den genannten Kategorien. Eine Zuordnung nach der Herkunft ist nicht immer korrekt, kann aber als Anhaltswert dienen: In Deutschland wird eine nachhaltige Forstwirtschaft betrieben [Frü94]. Nach [Umw93] ist die nachhaltige Forstwirtschaft, von wenigen Gebieten abgesehen, in ganz Europa und Nordamerika eingeführt. In den Tropen ist dagegen ein deutlicher Rückgang der Waldfläche festzustellen[1]. Etwa 95-98% des weltweit gehandelten Tropenholzes stammt aus nicht-nachhaltiger Forstwirtschaft. Lediglich der geringe Rest ist zwei nachhaltigen Betriebsformen zuzurechnen, der Holzzuchtplantage und dem bewirtschafteten Naturwald [Jor93].

Genaugenommen ist also nur die Nutzung von Tropenholz als Rohstoffverbrauch anzusehen. Dennoch sollte die verbrauchte Holzmenge aus nachhaltiger Forstwirtschaft bewertet werden, da auch eine nachhaltige Forstwirtschaft mit ökologischen Problemen verbunden ist. Sie stellt einen Eingriff des Menschen in natürliche Systeme dar, nimmt Flächen in Anspruch und führt zu verringerter Artenvielfalt, Bodenerosion und Auswirkungen auf den Wasserhaushalt.

Bewertungsansatz

Holz wird bei Brücken für Tragwerke, aber auch für Rüstungen und Schalungen eingesetzt. Analytisch erfaßbar ist der *Stammholzverbrauch*, der anhand der Daten im Anhang A, Kapitel 3.9 berechnet werden kann, wenn die für ein Tragwerk benötigten Holzmengen (Rund-, Kant-, Brettschicht- oder Sperrholz) bekannt sind. Der Einsatz von Holz aus nicht- nachhaltiger Nutzung ist gesondert zu gewichten.

---

[1] Nach [Fis95] gehen jährlich 20 Mio ha tropischer und subtropischer Wälder durch Abholzen oder Abbrennen verloren.

6.2.3 Verbrauch energetischer Rohstoffe

Energie ist die Fähigkeit eines Systems, Arbeit zu leisten. Rohstoffe, aus denen Energie gewonnen werden kann, werden als energetische Rohstoffe oder als Energieträger bezeichnet. Primärenergieträger sind aus der Natur entnommene energetische Rohstoffe, von denen die fossilen Brennstoffe Kohle, Erdgas und Erdöl sowie der nukleare Brennstoff Uran die wichtigsten darstellen. Das stoffliche Verwenden energetischer Rohstoffe, z.B. von Erdöl in Form von Kunststoffen oder Bitumen ist eine nicht-energetische Nutzung, die ebenfalls zu erfassen ist. Holz (oder andere Biomasse) kann gleichfalls energetisch genutzt werden, hat aber eine eigene Wirkungskategorie (Kap. 6.2.2).

Wegen der Irreversibilität des Verbrauchs von Primärenergieträgern ist die langfristige Sicherung der Vorräte ein Schwerpunkt der Ressourcenschonung. Vorschläge in der Literatur zur Bewertung des Verbrauchs energetischer Rohstoffe konzentrieren sich daher auf den Verbrauch von Primärenergieträgern [Hei92, Schm95, Eye96].

Prinzipiell ist hier der gleiche Ansatz wie bei der Bewertung der mineralischen Rohstoffe anwendbar (Formel 6-15). In [Tie93] und [Schm95] wird jedoch mit einem abgewandelten Verfahren gearbeitet: Die statische Reichweite einzelner fossiler Brennstoffe wird zur statischen Reichweite von Erdöl ins Verhältnis gesetzt. Mit dem sich daraus ergebenden dimensionslosen Äquivalenzfaktor $\ddot{A}_i$ werden die Verbräuche verschiedener fossiler Primärenergieträger dann zum Erschöpfungsbeitrag (nach [Schm95]: Rohöl-Ressourcen-Äquivalenzwert) zusammengefaßt:

$$\ddot{A}_i = \frac{Reichweite\ Erd\ddot{o}l}{Reichweite\ Prim\ddot{a}rbrennstoff_i} \qquad (6\text{-}16)$$

$$Ersch\ddot{o}pfungsbeitrag = \sum_i Prim\ddot{a}rbrennstoffverbrauch_i \cdot \ddot{A}_i, \quad \text{in MJ} \qquad (6\text{-}17)$$

Außerdem wird der Verbrauch nuklearer Energieträger in [Schm95] als gesonderte Wirkungskategorie bewertet. Begründet wird dieser Ansatz mit den besonderen Umweltbelastungen und Risiken, die nur im Zusammenhang mit der Nutzung von Kernenergie auftreten, z.B. radioaktive Strahlung und Atommüll.

Die Problematik der Formeln 6-16 und 6-17 liegt auch hier in den unsicheren Daten zu den Reichweiten der Rohstoffe. In der Literatur [Röm93, Hei92, Wei93, Bos94, Schm95, Fis95, Eye96] finden sich dazu keine einheitlichen Werte. Qualitativ unterscheiden sich die einzelnen Aussagen aber nicht. Demnach sind Erdöl und Erdgas deutlich knapper als Kohle. Für Erdöl und Erdgas werden die Reichweiten beim derzeitigen Verbrauch mit rund 40 bzw. etwa 60 Jahren beziffert. Für Kohle werden 160 bis 260 Jahre genannt[1]. Tendenziell verschieben sich alle Angaben zu Vorräten und Reichweiten laufend nach oben oder bleiben trotz des fortwährenden Verbrauchs konstant, da ständig neue Rohstoffvorräte erkundet werden und der technische Fortschritt die Nutzung bisher unzugänglicher Rohstoffvorräte möglich macht (z.B. Erdgas aus der Nordsee).

---

[1] Angaben zu den Vorräte an Uran existieren ebenfalls [Wei93, Ruc93, Fis95]. Die berechnete Reichweite hängt hauptsächlich davon ab, wie das Uran energetisch genutzt wird: Nach [Ruc93] ist die Reichweite des Urans bei einem Einsatz in schnellen Brutreaktoren 47 mal größer als bei einer Nutzung in den heute üblichen Leichtwasserreaktoren. Für letzteres wird eine Reichweite von 83 Jahren angegeben.

Ein weiteres Problem der genannten Bewertungsansätze besteht darin, daß bei der Erstellung von Sachbilanzen die Energieträgerstruktur vieler Prozesse nicht bekannt ist.

Ein einfacheres Verfahren zur Bewertung des Verbrauchs energetischer Rohstoffe umgeht die genannten Probleme. Bewertungsmaßstab ist der Gesamtenergieinhalt der verbrauchten Primärenergieträger, der in Energiebilanzen (siehe Kapitel 3.3.1) als Primärenergieaufwand oder Primärenergieverbrauch bezeichnet wird. Bildlich gesprochen wird gemessen, in welchem Umfang der gesamte Energievorrat verringert wird, ohne einzelne Energieträger zu spezifizieren. Genaue Kenntnisse über den Vorrat an Energieträgern sind somit für einen Variantenvergleich nicht erforderlich. Es genügt, den Primärenergieverbrauch der zu bewertenden Varianten zu vergleichen. Der Nachteil der Bewertung mittels Primärenergieverbrauch ist, daß die energetischen Rohstoffe unterschiedslos nur als Energielieferanten angesehen werden. Die Möglichkeiten spezieller stofflicher Nutzungen, z.B. von Erdöl als Bitumen, werden dadurch außer Acht gelassen.

Bewertungsansatz
Der Verbrauch energetischer Rohstoffe wird mit drei Bewertungsgrößen erfaßt. Die erste Bewertungsgröße (*Verbrauch fossiler Brennstoffe*) ist die Summe des mit der Reichweite gewichteten Verbrauchs der fossilen Brennstoffe Steinkohle, Braunkohle, Rohöl und Erdgas nach Formel 6-17. Die Gewichtungs- bzw. Äquivalenzfaktoren für die einzelnen fossilen Brennstoffe leiten sich aus Formel 6-16 ab und sind in Tabelle 6.2-1 angegeben.

Tab. 6.2-1: Annahmen zu Reichweite und Äquivalenzfaktoren nach [Schm95]

Rohstoff	statische Reichweite in Jahren	Äquivalenzfaktor nach Formel (6-16)
Steinkohle	160	0,2625
Braunkohle	200	0,21
Erdöl	42	1
Erdgas	60	0,7

Als zweite Bewertungsgröße (*Verbrauch nuklearer Brennstoffe*) wird in Anlehnung an [Schm95] der durch nukleare Brennstoffe gedeckte Energiebedarf festgelegt. Auf einen Ansatz der Reichweite wird verzichtet. Der Verbrauch nuklearer Brennstoffe steht stellvertretend für die mit der Kernenergienutzung verbundenen Umweltbelastungen (Strahlung, Entsorgungsproblematik), die sich keiner anderen Wirkungskategorie zuordnen lassen.

Angesichts der Unsicherheiten der Daten zu den Vorräten und Reichweiten und wegen der meist fehlenden Informationen zu Energieträgerstrukturen wird eine dritte Bewertungsgröße (*Primärenergieverbrauch*) eingeführt. Bewertet wird der summierte Primärenergieverbrauch, der sich aus dem *ungewichteten* Verbrauch an fossilen Brennstoffen *und* dem Verbrauch an nuklearen Brennstoffen zusammensetzt. Die Verbräuche werden jeweils als Heizwert erfaßt.

6.2.4 Wasserverbrauch

In den einführenden Bemerkungen zu Kapitel 6.2 wurde bereits erwähnt, daß der Wasserverbrauch hier stellvertretend für die nicht erfaßbaren Verunreinigungen des Wassers durch industrielle Prozesse steht. Im weitesten Sinne werden auch die mit der Wasserentnahme verbundenen Folgeschäden erfaßt, z.B. Grundwasserabsenkungen [Schm95]. Als Bewertungsgröße wird der summierte Wasserverbrauch angesetzt.

6.3 Auswirkungen von Emissionen

Im ökologischen Sinne werden nicht nur feste, flüssige oder gasförmige Stoffe emittiert, sondern auch Wärme, Lärm und Strahlen [Les94]. Wegen der im Kapitel 5 geschilderten Probleme mit dem Erfassen entsprechender Daten werden hier aber nur die stofflichen Emissionen untersucht.

Während des Lebenszyklus einer Brücke treten eine Vielzahl von Emissionen auf. Wichtige Verursacher sind die Prozesse der Baustoffherstellung und der Energiebereitstellung, die Bauprozesse, die Transporte und der Verkehr auf der Brücke. Emissionen können aber auch direkt vom Bauwerk und von deponierten Abfällen ausgehen. Die Vielfalt möglicher Schadstoffe wurde in Kapitel 5 gezeigt. Emissionen treten sowohl im Umfeld als auch außerhalb des Umfeldes auf.

In Ökobilanzen ist es üblich, die Schadstoffe nach Wirkungen zu systematisieren, da deren Anzahl, im Vergleich zu der nahezu unbegrenzten Vielfalt an Schadstoffen, überschaubarer ist. Mit Hilfe von Wirkungs- oder Äquivalenzfaktoren ist es möglich, Schadstoffe mit gleichen Wirkungen nach folgendem Prinzip zu aggregieren:

$$Gesamtwirkung = \sum_i (Äquivalenzfaktor_i \cdot Emission_i) \text{ , in kg} \qquad (6\text{-}18)$$

Die Äquivalenzfaktoren beziehen sich jeweils auf eine Referenzsubstanz und stellen das Verhältnis des Wirkungspotentials eines Schadstoffes zum Wirkungspotential einer Referenzsubstanz dar. Entsprechende Zahlen sind in [Hei92] für folgende Wirkungen aufgelistet:

– Treibhauseffekt,

– Versauerung von Böden und Gewässern,

– Ozonabbau in der Stratosphäre,

– Bodennahe Ozonbildung,

– Humantoxizität,

– Ökotoxizität,

– Eutrophierung von Gewässern.

Bei der Bewertung von Brücken kann auf die Wirkungskategorien *Ozonabbau in der Stratosphäre* und *Eutrophierung von Gewässern* verzichtet werden, da die Emissionen, die diese Wirkungen verursachen, nicht auftreten:

– Der Ozonabbau in der Stratosphäre wird vorwiegend durch Fluorchlorkohlenwasserstoffe (FCKW) und Chlorkohlenwasserstoffe (CKW) verursacht [Umw93]. Emissionen an FCKW oder CKW wurden bei den untersuchten Prozessen nicht festgestellt.

– Die Eutrophierung ist eine Nährstoffübersättigung von Gewässern und wird zum größten Teil durch häusliche Abwässer und abgeschwemmte Düngemittel verursacht. Beides spielt bei Brücken keine Rolle.

Die toxisch wirkenden Emissionen werden hier zu einer Wirkungskategorie zusammengefaßt. Auswirkungen von Emissionen werden also anhand der folgenden Wirkungskategorien bewertet:

– Treibhauseffekt,

– Versauerung von Böden und Gewässern,

– Bodennahe Ozonbildung,

– Human- und Ökotoxizität.

Bewertet wird das Wirkungspotential einer Produktvariante, d.h. die Wirkungen müssen nicht zwangsläufig auftreten. Emissionen, von denen verschiedene Wirkungen ausgehen können, werden daher auch in mehreren Wirkungskategorien bewertet.

6.3.1 Treibhauseffekt

Die tagsüber auf die Erde treffende Sonnenstrahlung wird nachts als Infrarotstrahlung in den Weltraum abgegeben. Ein Teil der Abstrahlung wird durch sogenannte klimarelevante Gase absorbiert und reflektiert (Bild 6.3-1). Dieser Effekt stellt eine wesentliche Grundlage des Lebens auf der Erde dar. Wegen der Analogie zu den Verhältnissen in einem Treibhaus wird er als Treibhauseffekt bezeichnet [Umw93]. Anthropogene Emissionen verstärken den natürlichen Treibhauseffekt, d.h. die zurückgehaltene Abstrahlung wird größer. Als unmittelbare Folge wird eine globale Temperaturerhöhung in der Atmosphäre erwartet, von der erste Anzeichen bereits beobachtet wurden. Weiterhin geht man davon aus, daß die allgemeine Temperaturerhöhung zu einem Anstieg des Meeresspiegels, zur Häufung extremer klimatischer Ereignisse sowie zu Klimazonenverschiebungen führen wird. Wegen des globalen Ausmaßes der Wirkungen ist den treibhausrelevanten Emissionen eine besondere Beachtung zu schenken. Die treibhausrelevanten Gase, deren Anteil am Treibhauseffekt und die wichtigsten anthropogenen Quellen zeigt Tabelle 6.3-1.

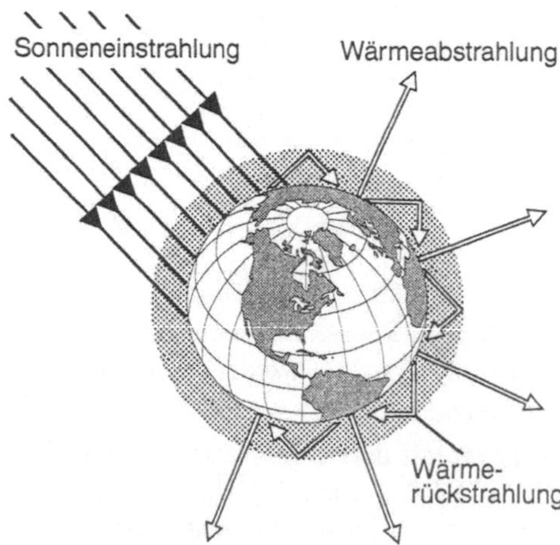

Bild 6.3-1:
Treibhauseffekt (nach [Umw93])

Tab. 6.3-1: Beiträge der klimarelevanten Gase zum Treibhauseffekt 1992 [Umw93]

	Anteil am zusätzlichen Treibhauseffekt	Konzentrationsanstieg pro Jahr	Wichtigste anthropogene Quellen
Kohlendioxid CO_2	50 %	0,5 %	Verbrennung fossiler Brennstoffe, Entwaldung
Methan CH_4	19 %	1 %	Reisanbau, Viehzucht, Müll, fossile Brennstoffe
FCKW's	17 %	5 %	Treibgase, Kühlen, Reinigung, Flammschutz, Verschäumung
troposphärisches Ozon	8 %	0,5 %	Stickoxid- und Kohlenwasserstoff-Emissionen aus Verkehr plus Sonnenlicht
Distickoxid N_2O	6 %	0,3 %	Überdüngung, Entwaldung, Biomasseverbrennung

Im Zusammenhang mit Brücken treten treibhausrelevante Gase hauptsächlich bei Verbrennungsprozessen, also vorwiegend bei den Prozessen der Baustoffherstellung und der Energiebereitstellung sowie bei den Bauprozessen auf.

Der Beitrag bestimmter Gase zum Treibhauseffekt wird über das Treibhauspotential bestimmt. Als Referenzsubstanz dient CO_2. Die in der Literatur genannten Äquivalenzfaktoren berücksichtigen zwei Effekte, die direkte Strahlungsabsorption und die indirekten chemischen Effekte auf die Strahlungsbilanz. Da das Treibhauspotential von der Verweildauer eines Gases in der Atmosphäre abhängig ist, muß ein Zeithorizont angenommen werden. Dieser wird hier in Übereinstimmung mit [Frit95, Eye96] und anderen Studien mit 100 Jahren angesetzt. Für die in der Sachbilanz (Anhang A) erfaßten treibhausrelevanten Gase CO_2, CH_4 und N_2O werden Äquivalenzfaktoren nach Tabelle 6.3-2 angenommen.

Tab. 6.3-2: Äquivalenzfaktoren für Emissionen mit Treibhauspotential [Hei92]

Emission	$\ddot{A}_{Treibhauspotential}$ (Zeithorizont 100 Jahre)
Kohlendioxid CO_2	1
Methan CH_4	11
Distickstoffoxid N_2O	270

Bewertungsansatz

Mit den Äquivalenzfaktoren können die emittierten Mengen einzelner Treibhausgase nach Formel 6-19 zum Gesamttreibhauseffekt einer Produktvariante aggregiert werden. Der so berechnete Wert bildet die Bewertungsgröße dieser Wirkungskategorie.

$$Treibhauseffekt = \sum_i (\ddot{A}_{Treibhauspotential;i} \cdot Emission_i) , \text{ in kg} \qquad (6\text{-}19)$$

6.3.2 Versauerung von Böden und Gewässern

Verschiedene Luftschadstoffe, vor allem SO_2 und NO_x, werden in der Atmosphäre in Anwesenheit von Wasser und Sauerstoff zu Säuren (z.B. H_2SO_4, HNO_3) umgewandelt. Durch die Säuren verringert sich der natürliche pH-Wert von Regenwasser und Nebel von 5,6 auf 4 oder noch niedrigere Werte. Saure Niederschläge führen zur Versauerung von Böden und Gewässern und in der Folge zu Schäden an Ökosystemen. Die Säuren schädigen aber auch die Oberflächen von Bauwerken und Baustoffen. Weiträumige Schadstofftransporte (bis zu 2000 km [dtV91]) machen die Versauerung zu einem überregionalen Problem. Kraftwerke, industrielle Prozesse und Verbrennungsmotoren sind die wichtigsten Quellen für SO_2 und NO_x. Bild 6.3-2 zeigt die Anteile dieser Sektoren an den Gesamtemissionen. Bei Brücken sind die Prozesse der Baustoffherstellung und der Energiebereitstellung sowie Bauprozesse und Transporte die wichtigsten Emittenten.

Nach [Hei92] wird die Fähigkeit bestimmter Stoffe, H^+-Ionen zu bilden, als Versauerungspotential bezeichnet. Das Versauerungspotential eines Stoffes wird berechnet, indem man die im Molekül vorhandenen Schwefel-, Stickstoff- und Halogenatome zur Molmasse ins Verhältnis setzt. Referenzsubstanz ist SO_2 mit einem Versauerungspotential von 1,0. Tabelle 6.3-3 enthält die in [Hei92] berechneten Äquivalenzfaktoren.

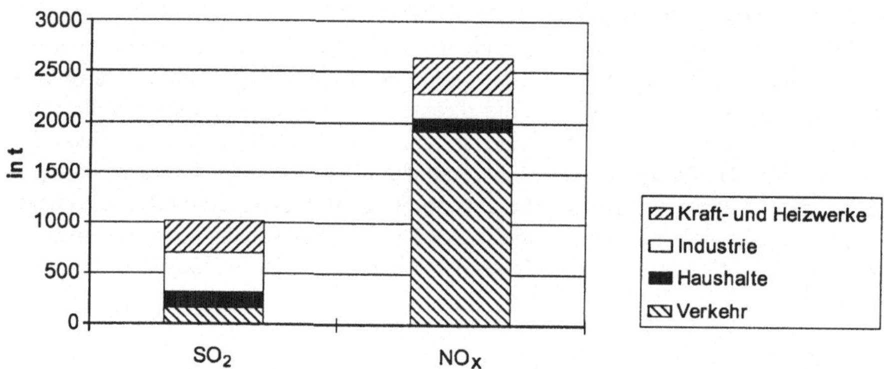

Bild 6.3-2: SO_2- und NO_x-Emissionen in den alten Bundesländern (1991) [Umw94]

Tab. 6.3-3: Äquivalenzfaktoren für Emissionen mit Versauerungspotential

Emission	$\ddot{A}_{Versauerungspotential}$
SO_2	1
NO_x (bezogen auf NO_2)	0,7
NH_3	1,88
HCl	0,88
HF	1,6
H_2S	1,88

Bewertungsansatz

Das nach der folgenden Formel berechnete Gesamtversauerungspotential einer Produktvariante bildet die Bewertungsgröße dieser Wirkungskategorie.

$$Versauerung = \sum_i (\ddot{A}_{Versauerungspotential;i} \cdot Emission_i), \quad \text{in g} \tag{6-20}$$

6.3.3 Bodennahe Ozonbildung

Aus emittierten Stickoxiden und Kohlenwasserstoffen entstehen unter Einwirkung von
Sonnenlicht aggressive Reaktionsprodukte, die als Photooxidantien bezeichnet werden.
Das wichtigste Reaktionsprodukt der relativ komplexen chemischen Reaktionen ist
Ozon (O_3) (Bild 6.3-3). Es wird in der Regel als alleiniger Indikator und quantitativer
Maßstab für die Bildung von Photooxidantien herangezogen, woraus sich die Bezeich-
nung dieser Wirkungskategorie ergibt. Hohe Ozonkonzentrationen, die vor allem im
Sommer bei hohen Temperaturen, geringer Luftfeuchtigkeit und geringem Luftaustausch
entstehen, sind gesundheitsschädlich und führen außerdem zu Pflanzenschäden.

Stickoxide allein bewirken noch keine hohen Ozonkonzentrationen, vielmehr ist
das Mitwirken von Kohlenwasserstoffen erforderlich [Bau94]. Aus diesem Grund werden bei der Bewertung des Ozonbildungspotentials lediglich die Kohlenwasserstoffe
betrachtet [Hei92]. Kohlenwasserstoffe werden bei unvollständig ablaufenden Verbren-
nungen frei (Verbrennungsmotoren, industrielle Prozesse). Andere Quellen sind der
Umgang mit Otto-Kraftstoffen (Tankbelüftung, Lagerung, Umschlag, Tanken) und
Lösemitteln (Herstellung und Verarbeitung). Der Begriff Kohlenwasserstoffe umfaßt
eine Vielzahl von Stoffen, deren Einflüsse auf die Umwelt sehr unterschiedlich sind. Ein
separates Erfassen einzelner Kohlenwasserstoffe wird in Sachbilanzen aber nur selten
praktiziert. In der Regel werden die emittierten Kohlenwasserstoffe durch einen Summenwert beschrieben. Hierfür gibt es unterschiedliche Bezeichnungen, z.B. ΣC, HC
oder VOC (*volatile organic compounds*, flüchtige organische Verbindungen). Da die
Methan-Emissionen wegen des Einflusses auf den Treibhauseffekt meist gesondert aufgeführt werden, ergibt sich für die übrigen Kohlenwasserstoffe die Bezeichnung
NMVOC (*non methan volatile organic compounds*, flüchtige organische Verbindungen
ohne Methan), die auch hier verwendet wird. Etwa 85% der NMVOC-Emissionen in der
Bundesrepublik resultieren aus dem Verkehr und der Verwendung von Lösemitteln
(Bild 6.3-4).

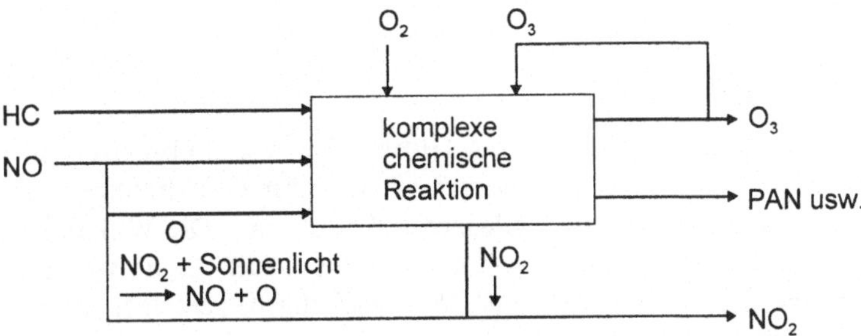

Bild 6.3-3: Reaktionen der Ozonbildung [Bos94]

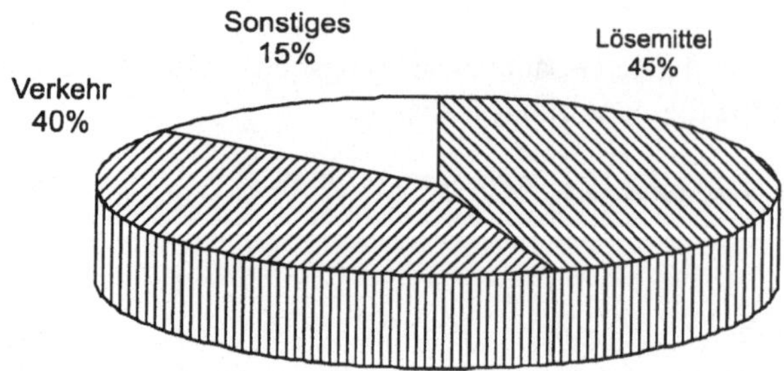

Bild 6.3-4: Quellen für NMVOC-Emissionen [Umw94]

Im Zusammenhang mit Brücken kommen für NMVOC-Emissionen ähnliche Verursacher wie für die NO_x-Emissionen in Frage. Zusätzliche NMVOC-Emissionen entstehen bei beschichteten Stahlkonstruktionen infolge Lösemittelherstellung und -verarbeitung.

Das Ozonbildungspotential einzelner Kohlenwasserstoffe wird anhand des Ozonbildungspotentials von Ethen bestimmt (Tabelle 6.3-4, aus [Hei92]).

Tab. 6.3-4: Äquivalenzfaktoren für Emissionen mit Ozonbildungspotential

Emission	$\ddot{A}_{Ozonbildungspotential}$
Acetate	0,223
Aldehyde	0,433
Benzol	0,189
CH_4	0,007
NMVOC	0,416
Toluol	0,563

Bewertungsansatz

Der mögliche Beitrag einer Produktvariante zur bodennahen Ozonbildung ist die Bewertungsgröße dieser Wirkungskategorie:

$$Bodennahe\ Ozonbildung = \sum_i (\ddot{A}_{Ozonbildungspotential;i} \cdot Emission_i) , \quad in\ g \qquad (6\text{-}21)$$

6.3.4 Human- und Ökotoxizität

Als Toxizität wird allgemein die Giftigkeit oder Giftwirkung von Substanzen für Mensch, Tier und Pflanze bezeichnet [Les94]. Unterschieden werden Giftwirkungen auf Menschen (Humantoxizität) und auf Tiere und Pflanzen (Ökotoxizität). Die Wirkungen toxischer Stoffe sind von der Konzentration (Dosis) und von der Dauer der Einwirkung abhängig. Prinzipiell lassen sich zwei Arten von Dosis-Wirkungsbeziehungen unterscheiden: Bei linearen Zusammenhängen sind Wirkungen bereits bei kleinsten Konzentrationen möglich. Bei der Schwellenwert-Beziehung tritt eine Wirkung erst nach Überschreiten einer Mindestdosis, dem Schwellenwert ein (Bild 6.3-5). Problematisch sind vor allem die Stoffe, die sich in Sedimenten, Pflanzen oder Körperorganen anreichern. Unschädliche Dosen können sich so auf gefährliche Konzentrationen erhöhen.

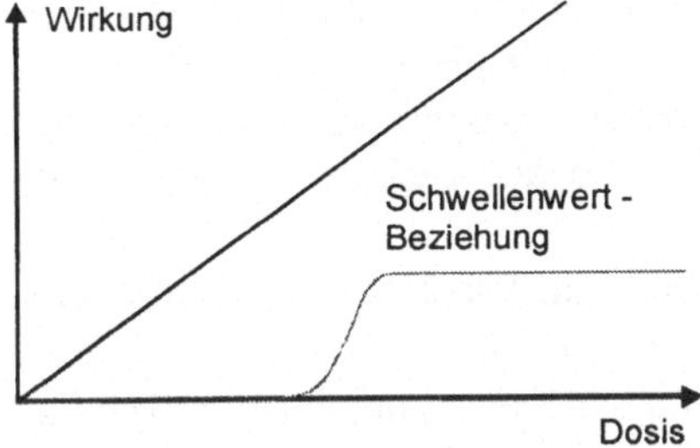

Bild 6.3-5:
Dosis-Wirkungsbeziehung toxischer Stoffe
[Eye96]

Toxische Stoffe werden bei einer Vielzahl von Prozessen freigesetzt und wirken in der Regel lokal, bspw. in der Umgebung einer Industrieanlage. Die große Anzahl möglicher Schadstoffe macht eine Systematik schwierig. Wichtige Luftschadstoffe sind Stäube, Ruß, Schwermetalle, Kohlenmonoxid, NO_x, SO_2 und diverse Kohlenwasserstoffe. Als besonders schädlich gelten die Schwermetalle Arsen, Blei, Cadmium, Chrom und Quecksilber sowie Dioxine und Furane, aromatische Kohlenwasserstoffe (z.B. Benzol), polyzyklische aromatische Kohlenwasserstoffe (z.B. Benzo-(a)-pyren) und polychlorierte Biphenyle (PCB). Grenzwerte für toxische Luftschadstoffe sind u.a. in [TALu86, MIK86, MAK] enthalten. Im Zusammenhang mit Brücken liegen hauptsächlich zu den Prozessen der Baustoffherstellung Sachbilanzdaten zu toxischen Stoffen vor. Entsprechende Emissionen treten aber auch bei Bauprozessen auf oder können vom Bauwerk oder von deponierten Abfällen ausgehen (siehe Kap.5).

Während die Methoden zur Berechnung der vorgenannten emissionsbezogenen Wirkungskategorien in der Fachwelt allgemein akzeptiert und nahezu einheitlich angewendet werden, gibt es für die Bewertung toxisch wirkender Emissionen noch keinen Konsens. Folgende drei Methoden sind zu unterscheiden:

1. Immissionsgrenzwertmethode [Hab91]
Bei der Immissionsgrenzwertmethode werden Schadstoffemissionen mittels Immissionsgrenzwerten gewichtet. Berechnet werden sogenannte *Kritische Volumen*, als die Mengen eines Umweltmediums, die erforderlich sind, um den Schadstoff bis zum Grenzwert zu verdünnen. Ein Beispiel: Ist der Grenzwert eines Schadstoffes 2 mg/m^3 Luft und werden davon 100 mg emittiert, so sind 50 m^3 Luft erforderlich, um den Grenzwert einzuhalten oder anders gesagt, 50 m^3 Luft werden bis an den Grenzwert belastet. Entsprechende Werte lassen sich für jeden Schadstoff berechnen, für den ein Grenzwert existiert. Die kritischen Volumen verschiedener Schadstoffe können je Umweltmedium (Luft, Wasser, Boden) zu einem Gesamtvolumen zusammengefaßt werden:

$$Kritisches\ Volumen = \sum_i \left(\frac{Emission\ Schadstoff_i}{Grenzwert\ Schadstoff_i} \right),\ \text{in } m^3 \qquad (6\text{-}22)$$

Diese Methode zur Aggregation toxisch wirkender Schadstoffe wurde in verschiedenen Ökobilanzen angewendet [Bun90, Hab91, Koh94]. Die verwendeten Grenzwerte aus [MIK86] berücksichtigen Wirkungen sowohl auf den Menschen als auch auf Tiere und Pflanzen. Die Nachteile der Immissionsgrenzwertmethode werden in [Hof91] und [Lüt92] deutlich gemacht:

– Grenzwerte spiegeln den aktuellen Wissensstand zur Schadwirkung eines Stoffes nur bedingt wider. Einerseits nimmt ihre Festlegung und Umsetzung gewisse Zeiträume in Anspruch, andererseits stellen sie oft nur Kompromisse zwischen Industrie und Umweltschutz dar und repräsentieren lediglich den Stand der Technik zur Emissionsminderung.

– Grenzwerte existieren nicht für alle Umweltbelastungen. Für bestimmte Schadstoffe kann kein Schwellenwert angegeben werden (siehe Bild 6.3-5).

– Die Wirkungen toxischer Schadstoffe sind stark von der Expositionssituation (Häufigkeit, Dauer und Intensität der Einwirkung) sowie von den Abbauraten abhängig, was mit den Grenzwerten nicht berücksichtigt werden kann.

2. Methode nach [Hei92]

In [Hei92] werden getrennte Verfahren für human- und ökotoxische Wirkungen aufgeführt. Die Humantoxizität wird nach folgender Formel berechnet:

$$Humantoxität = \sum_i \left((HCA_i \cdot E_{A;i}) + (HCW_i \cdot E_{W;i}) + (HCS_i \cdot E_{S;i}) \right), \text{ in kg} \quad (6\text{-}23)$$

mit: HCA_i: Humantoxizitätsfaktor für Luft, in kg/kg
$E_{A;i}$: Emission in Luft, in kg
HCW_i: Humantoxizitätsfaktor für Wasser, in kg/kg
$E_{W;i}$: Emission in Wasser in kg
HCS_i: Humantoxizitätsfaktor für Boden in kg/kg
$E_{S;i}$: Emission in Boden in kg

Die einzelnen Schadstoffen zugeordneten Wirkungsfaktoren basieren auch auf Grenzwerten. Hier werden die Grenzwerte aber auf ein globales Modell bezogen, so daß die Emissionen in Luft, Wasser und Boden zusammengefaßt werden können. Der ermittelte Humantoxizitätswert gibt die Körpermasse an, die infolge des untersuchten Produktes bis an einen tolerablen Wert belastet wird. Anders gesagt wird die erforderliche Menge an Körpergewicht berechnet, die zur unschädlichen Verdünnung der emittierten Schadstoffe erforderlich ist. Die Methode zur Berechnung der Ökotoxizitätspotentiale ist mit der Immissionsgrenzwertmethode vergleichbar und wird deshalb nicht noch einmal erläutert. Generell stellt sich das oben geschilderte Problem der Grenzwerte auch bei dieser Methode.

3. Methode nach [Schm95]

Eine Zusammenfassung toxisch wirkender Schadstoffe in einer Wirkungskategorie bezeichnen die Autoren von [Schm95] als derzeit nicht durchführbar. Sie begründen ihre Einschätzung mit dem Argument, daß die Expositionssituation der Schadstoffe durch eine Aggregation nicht berücksichtigt wird. Die toxisch wirkenden Schadstoffe werden deshalb nicht aggregiert, sondern in Form der Sachbilanzergebnisse bewertet. Unterschieden werden Luftemissionen mit human- und ökotoxischem Potential sowie Wassereinleitungen mit ökotoxischem Potential.

Bewertungsansatz

Im weiteren wird folgender pragmatischer Ansatz gewählt: Als Bewertungsgrößen der Wirkungskategorie *Human- und Ökotoxizität* werden jeweils das *Kritische Volumen* (Formel 6-22) **und** die *Humantoxizität* (Formel 6-23) nach den bereits beschriebenen Verfahren angesetzt[1]. Als Äquivalenzfaktoren werden die Werte nach Tabelle 6.3-5 verwendet. Zusätzlich dazu werden relevante Schadstoffe analog [Schm95] unaggregiert bewertet.

Tab. 6.3-5: Äquivalenzfaktoren für Emissionen mit Toxizitätspotential [Hei92, Koh94]

Äquivalenz-faktoren	Humantoxizität	Kritisches Volumen
SO_2	1,2	33 333
NO_x	0,78	33 333
Staub		14 286
CO	0,012	125
CH_4		36
NMVOC		67
N_2O		33 333
HCl		10 000
HF	0,48	20 000
H_2S	0,78	6 667
NH_3		2 000
HCN	2,6	
As	4 700	
Cd	580	100 000 000
Co	24	
Cr	6,7	
Cu	0,24	
Hg	120	1 428 571
Mn	120	
Ni	470	
Pb	160	1 000 000
Sn	0,017	
V	120	
Benzol	3,9	100 000
Toluol	0,039	100 000
Dioxine / Furane	3 300 000	100 000
Benzo(a)pyren	17	100 000
Aldehyde		33 333
Acetate		100 000

---

[1] Dieses Nebeneinander wird z.B. in [Koh94] und [Kün95] praktiziert.

6.4 Abfallpotential

Abfälle werden aus mehreren Gründen als Umweltproblem angesehen: Die deponierten Abfälle sind dem Stoffkreislauf entzogen. Für das Ablagern von Abfällen werden Deponieflächen benötigt. Austretende Deponiegase und Sickerwässer können die Umgebung der Deponie gefährden. Nicht zuletzt sind auch Verwertungs- und Entsorgungsprozesse, z.B. das Verbrennen von Abfällen, mit Emissionen verbunden.

Die Komplexität der von Abfällen ausgehenden Umweltbelastungen kann in Ökobilanzen nur schwer erfaßt werden. Es ist daher üblich, diese Umweltbelastungen nur indirekt zu bewerten. Dazu werden die Abfälle nach Entsorgungsart und Gefährdungspotential kategorisiert und die Abfallmengen der einzelnen Kategorien gegenübergestellt (siehe Tabelle 6.4-1). Als Unterscheidungsmerkmale dienen die Entsorgungsart und mögliche Gefahren für die Umwelt.

Tab. 6.4-1: Abfallkategorien in der Literatur

[Ank93]	[Fra92]
– Recycling	– chemische Abfälle
– Deponie	– nicht chemische Abfälle
– Sonderabfälle	
[Fri95]	[Bou94]
– Inertstoffdeponie	– Mineralische Abfälle
– Reaktordeponie	– Schlacken und Aschen
– Reststoffdeponie	– Industriemüll
– Müllverbrennungsanlage	– nicht toxische Chemikalien
– Sonderabfälle	– toxische Chemikalien

Die Abfälle während der Lebensdauer einer Brücke lassen sich in die Abfallarten Abraum, Bodenaushub, Produktionsabfälle, Baustellenabfälle und Bauschutt einteilen. Abraum und Bodenaushub stellen besondere Abfallkategorien dar, da es sich hierbei um natürlich anstehende und in der Regel nicht verunreinigte Gesteins- oder Erdmaterialien handelt. Als weitere Abfallarten werden inerte Abfälle und Sonderabfälle untersucht. Eine differenziertere Betrachtung ist anhand der Sachbilanzdaten nicht möglich. Somit werden folgende Wirkungskategorien für die Bewertung des Abfallpotentials unterschieden:

– Unbelasteter Abraum,

– Bodenaushub,

– Inerte Abfälle,

– Sonderabfälle.

6.4.1 Abraum

Als Abraum wird das bei der Gewinnung von Steinen und Erden sowie im Bergbau anfallende, nicht nutzbare Material bezeichnet. Es wird auf Halden oder Kippen abgelagert. Abraum kann Schadstoffe enthalten, z.B. lösliche Schwermetallemissionen

[Les94]. Dazu liegen aber keine verwertbaren Daten vor, so daß hier die Abräume als unbelastet angenommen werden. Als Umweltproblem sind also vorrangig die benötigten Deponie- bzw. Haldenflächen zu betrachten. Da nicht klar ist, welcher Anteil verkippt[1] wird, bietet sich ein Mengenvergleich an. Verwertbare Zahlen liegen nur zu den Abräumen im Zusammenhang mit der Rohstoffgewinnung für die Baustoffe vor. Als Bewertungsgröße dieser Wirkungskategorie wird das Abfallvolumen angesetzt.

6.4.2 Bodenaushub

Bodenaushub (Erdaushub) ist natürlich anstehendes Erd- und Felsmaterial, also im Prinzip mit dem Abraum vergleichbar. Verunreinigter Bodenaushub kann anfallen, wenn auf alten Industriestandorten, Flugplätzen, Bahnanlagen usw. gebaut wird. Für verunreinigten Bodenaushub existieren Reinigungsverfahren [För95]. In einem allgemeinen Bewertungsverfahren kann aber davon ausgegangen werden, daß der Bodenaushub nicht verunreinigt ist. Bodenaushub hat also, wie der Abraum, nur in Bezug auf die benötigte Deponiefläche eine Bedeutung. Die Bewertungsgröße ist deshalb das Bodenaushubvolumen.

6.4.3 Inerte Abfälle

Als inerte Abfälle werden hier die Abfälle bezeichnet, die ohne weiteres deponiert werden können, die aber so vermischt oder verändert sind, daß eine Verwertung nicht möglich ist. Dazu werden folgende, in den Sachbilanzen erfaßte Abfallarten gerechnet:

– Restbeton,

– Schutt,

– nicht trennbare Mischabfälle, z.B. nicht trennbarer Betonabbruch.

Als Bewertungsgröße wird die Abfallmenge angesetzt.

6.4.4 Sonderabfälle

Von Sonderabfällen können bei normaler Deponierung Umweltgefahren ausgehen, weshalb sie vor dem Deponieren besonders zu behandeln sind oder auf speziellen Deponien oder durch Verbrennen entsorgt werden müssen. Als Sonderabfälle werden folgende in den Sachbilanzen erfaßte Abfälle angesehen:

– Schlamm,

– Industriemüll,

– Chemikalien,

– kontaminiertes Restholz,

– kontaminierter Betonabbruch.

Als Bewertungsgröße wird die Menge der Sonderabfälle angesetzt.

---

[1] Durch Verkippen wird das durch den Rohstoffabbau freigelegte Loch wieder verfüllt.

6.5 Kreislauffähigkeit

Im Zusammenhang mit dem Konzept einer nachhaltigen Wirtschaft wird die Kreislauffähigkeit von Produkten zu einer wichtigen Eigenschaft. Verwendbarkeit und Verwertbarkeit sind Kriterien, mit denen die Kreislauffähigkeit bewertet werden kann. Nach
[VDI91] sind Wieder- und Weiterverwendung sowie Wieder- und Weiterverwertung zu
unterscheiden (Bild 6.5-1). Eine *Wiederverwendung* ist das mehrfache Verwenden eines
Produktes für den gleichen Einsatzzweck, ohne dieses in seiner Form zu ändern (Bsp.:
Wiederaufbau einer demontierten Brücke an einem anderen Ort). Bei einer *Weiterverwendung* wird das Produkt ebenfalls in seiner Form belassen, aber einem anderen Verwendungszweck zugeführt (Bsp.: Verwendung von Teilen einer abgebrochenen Brücke
für ein anderes Tragwerk). Im Gegensatz zur Verwendung sind bei Verwertungsprozessen Aufarbeitungsschritte (z.B. Einschmelzen von Stahlschrott, Aufbereitung von
Altbeton zu Zuschlägen) erforderlich, durch die die Form des verwerteten Produktes ge-
ändert wird. Eine *Wiederverwertung* ist die Verwertung eines Stoffes für den gleichen
Zweck, z.B. Stahlschrott bei der Stahlherstellung, eine *Weiterverwertung* die Verwertung eines Stoffes für einen anderen Zweck, z.B. Altholz für die Herstellung von Spanplatten. Als Weiterverwertung ist auch das thermische Verwerten von Abfällen anzusehen, sofern die beim Verbrennen frei werdende Energie genutzt wird. Das Verbrennen
von Abfällen ohne Nutzung der freigesetzten Energie ist wie die Deponierung ein Entsorgungsverfahren. Die Weiterverwertung kann auch als Downcycling bezeichnet werden, da sie eine Verwertung auf einem niedrigeren Qualitäts- bzw. Entropieniveau darstellt.

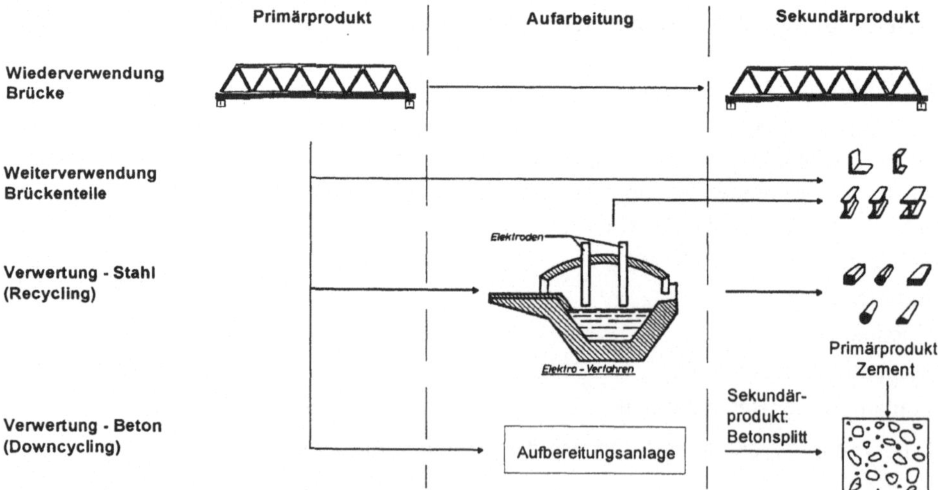

Bild 6.5-1: Verwendung und Verwertung

Die Verwendbarkeit und Verwertbarkeit einer Brücke werden durch die bisher definierten Wirkungskategorien nur zum Teil erfaßt. Ein Beispiel soll das illustrieren: Der
Schrott aus dem Abbruch einer Stahlbrücke kann verwertet werden. Er ist daher nicht in

den Abfallmengen enthalten, was positiv bei der Bewertung des Abfallpotentials der Brücke zu Buche schlägt. Aus dem Schrott kann Elektrostahl hergestellt werden. Gegenüber einer Herstellung des Stahles nach dem Oxygenstahlverfahren reduzieren sich die Umweltbelastungen (siehe Bild 5.2-3). Die Umweltbelastungen eines ganz oder teilweise aus Elektrostahl hergestellten Bauwerkes sind daher deutlich geringer, als bei einem Bauwerk aus Oxygenstahl. Dieser Vorteil des Stahles sollte bei einer Bewertung berücksichtigt werden. Das Gleiche gilt für die Verwendbarkeit eines Bauwerkes oder von Bauteilen. Wird das Bauwerk oder Teile davon wiederverwendet, reduzieren sich die Abfallmengen und möglicherweise auch einen Teil der Umweltbelastungen durch Abbruchprozesse. Eingespart werden aber auch Umweltbelastungen bei der Erstellung des Folgebauwerkes.

Es ist nicht sinnvoll, die möglichen Einsparungen zu quantifizieren und als Gutschriften dem Primärbauwerk zuzuordnen. Zum einen wäre der Aufwand erheblich, da nicht nur eine, sondern mehrere Entsorgungsvarianten zu untersuchen sind. Zum anderen sind die Annahmen so spekulativ, daß Berechnungen nur sehr unsichere Ergebnisse liefern würden. Außerdem verfälschen Gutschriften die tatsächlich auftretenden Umweltbelastungen. Die Verwertbarkeit und die Verwendbarkeit einer Brücke oder ihrer Bauteile sollten daher qualitativ bewertet werden. Verwendbarkeit und Verwertbarkeit werden als gesonderte Wirkungskategorien abgehandelt.

6.5.1 Verwendbarkeit

Brücken lassen sich wieder- oder weiterverwenden, wenn das Tragwerk oder Teile davon vor einem Abbruch ungeschädigt sind und die Grenzlebensdauer noch nicht erreicht ist. Dieser Fall tritt ein, wenn Lichtraumprofil oder Tragfähigkeit einer Brücke nicht an geänderte Anforderungen angepaßt werden können oder die Brücke nicht mehr gebraucht wird. Angesichts der langen Lebensdauer von Brücken sind solche Ereignisse vorstellbar.

Das Wiederverwenden ganzer Brücken ist durchaus üblich. In der Literatur finden sich einige spektakuläre Beispiele: Relativ bekannt ist die New London Bridge, ein Bauwerk aus dem Jahre 1831, die 1972 in London abgebaut und in Lake Havasu, Arizona/USA wieder errichtet wurde [Bro96]. Eine Kettenbrücke über die Moldau aus dem Jahre 1848 wurde 1965 demontiert, eingelagert und 1975 an einer anderen Stelle aufgestellt [Aci76]. In [Pla94] ist ein ähnlicher Fall beschrieben. Hier mußte eine Fußgänger-Hängebrücke aus dem Jahre 1845 im Zuge einer Flußregulierung abgebrochen werden. Sie wurde 1990 an einer anderen Stelle des Flusses wieder aufgebaut. Über die Wiederverwendung alter Holzbrücken wird in [Sta90], [Mey95] und [SFB86] berichtet. Neben der prinzipiellen Möglichkeit einer De- und Remontage hat in allen genannten Fällen auch der Denkmalswert der Brücken die Entscheidung für einen Wiederaufbau beeinflußt. Ökonomische Aspekte waren dagegen die Hauptgründe für die in [Rin87], [Sche93] und [Ohl94] erwähnten Fälle.

Die für eine Verwendbarkeit nötigen Voraussetzungen können aus der Bauart wiederverwendbar konstruierter Brücken (Behelfs- und Militärbrücken) und aus den oben genannten Beispielen abgeleitet werden. Zu unterscheiden sind Eigenschaften, die eine Verwendbarkeit ermöglichen und solche, die die Wahrscheinlichkeit erhöhen. Grundvoraussetzung ist, daß die Brücke in einzeln transportierbare Bauteile zerlegbar ist, die an einem anderen Ort wieder montiert werden können oder, daß sie als Ganzes bewegt und versetzt werden kann. Weiterhin dürfen die Teile der Brücke nicht durch Korrosion oder Ermüdung geschädigt sein. Eine Vielzahl von Parametern beeinflußt die Wahrscheinlichkeit einer Verwendung, hauptsächlich der De- und Remontageaufwand, die Anpassbarkeit an geänderte Anforderungen und der Standardisierungsgrad der Bauteile. Die Verwendbarkeit wird anhand der Kriterien Zerlegbarkeit, Versetzbarkeit, De- und Remontageaufwand, Anpassbarkeit, Standardisierungsgrad der Bauteile und anhand des voraussichtlichen Zustands bewertet:

– Zerlegbarkeit

Die Zerlegbarkeit ist die wichtigste Voraussetzung für eine Verwendung. Wiederverwendbar konstruierte Brücken (Behelfs- und Militärbrücken) oder Tragwerke des Hochbaus [Rei85, Rei90] sind leicht in transportfähige Einzelteile zerlegbar. Es handelt sich meist um fachwerkartige Konstruktionen, deren Stäbe durch Schrauben oder Bolzen lösbar miteinander verbunden sind (Bild 6.5-2). Leicht zerlegbare Brücken benötigen einen geringen De- und Remontageaufwand.

Bild 6.5-2: Eine zerlegbar konstruierte Brücke

– Versetzbarkeit

Die Versetzbarkeit ist Voraussetzung für das Wiederverwenden einer Brücke, wenn das Bauwerk nicht in transportable Teile zerlegbar ist. Sie ist besonders hoch zu bewerten, da sie den Aufwand für die De- und Remontage senkt und kurze Bauzeiten möglich macht.

– De- und Remontageaufwand

Ein hoher De- und Remontageaufwand und die damit einhergehenden Kosten verringern die Wahrscheinlichkeit einer Verwendung.

– Anpassbarkeit

In der Regel sind die örtlichen Verhältnisse an dem Ort, wo eine demontierte Brücke wiederaufgebaut wird, nicht mit den ursprünglichen Bedingungen identisch. Von Vorteil ist es dann, wenn das Tragwerk oder einzelne Teile an die neuen Anforderungen anpassbar ist. Gemeint sind hier vor allem andere Stützweiten (Bild 6.5-3). Eine gute Anpassbarkeit erhöht die Wahrscheinlichkeit einer Verwendung, ist aber nicht Voraussetzung.

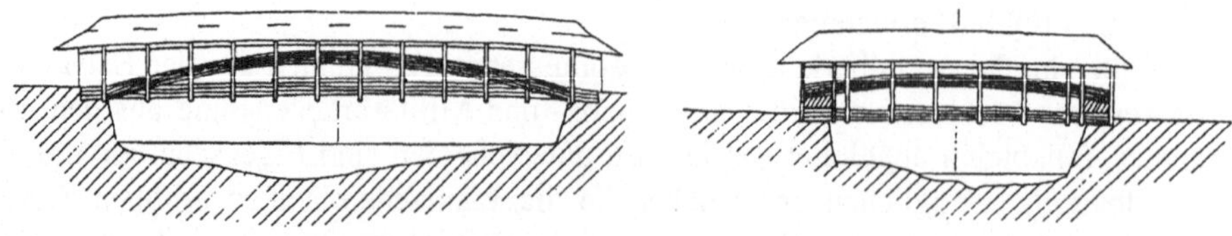

Bild 6.5-3: Beispiel für das Anpassen einer Brücke an einen anderen Standort [Sta90]

– Standardisierungsgrad und Anzahl gleicher Bauteile
Ein hoher Standardisierungsgrad erhöht die Wahrscheinlichkeit einer Verwendung von Bauteilen, da anzunehmen ist, daß die Nachfrage nach Normteilen größer sein wird als nach speziellen Teilen (z.B. Seile, Sonderformen von Stahlträgern usw.). Normteile können bspw. eingelagert und in einer Recyclingbörse vermarktet werden. Ebenso erhöht eine große Anzahl gleicher Bauteile die Wahrscheinlichkeit einer Verwendung.

– Voraussichtlicher Zustand
Der voraussichtliche Zustand ist wesentlich für die Verwendungsmöglichkeiten des Bauwerkes und der Bauteile. Korrodierte und ermüdete Bauteile können nicht verwendet werden.

Bewertungsansatz
Die Verwendbarkeit wird durch eine Kategorisierung des Bauwerkes bewertet. Es werden folgende Kategorien definiert:

Kat. I: Bauwerk als Ganzes versetzbar oder mit geringem Aufwand de- und remontierbar, erforderlichenfalls neuen Bedingungen anpassbar $\Rightarrow$ sehr hohes Einsparpotential, hohe Wahrscheinlichkeit einer Verwendung des Bauwerkes

Kat. II: Bauwerk mit mittlerem oder hohem Aufwand de- und remontierbar, neuen Bedingungen nicht anpassbar $\Rightarrow$ hohes Einsparpotential, mittlere Wahrscheinlichkeit einer Verwendung des Bauwerkes

Kat. III: Bauwerk in verwendbare Bauteile zerlegbar, Bauteile anpassbar, hoher Standardisierungsgrad, große Anzahl gleicher Bauteile $\Rightarrow$ mittleres Einsparpotential, hohe Wahrscheinlichkeit einer Verwendung von Bauteilen

Kat. IV: Bauwerk in verwendbare Bauteile zerlegbar, Bauteile nicht anpassbar, geringer Standardisierungsgrad, wenig gleiche Bauteile $\Rightarrow$ geringes Einsparpotential, geringe Wahrscheinlichkeit einer Verwendung von Bauteilen

Kat. V: Bauwerk und Bauteile sind nicht wieder- oder weiterverwendbar

6.5.2 Verwertbarkeit

In dieser Wirkungskategorie wird die stoffliche oder energetische Verwertbarkeit der Abbruchmassen einer Brücke bewertet. Das Verwerten der Abbruchmassen einer Brücke ist gegenüber dem Verwenden von Brücken oder Brückenteilen der häufigere Fall, da nicht vorausgesetzt werden muß, daß die tragenden Teile ihre Grenzlebensdauer noch nicht erreicht haben. Selbst wenn eine Verwertung möglich ist, ist aber nicht hundertprozentig sicher, ob sie tatsächlich stattfindet, da die technischen, ökonomischen und ökologischen Bedingungen nicht vorhersehbar sind. Höhere Anforderungen an die Qualität oder Schadstofffreiheit der Baustoffe, ökonomische Gegebenheiten und vieles mehr, könnten einer theoretisch möglichen Verwertung im Wege stehen. Leitet man allerdings aus der derzeitigen Situation einen Trend ab, ist für die Zukunft von hohen Verwertungsraten auszugehen (Tabelle 6.5-1).

Folgende Voraussetzungen müssen vorliegen, um die Abbruchmassen einer Brücke verwerten zu können: Die Brücke muß in einzelne Baustoffe zerlegbar sein. Verbundbaustoffe erschweren die Verwertung oder machen sie ganz unmöglich. Die Baustoffe müssen frei von Schadstoffen sein, bzw. die Grenzwerte für zulässige Schadstoffgehalte dürfen nicht überschritten sein. Die Baustoffe müssen stofflich oder thermisch verwertbar sein.

Tab. 6.5-1: Verwertungsziele der Bundesregierung für 1995 [Pal95]

Abfallarten	Verwertungsziele in Gew.-%
Bauschutt	60
Baustellenabfälle	40
Straßenaufbruch	90

Aus ökologischer Sicht sind die unterschiedlichen Möglichkeiten Baustoffe zu verwerten, differenziert zu betrachten. Als höchste Form der Verwertung sind Stoffkreisläufe anzusehen, d.h. Aufarbeitungsprozesse, bei denen kein oder nur ein geringer Input an Primärrohstoffen erforderlich ist (Recycling). Werden für die Herstellung eines Sekundärproduktes neben den Sekundärrohstoffen zusätzlich größere Mengen an Primärrohstoffen gebraucht oder kann nur ein Teil des Produktes verwertet werden, spricht man von Downcycling (Bild 6.5-1). Als Downcycling wird auch bezeichnet, wenn der Sekundärstoff in seinen Eigenschaften nicht mehr mit dem Primärrohstoff vergleichbar ist. Bei der thermischen Verwertung wird der Rohstoff dem Stoffkreislauf entzogen, so daß diese Verwertungsart schlechter zu bewerten ist als Re- und Downcycling. Die wichtigsten Brückenbaustoffe sind diesbezüglich wie folgt zuzuordnen:

– Metalle können eingeschmolzen werden. Die beim Einschmelzen entstehenden Sekundärmetalle sind in ihren Eigenschaften mit neuen Baustoffen vergleichbar.

– Altbeton kann zu Betonsplitt verarbeitet werden, der sich als Zuschlagmaterial eignet. Der Erhärtungsprozeß des Bindemittels läßt sich nicht umkehren. Es muß daher erneut zugegeben werden. Nachteilig ist weiterhin, daß sich Zementmatrix und Zuschläge nicht vollständig voneinander trennen lassen. Die dem Betonsplitt anhaftende Zementmatrix beeinflußt die Eigenschaften des Sekundärbetons negativ (geringere Druckfestigkeit und geringerer Elastizitätsmodul, höheres Schwinden und Kriechen gegenüber einem Vergleichsbeton mit natürlichen Zuschlägen).

– Holz ist ein natürliches organisches Material. Ein Aufarbeiten des Materials ist daher nicht möglich. Da Bauhölzer in der Regel mit Holzschutzmitteln behandelt sind, ist das stoffliche Verwerten oft nicht zulässig, so daß Altholz meist verbrannt wird. Aus unbehandeltem Altholz stellen Recyclingfirmen Spanplatten oder Form-Paletten her.

– Asphalt aus Fahrbahnbelägen kann vollständig verwertet werden. Das Bindemittel Bitumen wird durch Erwärmen wieder gebrauchsfähig. Ein hundertprozentiger Kreislauf ist aber nicht möglich: Die maximale Zugabemenge an Ausbauasphalt bei der Herstellung von Asphaltmischgut wird durch Länderrecht geregelt. In Baden-Württemberg sind für Tragschichten bis zu 60% Ausbauasphalt zugelassen [Asp95].

– Natursteine und Ziegel sind als Bauteile verwendbar, wenn es gelingt, die Steine ungeschädigt auszubauen. Anderenfalls ist eine Verwertung als Betonzuschlag oder gebrochenes Material möglich.

– Glas kann ähnlich wie Metalle durch Einschmelzen aufbereitet werden. Wegen Verun-
   reinigungen (bspw. durch Kleber) und Farbunterschieden wird Altglas in der Regel für
   Gläser geringerer Qualität oder für Schaumglas verwertet.
– Thermoplastische Kunststoffe können eingeschmolzen und wiederaufbereitet werden.
   Die Heterogenität der Kunststoffreste aus dem Baubereich gestattet aber nur in selte-
   nen Fällen eine Verwertung auf gleichem Qualitätsniveau. Üblicherweise werden
   Kunststoffe zu Recyclingfolien oder -formteilen verarbeitet oder thermisch verwertet.

Bewertungsansatz
Die Verwertbarkeit wird ebenfalls durch eine Kategorisierung des Bauwerkes bewertet.
Hier werden folgende Kategorien definiert:

Kat. I: Bauwerk besteht hauptsächlich aus Stahl $\Rightarrow$ vorwiegend Recycling, sehr hohes
           Kreislaufpotential

Kat. II: Bauwerk besteht aus Stahl und Beton $\Rightarrow$ Recycling und Downcycling, hohes
           Kreislaufpotential

Kat. III: Bauwerk besteht hauptsächlich aus Beton, Natursteinen oder Ziegeln $\Rightarrow$ vor-
           wiegend Downcycling, mittleres Kreislaufpotential

Kat. IV: Bauwerk besteht hauptsächlich aus Holz $\Rightarrow$ vorwiegend thermische Verwertung,
           geringes Kreislaufpotential

Kat. V: Verwertung wegen mangelnder Trennbarkeit oder Kontamination nicht möglich

6.6 Beispiel

Für die bereits in Kapitel 5.3 beschriebene Schornbachtalbrücke wurden die Bewertungsgrößen auf der Grundlage der Projektunterlagen und der Sachbilanz zusammengestellt. Es sollen die mit der Wirkungsbilanz erreichbaren Aussagen gezeigt werden.
Des weiteren erfolgt eine Analyse der Anteile einzelner Verursacher von Umweltbelastungen und der verschiedenen Lebensphasen an den Gesamtwirkungen während
des Lebenszyklus. Dabei wird das Tragwerk der Brücke gesondert betrachtet, da hieraus
Schlüsse für Variantenvergleiche gezogen werden sollen[1].
   Bei den Wirkungskategorien, die den *Ressourcenverbrauch*, die *Auswirkungen von
Emissionen* und das *Abfallpotential* betrachten[2], werden als Verursacher Prozesse der
Baustoffherstellung, Bauprozesse, Transporte sowie Verwertungs- und Entsorgungsprozesse (Kurzform: Entsorgung) untersucht. Der Verkehr auf der Brücke wird nicht
analysiert. Die Wirkungen, die von der Baustelleneinrichtung und dem Bauwerk ausgehen, werden bei den Wirkungskategorien erfaßt, die sich mit *Eingriffen in den Naturhaushalt* beschäftigen. Der Energieverbrauch der Baustelleneinrichtung wurde den Bauprozessen der Bauphase angerechnet. Die Prozesse der Energiebereitstellung sind als
Vorstufen den jeweiligen Verursachern zugeordnet.

---

[1] In der Regel genügt bei Variantenvergleichen eine Gegenüberstellung der Tragwerke, da sich
     der Brückenausbau verschiedener Varianten nur selten unterscheidet.
[2] Für diese Wirkungskategorien kann eine Sachbilanz durchgeführt werden.

Als Lebensphasen werden die Herstellung der Brückenbaustoffe, sowie Bau, Unterhaltung und Abbruch der Brücke untersucht. Die Entsorgung der Abbruchmassen wird beim Abbruch aufgeführt. Im weiteren werden die Lebensphasen wie folgt bezeichnet: Brückenbaustoffe, Bau, Unterhaltung, Abbruch/Entsorgung.

6.6.1 Wirkungskategorien

Eingriffe in den Naturhaushalt

Die Schornbachtalbrücke liegt im sogenannten Schorndorfer Becken, welches hauptsächlich als Acker- und Grünland genutzt wird. Durch die überbaute und überdeckte Fläche der Brücke werden etwa 40% Ackerland, 30% Grünland und 30% Streuobstwiesen beeinträchtigt [Win97] (Bild 6.6-1). Die Flächen sind nach *Kaule* (Tabelle 6.1-1) den Kategorien 3-4 (Acker), 4-5 (Grünland) und 6 (Streuobstwiese) zuzuordnen.

Die *anlagenbedingten Flächeninanspruchnahme* beträgt rund 100 m^2, wenn man nur die Grundflächen der Pfeiler berücksichtigt. Genaugenommen ist aber die Grundfläche der Pfahlkopfplatten anzusetzen, da diese relativ flach unter der Geländeoberkante liegen und der aufgeschüttete Boden als langfristig beeinträchtigt anzusehen ist. Die Fläche umfaßt rund 950 m^2 incl. Hilfsgründungen, was bei einer Brückengrundfläche von 15 700 m^2 einen Anteil von 6% ausmacht. Wegen der geringen Höhe der Überbauten über Grund (4 bis 15 m) ist eine dauernde Verödung der überdeckten Flächen nur durch Bewässerungsmaßnahmen zu verhindern. Solche Maßnahmen sind laut [SZ95] vorgesehen, aber noch nicht wasserrechtlich genehmigt. Als verödete Fläche wären bei einem Regeneinfallwinkel von 65° rund 10 300 m^2 (= 65%) anzusetzen (Bild 6.6-2).

Bild 6.6-1: Situation Schornbachtal mit Brücke

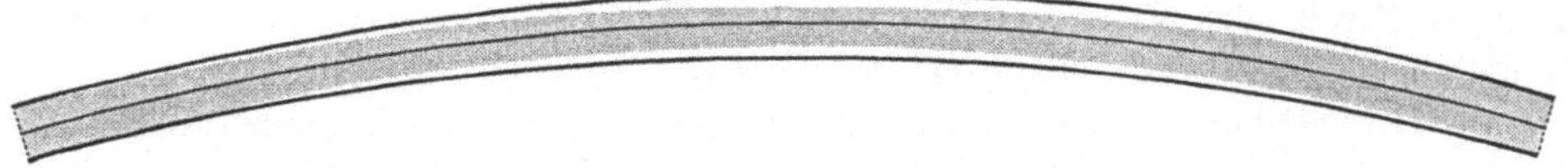

Bild 6.6-2: Nicht beregnete Fläche unter der Brücke (grau angelegt)

Zur *baubedingten Flächeninanspruchnahme* sind das Baufeld mit der Baustraße und die Baustelleneinrichtung zu rechnen. Das Baufeld umfaßte etwa einen Streifen von 40 m Breite und 650 m Länge, wovon 3500 m^2 Baustraße bituminös befestigt waren. Die zusätzliche Flächeninanspruchnahme der Baustelleneinrichtung betrug rd. 3500 m^2 [Schu94] (Bild 6.6-3). Im Bereich der Pfahlgründungen wurde der Untergrund mit Recyclingmaterial befestigt und stark durch schwere Baumaschinen beansprucht [Schu94].

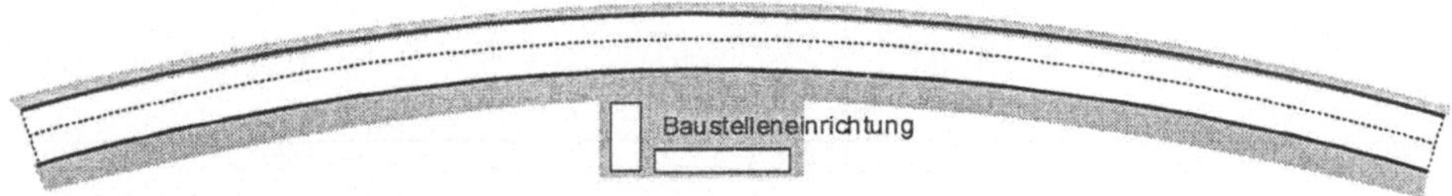

Bild 6.6-3: Baufeld (grau angelegt) mit Baustelleneinrichtung

Die *Flächeninanspruchnahme infolge Rohstoffgewinnung* ergibt sich aus dem Verbrauch mineralischer Rohstoffe und somit zu 100% aus dem Baustoffinput. Etwa 80% werden durch die Brückenbaustoffe verursacht. Weitere 17% entfallen auf die Baustoffe für die Unterhaltung. Die für den Bau der Brücke benötigten Baustoffe (Hilfskonstruktionen, Baustraße) haben einen Anteil von 3% (Bild 6.6-4).

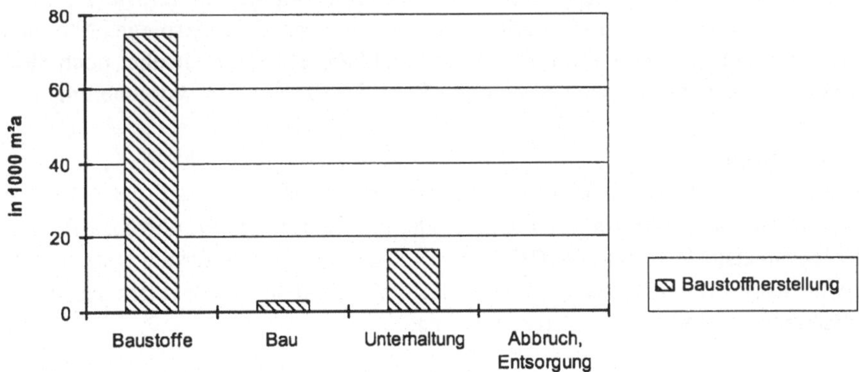

Bild 6.6-4: Flächeninanspruchnahme infolge Rohstoffgewinnung

Die Gefahr einer *Zerschneidungen von Lebensräumen* durch die Brücke ist gering, wenn die Fläche unter der Brücke, wie vorgesehen, rekultiviert und bewässert wird. Andernfalls ist für Kleintiere von einer teilweisen bis vollständigen Zerschneidung auszugehen, da die nicht natürlich beregnete Fläche an der schmalsten Stelle mindestens

12 m, im Bereich der Widerlager etwa 26 m breit ist. Während des Baus ist die gesamte Baufeldlänge vegetationslos und somit teilweise zerschnitten.

Die Behinderungswirkung auf Luftbewegungen wird grob mit folgenden Annahmen berechnet: Der Talquerschnitt wird als Rechteck idealisiert, mit $A_T = 618 \cdot 11,4 = 7045$ m^2 (Bild 6.6-5). Die Seitenansichtsfläche der Brücke wird ebenfalls als Rechteck angesetzt, mit $A_S = 618 \cdot 4,4 = 2719$ m^2, wobei sich die Höhe zusammensetzt aus 2 m Lärmschutzwand, 0,8 m Brüstung, 1,2 m Überbauhöhe und 0,4 m umgerechnete Fläche für die Vouten und die Pfeiler. Unter Annahme eines c_w-Wertes von 2,05 (liegendes Prisma, unendlich lang [Ned86]) ergibt sich nach Formel 6-6 eine Behinderungswirkung von 89%, d.h. ohne die Brücke wäre die Windgeschwindigkeit um 89% höher. Dieser Wert ist als Extremwert aufzufassen, da erstens der reale Talquerschnitt viel größer (höher) ist und zweitens der c_w-Wert der Brücke wahrscheinlich geringer ist. In Bezug auf den Kaltluftabfluß stellt die Brücke kein Hindernis dar, da die relative Öffnungsweite 97% beträgt (vgl. Bild 6.1-8).

Bild 6.6-5: Idealisierter Talquerschnitt (schraffiert)

Der Schornbach, als überbrücktes Fließgewässer, wird durch die Brücke nicht beeinflußt, so daß die Wirkungskategorie *Einflüsse auf Fließgewässer* entfällt. Mögliche Einflüsse können sich bei Starkregen durch die Brückenabwässer ergeben, die in den Schornbach eingeleitet werden. Das ist aber eine Frage der außerhalb der Brücke liegenden Regenklärbecken, die variantenunabhängig sind und hier nicht betrachtet werden.

Einflüsse auf Grundwasserströme sind ebenfalls nicht zu erwarten, da nach [Nen78] bereits bei relativen Öffnungsweiten von 20% kein Grundwasserstau auftritt. Die reale Öffnungsweite kann nicht exakt ermittelt werden, da die Grundwasserspiegelhöhe nicht bekannt ist. Im ungünstigsten Fall (auf Höhe der Pfahlköpfe) beträgt sie aber noch 89%. Grundwasserabsenkungen wurden während des Baus der Brücke nicht vorgenommen.

Ressourcenverbrauch

Die Verteilung des *Primärrohstoffverbrauches* ist ähnlich wie bei der *Flächeninanspruchnahme infolge Rohstoffgewinnung*. Der größte Teil des Primärrohstoffe wird für die Brückenbaustoffe verbraucht (Bild 6.6-6). Die relativ große, für die Unterhaltung erforderliche Rohstoffmenge resultiert hauptsächlich aus dem zweimaligen Austausch des Fahrbahnbelages und aus der Betonsanierung.

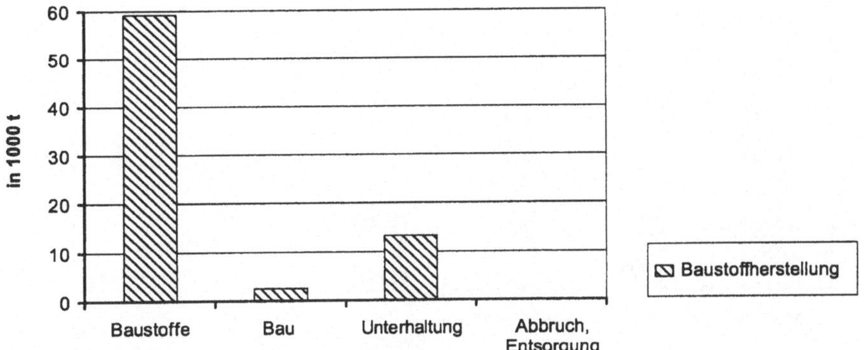

Bild 6.6-6: Primärrohstoffverbrauch

Energetische Rohstoffe werden bei Prozessen der Baustoffherstellung, bei Bauprozessen und bei Transporten verbraucht. Etwa 60% des gesamten *Primärenergieverbrauchs* werden für die Herstellung der Brückenbaustoffe benötigt (Bild 6.6-7). Während des Baus werden rd. 10%, während der Unterhaltung 23% und beim Abbruch etwa 7% verbraucht. Der *Primärenergieverbrauch* für das Bauwerk verteilt sich zu 84% auf die Prozesse der Baustoffherstellung, zu 13% auf die Bauprozesse und zu 3% auf die Transporte. Etwas andere Verhältnisse zeigen sich bei der Bewertungsgröße *Verbrauch fossiler Brennstoffe* (Bild 6.6-8). Hier hat die Herstellung der Brückenbaustoffe einen Anteil von 43%, die Anteile der anderen Lebensphasen sind entsprechend höher. Erklären läßt sich das mit der, gegenüber den anderen fossilen Brennstoffen höheren Gewichtung von Erdöl (siehe Tab. 6.2-1), welches hier vor allem als Rohstoff für Diesel (Bauprozesse) und Bitumen/Asphalt (Baustoffherstellung) in die Bilanz eingeht. Der zweimalige Austausch des Fahrbahnbelages sorgt für den hohen Anteil der Lebensphase Unterhaltung bei dieser Bewertungsgröße. Der *Verbrauch nuklearer Brennstoffe* resultiert aus dem Stromverbrauch, welcher nur bei den Prozessen der Baustoffherstellung und für den Bau der Brücke bilanziert werden konnte (Bild 6.6-9).

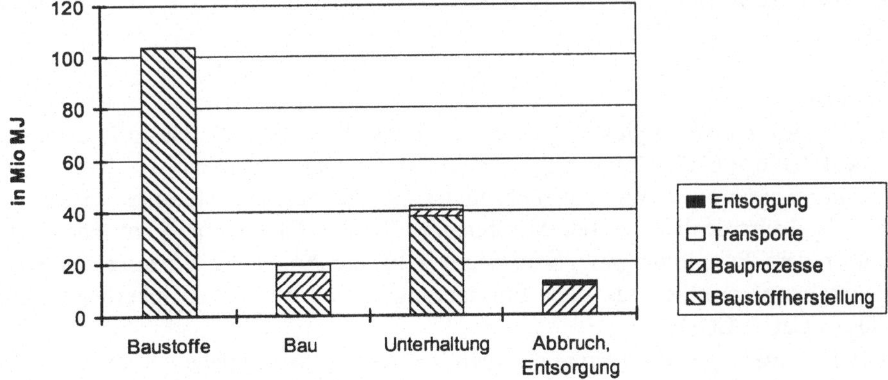

Bild 6.6-7: Primärenergieverbrauch

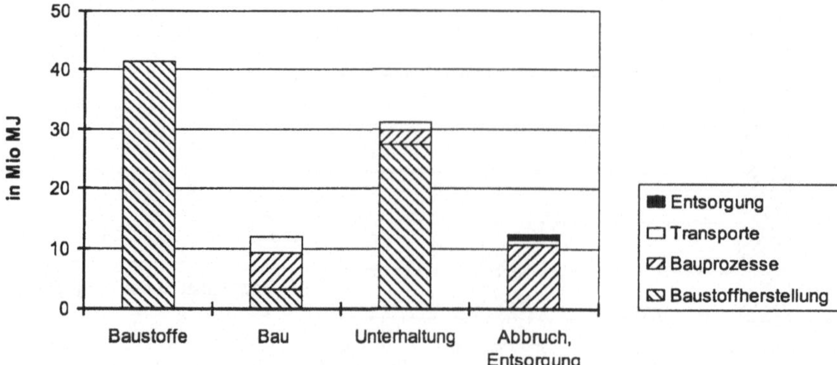

Bild 6.6-8: Verbrauch fossiler Brennstoffe

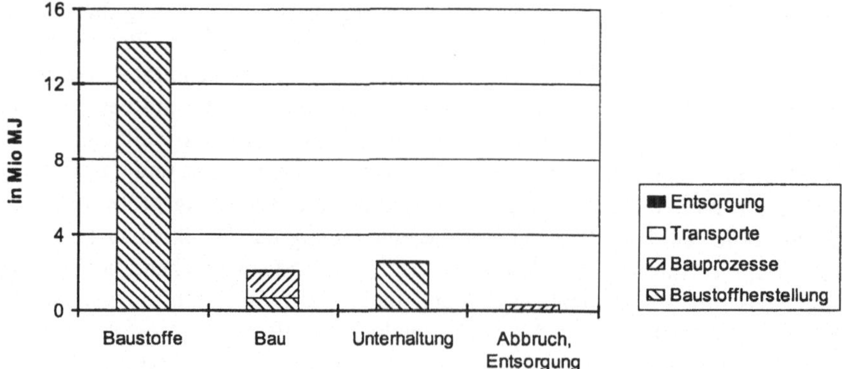

Bild 6.6-9: Verbrauch nuklearer Brennstoffe

Holz wird nur während der Bauphase verbraucht, so daß eine Analyse der Verteilung auf Lebensphasen entfallen kann. Der *Wasserverbrauch* konnte nur für die Prozesse der Baustoffherstellung bilanziert werden, eine Verteilungsanalyse ist somit nicht möglich.

Emissionen

Etwa 90% des *Treibhauseffektes* werden durch die Prozesse der Baustoffherstellung verursacht (Bild 6.6-10). Im Prinzip ähneln die Verteilungsverhältnisse denen beim *Primärenergieverbrauch*, was naheliegend ist, da die treibhausrelevanten Gase, vor allem CO_2, hauptsächlich bei der Verbrennung fossiler Energieträger entstehen. Der gegenüber dem *Primärenergieverbrauch* etwas höhere Anteil der Prozesse der Baustoffherstellung resultiert aus dem Entsäuerungsprozeß bei der Klinkerherstellung $(CaCO_3 \rightarrow CaO + CO_2)$.

Die *Versauerung von Böden und Gewässern* wird im wesentlichen durch SO_2- und NO_x-Emissionen ausgelöst (siehe Dominanzanalyse – Kap. 6.6.3). Diese Emissionen entstehen bei den gleichen Prozessen wie CO_2, so daß diese Wirkungskategorie durch die gleichen Parameter wie die Wirkungskategorie *Treibhauseffekt* beeinflußt wird. Bei der Analyse der Verteilung auf Lebensphasen und Verursacher (Bild 6.6-11) fällt auf, daß hier die Anteile von Bauprozessen und Transporten größer sind. Zurückzuführen ist dieser Umstand auf die Tatsache, daß bei Verbrennungsmotoren im Verhältnis zum CO_2 mehr NO_x freigesetzt wird als bei den Prozessen der Baustoffherstellung.

Die Wirkungskategorie *Bodennahe Ozonbildung* wird hauptsächlich durch die NMVOC-Emissionen bestimmt (siehe Dominanzanalyse). Diese treten vorrangig bei Verbrennungsmotoren und bei der Verwendung von Lösungsmitteln auf (Bild 6.3-4). Letzteres spielte hier keine Rolle, so daß die Baumaschinen und die Transporte die ausschlaggebenden Einflüsse darstellen, was den hohen Anteil der Bau-, Unterhaltungs- und Abbruchphase an den Gesamtwirkungen erklärt (Bild 6.6-12).

Die Bewertungsgrößen *Kritisches Volumen* und *Humantoxizität* (Bilder 6.6-13 und 6.6-14) zeigen ähnliche Verteilungen wie die Wirkungskategorie *Versauerung*, da sie, wie diese, hauptsächlich durch die SO_2- und NO_x-Emissionen beeinflußt werden (siehe Dominanzanalyse). Eine Verteilungsanalyse war auch für Staub und Kohlenmonoxid möglich (Bilder 6.6-15 und 6.6-16). Es zeigt sich, daß diese Emissionen ähnlich verteilt sind, wie die aggregierten Bewertungsgrößen.

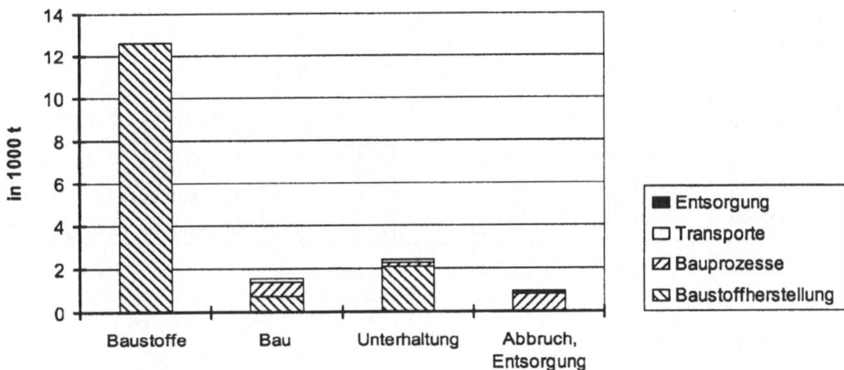

Bild 6.6-10: Treibhauseffekt

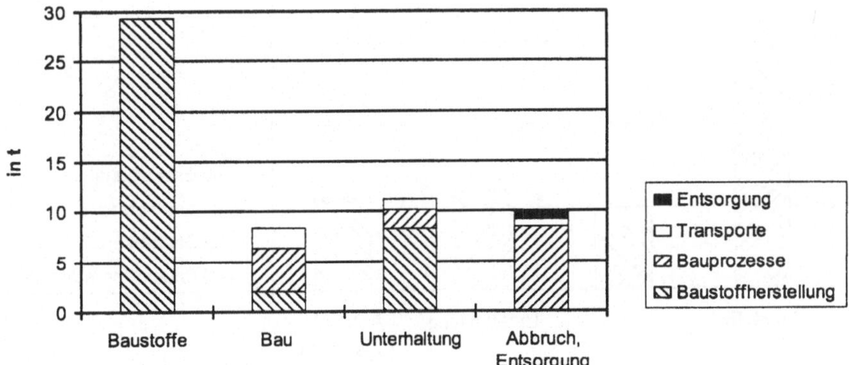

Bild 6.6-11: Versauerung

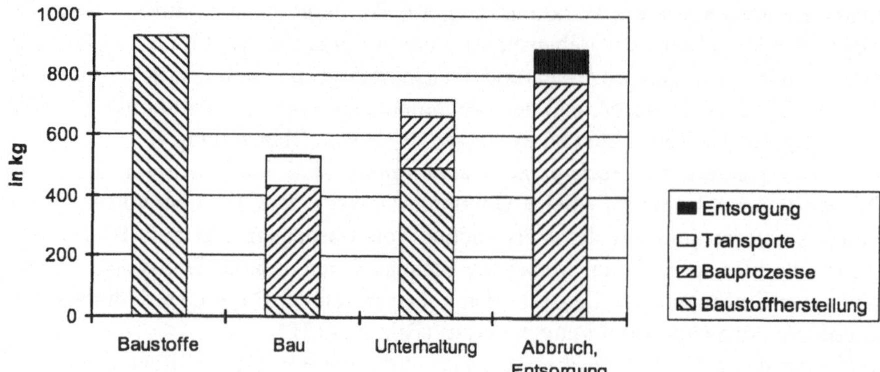

Bild 6.6-12: Bodennahe Ozonbildung

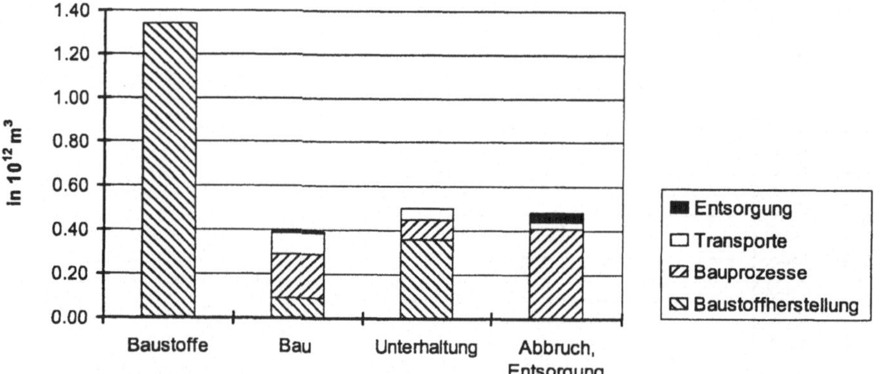

Bild 6.6-13: Kritisches Volumen

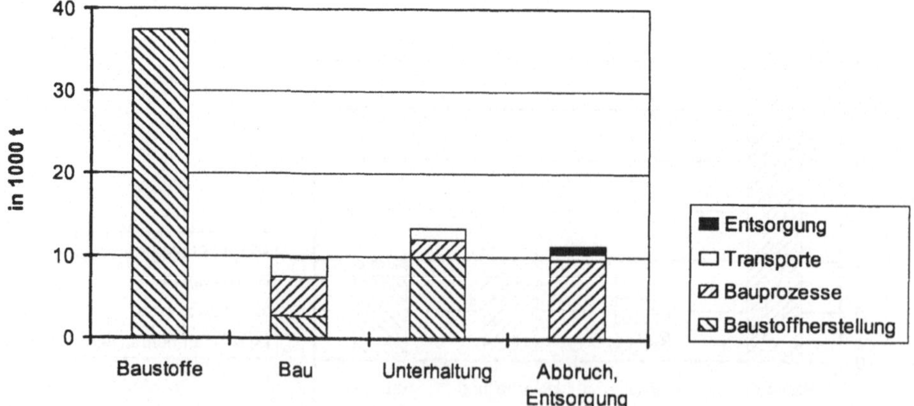

Bild 6.6-14: Humantoxizität

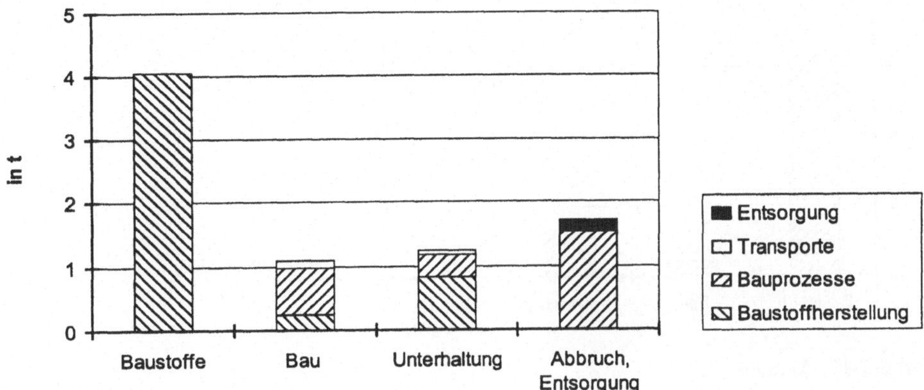

Bild 6.6-15: Staubemissionen

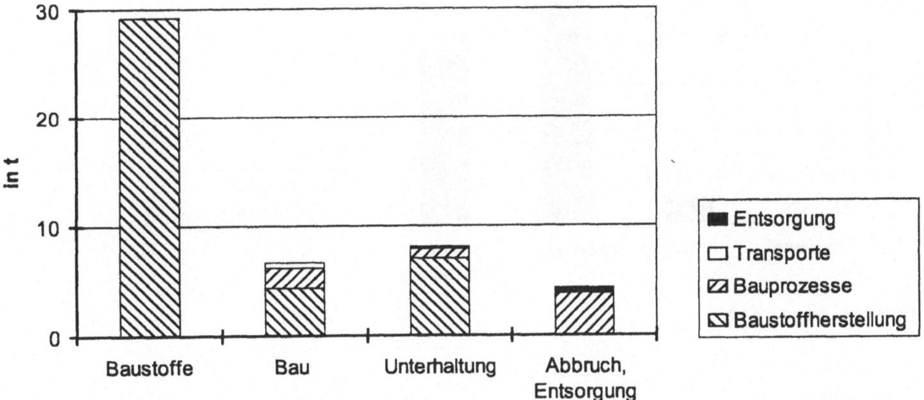

Bild 6.6-16: Emissionen an Kohlenmonoxid

Abfälle

Abraum (Bild 6.6-17) und Sonderabfälle treten nur bei den Prozessen der Baustoffherstellung auf. Den höchsten Anteil haben erwartungsgemäß die Brückenbaustoffe. Der angefallene Bodenaushub wurde vor Ort verwertet. Die Wirkungskategorie *Inerte Abfälle* wird durch die Entsorgungsprozesse bestimmt (Bild 6.6-18). Die großen Abfallmengen bei der Unterhaltung entstehen beim Austausch des Fahrbahnbelages und der Kappen.

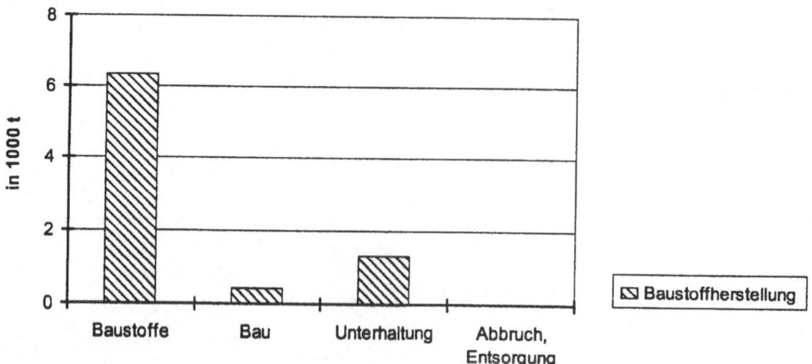

Bild 6.6-17: Abraum

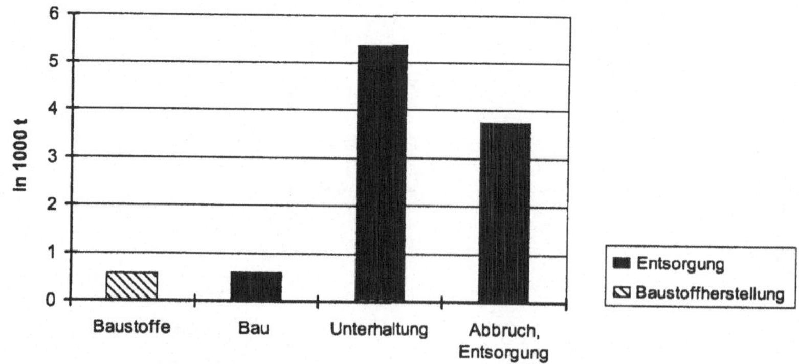

Bild 6.6-18: Inerte Abfälle

Kreislauffähigkeit

Die Schornbachtalbrücke ist, abgesehen von einigen Teilen des Brückenausbaus (Lager, Fahrbahnübergang, Geländer, Lärmschutzwand) komplett in die Verwendbarkeitskategorie V einzustufen. Die Baustoffe der Brücke sind den Verwertbarkeitskategorien I (Stahl) und II (Beton, Asphalt) zuzuordnen. Eventuelle Kontaminationen, Probleme beim Separieren der Baustoffe und Schwierigkeiten mit der Verwertung von Feinkorn wurden durch einen Abfallanteil von 10%, bezogen auf die Menge an mineralischen Baustoffen berücksichtigt.

6.6.2 Lebenszyklusanalyse

Herstellung der Baustoffe

Von Interesse ist der Einfluß einzelner Baustoffe auf die Ergebnisse der Wirkungsbilanz. Bild 6.6-19 zeigt die Anteile der Betone, Stähle und der bituminösen Baustoffe. Deutlich werden die Unterschiede im Vergleich zur Massenbilanz (linke Säule). Während dort der Beton einen Anteil von fast 90% hat, sind ähnliche Anteile nur bei den Wirkungskategorien *Verbrauch mineralischer Rohstoffe* und *Flächeninanspruchnahme infolge Rohstoffgewinnung* festzustellen. Die Anteile der übrigen Baustoffe sind im Vergleich zur Massenbilanz entsprechend höher. Der Stahl fällt überdurchschnittlich beim

Verbrauch energetischer Rohstoffe, bei allen emissionsbedingten Wirkungskategorien und bei den *Sonderabfällen* ins Gewicht. Die bituminösen Baustoffe haben beim *Verbrauch fossiler Energieträger* einen hohen Anteil, da hier Erdöl der Rohstoff ist. Die sonstigen Baustoffe, vor allem die Gußeisenrohre der Entwässerung, das Einscheibensicherheitsglas für die Lärmschutzwand und die Bitumenbahn für die Abdichtung, beeinflussen den *Verbrauch fossiler Energieträger*, die *Bodennahe Ozonbildung* und die *Sonderabfälle*.

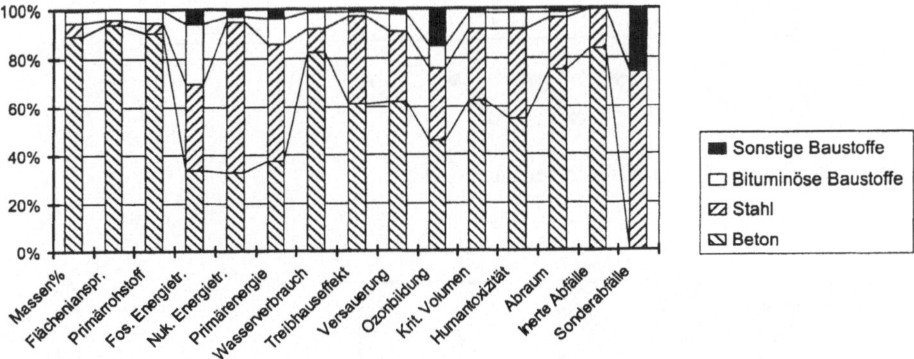

Bild 6.6-19: Verteilung der Gesamtwirkungen auf Baustoffgruppen

Bau der Brücke

Bereits aus Tabelle 5.3-1 ließen sich die Gründungsarbeiten und die Arbeiten am Überbau als für den Energieverbrauch wesentlichste Bauphasen ableiten. Bild 6.6-20 zeigt die Verhältnisse beim *Primärenergieverbrauch* der Bauprozesse. Deutlich werden die Anteile der einzelnen Energieträger. Während der *Primärenergieverbrauch* der Gründungsarbeiten durch den Dieselverbrauch bestimmt wird, ist bei den Arbeiten am Überbau der Stromverbrauch relevant. Beim allgemeinen Energieverbrauch für Heizung und Beleuchtung hat Propangas die höchsten Anteile. Insgesamt hat Diesel mit 57% den größten Anteil am Primärenergieverbrauch, gefolgt von Strom (31%) und Propangas (12%).

Bei den emissionsbedingten Wirkungskategorien der Bauprozesse dominieren die durch den Dieselverbrauch verursachten Emissionen (Bild 6.6-21).

Die Emissionen während der Bauprozesse entstehen zum größten Teil auf der Baustelle. Der globale Anteil, hervorgerufen durch die Prozesse der Energiebereitstellung, ist nur beim *Treibhauseffekts* nennenswert groß (Bild 6.6-22).

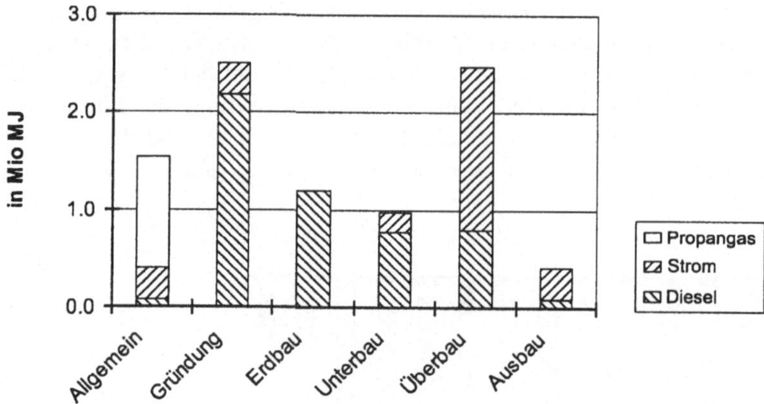

Bild 6.6-20: Primärenergieverbrauch der Bauprozesse

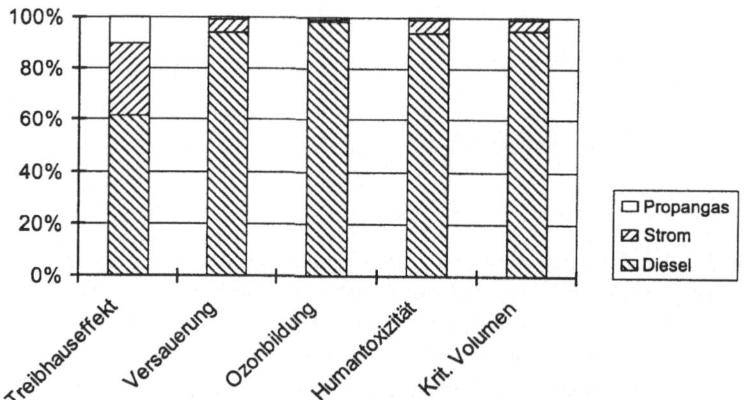

Bild 6.6-21: Anteile der Energieträger an den emissionsbezogenen Wirkungen der Bauprozesse

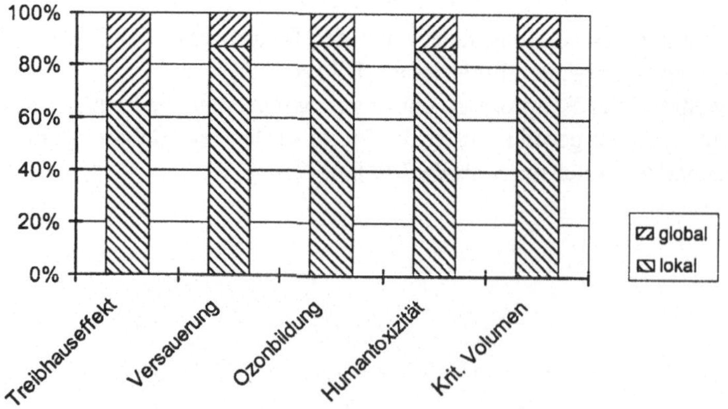

Bild 6.6-22: Räumliche Verteilung der emissionsbezogenen Wirkungen der Bauprozesse

Aus den Bildern 6.6-21 und 6.6-22 kann geschlußfolgert werden, daß der Einsatz dieselgetriebener Baumaschinen entscheidend die Höhe des Energieverbrauchs und der Emissionen im Umfeld der Brücke bestimmt. Von besonderer Bedeutung sind Grund- und Erdbauarbeiten, da dort der Maschineneinsatz hoch ist.

Die während des Baus der Brücke zusätzlich zu den Brückenbaustoffen erforderlichen Baustoffe für Hilfskonstruktionen und Baustraße erhöhen die Umweltbelastungen infolge Prozessen der Baustoffherstellung im Mittel um 6,4%. Beton und Stahl haben dabei die größten Anteile.

Bei der Verbrennung von Restholz wurden Emissionen freigesetzt, die berechnet wurden, aber im Vergleich zu den übrigen Emissionen bedeutungslos sind. Sie haben bei allen emissionsbedingten Wirkungskategorien einen Anteil unter 1%.

Bild 6.6-23 zeigt die Anteile einzelner Verursacher an den Umweltbelastungen der Bauphase, bezogen auf die Wirkungskategorien. Es wird deutlich, daß bei Ökobilanzen der Lebensphase Bau keiner der genannten Verursacher vernachlässigt werden sollte.

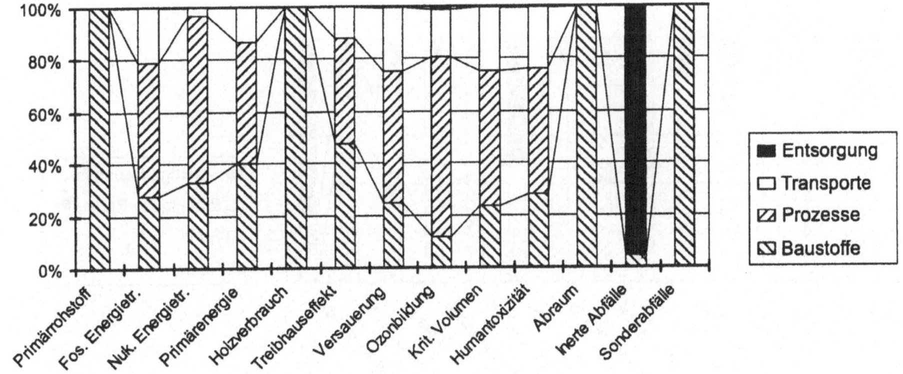

Bild 6.6-23: Verteilung der Wirkungen auf Verursacher

Unterhaltung der Brücke

Für die Unterhaltungsarbeiten wurde fast ausschließlich Diesel als Energieträger angenommen. Lediglich für das Entfernen der Abdichtung wurde Propangas angesetzt. Der *Primärenergieverbrauch* der Bauprozesse verteilt sich auf die Belag- und Abdichtungsarbeiten, die Erneuerung der Kappen und die Betonsanierung (Bild 6.6-24). Ohne Bedeutung ist der Austausch der Bauteile (Lager, Fahrbahnübergänge, Geländer, Lärmschutzwand). Der Anteil des Propangases am Primärenergieverbrauch beträgt lediglich 5%. Dementsprechend werden die energiebedingten Emissionen im wesentlichen durch den Dieselverbrauch bestimmt. Die lokalen Emissionen haben jeweils einen Anteil von etwa 90% der Gesamtemissionen. Die baustoffbedingten Wirkungen verteilen sich auf Beton, Stahl, bituminöse und sonstige Baustoffe, wobei hier die bituminösen Baustoffe wegen des zweimaligen Austausches relativ große Anteile haben (Bild 6.6-25). Wie Bild 6.6-26 zeigt, hat die Herstellung der für die Unterhaltung benötigten Baustoffe insgesamt die größten Anteile an den Wirkungskategorien der Brückenunterhaltung. Im Vergleich zur Bauphase ist hier der Anteil der Baustoffe deutlich größer.

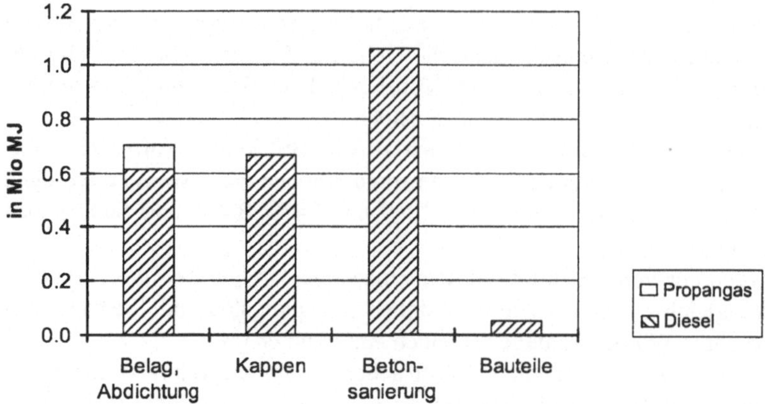

Bild 6.6-24: Primärenergieverbrauch für die Unterhaltung

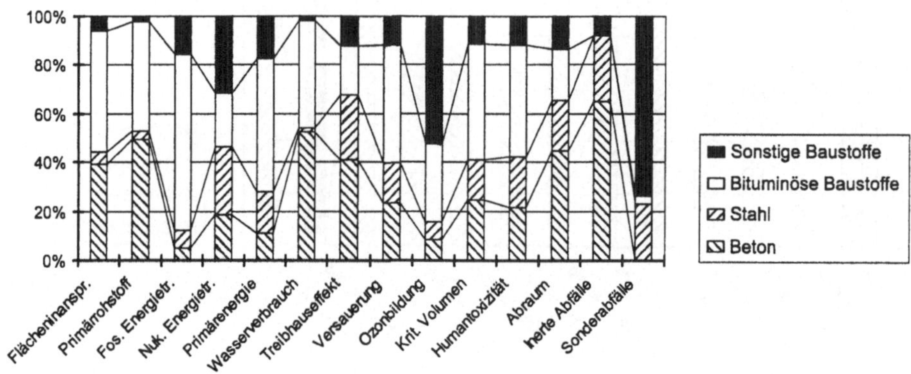

Bild 6.6-25: Verteilung der Wirkung auf Baustoffgruppen

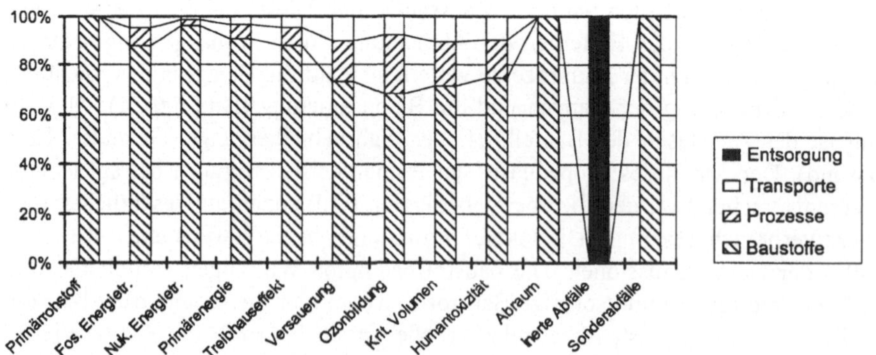

Bild 6.6-26: Verteilung der Wirkungen auf Verursacher

Abbruch der Brücke

Der *Primärenergieverbrauch* des Abbruchs wird durch den Dieselverbrauch für die Abbrucharbeiten des Überbaus bestimmt. Der für das Entfernen der Abdichtung angesetzte Propangasverbrauch kann vernachlässigt werden. Bild 6.6-27 zeigt die Anteile einzelner Abbruch- und Entsorgungsarbeiten. Bei der Verteilung der Emissionen ergeben sich ähnliche Verhältnisse wie bei der Unterhaltung. Auf die Wirkungskategorien bezogen haben die lokalen Emissionen jeweils einen Anteil um die 90%. Bild 6.6-28 zeigt den Anteil einzelner Verursacher an den Wirkungskategorien. Im wesentlichen werden diese durch die Abbruchprozesse bestimmt. Zusätzliche Baustoffe wurden nicht angesetzt.

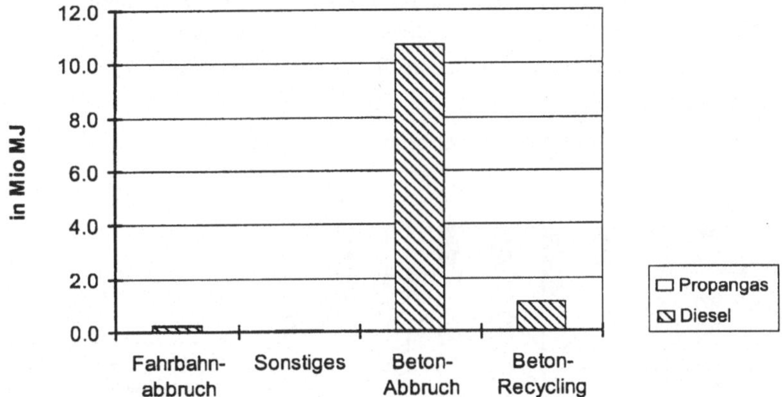

Bild 6.6-27: Primärenergieverbrauch für den Abbruch

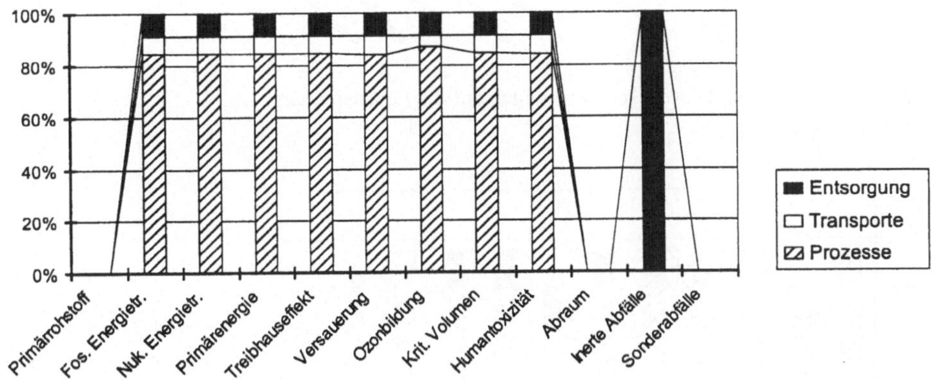

Bild 6.6-28: Verteilung der Wirkungen auf Verursacher

Zusammenfassung

Bild 6.6-29 zeigt die Anteile der definierten Lebensphasen an den umweltbezogenen Wirkungskategorien. Zu erkennen ist ein deutlicher Schwerpunkt bei der Herstellung der Brückenbaustoffe. Abgesehen von der Wirkungskategorie *Inerte Abfälle* liegt der Anteil zwischen 30% und 80% der Gesamtwirkungen. Im unteren Bereich liegen der *Verbrauch fossiler Brennstoffe* und die *Bodennahe Ozonbildung*, im oberen Bereich *Primärrohstoff- und Primärenergieverbrauch, Verbrauch nuklearer Brennstoffe, Treibhauseffekt* sowie *Abraum*. In Bild 6.6-30 sind die Anteile dargestellt, die das Tragwerk an den Gesamtwirkungen hat und wie sich diese Wirkungen auf die Lebensphasen verteilen: In der Regel sind mehr als 60% der Gesamtwirkungen erfaßt, wenn man nur das Tragwerk betrachtet. Außerdem nimmt der Anteil der Brückenbaustoffe zu, der Anteil der Unterhaltung dagegen deutlich ab. Aus Bild 6.6-31 geht die Verteilung der Umweltbelastungen auf die vier definierten Verursacher von Umweltbelastungen hervor. Deutlich wird der hohe Anteil der Prozesse der Baustoffherstellung. Als zweiter wichtiger Verursacher sind die Bauprozesse anzusehen.

Als bedeutend für die Gesamtwirkungen während des Lebenszyklus können aus der Wirkungsbilanz folgende Lebensphasen und Verursacher abgeleitet werden:

– Herstellung der Brückenbaustoffe und der Baustoffe für auszutauschende Bauteile,

– Bau- und Abbruchprozesse,

– Entsorgungsprozesse bei Unterhaltung und Abbruch der Brücke.

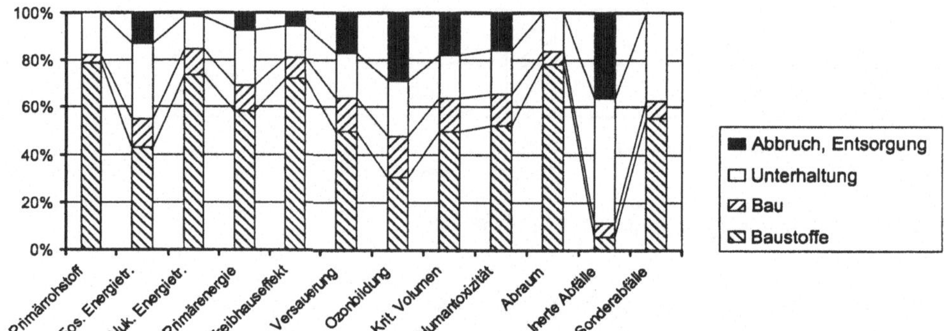

Bild 6.6-29: Verteilung der Gesamtwirkungen auf die Lebensphasen

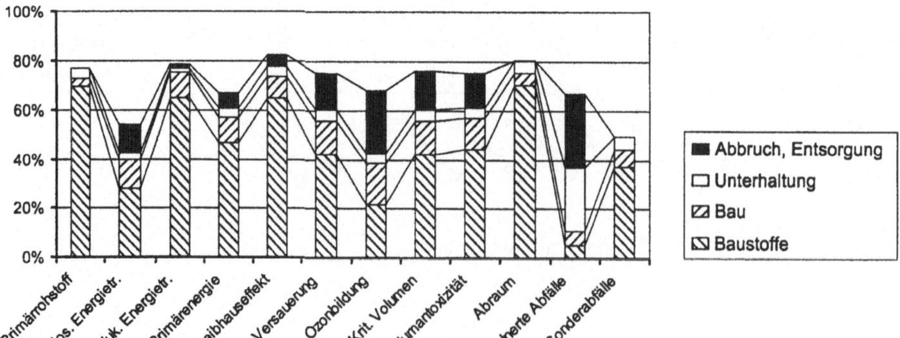

Bild 6.6-30: Anteile des Tragwerkes an den Gesamtwirkungen

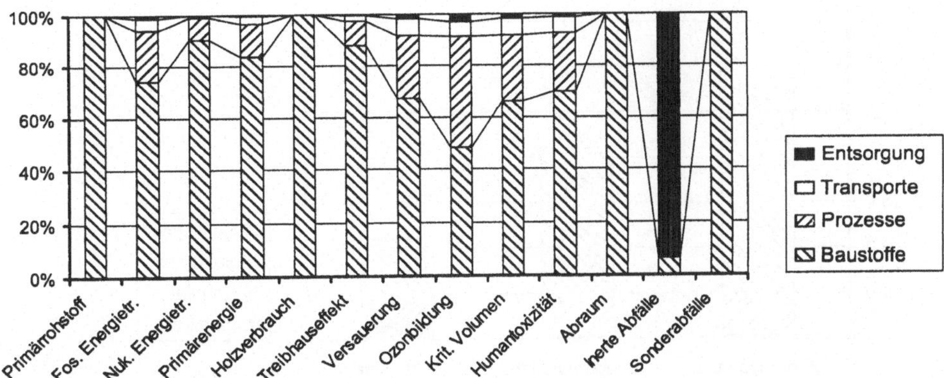

Bild 6.6-31: Verteilung der Gesamtwirkungen auf Verursacher

6.6.3 Dominanzanalyse

Ein Teil der Wirkungskategorien enthält Aggregationen. In dem Zusammenhang ist es interessant, die Anteile einzelner Umweltbelastungen an der aggregierten Aussage zu bestimmen. Für folgende Wirkungskategorien ist eine Dominanzanalyse sinnvoll:

– Flächeninanspruchnahme infolge Rohstoffgewinnung,

– Verbrauch mineralischer Rohstoffe,

– Verbrauch energetischer Rohstoffe,

– Treibhauseffekt,

– Versauerung von Böden und Gewässern,

– Bodennahe Ozonbildung,

– Human- und Ökotoxizität.

Eine Dominanzanalyse wird für den Lebenszyklus der Schornbachtalbrücke, für die Baustoffe des Tragwerkes der Schornbachtalbrücke und zum Vergleich auch für die Baustoffe des Tragwerkes einer Stahlbrücke (Eschachtalbrücke, siehe Bild 5.1-2) durchgeführt. Die zwei Brücken sind zwar nicht unmittelbar miteinander vergleichbar, hier kommt es aber vor allem darauf an, den Einfluß des Hauptbaustoffes zu zeigen. Um eine Vergleichbarkeit der Schornbachtal- und der Eschachtalbrücke zu gewährleisten, sind die Analysedaten auf einen m² Brückengrundfläche bezogen worden.

Die *Flächeninanspruchnahme infolge Rohstoffgewinnung* wird durch den Sand/Kies-, Eisenerz- und Kalksteinverbrauch bestimmt (Bild 6.6-32). Wird statt Beton Oxygenstahl als tragender Baustoff verwendet, sinkt die absolute Flächeninanspruchnahme. Der *Primärrohstoffverbrauch* zeigt erwartungsgemäß eine ähnliche Verteilung der Rohstoffe (Bild 6.6-33). Der *Verbrauch fossiler Brennstoffe* wird beim Lebenszyklus der Schornbachtalbrücke durch Erdöl bestimmt, was vor allem mit dem Bitumen des Fahrbahnbelages zusammenhängt (Bild 6.6-34). Der hohe Anteil des Rohöls resultiert aus der hohen Gewichtung der geringeren Reichweite (Tabelle 6.2-1). Betrachtet man nur das Tragwerk, sind die einzelnen Brennstoffe relativ gleichmäßig verteilt. Beim Tragwerk der Stahlbrücke dominieren Steinkohle und Rohöl. Ein etwas andere Verteilung zeigt sich beim *Primärenergieverbrauch* (Bild 6.6-35). Hier sind Rohöl- und Kohleverbrauch gleich gewichtet, was sich bei beiden Brücken in einem deutlich höheren Kohleanteil niederschlägt.

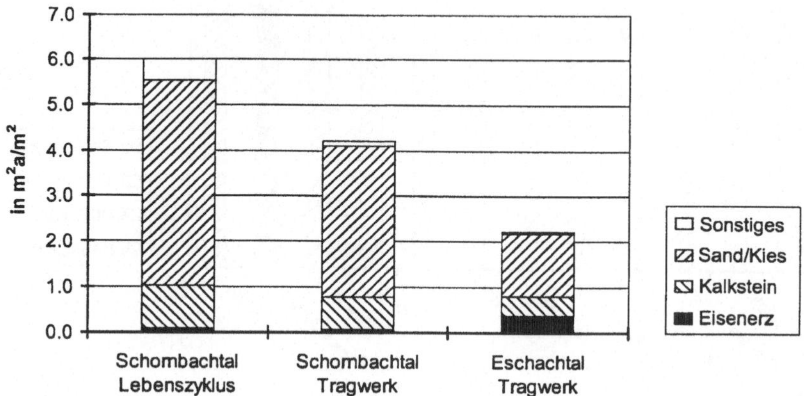

Bild 6.6-32: Dominanzanalyse Flächeninanspruchnahme infolge Rohstoffgewinnung

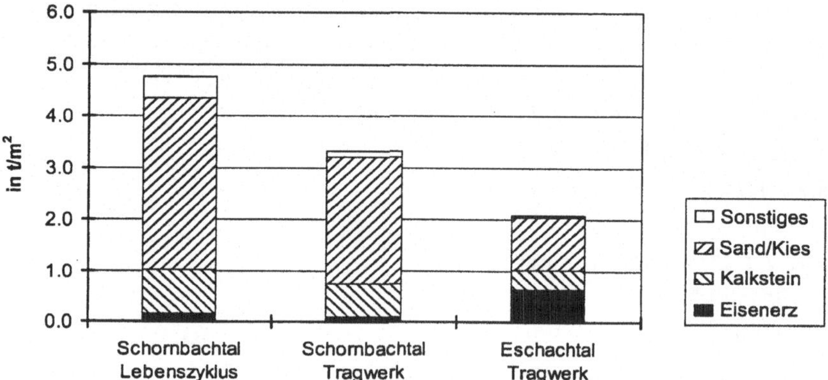

Bild 6.6-33: Dominanzanalyse Primärrohstoffverbrauch

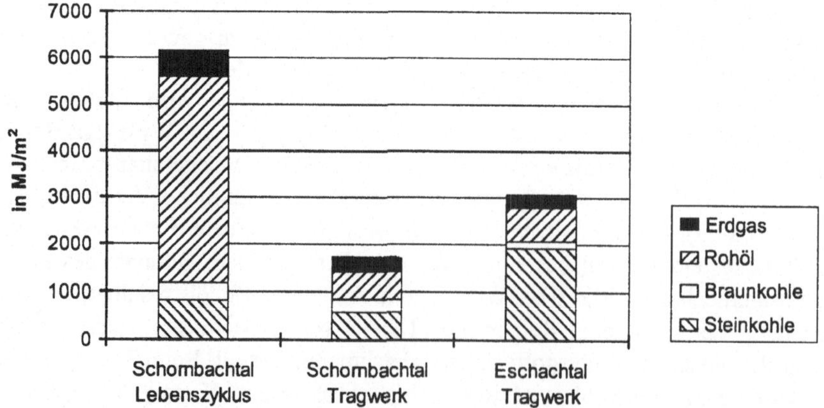

Bild 6.6-34: Dominanzanalyse Verbrauch fossiler Brennstoffe

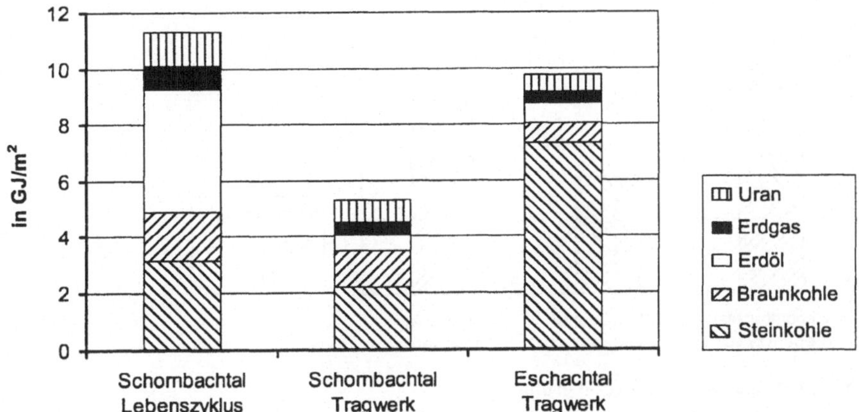

Bild 6.6-35: Dominanzanalyse Primärenergieverbrauch

Der *Treibhauseffekt* ergibt sich fast ausschließlich aus den CO_2-Emissionen (Bild 6.6-36). Von meßbarem Einfluß sind noch die Methan-Emissionen, der Anteil des emittierten N_2O ist vernachlässigbar. Die *Versauerung von Böden und Gewässern* wird fast ausschließlich durch SO_2 und NO_x verursacht (Bild 6.6-37). Die ebenfalls bilanzierten Emissionen an HCl, HF, H_2S und NH_3 haben einen vernachlässigbar kleinen Anteil an dieser Wirkungskategorie. Die Werte der Wirkungskategorie *Bodennahe Ozonbildung* setzen sich zu fast 100% aus NMVOC und CH_4-Emissionen zusammen (Bild 6.6-38). Aldehyde, Acetate, Benzol und Toluol, die ebenfalls in der Sachbilanz enthalten sind, haben keine meßbaren Einfluß auf diese Wirkungskategorie. Die Bewertungsgrößen *Kritisches Volumen* und *Humantoxizitätspotential* werden zu einem wesentlichen Anteil durch die SO_2- und NO_x-Emissionen bestimmt (Bilder 6.6-39 und 6.6-40). Bei der Bewertungsgröße *Kritisches Volumen* haben die Emissionen an Staub, CO, Cd, Hg und Pb, bei der Bewertungsgröße *Humantoxizitätspotential* die Emissionen an CO, Hg, Mn und Pb meßbare Anteile an der Gesamtwirkung.

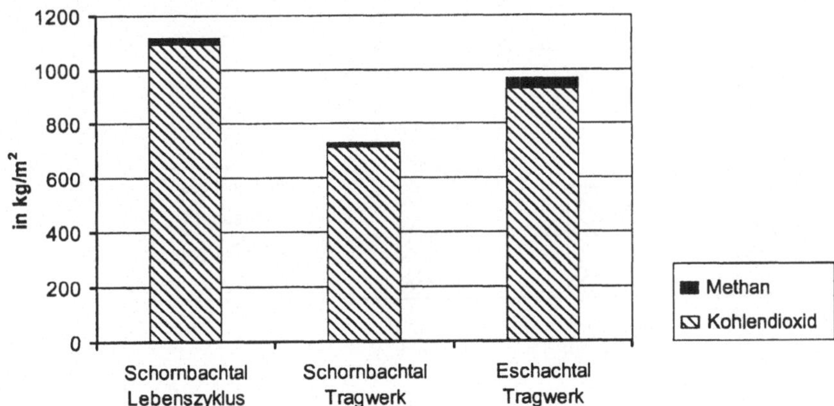

Bild 6.6-36: Dominanzanalyse Treibhauseffekt

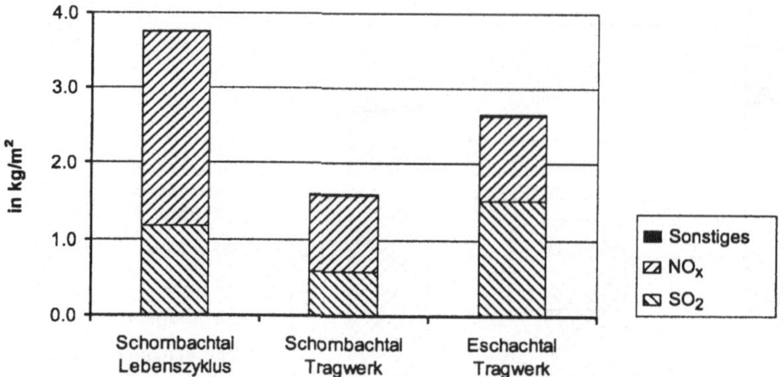

Bild 6.6-37: Dominanzanalyse Versauerung

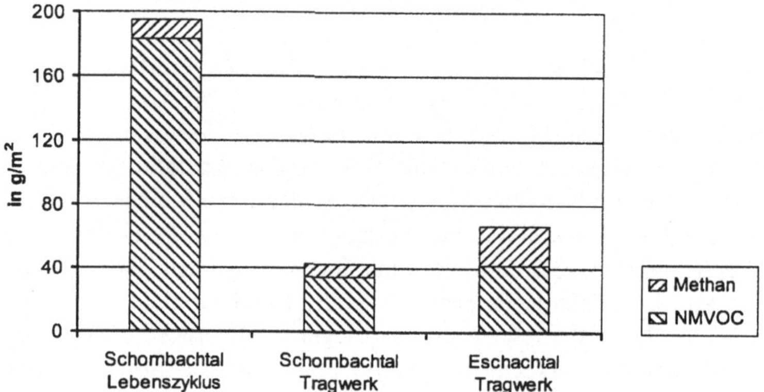

Bild 6.6-38: Dominanzanalyse Bodennahe Ozonbildung

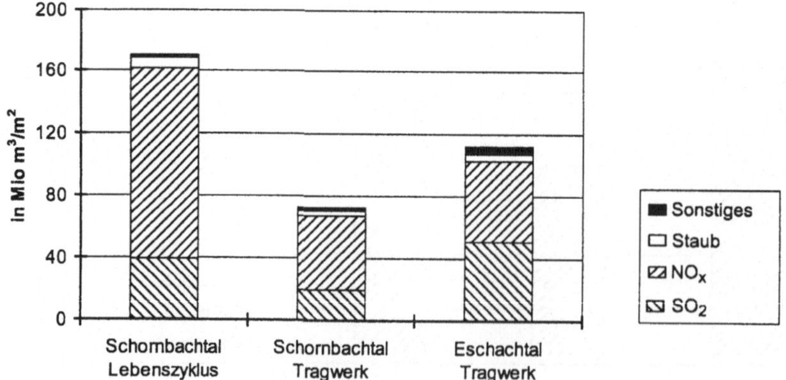

Bild 6.6-39: Dominanzanalyse Kritisches Volumen

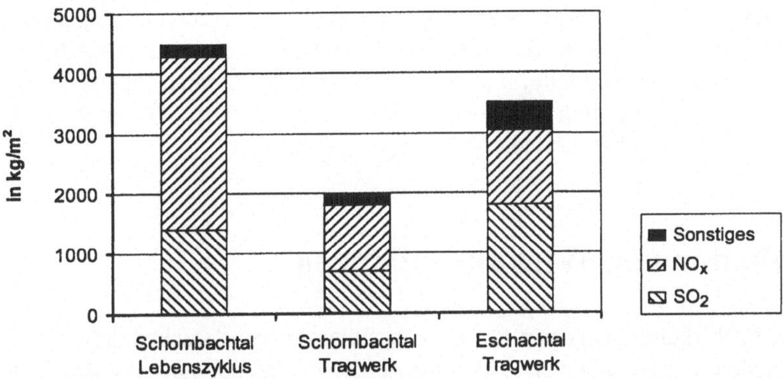

Bild 6.6-40: Dominanzanalyse Humantoxizität

Es wird deutlich, daß die emissionsbedingten Wirkungskategorien im wesentlichen durch die Standardemissionen CO_2, SO_2, NO_x, NMVOC und CH_4 bestimmt werden. Dieser Umstand resultiert sicher zu einem Teil daraus, daß zu diesen Emissionen viel bessere Informationen vorliegen als zu den anderen Emissionen. Zum anderen bestätigt die Dominanzanalyse aber auch, daß diese Emissionen zu Standardemissionen wurden, weil sie am häufigsten auftreten.

6.6.4 Verallgemeinerbarkeit

Bei der untersuchten Brücke handelt es sich um eine gevoutete Spannbetonplatte, eine Konstruktion, die bei einer Spannweite von 46 m eher unüblich ist. Als üblich für diese Spannweite wäre ein Spannbetonhohlkasten anzusehen. Der Baustoffbedarf der Schornbachtalbrücke ist demzufolge höher als bei durchschnittlichen Brücken (Tab. 6.6-1).

Tab. 6.6-1: Vergleich der Baustoffmengen für Überbauten

Baustoff	Einheit	Mittelwerte nach [Dre82] für 30 beliebig ausgewählte Balkenbrücken verschiedener Spannweiten und Felderanzahl	Schornbachtalbrücke
Beton	m^3/m^2	0,6	0,9
Betonstahl	kg/m^2	45[1]	90
Spannstahl, längs	kg/m^2	25	50

[1] nach heutigen Maßstäben ist wegen der höheren Mindestbewehrung von $70\ kg/m^2$ auszugehen

Die Absolutwerte der Sach- und Wirkungsbilanz der Schornbachtalbrücke sind also größer als bei üblichen Brücken. Der Schalaufwand für den Überbau ist dagegen niedriger, da die Vollplatte gegenüber einem Hohlkasten eine kleinere Schalfläche hat (Schornbach: $1,1\ m^2/m^2$; Mittelwert nach [Dre82]: $1,7\ m^2/m^2$). Der Energieverbrauch der Bauphase dürfte im Vergleich zu Brücken an Standorten mit besserem Baugrund relativ hoch sein, da er maßgeblich durch die Rammarbeiten bestimmt wird. Die aufwendigen Umsetzarbeiten des Lehrgerüstes erhöhen den Energieverbrauch gegenüber anderen Herstellungsverfahren, bspw. dem Taktschiebeverfahren. Der Aufwand für den Abbruch ist wegen der massiven Platte, insbesondere wegen der Vouten, höher als bei einem Hohlkasten. Alle dargestellten Relationen der umweltbezogenen Wirkungen können trotzdem auf andere Spannbetonbrücken übertragen werden.

6.7 Möglichkeiten von Wirkungsbilanzen

In Kapitel 6 wurden Wirkungskategorien für Wirkungsbilanzen von Brücken zusammengestellt. Unterschieden werden können Wirkungskategorien, die nur auf das Brückenumfeld bezogen sind und solche, die auch oder ausschließlich Wirkungen außerhalb des Umfeldes betreffen. Erstere werden hier als *umfeldbezogene*, letztere als *umweltbezogene* Wirkungskategorien bezeichnet. Die emissionsbezogenen Wirkungskategorien *Versauerung, Bodennahe Ozonbildung* sowie *Human- und Ökotoxizität* lassen sich nicht eindeutig zuordnen, da Wirkungen von Emissionen innerhalb und außerhalb des Umfeldes auftreten können. Bei den Bewertungsgrößen sind drei Arten zu unterscheiden:

1. Die meisten umfeldbezogenen Wirkungskategorien gehen von Bewertungsgrößen aus, die direkt aus der Bauwerksbeschreibung abgeleitet oder berechnet werden (z.B. Stauhöhe, relative Öffnungsweite). Dabei stellen die Bewertungsgröße genaugenommen weder eine Umweltbelastung noch eine Wirkung dar. Sie sind aber ausreichend, um bei einem Variantenvergleich eine Rangfolge der Varianten anzugeben. Ob Wirkungen auf Schutzgüter auftreten und wenn ja, wie diese einzuschätzen sind, kann nur aus der konkreten Situation heraus entschieden werden. Diesbezüglich sind die betroffenen Schutzgüter und die Vorbelastung des Umfeldes, d.h. der ökologische Zustand vor dem Bau der Brücke ausschlaggebend. Die Analyse möglicher Wirkungen wird bei der Gewichtung einzelner Wirkungskategorien wichtig, die für eine abschließende Bewertung vorgenommen werden muß.

2. In den meisten umweltbezogenen Wirkungskategorien werden Sachbilanzdaten aggregiert und Wirkungspotentiale berechnet. Die Bewertungsgrößen dieser Wirkungskategorien können daher direkt gewichtet werden.

3. In den Bewertungsgrößen *Verwendbarkeits-* und *Verwertbarkeitskennziffer* sind neben quantitativen auch qualitative Aussagen enthalten (Verwendbarkeits-, bzw. Verwertbarkeitskategorie). Qualitativ heißt hier, daß die ökologischen Unterschiede der einzelnen Kategorien nicht quantifiziert werden. Mit den Kategorien wird also bereits eine Gewichtung vorgenommen.

In Tabelle 6.7-1 sind die in Kapitel 6 beschriebenen, auf Brücken anwendbaren Wirkungskategorien sowie die zugehörigen Bewertungsgrößen, Formeln und Einheiten zusammengefaßt.

Tab. 6.7-1: Wirkungskategorien und Bewertungsgrößen

Wirkungskategorie und Bewertungsgrößen	Bezug Umfeld	Bezug Umwelt	Art der Bewertungsgröße	Formel	Einheit
Flächeninanspruchnahme im Umfeld					
– anlagenbedingte Flächeninanspruchnahme	X		1	6-2	m^2
– baubedingte Flächeninanspruchnahme	X		1	6-3	m^2a
Flächeninanspruchnahme infolge Rohstoffgewinnung		X	2	6-5	m^2a
Zerschneidung von Lebensräumen					
– vollständige Zerschneidung	X		1		m
– teilweise Zerschneidung	X		1		m
Einflüsse auf Luftbewegungen					
– Behinderungswirkung	X		1	6-6	%
– relative Öffnungsweite	X		1	6-9	%
Einflüsse auf Fließgewässer					
– Fließgewässerstauhöhe	X		1	6-11	m
Einflüsse auf den Grundwasserspiegel					
– Grundwasserstauhöhe	X		1	6-12	m
– durch Grundwasserabsenkung beeinträchtigte Fläche außerhalb des Baufeldes	X		1	6-14	m^2
Verbrauch mineralischer Rohstoffe					
– Primärrohstoffverbrauch		X	2		kg
Holzverbrauch					
– Stammholzverbrauch		X	2		m^3
Verbrauch energetischer Rohstoffe					
– Verbrauch fossiler Brennstoffe		X	2		MJ
– Verbrauch nuklearer Brennstoffe		X	2		MJ
– Primärenergieverbrauch		X	2		MJ
Wasserverbrauch		X	2		m^3
Treibhauseffekt		X	2	6-19	kg
Versauerung von Böden und Gewässern		X	2	6-20	g
Bodennahe Ozonbildung	X	X	2	6-21	g
Human- und Ökotoxizität					
– Kritisches Volumen	X	X	2	6-22	m^3
– Humantoxizität	X	X	2	6-23	kg
– einzelne Emissionen	X	X	2		g
Abraum		X	2		m^3
Bodenaushub		X	2		m^3
Inerte Abfälle		X	2		kg
Sonderabfälle		X	2		kg
Verwendbarkeit					
– Verwendbarkeitskategorie		X	3		/
Verwertbarkeit					
– Verwertbarkeitskategorie		X	3		/

Mit den aufgeführten Wirkungskategorien werden alle hier bilanzierten Sachbilanzdaten erfaßt. Auf die zusätzlich in der Literatur genannten Wirkungskategorien *Ozonabbau in der Stratosphäre* und *Eutrophierung von Gewässern* konnte hier verzichtet werden, da die Wirkungen bei Brücken nicht auftreten. Auf die Bewertung der Wirkungen von Emissionen in Wasser und Boden mußte hier verzichtet werden, da dazu keine Sachbilanzdaten vorlagen. An diesem „zwangsweisen" Verzicht wird deutlich, daß eine Wirkungsbilanz immer nur so gut sein kann wie Bauwerksbeschreibung und Sachbilanz. Für die Analyse der Wirkungen im Umfeld ist zusätzlich eine genaue Beschreibung der betroffenen Schutzgüter erforderlich.

Aus der Dominanzanalyse der Emissionen folgt, daß die Emissionen an CO_2, SO_2, NO_x und NMVOC so große Teile der Gesamtwirkungen ausmachen, daß sie auch direkt bewertet werden können.

Aus dem Beispiel läßt sich ableiten, daß die Umweltbelastungen bei der Herstellung der Brückenbaustoffe hohe Anteile an den Gesamtumweltbelastungen eines Brückenlebens ausmachen. Davon wiederum hat das Tragwerk gegenüber dem Ausbau hohe Anteile. Eine quantitative Analyse der Baustoffherstellungsprozesse des Tragwerkes liefert also bereits wesentliche Aussagen zu den Gesamtwirkungen. Bereits in Kapitel 5 wurde darauf hingewiesen, daß genaue Quantifizierungen nur für die Prozesse der Baustoffherstellung machbar sind. Insofern ergibt sich hier eine gute Übereinstimmung von Möglichkeiten der Quantifizierung und Aussagekraft der berechneten Resultate. Abgeleitet werden kann die Notwendigkeit, Lebenszyklen von Brücken mit einer Kombination von quantitativen und qualitativen Aussagen zu bewerten.

7 Parameterstudie

Von den in Kapitel 5.1 erwähnten Parametern werden im folgenden diejenigen betrachtet, die in die Kategorien „bekannt" und „eingeschränkt vorhersehbar" einzustufen sind (siehe Kapitel 5.4). Untersucht werden die Parameter *Bauart, Baustoffqualität, Baustoffart* und *Bauverfahren*. Die Parameterstudie wird auf der Ebene „Wirkungsbilanz" geführt, d.h. hier werden die Bewertungsgrößen nach Kapitel 6 gegenübergestellt.

7.1 Bauart

7.1.1 Abstand der Widerlager

Es handelt sich hier um den klassischen Vergleich einer langen Brücke mit kurzem Damm und einer kurzen Brücke mit langem Damm. Die funktionale Einheit ist dabei eine bestimmte Länge eines Verkehrsweges, z.B. der Abstand zwischen zwei „Rampenanfängen" (Bild 4.1-1b). Ins Auge fallen sofort die unterschiedlichen Auswirkungen auf das Umfeld infolge der zwei Varianten. Die *anlagenbedingte Flächeninanspruchnahme* der Dammlösung ist deutlich größer (Bild 7.1-1). Erhebliche Unterschiede ergeben sich auch bei der *Zerschneidung von Lebensräumen*. Der Damm führt zu Zerschneidungseffekten auf einer großen Länge, während der Raum unter der Brücke für viele Tierarten passierbar ist. Die Dammvariante hat eine deutlich größere Behinderungswirkung auf Luftbewegungen und kann in entsprechenden Tallagen zum Kaltluftstau führen. In flacher Landschaft stellt ein Damm keine Kaltluftsperre dar [For155]. Stellt man sich die Situation als Überführung über einen Fluß vor (siehe Bild 6.1-11), ist die Stauhöhe der Dammvariante bei Hochwasser höher als die der Brückenvariante. Die konzentrierten Lasten unter den Brückenpfeilern benötigen tiefere Fundamente. Hier können Grundwasserabsenkungen für die Pfeilerbaugruben erforderlich werden, was je nach Baugrund zu mehr oder weniger großen Flächenbeeinträchtigungen führt. Die augenscheinlichen Vor- und Nachteile von Damm und Brücke bezüglich der umfeldbezogenen Wirkungskategorien sind in Tabelle 7.1-1 zusammengestellt. Der Damm schneidet dabei schlechter ab als die Brücke. Wie groß die Unterschiede bei den Wirkungen tatsächlich sind, kann nur anhand der konkreten Situation analysiert werden. Dazu müssen Kenntnisse über den ökologischen Wert der beeinflußten Flächen, über Tierwanderungen und über die mikroklimatischen Verhältnisse vorliegen.

Tab. 7.1-1: Umfeldbezogene Wirkungsanalyse Damm, Brücke

Bewertungsgröße	Damm	Brücke
Anlagenbedingte Flächeninanspruchnahme	>	
Baubedingte Flächeninanspruchnahme	=	
Zerschneidung von Lebensräumen	>>	
Einflüsse auf Luftbewegungen	>>	
Einflüsse auf Fließgewässer	>	
Einflüsse auf den Grundwasserspiegel	<	

Außerhalb des Umfeldes sind alle anderen Wirkungskategorien betroffen. Im folgenden wird an einem fiktiven Beispiel untersucht, wie Damm und Brücke diesbezüglich zu bewerten sind. Verglichen wird je ein Meter zweier Varianten für die Überführung einer Straße über ein flaches Tal (Bild 7.1-1).

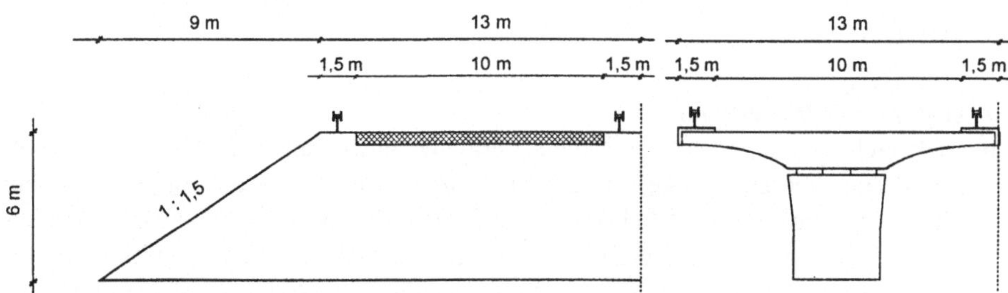

Bild 7.1-1: Brücke/Damm

Annahmen für den Damm (Standardbauweise für Bauklasse I [Nat97]):
- Erdschüttung: 5,2 m
- Frostschutzschicht: 39 cm
- Schottertragschicht: 15 cm
- bituminöse Tragschicht: 14 cm
- Asphaltbinder: 8 cm
- Asphaltdeckschicht: 4 cm

Annahmen für die Brücke (je m^2 Brückenfläche, nach [Dre82]):
- Unterbau: 0,8 m^3 B 25
                   40 kg Betonstahl
- Überbau: 0,6 m^3 B 45
                   70 kg Betonstahl (siehe Anmerkung bei Tab. 6.6-1)
                   33 kg Spannstahl
- Fahrbahnaufbau: 3 cm Gußasphalt
                   4 cm Asphaltbinder
                   3,5 cm Splittmastixasphalt

Bild 7.1-2 zeigt den Vergleich der umweltbezogenen Wirkungskategorien für die Herstellung bzw. Gewinnung der Baustoffe. Für die Frostschutzschicht und die Erdschüttung wurden dabei die Daten für Sand/Kies, für den Schotter die Daten für gebrochene Natursteine angesetzt (siehe Anhang A). Die Annahme der Werte von Sand/Kies für die Erdschüttung führt zu einer deutlichen Mehrbelastung der Dammvariante bei den Bewertungsgrößen *Primärrohstoffverbrauch, Flächeninanspruchnahme infolge Rohstoffgewinnung* und *Abraum*. Bei allen anderen Bewertungsgrößen schneidet die Brücke schlechter ab. Im Normalfall erfolgt im Straßenbau aber ein Massenausgleich, d.h. das Material für Dämme wird an einer anderen, möglichst nah gelegenen Stelle der Trasse entnommen. Dann ist lediglich der Aufwand für die Entnahme des Erdmaterials anzusetzen und die Nachteile des Dammes bei den genannten Bewertungsgrößen entstehen nicht.

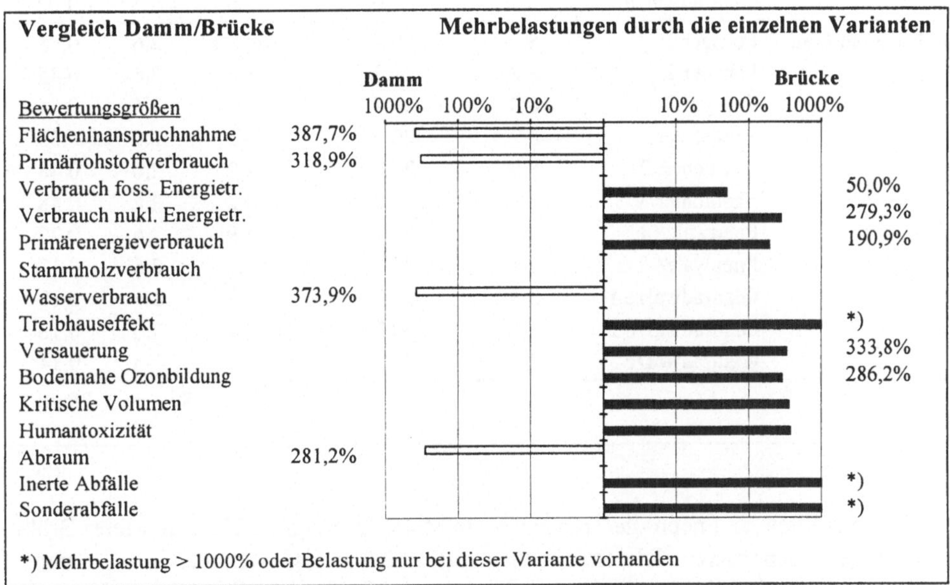

Bild 7.1-2: Vergleich Damm/Brücke (Baustoffherstellung); Damm aus Sand/Kies

Interessant ist nun, wie die Bauphase den Vergleich beeinflußt. Für den Bau des Dammes wurden Daten aus [BUW94] angesetzt (Tabelle 7.1-2). Es ergibt sich ein Dieselverbrauch von 28 Liter pro Meter Damm. Vergleicht man diese Zahl mit dem Energieverbrauch für den Bau der Schornbachtalbrücke (Tab. 5.3-1) zeigt sich, daß dieser höher ist. Für Gründung, Unterbau, Überbau und Fahrbahnbelag lag der Dieselverbrauch bei $54\,800 + 19\,600 + 20\,100 + 2\,220 = 96\,720\ l$. Je Richtungsfahrbahn ergeben sich somit $48\,360\ l$ und je m Brückenlänge $78\ l$. Selbst wenn man davon ausgeht, daß der Energieverbrauch für den Bau der Schornbachtalbrücke im Vergleich zu anderen Brücken relativ hoch war (siehe Kap. 6.6.4), dürfte der Bau eines Dammes stets einen geringeren Energieaufwand erfordern als der einer Brücke.

Tab. 7.1-2: Dieselverbrauch für den Bau des Dammes

Tätigkeit	Baumaschinen	l / h	h / 1000 m³	l / 1000 m³	m³/ m	l / m
Humusabtrag	Raupenlader	30,2	10,9	329,2	4,4	1,45
Aufstockung Humus	Raupenlader	20,3	8,6	174,6	4,4	0,77
Dammschüttung	Planierraupe	16,5	8,2	135,3	97,0	13,12
	Erdverdichter	19,7	1,8	35,5	97,0	3,44
	Vibrationswalze	7,5	4,6	34,5	97,0	3,35
Frostschutz-schicht und Schotter	Planierraupe	10,8	22,6	244,1	5,4	1,32
	Erdverdichter	8,3	16,4	136,1	5,4	0,74
	Vibrationswalze	8,3	1,6	13,3	5,4	0,07
	Grader	6,5	2,5	16,3	5,4	0,09
	Glattradwalze	3,5	1,0	3,5	5,4	0,02
Fahrbahnaufbau	Fertiger 1	8,9	20,7	184,2	2,6	0,48
	Fertiger 2	8,3	20,7	171,8	2,6	0,45
	Fertiger 3	10,0	20,7	207	2,6	0,54
	Verdichter 1	6,2	20,7	128,3	2,6	0,33
	Verdichter 2	8,9	20,7	184,2	2,6	0,48
	Verdichter 3	8,9	20,7	184,2	2,6	0,48
	Pneuwalze 1	4,1	20,7	84,9	2,6	0,22
	Pneuwalze 2	3,1	20,7	64,2	2,6	0,17
	Glattradwalze 1	3,3	20,7	68,3	2,6	0,18
	Glattradwalze 2	3,4	20,7	70,4	2,6	0,18
	Glattradwalze 3	2,6	20,7	53,8	2,6	0,14
					Summe in l / m:	28,00

Zu betrachten sind noch die Transporte. Je Meter Damm sind 192 t, je Meter Brükke 48 t zu transportieren. Die Brückenbaustoffe müßten also vier mal so weit transportiert werden, wie die Baustoffe für den Damm, damit sich die gleichen Umweltbelastungen infolge der Transporte ergeben. Ein solches Szenario ist wahrscheinlich: Der Stahl wird in der Regel 100 km und mehr transportiert, auch die Betonausgangsstoffe haben oft lange Transportwege. In ungünstigen Fällen, d.h. bei langen Transportwegen für das Erdmaterial, kann hier der Damm aber schlechter abschneiden.

Die aufgezeigten Nachteile der Brücke gelten auch für die Unterhaltung und den Abbruch: Der Unterhaltungsaufwand für den Damm ist gering. Bei einer Brücke müssen dagegen diverse Teile ausgetauscht werden, evtl. ist eine Betonsanierung von Nöten. Beim Abbruch erfordert die Brücke einen hohen Aufwand für das Zerkleinern des Betons. Bezüglich des Energieverbrauchs und der Transporte ergeben sich ähnliche Verhältnisse wie bei der Bauphase.

Zusammengefaßt ergibt sich für den Vergleich von Damm und Brücke folgendes Bild: Ein Damm führt zu einer größeren Belastung des Umfeldes. In Bezug auf die umweltbezogenen Wirkungskategorien schneidet die Brücke in der Regel schlechter ab. Das Bewertungsergebnis wird durch die Annahmen zum Erdmaterial und durch die Transportentfernungen entscheidend beeinflußt. Beim Vergleich von Abschnitten einer Trasse spielt das Verhältnis von Damm- zu Brückenlänge eine Rolle. Ebenfalls von Einfluß ist die Damm- bzw. Brückenhöhe: Während sich mit zunehmender Höhe der Aufwand für die Brücke nur geringfügig vergrößert, steigt der Material- und Bauaufwand für den Damm deutlich, so daß die Nachteile der Brückenvariante kleiner werden.

7.1.2 Staufläche

Staufläche des Tragwerkes

Die Größe der oberirdischen Staufläche A_S geht in die Formel 6-6 zur Berechnung der Behinderungswirkung ein. Unterschiedliche Stauflächen können sich ergeben bei:

– Dämmen im Vergleich mit Brücken (siehe oben),

– massiven Bogenbrücken im Vergleich mit Balkenbrücken (Bild 7.1-3a),

– Pfeilerscheiben im Vergleich mit schlanken Stützen, insbesondere bei Schräganströmung (Bild 7.1-3b).

Einen Einfluß hat auch die Querschnittsform des Brückentragwerkes, da auch der c_W-Wert in Formel 6-6 eingeht. Windschnittige Anstauflächen sind hier positiver zu bewerten als prismatische Baukörper (Bild 7.1-3c).

a)

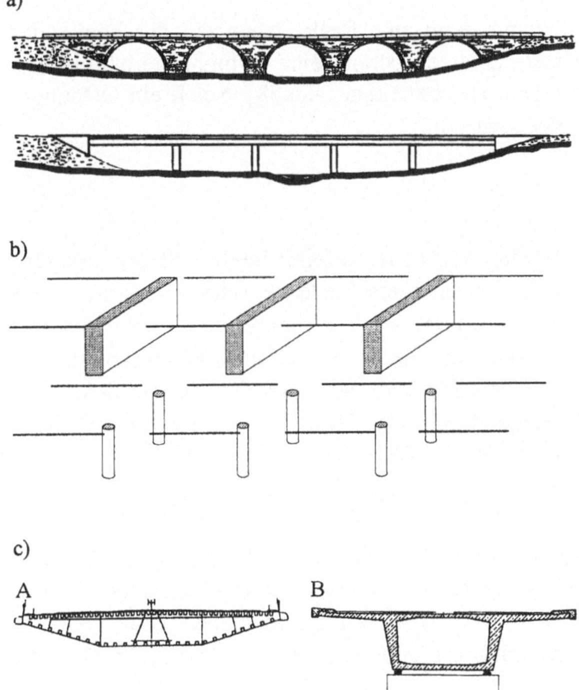

b)

c)

Bild 7.1-3:
Parameter Staufläche des Tragwerkes
a) Staufläche der Brücke
b) Staufläche der Unterbauten
c) Querschnittsform des Überbaus, (c_W-Wert A < B)

Staufläche im Wasser
Die Staufläche im Wasser beeinflußt direkt die Stauhöhe (Formel 6-11). Eine meßbare
Stauhöhe ergibt sich aber erst bei Verbauverhältnissen, die heute kaum noch gebaut
werden (Bild 7.1-4). Zu beachten sind die Einflüsse auf den Hochwasserabfluß (siehe
Bild 6.1-11). Vermeidbare Baukörper in Fließgewässern sind generell negativ zu beur-
teilen.

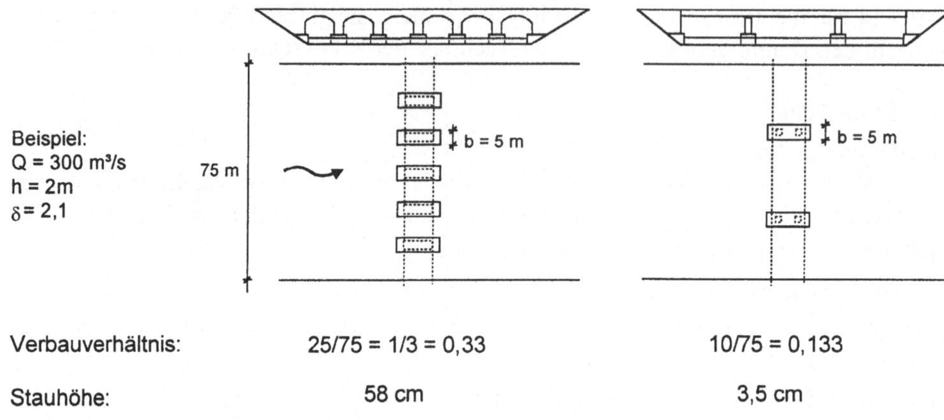

Verbauverhältnis: 25/75 = 1/3 = 0,33   10/75 = 0,133

Stauhöhe: 58 cm   3,5 cm

Bild 7.1-4: Parameter Staufläche im Wasser

Staufläche im Grundwasser
Die Staufläche im Grundwasser spielt nur dann eine Rolle, wenn ein durchgehender
Gründungskörper im Grundwasserstrom steht, da bereits eine Öffnungsverhältnis von
20% ausreicht, um einen Grundwasserstau zu vermeiden [Nen78]. Solch ein Öffnungsverhältnis dürfte bei Brücken immer gegeben sein.

7.1.3 Tragwerk

Ausbildung der Unterbauten
Die Ausbildung der Unterbauten, z.B. die Anzahl der Pfeiler beeinflußt die anlagenbedingte Flächeninanspruchnahme. Die Größenunterschiede zwischen Varianten sind
allerdings gering. Bauplätze für Unterbauten bedeuten aber immer eine erhebliche Beeinträchtigung des Baufeldes, z.B. durch Rammarbeiten, Grundwasserabsenkungen,
Baustraßen usw., so daß diesbezüglich eine geringe Anzahl von Unterbauten positiv zu
bewerten ist. Hier sind Bogenbrücken gegenüber Balkenbrücken im Vorteil (Bild 7.1-5).
Bei der Bogenbrücke ist aber die nicht beregnete Fläche größer.

Lage des Tragwerkes
Bei Tragwerksteilen die in Spritzwasserzonen, d.h. über der Fahrbahn oder unter der
Fahrbahn im Bereich einer vielbefahrenen Straße liegen, ist die Wahrscheinlichkeit einer
Schädigung durch Tausalze sehr hoch (Bild 7.1-6). Der Beton enthält dann Chlorid-
Ionen, was die Verwendungs- und Verwertungsmöglichkeiten nach dem Abbruch stark
einschränkt.

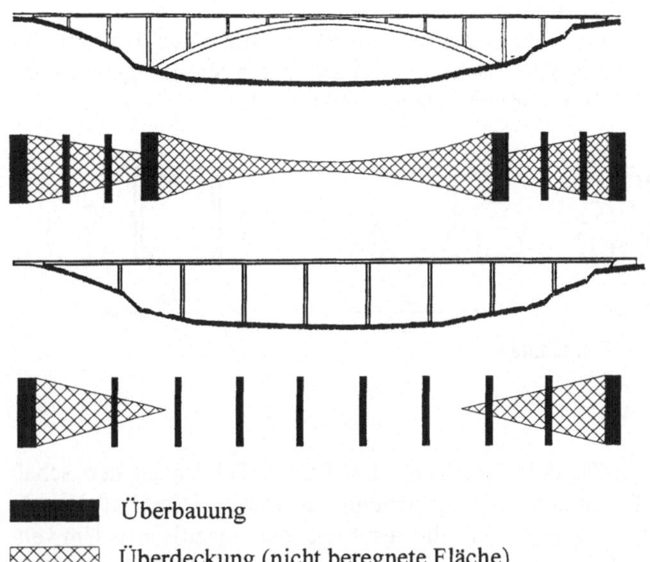

Bild 7.1-5: Überbaute und nicht beregnete Flächen unter einer Balken- und einer Bogenbrücke

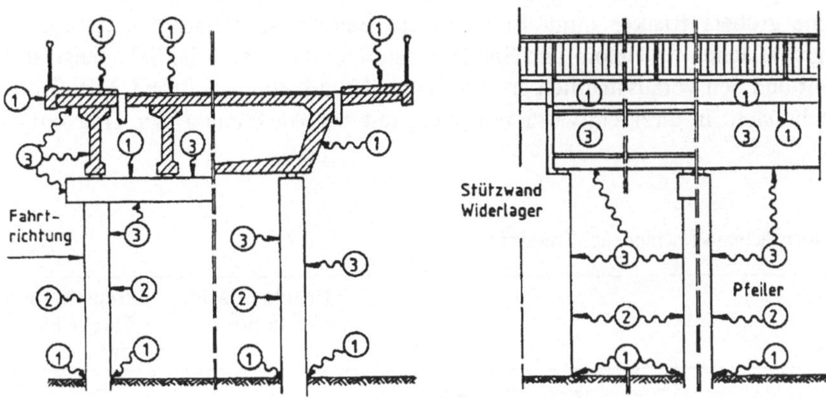

Angriffszonen:
1 Kontaktbereich
2 Spritzwasserbereich
3 Sprühnebelbereich

Bild 7.1-6: Angriffszonen für Tausalze [Jun86]

Abstand zwischen getrennten Fahrbahnen
Ein Abstand zwischen getrennten Fahrbahnen verringert bei niedrigen Brücken die
Trennwirkungen, da die nicht beregnete Fläche in zwei schmalere Streifen geteilt wird,
die leichter zu überwinden sind als ein breiter Streifen (Bild 7.1-7).

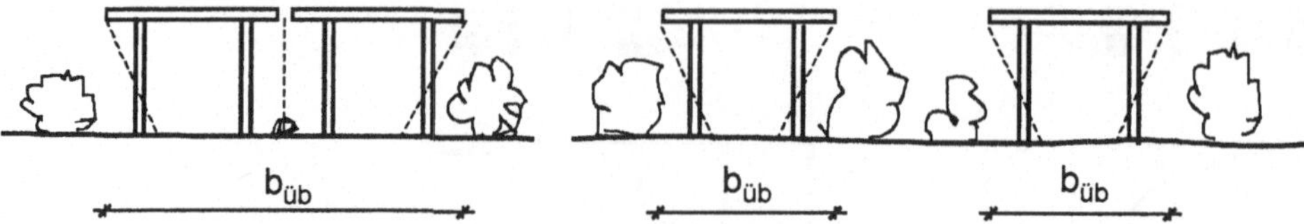

Bild 7.1-7: Parameter Abstand der Fahrbahnen

Oberfläche
Im Zusammenhang mit der Größe der Oberfläche des Tragwerkes stehen der Schalaufwand bei Bauwerken aus Beton und der Beschichtungsaufwand bei Stahlbrücken. Je
größer die Oberfläche ist, um so größer sind die resultierenden spezifischen Umweltbelastungen. Dazu zählen der *Holzverbrauch* im Zusammenhang mit Schalungen und
Rüstungen sowie die *Bodennahe Ozonbildung* bei der Verarbeitung von lösemittel-
haltigen Korrosionsschutzmitteln. Die Oberfläche spielt auch im Zusammenhang mit der
Freisetzung von Schadstoffen infolge Abwitterungen, mechanischen Einwirkungen,
chemischen Angriffen, Auswaschungen usw. eine Rolle. Pauschal gilt, daß eine größere
Angriffsfläche größere Risiken birgt. Eine größere Bauwerksoberfläche bietet ebenso
größere Angriffsflächen für Beton- und Stahlkorrosion, erhöht somit die Schadenswahr-
scheinlichkeit und den voraussichtlich erforderlichen Unterhaltungsaufwand. Die Größe
der Oberfläche steht in direktem Zusammenhang mit der Ausbildung des Tragwerkes
(Tab. 7.1-3).

Tab. 7.1-3: Oberflächen verschiedener Tragwerke [Vol90]

Brückentyp		Brückenfläche in m^2	Beschichtete Fläche in m^2 / m^2
Hohlkasten-Deckbrücke (1-gleisig)		180	2,2
Stabbogenbrücke (2-gleisig)		900	5,9
Fachwerkbrücke (1-gleisig)		480	8,3

Zerlegbarkeit und Anpassbarkeit des Tragwerkes
Diese Parameter sind bei der Wirkungskategorie *Verwendbarkeit* zu beurteilen. Im Brückenbau werden lösbare Verbindungen so gut wie nie eingesetzt. Daher ist eine Brücke schon als gut zerlegbar einzustufen, wenn bei einer Demontage das Verbindungsmittel zerstört, der Grundwerkstoff aber nicht oder nur unwesentlich geschädigt wird. In diese Kategorie fallen Mauerwerk, Fertigteilkonstruktionen, genagelte oder verdübelte Holzkonstruktionen sowie genietete und geschweißte Stahlkonstruktionen. Alle in monolithischer Bauweise errichteten Brücken sind nicht so zerlegbar, daß sie wiederaufgebaut werden können. Ein geringer Aufwand für die Demontage ist bei leicht lösbaren Verbindungen und leichten Einzelteilen zu erwarten, des weiteren dann, wenn keine Hilfskonstruktionen erforderlich sind (freier Rückbau). Mit einem hohen Aufwand für die Demontage ist zu rechnen, wenn neue Verbindungsmittel erforderlich sind, wenn ein Austausch des Grundwerkstoffes in Teilbereichen erforderlich wird sowie bei Brenn- und Schweißarbeiten. Von Vorteil sind robuste Konstruktionen, die die besonderen Lastfälle der De- und Remontage aufnehmen können (Lasteintragung ohne spezielle Traversen u.ä.).

Stahl- und Holzträger mit konstantem Querschnitt sind gut anpassbar, da sie gekürzt oder an beliebiger Stelle zusätzlich gestützt werden können (Bild 7.1-8). Bei einem Spannbetonbinder ist weder das eine noch das andere möglich, da die Bewehrungsführung den Schnittkräften angepaßt ist und wegen der Spanngliedverankerung ein Kürzen nicht möglich ist. Als gut anpassbar sind auch ablängbare Rohre, Balken, Bleche o.ä. anzusehen.

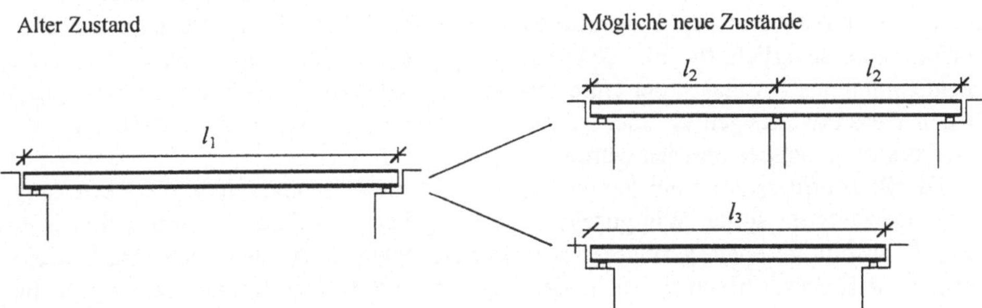

Bild 7.1-8: Anpassbarkeit von Vollwandträgern

Gewicht und Abmessungen des Überbaus
Gewicht und Abmessungen der Überbauten beeinflussen die Versetzbarkeit. Ein Versetzen des Überbaus ist bei leichten Stahl- und Holzkonstruktionen möglich [Rin87, Sche93]. Ebenfalls denkbar ist ein Versetzen bei Brücken, die aus einem einzelnen Spannbetonfertigteil bestehen. In der Regel ist die Versetzbarkeit weniger durch die Masse als durch die Größe der Konstruktion bestimmt, da den Transportabmessungen Grenzen gesetzt sind. Bezüglich der maximal möglichen Transporteinheiten bestehen Unterschiede zwischen dem Land- und dem Wasserweg, da auf größeren Gewässern der Transport von Konstruktionen mit großen Abmessungen und hohen Lasten möglich ist (z.B. [Sche93]: 1200 t). Auf dem Landweg begrenzen Durchfahrtshöhen, Kurvenradien, Tragfähigkeit von Brücken usw. die Transportlasten und -abmessungen. Brücken mit

kleineren Stützweiten und getrennten Fahrbahnen sowie leichte Konstruktionen sind hier von Vorteil.

Trennbarkeit
Voraussetzung für eine Verwertung von Abbruchmassen auf hohem Niveau ist, daß die Baustoffe sortenrein vorliegen. Die Möglichkeiten, Abbruchmassen sortenrein zu trennen, sind bei bestimmten Konstruktionen eingeschränkt. Nur mit hohem Aufwand zu trennen sind betongefüllte Stahlrohre, Verbundkonstruktionen im Bereich der Kopfbolzen und stark bewehrte Betonteile.

7.1.4 Baustoffmengen

Bei Brücken können durch die Wahl eines effizienten Tragwerkes Baustoffmengen eingespart werden, ohne daß Tragfähigkeit oder Dauerhaftigkeit darunter leiden. Wegen des hohen Anteils der Brückenbaustoffe und der Prozesse der Baustoffherstellung an den Gesamtwirkungen einer Brücke (siehe Kap. 6.6) führen geringere Baustoffmengen zu deutlich geringeren Umweltbelastungen.

Als Beispiel wird ein alternativer Entwurf zur Schornbachtalbrücke angeführt (Anhang B, Bild B-7). Durch die geringeren Stützweiten in den Randfeldern und die Unterspannungen in den Mittelfeldern, kommt der Entwurf mit deutlich geringeren Baustoffmengen aus (Anhang B, Tab. B-5). Bild 7.1-9 zeigt den Vergleich der Umweltbelastungen infolge Herstellung der Brückenbaustoffe, der Vorteile für die Entwurfsvariante ergibt. Die Vorteile werden in den Lebensphasen Bau und Abbruch verstärkt, da dort ein Zusammenhang zwischen den Umweltbelastungen infolge Bauprozessen sowie Transporten und den Baustoffmengen besteht. Nachteile könnte man der Entwurfsvariante lediglich für die Unterhaltungsphase prognostizieren, wenn man von einem einmaligen Austausch der Unterspannung ausgeht. Der Anteil der Unterspannung an den Gesamtwirkungen ist aber zu gering, als daß sich daraus eine Änderung des Bewertungsergebnisses ergeben würde.

Die Baustoffmenge ist ein Parameter, bei dem die Nutzungszeit in die Bewertung einbezogen werden sollte. Wie gezeigt wurde, ergeben sich durch geringere Baustoffmengen, absolut gesehen, geringere Umweltbelastungen. Es ist aber auch eine Binsenweisheit, daß Baustoffmengen nicht beliebig reduziert werden können, ohne daß die Dauerhaftigkeit eines Bauwerkes darunter leidet. Ein simples Beispiel sind zu geringe Betondeckungen, die zu den bekannten Schäden an Betonkonstruktionen infolge Karbonatisierung und Bewehrungskorrosion geführt haben. Eine geringere Lebensdauer, ein häufig erforderlicher Bauteilaustausch oder aufwendige Unterhaltungsarbeiten können somit, bezogen auf die Nutzungsdauer, zu höheren statt zu niedrigeren Umweltbelastungen führen.

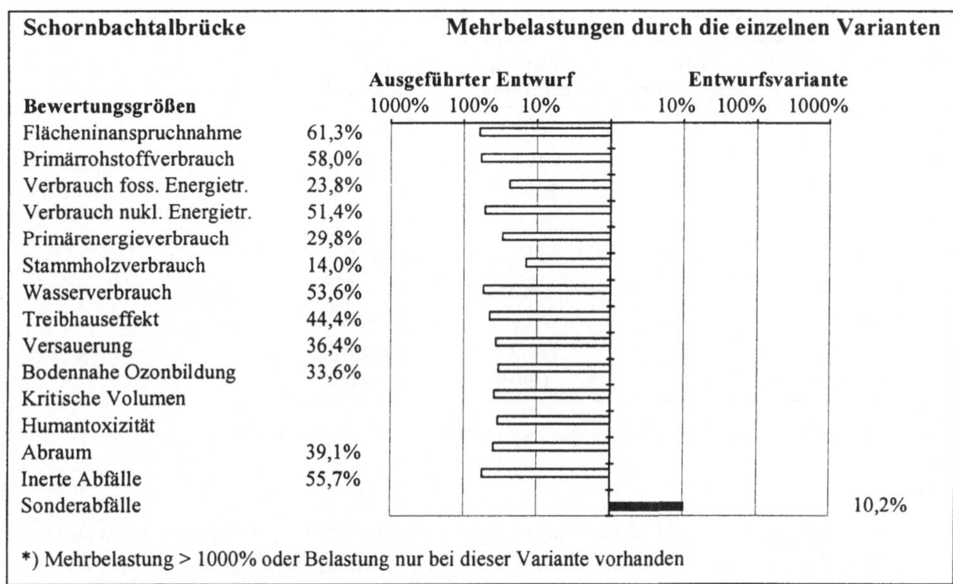

Bild 7.1-9: Entwurfsvarianten für die Schornbachtalbrücke – Verteilung der Mehrbelastungen

7.2 Baustoffqualität

Höhere Baustoffqualitäten manifestieren sich u.a. in besseren Festigkeitswerten, die zu Materialeinsparungen führen, da gleiche Lasten über geringere Flächen abgetragen werden können. Die höheren Qualitäten, bzw. höheren Festigkeiten werden entweder durch zusätzliche Prozeßschritte (z.B. Kaltverformung beim Betonstahl), oder durch größere Baustoffmengen (z.B. Zementmengen beim Beton) erzielt. In diesem Kapitel wird untersucht, wie sich höhere Baustoffqualitäten auf die Umweltbelastungen auswirken. Dazu ist es an dieser Stelle ausreichend, einfache funktionale Einheiten zu vergleichen.

Grundlage der Vergleiche sind die nach den Normen zulässigen rechnerischen Zug- und Druckspannungen sowie der rechnerisch ansetzbare Elastizitätsmodul (Tab. 7.2-1). In der Tabelle werden nur die Festigkeitswerte genannt, die sich sinnvoll vergleichen lassen (die Angabe der Druckfestigkeit ist bspw. für einen Spannstahl nicht sinnvoll, da dieser nicht auf Druck beansprucht wird).

Tab. 7.2-1: Zulässige Spannungen und rechnerischer E-Modul

Baustoff	zul. σ_z in N/mm^2	zul. σ_d in N/mm^2	E_B in N/mm^2
St 37	160[1]	160[1]	210 000[1]
StE 355	240[1]	240[1]	
BSt 500 (γ=1,75)	286[2]	200[2]	
SpSt 1570/1770	973[3]		
BSH GKI	10,5[4]	11[4]	10 000[4]
Nadel GKII	8,5[4]	8,5[4]	11 000[4]
B 25 (bewehrt)		8,3[2]	30 000[2]
B 35 (bewehrt)		10,9[2]	34 000[2]
B 45 (bewehrt)		12,9[2]	37 000[2]

[1] nach DIN 18800   [2] nach DIN 1045   [3] nach DIN 4227   [4] nach DIN 1052

Die zulässigen Zug- und Druckspannungen sind als funktionale Einheit verwendbar, wenn als Belastungen eine konstante Kraft F angenommen wird, da dann gilt: $1/\sigma{\sim}A$. Die erforderliche Fläche A ist wiederum proportional zum Volumen, bzw. zur Masse, die die üblichen Eingabewerte für die Sachbilanzen darstellen. Für den Vergleich der E-Moduli E muß zusätzlich die Querschnittshöhe als konstant angenommen, dann gilt: $1/E{\sim}A$ und das oben Gesagte. Anhand dieser Vergleichswerte kann untersucht werden, ob die verbesserten Eigenschaften die zusätzlichen Umweltbelastungen der extra erforderlichen Prozeßschritte oder der zusätzlich benötigten Baustoffe aufwiegen. Berechnet werden jeweils die Wirkungen der Baustoffherstellung. Wie die vorangegangenen Kapitel gezeigt haben, sind damit wesentliche Umweltbelastungen des Lebenszyklus erfaßt.

7.2.1 Betonfestigkeit

Verglichen werden die zulässigen Druckspannungen für die Normalbetone B 25, B 35 und B 45. Angesetzt werden die zulässigen Spannungen für bewehrten Beton. Die wachsende Druckfestigkeit der höheren Betonfestigkeitsklassen beruht auf einem höheren Zementgehalt und auf der Verwendung von Zementen höherer Festigkeit (Tab. 7.2-2). Untersucht wird hier also, wie sich größere Zementmengen und die Verwendung von Zementen höherer Festigkeitsklassen auf die Umweltbelastungen auswirken. Bild 7.2-1 zeigt die Umweltbelastungen, bezogen auf die zulässige Druckspannung. Die höhere Betonfestigkeit führt zu geringeren Umweltbelastungen, d.h. die höheren Aufwendungen werden durch den Festigkeitsgewinn ausgeglichen.

Tab. 7.2-2: Zementart und Zementgehalt der bilanzierten Betone

Betongüte	B 25	B 35	B 45
Zementart	PZ 35	PZ 45	PZ 45
Zementgehalt in kg/m^3	350	350	380

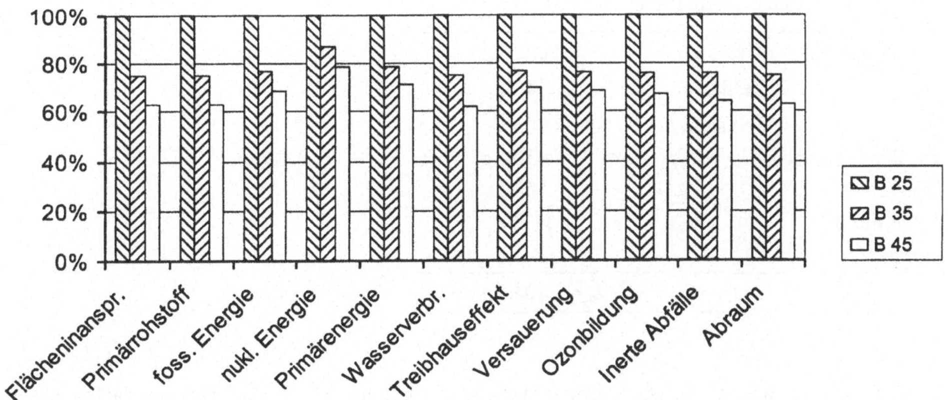

Bild 7.2-1: Vergleich unterschiedlicher Betonfestigkeiten (Bezug Druckfestigkeit)

Hochfeste oder Hochleistungsbetone mit Druckfestigkeiten bis 100 N/mm^2 und mehr werden in jüngster Zeit vor allem im Ausland beim Bau von Brücken eingesetzt. Am Beispiel einer Experimentalbrücke in Frankreich (Brücke über die Yonne bei Joigny [Mal92] – Bild 7.2-2) werden die Auswirkungen des Einsatzes eines Hochleistungsbetons auf die resultierenden Umweltbelastungen analysiert.

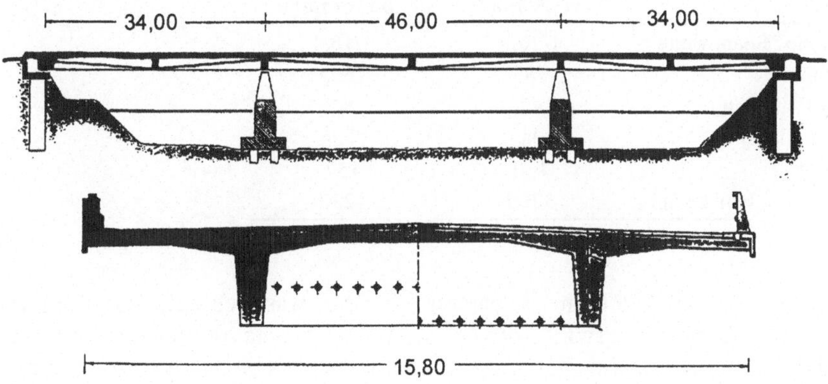

Bild 7.2-2: Längs- und Querschnitt der Brücke über die Yonne [Mal92]

Für den Überbau der Brücke wurde ein Beton mit einer 28 Tage-Festigkeit von 60 N/mm^2 (B 60 nach DIN 1045) verwendet. Der Beton sollte mit lokalen Zementen und Zuschlägen hergestellt werden können. Aus diesem Grund wurde auf die Verwendung von Silikastaub als Zusatzstoff verzichtet. Die hohe Betonfestigkeit wurde durch eine Zementmenge von 450 kg/m^3 (HS PC = *High Strength Portland Concrete*), einen w/z-Wert von 0,36 und durch den Zusatz von 105 kg Feinsand erreicht (Tab. 7.2-3).

Tab. 7.2-3: Betonzusammensetzung nach [Scha92]

Zuschläge	Kies 5/20	1027 kg
	Sand 0/4	48 kg
	Feinsand 0/1	105 kg
Portlandzement		450 kg
Wasser		158 l
Fließmittel		11,2 l
Verzögerer		4,5 l
		$\Sigma = 2404$ kg/m^3

Verglichen mit einer Betonkonstruktion aus einem B 35 sind für die Brücke aus dem Hochleistungsbeton geringere Materialmengen erforderlich (Tab. 7.2-4). Reduziert wird vor allem die Betonmenge. Die Spannstahlmenge verringert sich geringfügig, die Betonstahlmenge nimmt leicht zu. Nach [Mal92] hätte man die erforderliche Spannstahlmenge bei der B 60-Variante weiter reduzieren können, wenn das gleiche Verhältnis von Bauhöhe zu Spannweite wie bei der B 35-Variante verwendet worden wäre.

Tab 7.2-4: Vergleich der Baustoffmengen [Mal92]

	Betonfestigkeit 60 N/mm^2	Betonfestigkeit 35 N/mm^2
Verhältnis Höhe / Spannweite	1/20,9	1/18,4
Betonmenge in m^3	985	1395
Spannglieder (längs) in t	47	52
Externe Spannglieder	Ja	Nein
Bewehrung in t	160	157
Gesamtgewicht der Brücke in t	3200	4230

Es ergibt sich ein um 575 kg/m^2 leichterer Überbau, was sich auch auf Pfeiler, Widerlager und Fundamente auswirkt, die bei der B 60-Variante 44 t leichter sind. In Bild 7.2-3 sind die Umweltbelastungen gegenübergestellt, die sich aus der Herstellung der Baustoffe ergeben. Die Mehrbelastungen liegen bei der Brücke mit dem herkömmlichen Überbau aus B 35. Größere Mehrbelastungen (um 30%) ergeben sich bei Wirkungskategorien, die vorwiegend durch die Zuschläge und das Betonvolumen beeinflußt werden (Primärrohstoff- und Wasserverbrauch, Flächeninanspruchnahme, Abfälle und Abraum). Mehrbelastungen um 10% treten bei den emissionsbezogenen Wirkungskategorien auf, die hauptsächlich im Zusammenhang mit der Zementherstellung stehen. Die Verwendung des qualitativ höherwertigen B 60 führt also zu verminderten Umweltbelastungen.

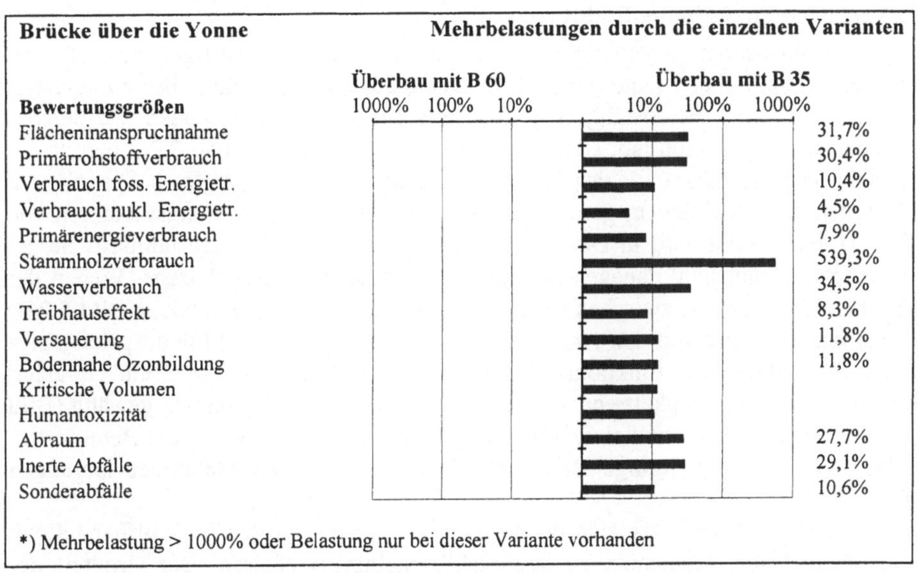

Bild 7.2-3: Entwurfsvarianten für eine Brücke über die Yonne – Verteilung der Mehrbelastungen

7.2.2 Stahlqualität

Verglichen werden die Stahlsorten St 37, StE 355, BSt 500 und der Spannstahl 1570/1770, bezogen auf die rechnerisch zulässige Zugspannung. Diese nimmt, bezogen auf den Baustahl St 37, vom Feinkornbaustahl StE 355 über den Betonstahl BSt 500 bis zum Spannstahl 1570/1770 auf das sechsfache zu. An zusätzlichen Arbeitsgängen sind je nach Stahlsorte verschiedene Warmbehandlungs- oder Kaltverformungsprozesse erforderlich. Damit eine Vergleichbarkeit gegeben ist, wird für alle Stahlsorten eine Herstellung nach dem Oxygenstahlverfahren angenommen. Bild 7.2-4 zeigt, daß die zusätzlichen Umweltbelastungen durch die „Veredelungsprozesse" kleiner sind als der Festigkeitsgewinn, d.h. im Hinblick auf die aufnehmbare Zugkraft führen höhere Stahlqualitäten zu geringeren Umweltbelastungen.

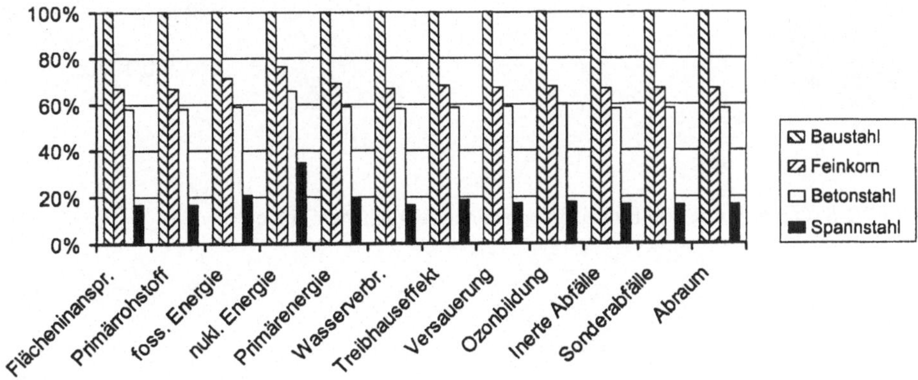

Bild 7.2-4: Vergleich unterschiedlicher Stahlsorten (Bezug Zugfestigkeit)

7.2.3 Vergleich Spannbeton/Stahlbeton

Für Spannbeton werden gegenüber Stahlbeton gleich zwei höherwertige Baustoffe verwendet, ein Beton höherer Güte (meist B 45 statt B 25) und ein Stahl höherer Zugfestigkeit (Spannstahl statt Betonstahl). Das Ergebnis eines umweltbezogenen Vergleiches von Spann- und Stahlbeton läßt sich daher aus den Kapiteln 7.2.1 und 7.2.2 bereits ableiten: Die Vorteile liegen auf der Seite des Spannbetons. Der Vergleich Spannbeton/ Stahlbeton wird aber trotzdem geführt, da hier auch das Stahlherstellungsverfahren von Einfluß ist. Betonstahl wird in Deutschland ausschließlich auf Elektrostahlbasis hergestellt [Ruß94], Spannstahl dagegen zum großen Teil auf Oxygenstahlbasis. Wegen der erheblichen Unterschiede zwischen beiden Stahlherstellungsverfahren (siehe Bild 5.2-3) wird hier der Vergleich mit den Annahmen Betonstahl = Elektrostahl und Spannstahl = Oxygenstahl geführt. Als funktionale Einheit für einen Vergleich wird ein einfacher Balken mit einer Tragfähigkeit von 10 kN/m und einer Stützweite von 6 m gewählt (Bild 7.2-5). Für den Stahlbetonbalken wurde ein B 25 angesetzt, da eine höhere Betonfestigkeit, bedingt durch die geringe Breite des Trägers, zu keinen Materialeinsparungen führt.

Bild 7.2-6 zeigt den Vergleich der Umweltbelastungen infolge Baustoffherstellung mit den getroffenen Annahmen zu den Stahlherstellungsverfahren. Der Großteil der Mehrbelastungen liegt auf der Seite des Stahlbetonträgers. Die Mehrbelastungen des Spannbetonträgers (Sonderabfälle, CO, H_2S, NH_3 und Pb) stehen im Zusammenhang mit der Oxygenstahlherstellung (Koks, Hochofenprozeß). Wird auch für den Spannstahl eine Herstellung nach dem Elektrostahlverfahren angenommen, liegen alle Mehrbelastungen, wie erwartet, beim Stahlbetonträger. Sie betragen im Schnitt 100%.

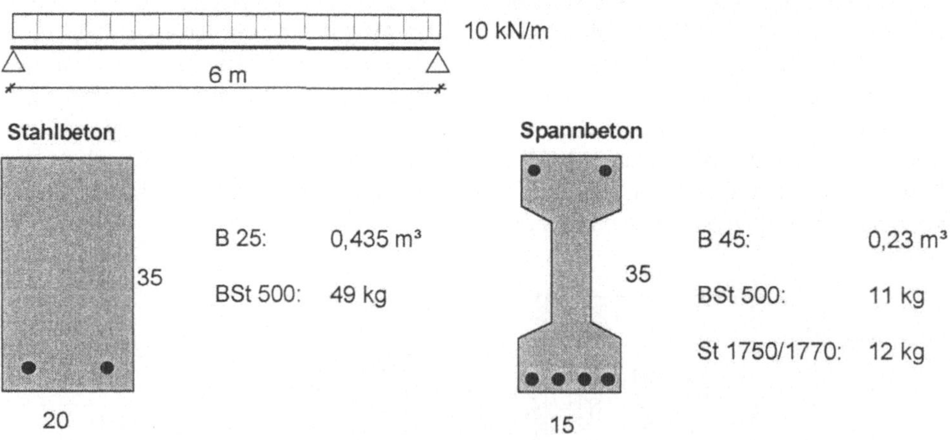

Bild 7.2-5: Querschnitte und Baustoffmengen der verglichenen Träger

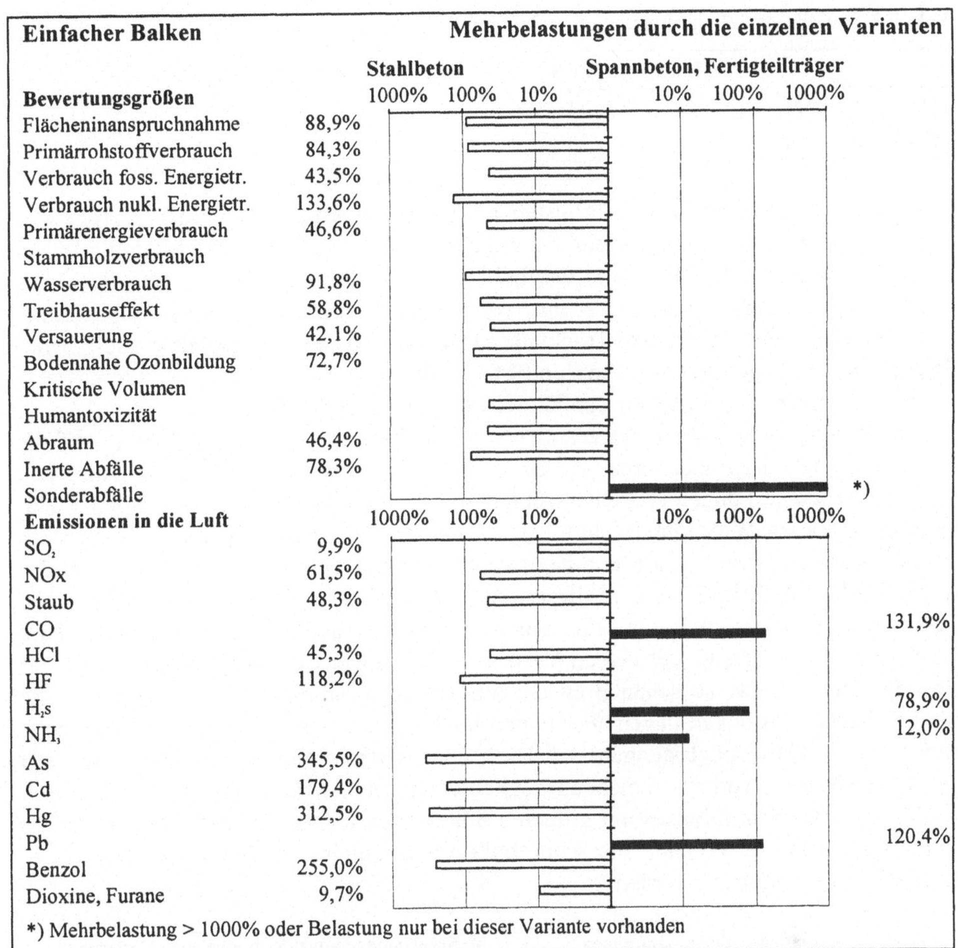

Bild 7.2-6: Biegeträger aus Spann- und Stahlbeton – Verteilung der Mehrbelastungen

7.2.4 Vergleich Nadelschnittholz/Brettschichtholz

Die zulässigen Beanspruchungen eines Holzbauteils ergeben sich aus den Sortier- bzw. Güteklassen in die es eingeteilt wurde. Alle Sortierkriterien bewerten den Zustand des Holzes, z.B. Äste, Jahrringbreiten, Krümmungen, Risse und Insektenfraß. Diese Eigenschaften bringt das Holz aus der Natur mit. Den einzelnen Sortierklassen lassen sich daher keine zusätzliche Prozeßschritte zuordnen wie den höheren Stahlqualitäten. Somit führt die höhere Sortierklasse automatisch zu niedrigeren Umweltbelastungen, wenn man die zulässigen Spannungen als funktionale Einheit heranzieht.

Vergleichbar sind deshalb nur die Holzprodukte Nadelschnittholz und Brettschichtholz. Deren zulässige Druck- und Zugspannungen unterscheiden sich nur, wenn verschiedene Güteklassen angenommen werden. Unterschiede gibt es aber bei den zulässigen Biegespannungen (Tab. 7.2-5).

Tab. 7.2-5: Zulässige Biegespannungen in N/mm^2

	GK II	GK I
Nadelschnittholz	10	11
Brettschichtholz	13	14

Da die Holzwerkstoffe am häufigsten auf Biegung beansprucht werden, werden hier zunächst die zulässigen Biegespannungen im Verhältnis von 10 (Nadelschnittholz GK II) zu 14 (Brettschichtholz GK I) verglichen. Wie Bild 7.2-7 zeigt, liegen die Mehrbelastungen abgesehen vom Holz- und vom Wasserverbrauch beim Brettschichtholz. Ursachen dafür sind der höhere Trocknungsaufwand und der für Brettschichtholz benötigte Leim. Im Gegensatz zu Beton und Stahl führt hier das Veredeln des Grundwerkstoffes also nicht zu niedrigeren, sondern zu höheren Umweltbelastungen.

Im Prinzip ist es aber nicht ausreichend, den Vergleich der Holzprodukte auf die Biegezugfestigkeit zu reduzieren. Mit Brettschichtholz wird nämlich eher der Anspruch verfolgt, beliebige Längen und Querschnitte zu erzeugen. Dadurch ist es möglich, Bauteile mit größeren Widerstands- und Trägheitsmomenten herzustellen, so daß ein sinnvollerer Vergleich von Schnitt- und Brettschichtholz anhand von Bauteilen durchgeführt werden sollte. In Bild 7.2-8 sind die jeweils erforderlichen Baustoffmengen für einen Träger mit der gleichen Spannweite und Belastung wie in Bild 7.2-5 dargestellt. Bild 7.2-9 zeigt den Vergleich der beiden Varianten. Gegenüber dem Vergleich in Bild 7.2-7 sind die Unterschiede zwischen Brettschichtholz und Schnittholz deutlich geringer, die meisten Mehrbelastungen liegen aber immer noch auf der Seite des Brettschichtbinders. Die höheren Umweltbelastungen der Brettschichtholzproduktion können durch den geringeren Materialverbrauch nicht ausgeglichen werden. Anzunehmen ist aber, daß sich die Vorteile des Schnittholzes mit größeren Stützweiten weiter verringern, insbesondere dann, wenn bei einer Variante aus Schnittholz Abspannungen aus Stahl oder zusätzliche Gründungen erforderlich werden.

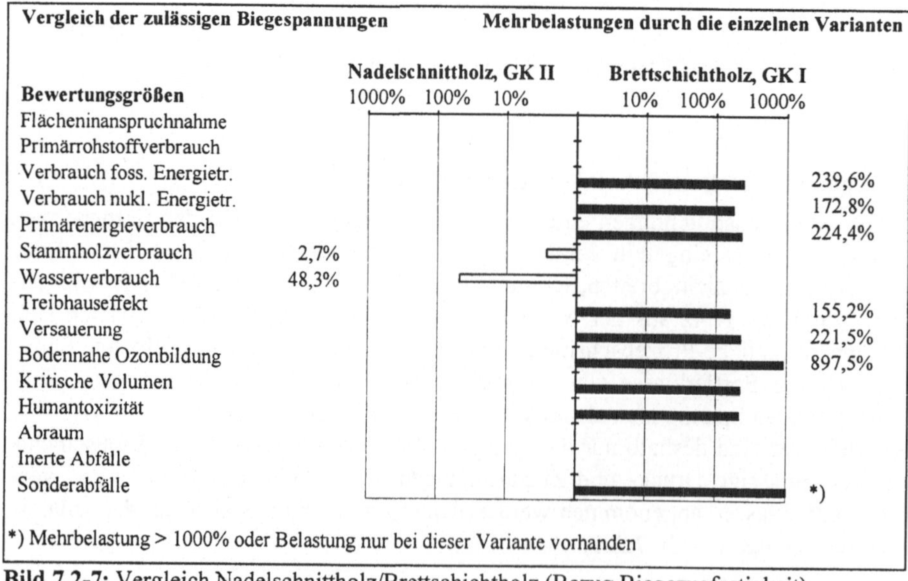

Bild 7.2-7: Vergleich Nadelschnittholz/Brettschichtholz (Bezug Biegezugfestigkeit)

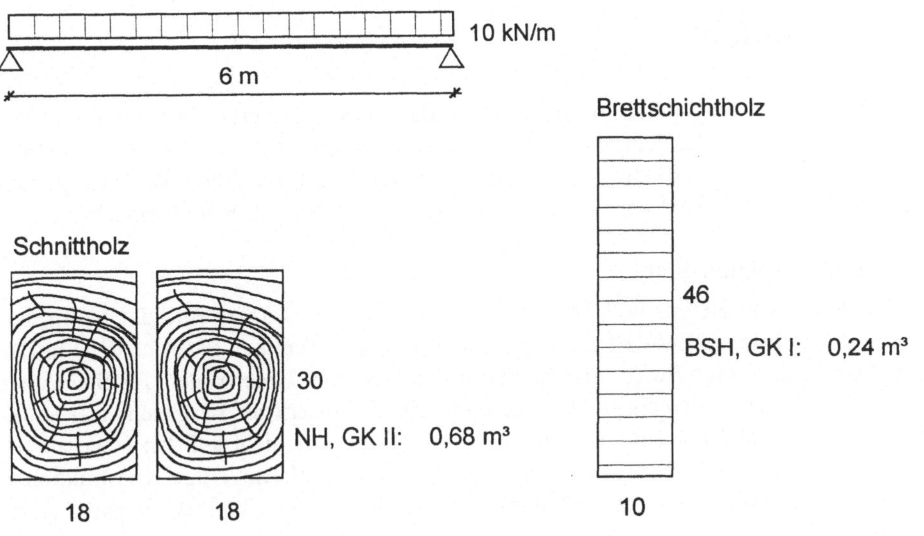

Bild 7.2-8: Querschnitte und Baustoffmengen der verglichenen Träger

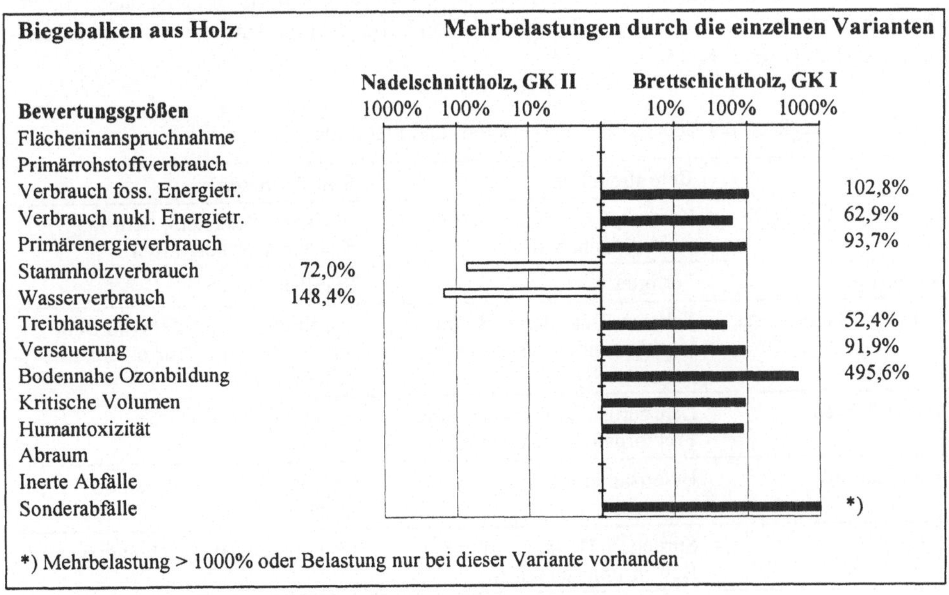

Bild 7.2-9: Vergleich Nadelschnittholz/Brettschichtholz (Bezug Biegeträger)

7.3 Baustoffart

In diesem Kapitel wird der Einfluß der Baustoffart des Tragwerkes auf die Wirkungskategorien analysiert. Es geht also um den direkten Vergleich der wichtigsten Brückenbaustoffe Beton, Stahl und Holz. Zunächst werden die Baustoffe Beton und Stahl gegenübergestellt. Anschließend wird Holz als alternativer Brückenbaustoff untersucht.

7.3.1 Vergleich Beton-Stahl

Der Vergleich von Beton- und Stahlbrücken ist neben der Bauart eine der häufigsten
Fragen, die sich beim Entwurf oder der Bewertung von Wettbewerben stellen. In der
Regel betrifft die Frage Beton oder Stahl nur den Überbau. Unterbauten aus Stahl werden nur in seltenen Fällen ausgeführt oder entworfen. Ein seriöser Vergleich einer Brük-
kenvariante aus Stahl mit einer solchen aus Beton kann aber nicht auf den Überbau beschränkt bleiben, da Überbauten aus Stahl leichter sind als gleichwertige Konstruktionen
aus Spannbeton, was auch Auswirkungen auf die Größe von Unterbauten und Fundamenten hat.

Der umweltbezogene Vergleich von Beton- und Stahlbrücken oder anderen Tragwerken ist eine sehr komplexes Problem, da sich die Varianten bezüglich der wichtigen
Prozeßschritte und Verursacher von Umweltbelastungen in allen Lebensphasen unterscheiden (Tab. 7.3-1). Umfassende Vergleiche von Lebenszyklen sind daher nur in Einzelfällen möglich [Fra92, Kün95].

Tab. 7.3-1: Vergleich der Lebenszyklen von Beton- und Stahlbrücken

	Betonbrücken	**Stahlbrücken**
Rohstoffe, Baustoffe	Zement, Sand, Kies, Beton-stahl, Spannstahl	Eisenerz, Kalkstein, Schrott, Korrosionsschutzmittel
Vorfertigung	Fertigteilwerk	Stahlbaubetrieb
wichtige Bauprozesse	Schalen, Betonieren, Spannen, Nachbehandeln, Ausschalen	Zuschnitt, Schweißen von Bau-teilen, Montage, Korrosions-schutz
Bauverfahren	Lehrgerüst, Vorschubrüstung, Freivorbau, Taktschieben	vorwiegend Freivorbau
Unterhaltung	Betonsanierung	Erneuerung des Korrosions-schutzes
Abbruch	Sprengen, Beton zertrümmern, Bewehrung schneiden	Demontage, Brennschneiden
Entsorgung	Betonrecycling, Stahlschrott	Wiederverwendung, Stahlschrott

In mehreren Studien wurde der Einfluß der Baustoffart auf den Energieverbrauch
eines Tragwerkes analysiert. Diesbezüglich lassen sich relativ eindeutige Aussagen
machen. Hier sind vor allem die Vergleiche von Biegeträgern [Rou92] und Industrie-
hallen [And95] interessant: In [Rou92] werden für einfache Träger deutliche Vorteile
für Spannbeton im Vergleich zu Stahl angegeben (Bild 7.3-1). Beim Vergleich von
Varianten für das Tragwerk einer einfachen Halle [And95] (Bild 7.3-2) schneidet Stahl

ebenfalls schlechter ab, die Unterschiede sind allerdings wesentlich kleiner. Aus den dargestellten Unterschieden zwischen Stahlbogen, Stahlrahmen und Stahlfachwerk läßt sich auch der Einfluß der Bauart ablesen.

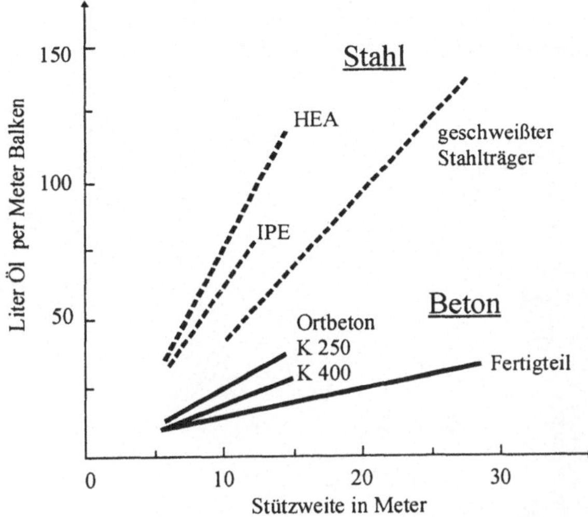

Bild 7.3-1: Energetischer Vergleich von einfachen Balken [Rou92]

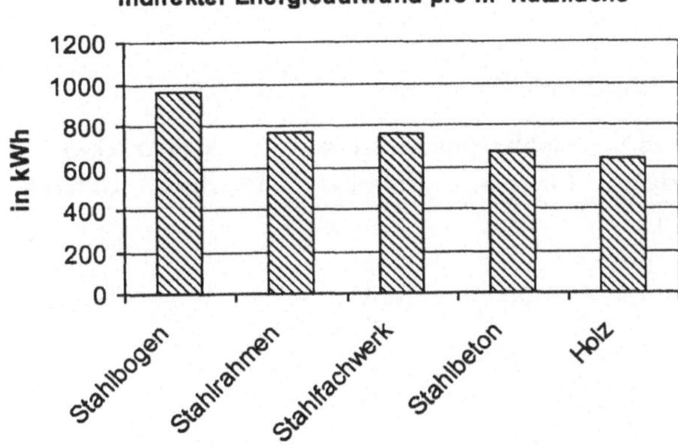

Bild 7.3-2: Energetischer Vergleich von Tragwerken für Hallen [And95]

An dieser Stelle wird der Einfluß der Herstellung der Brückenbaustoffe genauer untersucht, weil zu dieser Lebensphase verallgemeinerbare Aussagen möglich sind. Die Kapitel 5 und 6 haben außerdem gezeigt, daß diese Lebensphase die größten Anteile an den Gesamtumweltbelastungen und -wirkungen hat. Für den Betonstahl wird generell eine Herstellung nach dem Elektrostahlverfahren, für den übrigen Stahl eine Herstellung nach dem Oxygenstahlverfahren angenommen. Verglichen werden folgenden funktionalen Einheiten:

– Vergleich 1: Stahl – Spannbeton, einfache Biegebalken (Bild 7.3-3),
– Vergleich 2a: Stahl – Spannbeton, durchschnittliche Straßenbrücken (Tab. 7.3-2),
– Vergleich 2b: Stahlverbund – Spannbeton, durchschnittliche Straßenbrücken
  (Tab. 7.3-2),
– Vergleich 3: Stahl – Spannbeton, Eschachtalbrücke (Bild 5.1-2 und Tab. 7.3-3),
– Vergleich 4: Stahlverbund – Spannbeton, Elbebrücke Vockerode
  (Bild 7.3-4, Tab. 7.3-4).

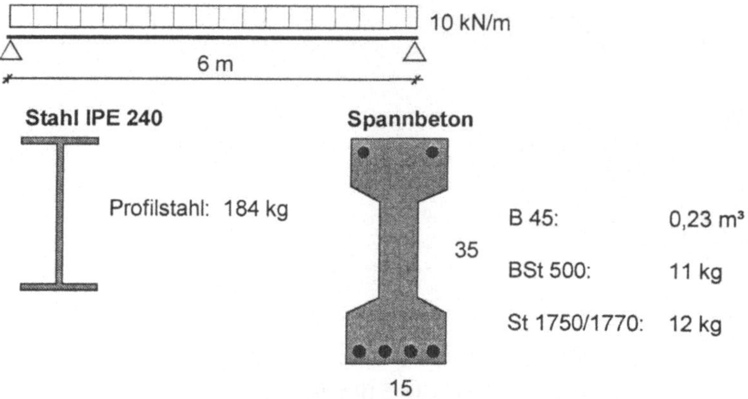

Bild 7.3-3: Vergleich 1, Stahl - Spannbeton, einfache Biegebalken

Tab. 7.3-2: Vergleich 2; durchschnittlicher Baustoffbedarf von Straßenbrücken

	Spannbetonbrücken		Stahlverbundbrücken		Stahlbrücken	
	Überbau	**Unterbau**	**Überbau**	**Unterbau**	**Überbau**	**Unterbau**
Beton in m³/m²	0,6	0,8	0,4	0,8	–	0,6
Betonstahl in kg/m²	70	40	50	40	–	30
Spannstahl in kg/m²	33	–	20	–	–	–
Baustahl in kg/m²	–	–	200	–	400	–

Tab. 7.3-3: Vergleich 3; Baustoffbedarf für die zwei untersuchten Alternativen der Eschachtalbrücke (Annahmen nach Angaben in [Ruh86])

Baustoff	Stahlbrücke	Spannbetonbrücke
B 25 (in m^3)		730
B 35 (in m^3)	3900	4500
B 45 (in m^3)	3100	13270
Baustahl, Profil (in t)	970	
Baustahl, Blech (in t)	3880	
Spannstahl (in t)		900
Betonstahl (in t)	744	1960
Korrosionsschutzmittel (in t)	18	

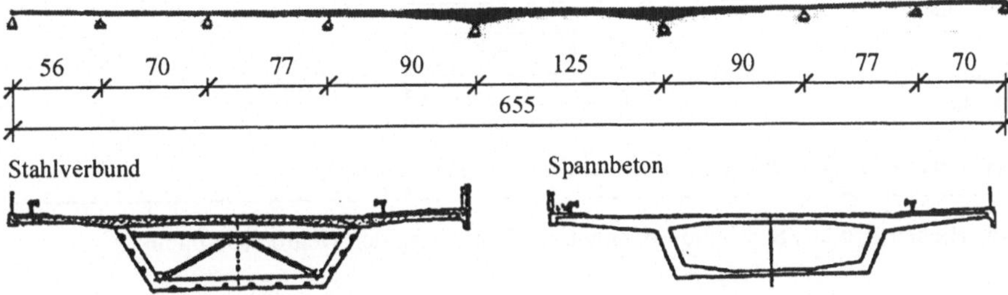

Bild 7.3-4: Vergleich 4; Alternative Entwürfe für die Elbebrücke Vockerode [Deg93]

Tab. 7.3-4: Vergleich 4; Baustoffbedarf für die zwei untersuchten Alternativen der Elbebrücke Vockerode (nach [Deg93])

Baustoff	Stahlverbundbrücke	Spannbetonbrücke
B 25 (in m^3)	3 400	4 100
B 35 (in m^3)	8 400	8 800
B 45 (in m^3)	10 050	21 700
Baustahl, Profil (in t)	470	567
Baustahl, Blech (in t)	6 880	
Spannstahl (in t)	290	1 372
Betonstahl (in t)	2 385	3 425
Korrosionsschutzmittel (in t)	20	

Bild 7.3-5 zeigt die Ergebnisse für den Vergleich 1. Sie sind als Extrem aufzufassen, da der Stahlträger, im Gegensatz zum Spannbetonfertigteil als Fertigprodukt die Prozeßkette der Baustoffherstellung verläßt. Die Herstellung des Fertigteils wird die extremen Unterschiede etwas angleichen, aber nicht aufheben (siehe weiter unten).

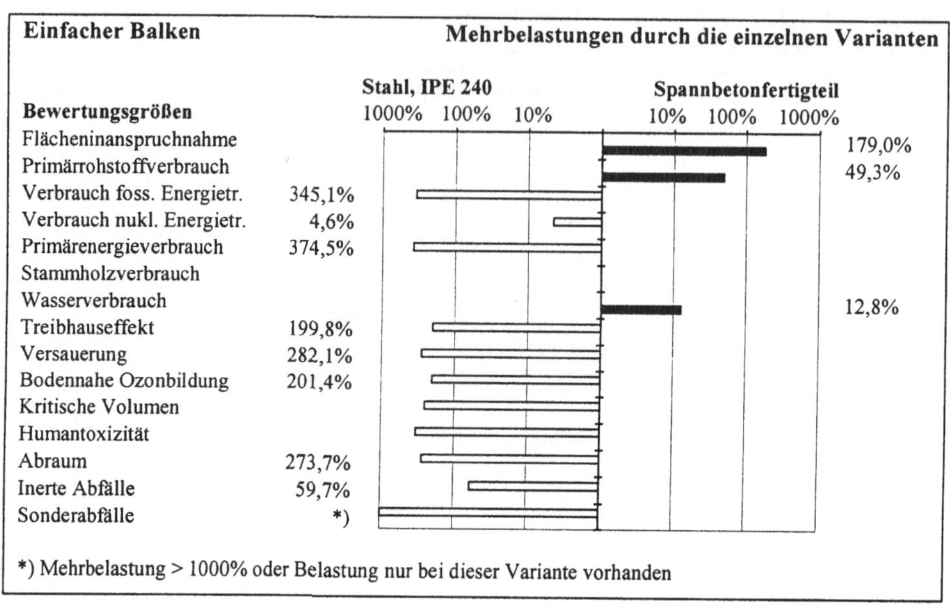

Bild 7.3-5: Biegeträger aus Stahl und Spannbeton – Verteilung der Mehrbelastungen

In Bild 7.3-6 sind für alle untersuchten funktionalen Einheiten die jeweiligen Mehrbelastungen für die wichtigsten Wirkungskategorien aufgetragen. Eine Markierung über der Nullinie bedeutet eine Mehrbelastung für die Stahlvarianten, eine Markierung unter der Nullinie eine Mehrbelastung für die Betonvarianten. Alle Beispiele führen zu vergleichbaren Ergebnissen. Die Wirkungskategorien *Primärenergieverbrauch*, *Treibhauseffekt*, *Versauerung* und *Bodennahe Ozonbildung* ergeben immer eine Mehrbelastung bei den Stahlvarianten. Beton ist generell schlechter bei den Wirkungskategorien *Flächeninanspruchnahme infolge Rohstoffgewinnung*, *Verbrauch mineralischer Rohstoffe* und *Wasserverbrauch*. Letzteres resultiert aus dem Waschwasser für die Betonzuschläge (1,5 m³/t). Die größeren Wasserverschmutzungen entstehen aber bei der Stahlproduktion. Bei der Wirkungskategorie *Inerte Abfälle* treten Mehrbelastungen in beiden Richtungen auf, die hauptsächlich durch den Betonanteil bestimmt werden. Ein hoher Betonanteil führt bei dieser Wirkungskategorie zu einer Mehrbelastung auf der Betonseite.

Interessant sind die Größen der Mehrbelastungen in Abhängigkeit vom untersuchten Objekt. Die größten Mehrbelastungen treten beim Vergleich der Biegebalken auf (Vergleich 1). Bei den Vergleichen der Brücken (Vergleiche 2a, 2b, 3 und 4) führen die großen Stahlbetonmengen der Unterbauten zu einer Nivellierung der Mehrbelastungen, die sich aus den Überbauten ergeben. Wegen der im Vergleich zu den Stahlbrücken größeren Beton- und geringeren Stahlmengen der Stahlverbundkonstruktionen sind die Mehrbelastungen der Vergleiche Stahl-Spannbeton (Vergleiche 2a und 3) größer als die der Vergleiche Stahlverbund-Spannbeton (Vergleiche 2b und 4).

Der Einfluß der Annahmen zum Stahlherstellungsverfahren wird an zwei Beispielen gezeigt: Zunächst wird für den Betonstahl in Vergleich 3 eine Herstellung nach dem Oxygenstahlverfahren angenommen (Vergleich 3a). Bild 7.3-7 zeigt, daß die Mehrbelastungen der Stahlvariante durch diesen Ansatz geringer werden. Der gleiche Effekt zeigt sich auch beim einfachen Balken (Bild 7.3-8, Vergleich 1a). In diesem Bild ist auch das Ergebnis dargestellt, was sich ergibt, wenn für alle Stähle Elektrostahl angesetzt wird (Vergleich 1b). Bei einem Profilstahl ist das denkbar, bei den für Stahlbrükken erforderlichen Blechen ist das nicht möglich, da Bleche nur nach dem Oxygenstahlverfahren hergestellt werden. Infolge dieser Annahme werden die Mehrbelastungen auf der Stahlseite deutlich geringer, die auf der Betonseite nehmen merklich zu.

Bild 7.3-9 zeigt, daß am Beispiel der Bewertungsgröße *Primärenergieverbrauch*, daß die aus den Vergleichen 1 bis 3 abgeleiteten Aussagen verallgemeinerbar sind.

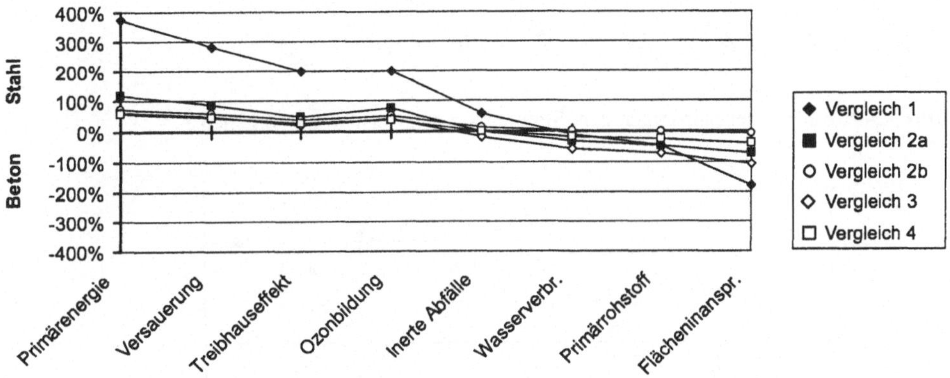

Bild 7.3-6: Vergleich Stahl, Stahlverbund und Spannbeton – Verteilung der Mehrbelastung

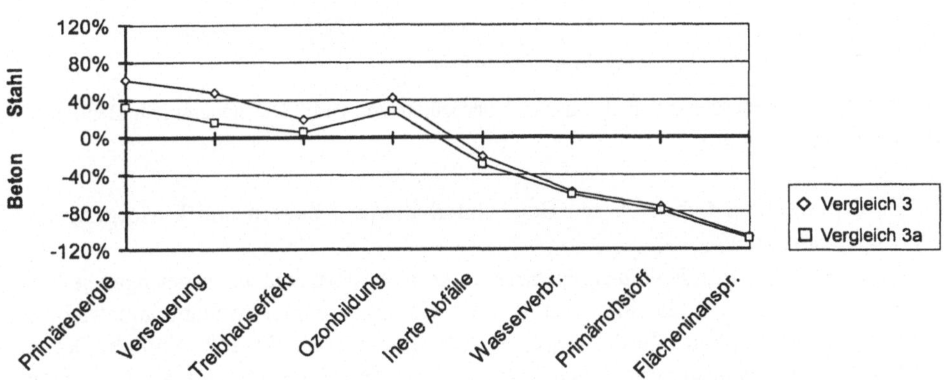

Bild 7.3-7: Einfluß der Annahmen zum Stahlherstellungsverfahren (Vergleich 3)

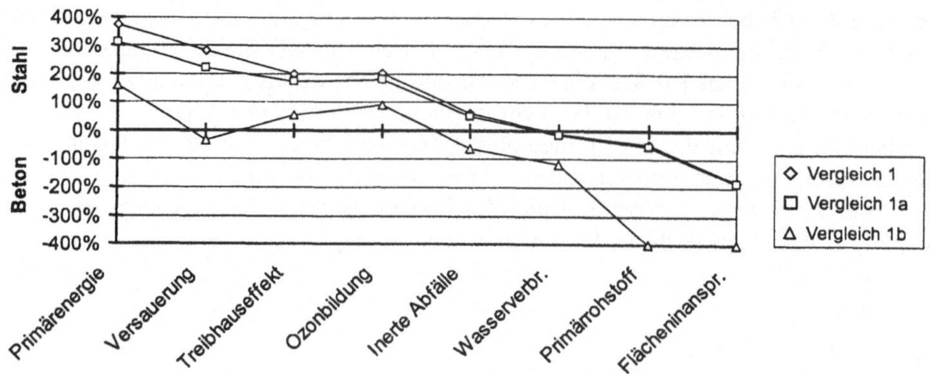

Bild 7.3-8: Einfluß der Annahmen zum Stahlherstellungsverfahren (Vergleich 1)

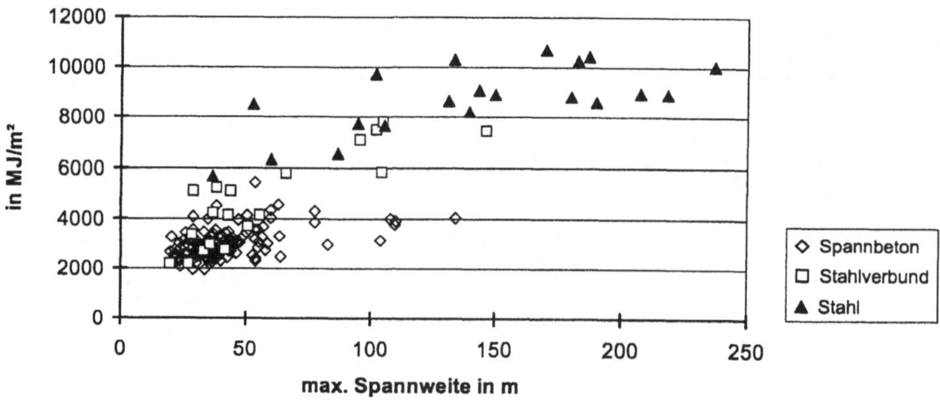

Bild 7.3-9: Primärenergieverbrauch für die Überbauten von rund 160 neueren Straßenbrücken (siehe Anhang C)

Zu den weiteren Lebensphasen Bau, Unterhaltung, Abbruch und Entsorgung sind folgende Aussagen möglich:

– Die *baubedingte Flächeninanspruchnahme* von Stahlbrücken kann geringer sein als die von Betonbrücken, da ein großer Teil der Montagearbeiten im Stahlbaubetrieb und ausgeführt werden kann. In der Regel ist auch eine kürzere Bauzeit möglich. Der zusätzliche *Verbrauch mineralischer Rohstoffe* und der *Holzverbrauch* sind bei Stahlbrücken geringer, da für den Bau von Betonbrücken aufwendigere Hilfskonstruktionen, Rüstungen und Schalungen erforderlich sind. Während der Unterhaltung ist bei Betonbrücken ein weiterer Rohstoffinput für die Betonsanierung erforderlich.

– Der *Verbrauch energetischer Rohstoffe*, der *Treibhauseffekt* und die *Versauerung* während der Lebensphasen Bau, Unterhaltung und Abbruch werden hauptsächlich durch die Bauprozesse und die Transporte beeinflußt (siehe Kapitel 6.6.1). Pauschale Aussagen, ob Stahl- oder Betonbrücken diesbezüglich besser einzuschätzen sind, lassen sich nicht machen. Ein schwer zu kalkulierender Einflußfaktor ist z.B. der energetische Aufwand für die Stahlbauarbeiten (Schneiden, Schweißen), der je nach der Art des Tragwerkes sehr unterschiedlich ausfallen kann. Aus der Tatsache, daß die zu transportierenden Mengen bei Stahlbrücken deutlich geringer sind, kann noch kein Vorteil für die Stahlbrücken abgeleitet werden, da die Transportentfernungen des Stahles wegen der ungünstigeren lokalen Verteilung der Stahlwerke und Stahlbaufirmen größer sind als beim Beton. Entscheidend ist, ob die Unterschiede, die sich bei den genannten Wirkungkategorien aus der Baustoffherstellung ergeben, durch die anderen Lebensphasen aufgehoben werden können. Die Ergebnisse einer Lebenszyklusanalyse in [Fra92] zeigen, daß das nicht möglich ist. Verglichen wurden dort die Umweltbelastungen einer Stahlverbund- und einer Spannbetonbrücke während der Lebensphasen Baustoffherstellung, Bau, Unterhaltung und Abbruch. Die ermittelten Anteile der Lebensphasen Bau, Unterhaltung und Abbruch sind noch geringer als beim Beispiel Schornbachtal (siehe Kapitel 6.6). Die Betonvariante weist zwar etwas höhere Werte auf als die Stahlverbundvariante, die herstellungsbedingten Unterschiede können dadurch aber bei weitem nicht ausgeglichen werden.

— Die *bodennahe Ozonbildung* wird bei Stahlbrücken durch die NMVOC-Emissionen bei den Korrosionsschutzarbeiten deutlich verstärkt. Die Korrosionsschutzarbeiten haben auch einen Einfluß auf die Wirkungskategorie *Human- und Ökotoxizität*. Zur Verhinderung von Emissionen werden die Anstrichstellen zwar eingehaust, geringfügige Schadstoffaustritte sind trotzdem nicht zu vermeiden (siehe Kap. 5.2.2).

— Bei den Korrosionsschutzarbeiten an Stahlbrücken entstehen *Sonderabfälle* (Lackschlämme, Strahlstaub).

— Bedingt durch das leichtere Tragwerk sind für Stahlbrücken kleinere Fundamente erforderlich, woraus sich ein geringerer *Bodenaushub* ergibt.

— Die größten Vorteile der Stahlbrücken liegen bei der Wirkungskategorie *Kreislauffähigkeit*. Stahlbrücken sind demontierbar, anpassbar und mitunter auch versetzbar, woraus sich gute Verwendungsmöglichkeiten ergeben. Der Baustoff Stahl ist kreislauffähig, so daß auch die Verwertbarkeit einer Stahlbrücke wesentlich besser ist als die einer Betonbrücke.

Beim Vergleich von Beton und Stahlbrücken kann für keine Variante ein eindeutiger Vorteil abgeleitet werden (Tab. 7.3-5). Die Unterschiede liegen vor allem bei den umweltbezogenen Wirkungskategorien. Die wichtigsten Vorteile des Stahls sind der geringere *Primärrohstoffverbrauch* und die daraus folgende geringere *Flächeninanspruchnahme infolge Rohstoffgewinnung*, außerdem die bessere *Kreislauffähigkeit*.

Tab. 7.3-5: Verteilung der Vor- und Nachteile beim Vergleich von Stahl und Beton

Wirkungskategorien / Bewertungsgrößen mit Vorteilen beim Stahl	**Wirkungskategorien / Bewertungsgrößen mit Vorteilen beim Beton**
- Baubedingte Flächeninanspruchnahme	- Verbrauch energetischer Rohstoffe
- Flächeninanspruchnahme infolge Rohstoffgewinnung	- Treibhauseffekt
- Verbrauch mineralischer Baustoffe	- Versauerung von Böden und Gewässern
- Holzverbrauch	- Bodennahe Ozonbildung
- Wasserverbrauch	- Human- und Ökotoxizität
- Bodenaushub	- Abraum
- Inerte Abfälle	- Sonderabfälle
- Verwendbarkeit	
- Verwertbarkeit	

7.3.2 Alternative Holz?

Die Anwendungsbereiche von Holz sind hauptsächlich untergeordnete Brücken, z.B. Fußgänger- und Radwegbrücken. Holz kann aber auch für Schwerlastbrücken eingesetzt werden [Brü92]. Manche Holzbrücken sind aus Gründen des Holzschutzes überdacht oder verglast. Dafür sind Baustoffe erforderlich, die sonst im Brückenbau nicht eingesetzt werden, z.B. Dachziegel, verzinkte Bleche und Glas. Reine Holzkonstruktionen sind im Holzbrückenbau selten, meist werden Kombinationen aus Holz und Stahlbauteilen (Verbindungsmittel, Abspannungen, Zugdiagonalen) gebaut. In der Regel wird bei Holzbrücken Brettschichtholz eingesetzt. Flächige Bauteile werden aus Baufurnierplatten (Baufurniersperrholz) hergestellt. Eine große Vielfalt besteht bezüglich der Tragwerksarten. Möglich sind einfache und abgespannte Balken, Hänge-, Spreng- und Fachwerke sowie Rahmen- und Bogenbrücken und selbst Spannbandkonstruktionen [db87].

Holz ist ein einheimischer Rohstoff, trotzdem werden häufig importierte Hölzer aus Skandinavien, Nordamerika und den Tropen verwendet.

Auch an dieser Stelle wird zunächst der Einfluß der Herstellung der Baustoffe am Beispiel des einfachen Biegeträgers untersucht (Bild 7.3-10). Beim Vergleich eines Spannbetonträgers mit zwei Balken aus Schnittholz, die zusammen die gleiche Tragfähigkeit aufweisen, ergeben sich für die Holzbalken bei den Wirkungskategorien *Holzverbrauch*, *Verbrauch nuklearer Brennstoffe* und *Bodennahe Ozonbildung* Mehrbelastungen (Bild 7.3-11). Letzteres steht im Zusammenhang mit den NMVOC-Emissionen beim Verbrennen von Holzschnitzeln für die Holztrocknung. Der größere Verbrauch nuklearer Brennstoffe ergibt sich aus dem Stromverbrauch bei der Schnittholzherstellung.

Nimmt man statt der Balken einen bezüglich des Trägheitsmomentes optimierten Brettschichtholzbinder an, ergeben sich weitere Mehrbelastungen im Vergleich zum Spannbetonträger (Bild 7.3-12). Der höhere *Verbrauch fossiler Brennstoffe* und der höhere *Primärenergieverbrauch* resultieren einerseits aus dem Trocknungsaufwand, andererseits aus dem Leim, der für das Brettschichtholz erforderlich ist. Als *Sonderabfall* fällt kontaminiertes Restholz an.

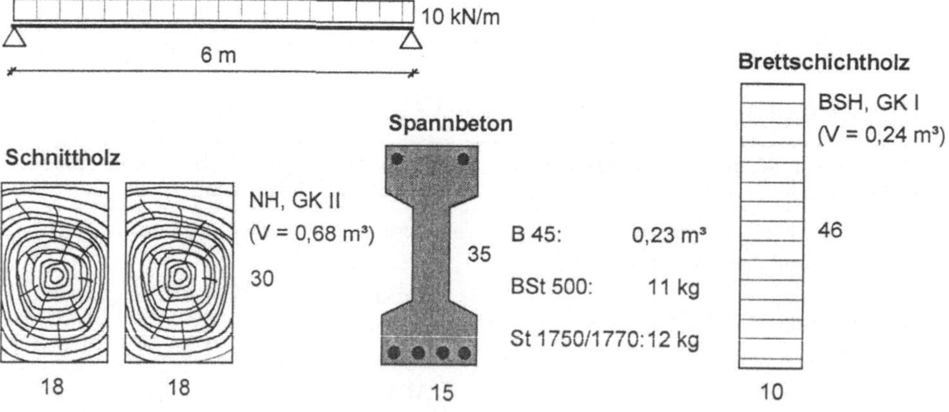

Bild 7.3-10: Querschnitte und Baustoffmengen der verglichenen Träger

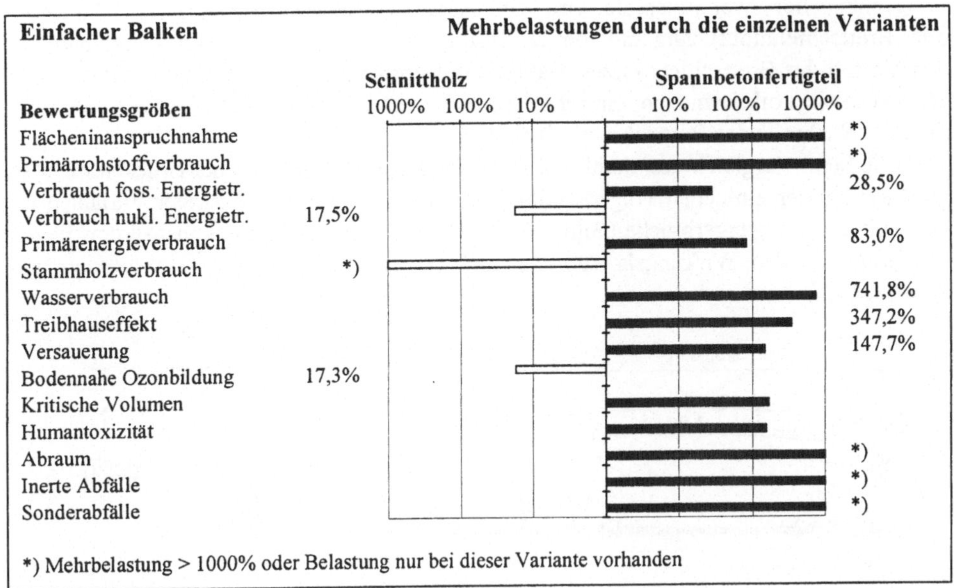

Bild 7.3-11: Biegeträger aus Schnittholz und Spannbeton – Verteilung der Mehrbelastung

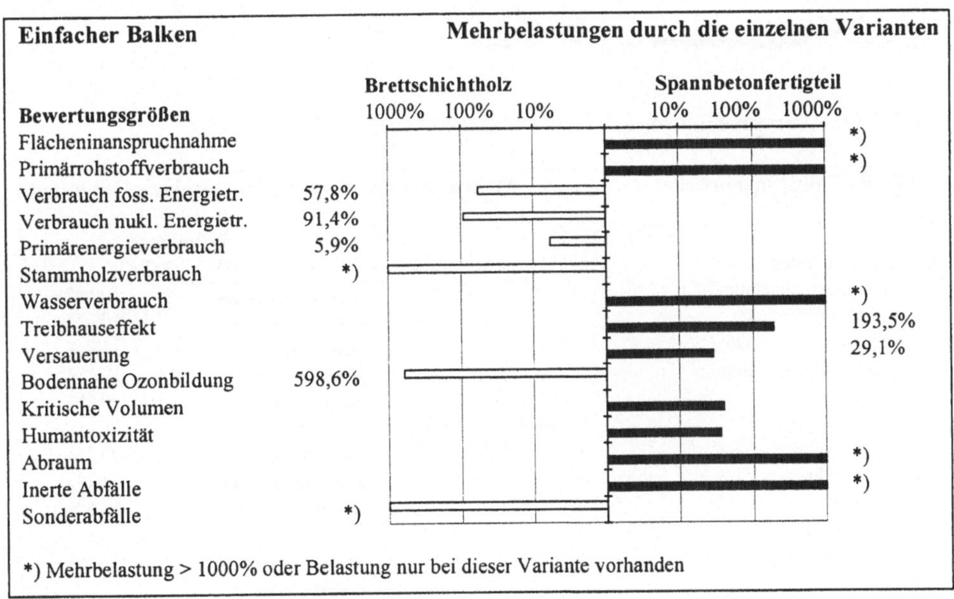

Bild 7.3-12: Biegeträger aus Brettschichtholz und Spannbeton – Verteilung der Mehrbelastungen

Anhand der zwei Beispiele wird zum einen der Einfluß der Holzart (Schnittholz oder Brettschichtholz), zum anderen der Einfluß der Bauart deutlich. Kann man nämlich den Vorteil des Brettschichtholzes, Bauteile mit großem Trägheitsmoment herstellen zu können, nicht voll ausnutzen, sind größere Holzmengen erforderlich. In der Folge nehmen die Nachteile des Brettschichtholzbinders zu.

Wie beim Vergleich von Stahl und Beton sind die Unterschiede bei Brücken nicht so groß wie bei den einfachen Trägern. Bild 7.3-14 zeigt den Vergleich zweier Varianten für eine einfache Fußgängerbrücke (Bild 7.3-13). Die Nachteile der Holzkonstruktion liegen wiederum bei den Wirkungskategorien *Holzverbrauch*, *Bodennahe Ozonbildung* und *Sonderabfall*.

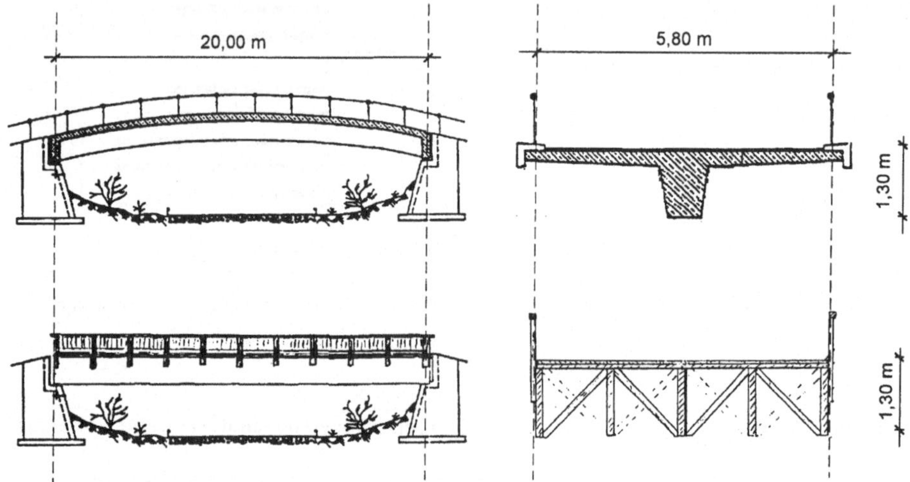

Bild 7.3-13: Alternative Entwürfe für eine Fußgängerbrücke

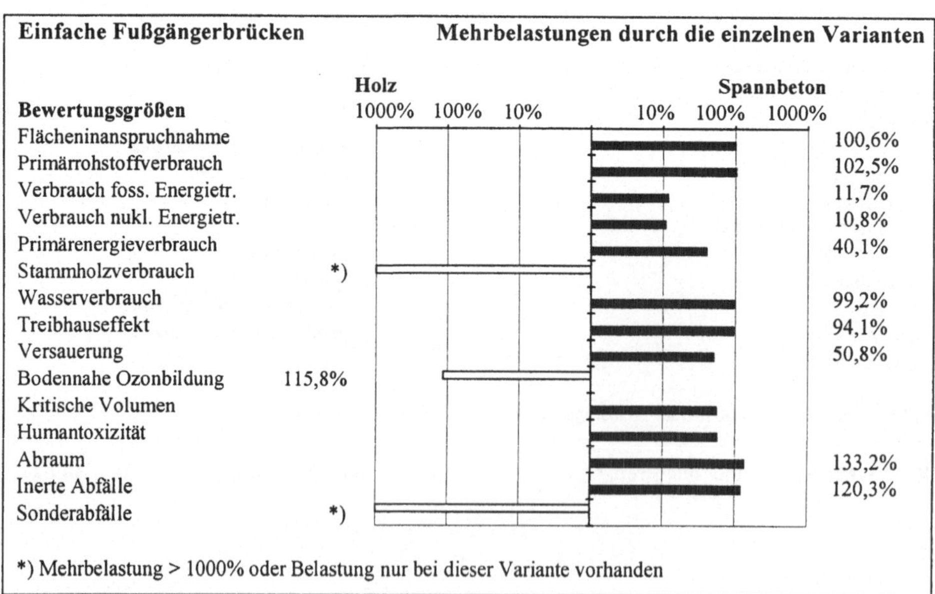

Bild 7.3-14: Fußgängerbrücken aus Brettschichtholz und Spannbeton

Bereits diese Vergleiche zeigen, daß Holz, nur weil es ein natürlicher Rohstoff ist, nicht zwangsläufig bei allen Wirkungskategorien zu niedrigeren Umweltbelastungen führt. Diese Aussage läßt sich an einem weiteren Beispiel erhärten. Im Holzbrückenbau wird bekanntlich in einer konstruktiven Vielfalt gebaut, die ihresgleichen im sonstigen Brückenbau sucht. Dabei werden auch hohe Kosten in Kauf genommen. So lagen die Baukosten einer verglasten Fußgänger- und Radwegbrücke aus Brettschichtholz bei 6000 DM pro m^2 Nutzfläche [Rem88] (Bild 7.3-15). Diese Brücke ist von ihrem Primärenergieverbrauch (7600 MJ/m^2) mit Straßenbrücken aus Stahl vergleichbar (siehe Bild 7.3-9), was einerseits auf die große Spannweite (80 m), andererseits auf die Verglasung zurückzuführen ist. Die Brücke stellt aber ein Extrem dar, wie Bild 7.3-16 am Primärenergieverbrauch von ausgewählten Holzbrücken zeigt (siehe Anhang C). Die Streubreite ergibt sich aus der Konstruktion. Im oberen Bereich liegen überdachte Brücken, im unteren einfache Balkenbrücken.

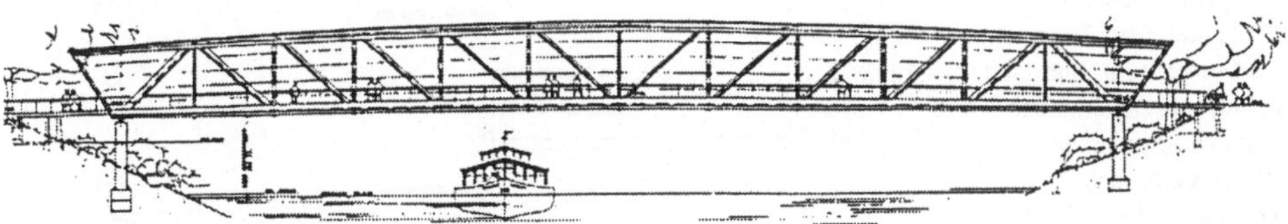

Bild 7.3-15: Holzbrücke über den Neckar [Rem88]

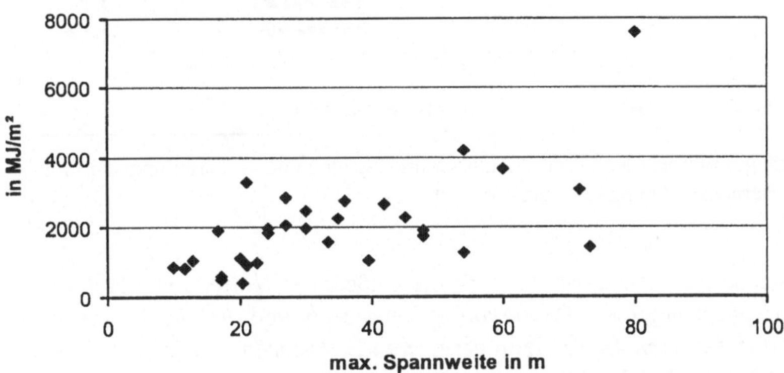

Bild 7.3-16: Primärenergieverbrauch der Überbauten verschiedener Holzbrücken

Zu den übrigen Lebensphasen sind folgende Aussagen möglich: Die Aufwendungen für den Bau einer Holzbrücke sind gering, wenn man wie oben geschehen, die Fertigung der Brettschichtbinder der Baustoffherstellung zuordnet. In der Regel sind keine Hilfskonstruktionen erforderlich. Während der Nutzung können von Holzschutzmitteln ökotoxische Wirkungen ausgehen. Beim Abbruch sind keine aufwendigen Arbeiten erforderlich. Konstruktionsstahl kann verwertet, das Holz verbrannt werden. Als Unsicherheitsfaktor bei der Bewertung ist die Lebensdauer anzusehen. Es gibt zwar eine Reihe von Beispielen für mehr als 100 Jahre alte Holzbrücken [Sta90], in [Schm85] wird aber den Überbauten von Holzbrücken eine mittlere Nutzungsdauer von 50 Jahren zugeordnet. In [Rus92] wird für nicht überdachte Holzbrücken eine theoretische Nutzungsdauer von 40 Jahren genannt. Mit dieser Annahme für die Holzbrücke und mit der Annahme einer Lebensdauer für den Spannbetonüberbau von 70 Jahren, ergeben sich für das Beispiel in Bild 7.3-13 deutliche Verschiebungen der Mehrbelastungen in Richtung Holzbrücke (Bild 7.3-17).

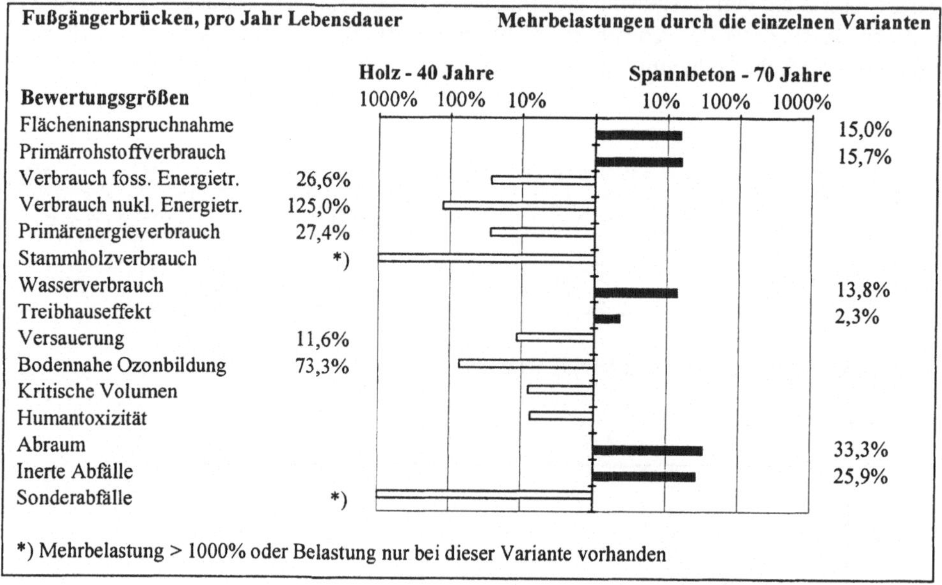

Bild 7.3-17: Fußgängerbrücken aus Brettschichtholz und Spannbeton – Verteilung der Mehrbelastungen (unter Berücksichtigung der Lebensdauer)

Zusammenfassend läßt sich feststellen, daß die eindeutigen Vorteile von Holzbrücken bei den Wirkungskategorien *Primärrohstoffverbrauch* und *Flächeninanspruchnahme infolge Rohstoffgewinnung* sowie in geringeren Emissionen (Ausnahme: *Bodennahe Ozonbildung*) und Abfällen liegen. Aufwendige Konstruktionen, insbesondere überdachte Brücken, oder Brücken, bei denen eine geringere Lebensdauer zu erwarten ist, können aber auch Nachteile bei den genannten Wirkungskategorien haben.

7.4 Bauverfahren

Hier werden nur noch die Parameter betrachtet, die nicht schon im Zusammenhang mit Bauart, Baustoffmengen oder Baustoffart analysiert wurden. Dazu zählen die baubedingte Flächeninanspruchnahme und der zusätzliche Baustoffaufwand während der Bauphase, beides Dinge, die direkt vom Bauverfahren abhängig sind.

Baubedingte Flächeninanspruchnahme
Die Einrichtung der Baustelle und die Anordnung von Montageplätzen sind die wichtigsten Parameter für diese Wirkungskategorie. Eine typische Brückenbaustelle umfaßt das Baufeld, daneben die Baustraße und zusätzliche Flächen für Montage- und Lagerplätze, Bauleitung, Unterkünfte usw. Zur baubedingten Flächeninanspruchnahme zählen:
- Erschließung des Baugeländes, Zufahrten,
- Betonaufbereitungsanlagen,
- Kranbahnen, Fördereinrichtungen,
- Montage- oder Bearbeitungsflächen (Zimmerplatz, Spanngliedherstellung, Betonstahlbearbeitung, Feldfabrik für Fertigteile),
- Lagerflächen (Holzlager, gebogener Stahl, Schalung, Fertigteillager, Zuschläge, Zement),
- Bauleitung, Wohnlager, Tagesunterkünfte, Kantine, Sanitäre Anlagen, Magazin, Betonlabor usw..

Die Größe der baubedingten Flächeninanspruchnahme kann beeinflußt werden durch:
- Anordnung von Montageplätzen im Bereich der künftigen Trasse (Taktschieben),
- Freihalten des Baufeldes durch bestimmte Bauverfahren (Freivorbau, Taktschieben, Vorschubrüstung, Bogenklappverfahren),
- Verlagerung von Montageprozessen in die Vorfertigung,
- Ausnutzen von Wasserflächen (Betonaufbereitung auf Schuten, Einschwimmen auf dem Wasserweg),
- Verzicht auf Kranbahnen (Kran auf dem Überbau bei Vorschubrüstung – Bild 7.4-1),
- Betonaufbereitung außerhalb der Baustelle (Transportbeton),
- Verzicht auf Wohnlager durch Einsatz einheimischer Unternehmen.

Aus der Aufzählung lassen sich Vorteile für die Bauverfahren ableiten, die ohne Inanspruchnahme des Areals unter der Brücke auskommen (Taktschieben, Freivorbau, Vorschubrüstung, z.T. auch Fertigteile). Bei Fertigteilen ist zu beachten, daß die Herstellung in Feldfabriken große Flächen in Anspruch nimmt. Ein Beispiel ist in [Dre71] dokumentiert. Für den Bau von zwei Brücken mit einer Fläche von 26000 m^2 wurde eine Feldfabrik für Fertigteile mit einer Flächeninanspruchnahme von 6300 m^2 aufgebaut. Die Brücken lagen in einem Abstand von etwa 1000 m, die Feldfabrik war zwischen den Brücken angeordnet. Der Transport der Fertigteile erfolgte auf einem 200 m bzw. 800 m langen Gleis. Zusätzlich waren zur Erschließung des Baugeländes 6000 m Baustraße mit einer Breite von 3,5 m erforderlich.

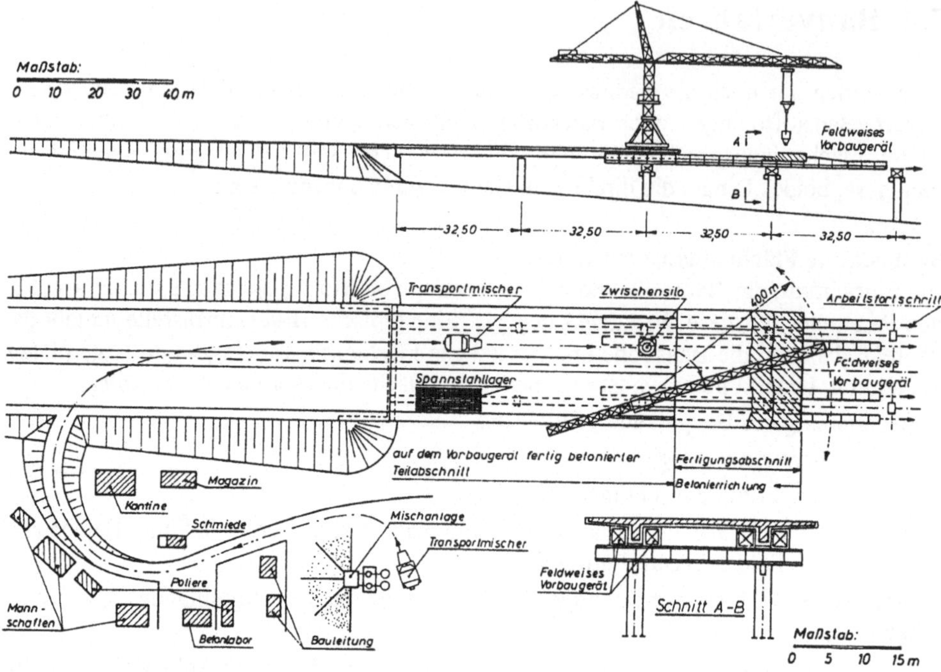

Bild 7.4-1: Beispiel für eine Baustelleneinrichtung [Dre71]

Hilfskonstruktionen

Je nach Bauverfahren kommen unterschiedliche Hilfskonstruktionen zum Einsatz. Dazu zählen Hilfspfeiler, Vorbauschnäbel, Vorschubrüstungen, Lehrgerüste, Hilfspylone, temporäre Abspannungen usw. (Bild 7.4-2). Gewicht, Baustoffart, Verwendbarkeit und Verwertbarkeit der Hilfskonstruktionen beeinflussen über den zusätzlichen Baustoffbedarf die umweltbezogenen Wirkungskategorien der Bauphase. Bezüglich der Gewichte der Hilfskonstruktionen gibt es große Unterschiede bei den üblichen Montageverfahren für Betonbrücken. Während ein Vorbauschnabel beim Taktschiebeverfahren je nach Feldlänge bis 120 t schwer ist, kann eine Vorschubrüstung bis zu 2000 t wiegen (Bild 7.4-3) [Bai94].

Bei Bogenbrücken werden mitunter Lehrgerüste aus Holz eingesetzt (z.B. Mülmisch-Talbrücke [Nat96] und Teufelstalbrücke bei Stadtroda). Hilfspfeiler oder –pylone können aus Beton oder aus wiederverwendbaren stählernen Systembauteilen bestehen. Während ersteres zu einem erheblichen zusätzlichen Baustoffbedarf führt, ist bei letzterem nur der Anteil der Abschreibung als zusätzlicher Baustoffbedarf zu berücksichtigen. Am Beispiel Schornbachtalbrücke wurde ermittelt, daß der Einfluß der für den Bau benötigten Baustoffe auf den Baustoffverbrauch bezogen kaum ins Gewicht fällt. Der zusätzliche Baustoffaufwand kann aber bei leichten Brücken durchaus eine Rolle spielen, insbesondere dann, wenn die sonstigen Unterschiede zwischen Varianten nur klein sind.

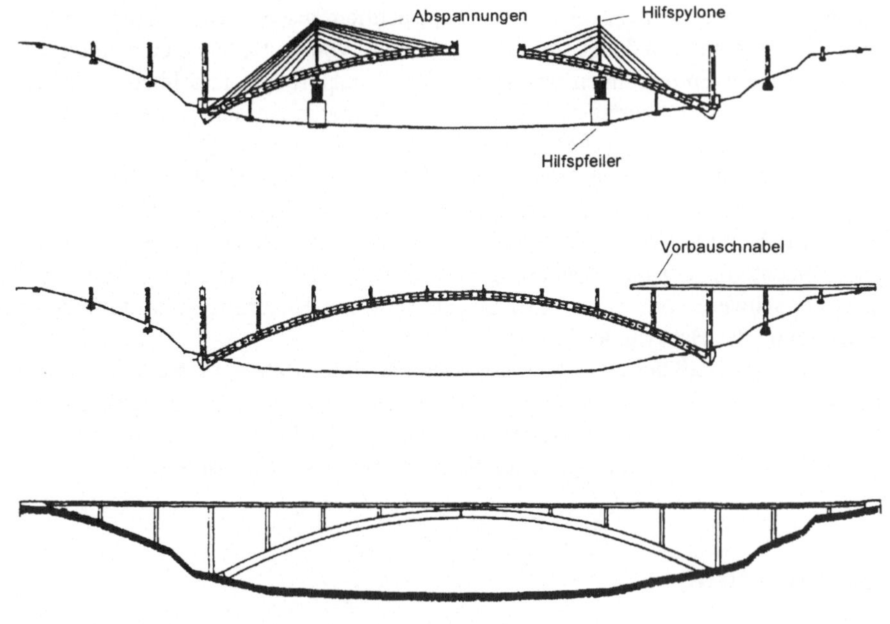

Bild 7.4-2: Beispiele für Hilfskonstruktionen [Cha92]

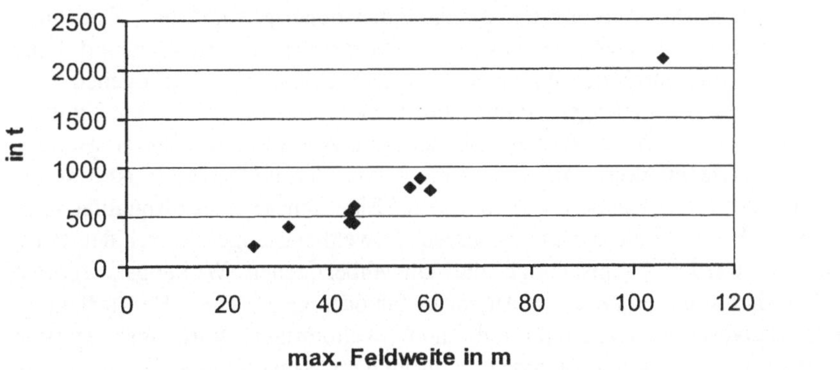

Bild 7.4-3: Stahlgewichte von Vorschubrüstungen [Bai94]

Grad der Vormontage

Ein hoher Grad der Vormontage verringert Umweltbelastungen nicht, hält sie aber zum Teil aus dem Umfeld fern. Unter industriellen Bedingungen ist vor allem bei Korrosionsschutzarbeiten ein Absaugen von Schadstoffen besser möglich als im Umfeld. Außerdem ist ein geordnetes Entsorgen von Abfällen, z.B. von Strahlstaub möglich. Bei Betonfertigteilen wird der Aufwand für Schalen, Bewehren und Betoneinbau in industrielle Anlagen verlegt. Am Beispiel Schornbachtalbrücke wird aber deutlich, daß für den Überbau vorwiegend Strom eingesetzt wird, eine Energieform, bei der die Emissionen sowieso an anderen Stellen auftreten. Der Dieselverbrauch, bei dem die meisten

lokalen Emissionen entstehen, resultierte hauptsächlich aus den Gründungs- und Erdbauarbeiten. Wenn man bedenkt, daß der Transport von Betonfertigteilen möglicherweise über größere Entfernungen erfolgt als der Transport von Frischbeton, daß evtl.
Spezialfirmen und Spezialgeräte mit entsprechend längeren Anfahrtswegen erforderlich
sind und daß der Transport großer Fertigteile mit Verkehrsbehinderungen und Umlei-
tungen verbunden ist, dürften die tatsächlichen Einsparungen an Umweltbelastungen nur
gering sein. Zu beachten sind auch die Aufwendungen des Fertigteilwerkes: In [Fra92]
wurden für die Herstellung von Fertigteilen Energieaufwendungen in Höhe von 1 GJ/t
bilanziert! Nachteilig bei der Montage großer Brückenteile ist außerdem die für den
Transport der schweren Lasten und den Einsatz schwerer Hebezeuge erforderliche stär-
kere Befestigung des Baugrundes.

Deutlich wurde, daß bei einzelnen Aspekten des Bauverfahrens Unterschiede in Bezug auf die Bewertungsgrößen feststellbar sind. In der Regel ist aber die Quantifizierung
in der Entwurfsphase mit Schwierigkeiten verbunden (siehe Kapitel 5.1.3, 5.2.2 und
5.2.3), so daß das Bauverfahren besser qualitativ bewertet werden sollte.

7.5 Auswertung

Untersucht wurden die Parameter Bauart, Baustoffqualität, Baustoffart und Bauverfahren. Durch die Bauart werden hauptsächlich die umfeldbezogenen Wirkungskategorien
beeinflußt. Die größten Unterschiede ergeben sich beim Vergleich eines Damms mit
einer Brücke, da dann die Wirkungskategorien Flächeninanspruchnahme, Zerschneidung, Luftbewegungen, evtl. auch Fließgewässer und Grundwasser betroffen sind. Über
die Baustoffmengen sind durch den Parameter Bauart auch die umweltbezogenen Wirkungskategorien betroffen. Geringere Baustoffmengen führen zu geringeren Umweltbelastungen. Zerlegbarkeit, Anpassbarkeit, Gewicht und Abmessungen des Tragwerkes
beeinflussen die Verwendbarkeit. Die Trennbarkeit von Verbundbauteilen ist Voraussetzung für eine gute Verwertbarkeit der Baustoffe. Eine höhere Baustoffqualität führt
mit Ausnahme von Brettschichtholz zu geringeren Umweltbelastungen. Durch den Parameter Baustoffart werden hauptsächlich die umweltbezogenen Wirkungskategorien
beeinflußt. Hier sind keine eindeutigen Aussagen für oder gegen einen Baustoff möglich. Durch das Bauverfahren werden umfeld- und umweltbezogene Wirkungskategorien
beeinflußt. Wesentliche Vor- und Nachteile sind keinem Bauverfahren nachzuweisen.
Im einzelnen können die Wirkungskategorien wie folgt positiv beeinflußt werden:

Flächeninanspruchnahme im Umfeld
- Vermeiden von Dämmen
- Bauarten mit wenig Unterbauten
- Baustelleneinrichtung im Bereich der Trasse
- Vormontage außerhalb des Umfeldes
- Bewässerung der Flächen unter flachen Brücken

Flächeninanspruchnahme außerhalb des Umfeldes
– wie *Verbrauch mineralischer Rohstoffe*

Zerschneidung von Lebensräumen
– Vermeiden von Dämmen
– große Stützweiten, großer Abstand der Widerlager,
– getrennte Fahrbahnen, Abstand zwischen den Fahrbahnen
– Bewässerung der Flächen unter flachen Brücken

Einflüsse auf Luftbewegungen
– große Durchlässe bei Dämmen
– geringe Staufläche bei Brücken
– aerodynamische Bauweise von Über- und Unterbauten

Einflüsse auf Fließgewässer
– Verzicht auf Pfeiler oder kleines Verbauverhältnis
– strömungsgünstige Ausbildung der Pfeiler
– Optimierung des Durchflußquerschnittes für Hochwasserabfluß (siehe Bild 6.1-11)

Einflüsse auf den Grundwasserspiegel
– Vermeiden von langgestreckten Gründungen
– Vermeiden von Wasserhaltungen mit Brunnen

Verbrauch mineralischer Rohstoffe
– leichte, dauerhafte Konstruktionen
– geschützte Lage wesentlicher Tragwerksteile
– kleine Bauwerksoberflächen
– hohe Baustoffqualität
– Holz oder Stahl, insbesondere Elektrostahl statt Beton
– Einsatz von Recyclingmaterial
– wiederverwendbare Hilfskonstruktionen mit geringer Abschreibung
– wenig Verschleißteile, wie Lager, Übergangskonstruktionen usw.

Holzverbrauch
– Holzbrücken einfacher Bauart
– Holzbrücken aus Rund- und Schnitthölzern
– guter Holzschutz, lange Lebensdauer bei Holzbrücken
– geringe Schalflächen, mehrfach verwendbare Schalungen und Rüstungen

Wasserverbrauch
– wie *Verbrauch mineralischer Rohstoffe*

Verbrauch energetischer Rohstoffe
– leichte, dauerhafte Konstruktionen
– geschützte Lage wesentlicher Tragwerksteile
– kleine Bauwerksoberflächen
– hohe Baustoffqualität

- Spannbeton statt Stahl, Elektrostahl statt Oxygenstahl, Schnittholz statt Brettschichtholz
- wiederverwendbare Hilfskonstruktionen mit geringer Abschreibung
- wenig Verschleißteile, wie Lager, Übergangskonstruktionen usw.
- effizienter Baumaschineneinsatz
- kurze Transportwege

Treibhauseffekt, Versauerung, Abraum
- wie *Verbrauch energetischer Rohstoffe*

Ozonbildung, Toxizität
- wie *Verbrauch energetischer Rohstoffe*
- geringe Stahloberflächen
- lösemittelfreie Korrosionsschutzmittel oder wetterfester Baustahl

Bodenaushub
- Holz oder Stahl statt Beton (geringere Fundamentabmessungen)

Inerte Abfälle
- gute Verwend- und Verwertbarkeit des Tragwerkes

Sonderabfälle
- Beton statt Stahl/Holz
- Tragwerk außerhalb des Spritzwasserbereiches

Verwendbarkeit
- leichte, demontierbare und anpassbare Konstruktionen
- Holz oder Stahl statt Beton

Verwertbarkeit
- Stahl statt Beton und Holz
- gute Trennbarkeit von Verbundbauteilen

Aus dem Gesagten ergibt sich, daß eine ideale, bezüglich aller Bewertungsgrößen bessere Brücke nicht möglich ist. Es wird immer Zielkonflikte geben: So verringert zwar eine größere Stützweite die Belastungen des Umfeldes, erhöht aber gleichzeitig den Baustoffbedarf. Ein geringer Baustoffverbrauch senkt die Umweltbelastungen, kann aber zu Problemen mit der Dauerhaftigkeit und dadurch, auf einen bestimmten Zeitraum bezogen, zu höheren Belastungen führen. Stahl ist besser verwertbar, verbraucht aber bei der Herstellung mehr Energie und führt zu höheren Emissionen.

Aus der Parameterstudie lassen sich folgende wesentliche Minderungspotentiale für Umweltbelastungen beim Entwurf von Brücken ableiten:

- Als besonders wichtig sind die Verwendung von Baustoffen hoher Qualität und der Entwurf von leichten und dennoch robusten, dauerhaften Tragwerken anzusehen.

- Wichtig ist auch die Auswahl von Baustoffherstellern, die nach hohen Umweltschutzstandards produzieren. Des weiteren ist auf geringe Transportentfernungen der Baustoffe zu achten.

- Durch die Verwendung von Elektrostahl können Umweltbelastungen vermieden werden. Dem sind im Brückenbau allerdings Grenzen gesetzt, da nur Beton- und Spannstahl sowie Profile nach diesem Verfahren hergestellt werden.

- Lösemittelarme oder -freie Korrosionsschutzmittel verringern den Beitrag *zur Boden-nahen Ozonbildung* und zur *Human- und Ökotoxizität.*
- Konstruktionen aus Beton sind dahingehend optimierbar, daß ein Teil der minerali-schen Rohstoffe durch Recyclingprodukte, bspw. Altbetonsplitt ersetzt wird.
- Anzustreben ist auch eine gute Kreislauffähigkeit der Brücke.

8 Integration in eine ganzheitliche Bewertung

Die in diesem Buch dokumentierten Forschungsergebnisse waren in die Aktivitäten der interdisziplinäre Forschergruppe Ingenieurbauten (FOGIB) eingebunden. Dort wurde das Ziel verfolgt, Brücken ganzheitlich zu bewerten. Ein wesentlicher Schwerpunkt der Arbeit der Forschergruppe war die Suche nach den entsprechenden Bewertungskriterien. Dabei setzte sich die Erkenntnis durch, daß Bewertungskriterien immer subjektiv geprägt sind und daß es keinen universellen, immer gültigen Bewertungsansatz geben kann [Sar97]. Trotzdem wurde der Versuch unternommen, ein Bewertungshilfsmittel zu erarbeiten, welches eine möglichst große Anzahl von Kriterien berücksichtigt, deren Bewertungsansätze an die zu bewertenden Objekte, also an Brücken angepaßt sind. Die in diesem Buch beschriebenen Forschungsergebnisse bilden die Grundlage für die umweltbezogene Bewertung von Brücken innerhalb der Forschergruppe. Im folgenden Kapitel wird dargestellt, wie die umweltbezogene Bewertung in den ganzheitlichen Bewertungsansatz der Forschergruppe integriert werden kann.

8.1 Anforderungen

Die theoretischen Überlegungen der Forschergruppe zur ganzheitlichen Bewertung von Brücken mündeten in einen sogenannten Fragenkatalog [FOG97]. Er besteht aus kriterienbezogenen Fragen, auf deren Basis bewertet wird. Der Fragenkatalog soll eine Bewertungshilfe für entwerfende Ingenieure und Architekten, ausschreibende Behörden, vor allem aber für Juroren von Brückenwettbewerben sein. Er enthält die ganze Bandbreite der formulierten Bewertungskriterien. Die Vielzahl verschiedener Kriterien und die Forderung nach einer praktikablen Bewertungshilfe bedingen einen einheitlichen Aufbau der einzelnen Fragen. In der Forschergruppe entschied man sich bereits zu Beginn der Arbeiten für eine hierarchische Struktur der Kriterien (Bild 8.1-1).

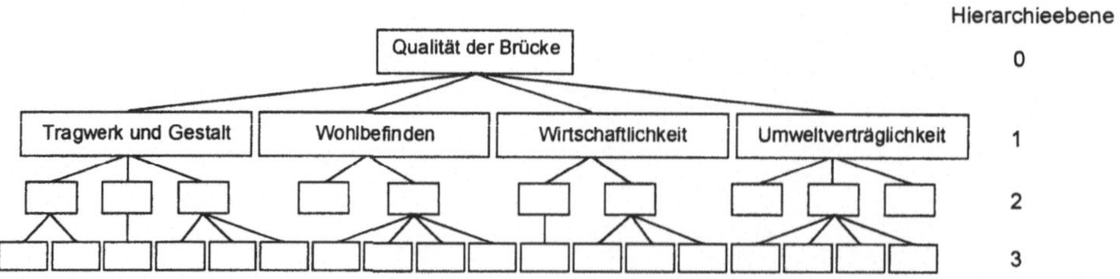

Bild 8.1-1: Kriterienstruktur, Hierarchie

Der Grundgedanke der hierarchischen Struktur liegt in der Aufteilung des Bewertungsproblems in bewertbare Teilprobleme (Unterkriterien). Je tiefer man in der Bewertungs-
hierarchie nach unten geht, um so genauere Bewertungen sind möglich, d.h. die Vielzahl
der Einflußfaktoren wird reduziert. Der Fragenkatalog spiegelt die Kriterienstruktur
wider: Jedem Unterkriterium wird im Fragenkatalog eine Frage zugeordnet.

Trotz der aus der Literatur bekannten generellen Probleme von Bewertungsverfahren und der nicht ausräumbaren subjektiven Einflüsse, wurde Wert darauf gelegt, daß
mit dem Fragenkatalog eine aggregierte, eindimensionale Aussage möglich ist[1]. Aus
dieser Forderung ergaben sich einige Konsequenzen für das Bewertungskonzept der
Kriterien:

- Jedes Teilbewertungsergebnis muß mit den Ergebnissen anderer Kriterien vergleichbar sein, d.h. es ist eine einheitliche Bewertungsskala erforderlich. Festgelegt wurde
  eine Skala mit den Noten 1 bis 9, wobei die Note 1 die schlechteste, die Note 9 die
  beste Bewertung darstellt. Zu klären ist dabei, wie die zu bewertenden Eigenschaften
  und die Noten einander zugeordnet werden. Es stellen sich also die Fragen: Welches
  ist der denkbar schlechteste Zustand, der die Note 1 ergibt? Welcher Zustand kann mit
  der Bestnote 9 bewertet werden?

- Weiterhin war gefordert, daß unterschiedliche Bewertungstiefen möglich sein sollen:
  Für genauere Bewertungen sollen analytische Bewertungsansätze, für gröbere Bewertungen deskriptive, d.h. beschreibende Bewertungsansätze angeboten werden. Außerdem soll eine Bewertung auf jeder Hierarchieebene möglich sein.

- Die Gewichtung einzelner Kriterien erfolgt in Prozent. Jeweils die Summe der Gewichtungen aller Unterkriterien eines Kriteriums muß 100% ergeben (Bild 8.1-2).

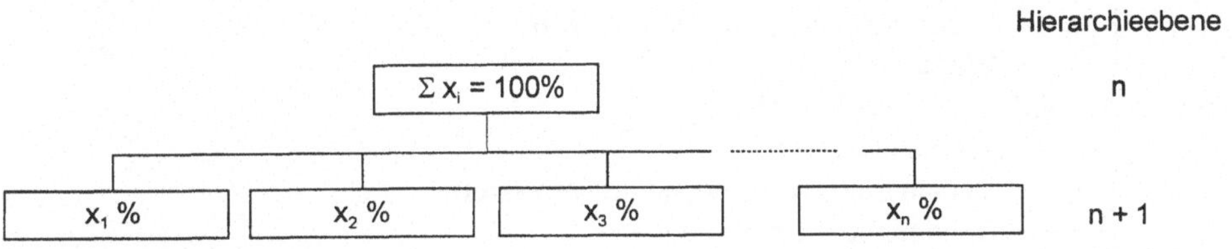

Bild 8.1-2: Prinzip der Gewichtung

8.2 Kriterienstruktur

Die umweltbezogenen Kriterien innerhalb des Fragenkataloges sind unter dem Begriff
Umweltverträglichkeit zusammengefaßt. Als umweltverträglich gilt eine Maßnahme
oder Sache, wenn deren Einfluß auf die Umwelt nach entsprechender Prüfung gering
oder vernachlässigbar ist oder als nicht belastend erachtet wird [VDI94]. Hier wird die

---

1) Diese Forderung steht im Widerspruch zu Entwicklungen im Bereich der umweltbezogenen
   Bewertung, wo Aggregationen abgelehnt und verbal-argumentative Bewertungen bevorzugt
   werden [Schm95].

Umweltverträglichkeit aber nicht absolut, im Sinne einer Prüfung, sondern relativ, im Sinne eines Vergleiches bewertet. Ermittelt wird die umweltverträglichste der zu untersuchenden Varianten. Der Begriff *Umweltverträglichkeit* wird damit ähnlich wie in [UVP85] gebraucht, wo eine Prüfung der Umweltverträglichkeit das Ermitteln, Beschreiben und Bewerten der Auswirkungen eines Vorhabens auf die Umwelt umfaßt und die Auswirkungen verschiedener Varianten des Projektes gegenübergestellt werden.

Die im Fragenkatalog für die Bewertung der Umweltverträglichkeit verwendete Kriterienstruktur leitet sich aus den in Kapitel 6 aufgestellten Wirkungskategorien ab, die auf der dritten Ebene angeordnet werden (Bild 8.2-1). Auf der zweiten Ebene stehen die Arten von Umweltbelastungen (Kap. 2), ergänzt durch das Kriterium Kreislauffähigkeit.

1.   2.   3. Ebene

Umweltverträglichkeit
├──────── Eingriffe in den Naturhaushalt
│   ├─────── Flächeninanspruchnahme im Umfeld
│   ├─────── Flächeninanspruchnahme infolge Rohstoffgewinnung
│   ├─────── Zerschneidung von Lebensräumen
│   ├─────── Einflüsse auf Luftbewegungen
│   ├─────── Einflüsse auf Fließgewässer
│   └─────── Einflüsse auf den Grundwasserspiegel
├──────── Ressourcenverbrauch
│   ├─────── Verbrauch mineralischer Rohstoffe
│   ├─────── Holzverbrauch
│   ├─────── Verbrauch energetischer Rohstoffe
│   └─────── Wasserverbrauch
├──────── Auswirkungen von Emissionen
│   ├─────── Treibhauseffekt
│   ├─────── Versauerung von Böden und Gewässern
│   ├─────── Bodennahe Ozonbildung
│   └─────── Human- und Ökotoxizität
├──────── Abfallpotential
│   ├─────── Abraum
│   ├─────── Bodenaushub
│   ├─────── Inerte Abfälle
│   └─────── Sonderabfälle
└──────── Kreislauffähigkeit
              ├─────── Verwendbarkeit
              └─────── Verwertbarkeit

Bild 8.2-1: Kriterienstruktur

Neben der Systematik nach Wirkungskategorien und Umweltbelastungen wären auch andere Ordnungsprinzipien denkbar:

- Systematik nach Lebensphasen (Herstellung der Baustoffe, Bau, Nutzung/Unterhaltung, Abbruch, Entsorgung, Energiebereitstellung)
- Systematik nach den betroffenen Schutzgütern (Mensch, Flora, Fauna, Luft, Wasser, Boden, Klima, Landschaft)

Es scheint vor allem sinnvoll zu sein, die zeitlich, räumlich und sachlich voneinander abgrenzbaren Lebensphasen gesondert zu betrachten und Fragen zu einzelnen Lebensphasen zu stellen. Z.B.: *Wie umweltverträglich läßt sich die Brücke errichten?* Oder: *Wie umweltverträglich läßt sich die Brücke abbrechen und entsorgen?* Ein solches Vorgehen würde die unterschiedlichen Zuständigkeiten und Verantwortungsbereiche (Baustoffhersteller, Bauausführende, Betreiber, Energieerzeuger usw.) berücksichtigen und die Anteile einzelner Verursacher, somit auch Minderungspotentiale deutlich machen. Beim näheren Betrachten stellt man aber fest, daß die Kriterien für die Beantwortung dieser Fragen gleich oder ähnlich sind. Für die Bewertung der Umweltverträglichkeit sind z.B. die Emissionen zu untersuchen, und die treten sowohl beim Bau als auch beim Abbruch der Brücke auf. Die hierarchische Struktur verwandelt sich dadurch in eine Art Netzwerk (Bild 8.2-2), was dem grundsätzlichen Ansatz der Forschergruppe widersprechen würde. Aus pragmatischen Gründen, vor allem, um die Fragen zur Umwelt den anderen Kriterien anzugleichen, wurde daher auf das Ordnungsprinzip der Lebensphasen verzichtet.

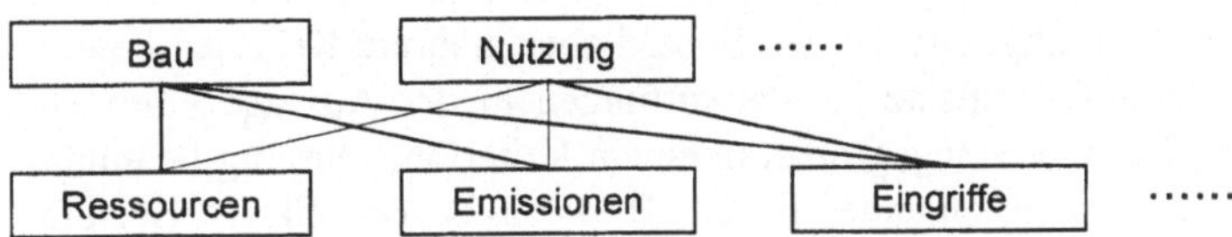

Bild 8.2-2: Kriterienstruktur bei Fragen nach Lebensphasen

Eine Systematik nach betroffenen Schutzgütern wäre für die abschließende Bewertung am sinnvollsten, da dann Aspekte wie Schutzwürdigkeit, Seltenheit, Bedeutung für das Ökosystem usw. als Grundlage für eine Gewichtung dienen könnten. Wegen der Probleme mit der Erfassbarkeit der betroffenen Schutzgüter und der genauen Vorhersage von Wirkungen kann dieses Prinzip aber nicht durchgehalten werden. Es würde vor allem für die Wirkungen außerhalb des Umfeldes nur unbefriedigende Ergebnisse liefern.

8.3 Benotung

Ein grundsätzliches Problem, welches sich aus dem Ansatz der Forschergruppe ergibt, ist die Benotung, d.h. die Zuordnung von zu bewertenden Eigenschaften und Noten. Diese Zuordnung ist wesentlich für das Bewertungsergebnis, da sich hieraus bereits eine Art Gewichtung der Kriterien untereinander ergibt. Was damit gemeint ist, wird an einem Beispiel gezeigt: Zunächst wurde von der Forschergruppe der Ansatz verfolgt, den Wertebereich durch die Maximal- und Minimalwerte der untersuchten Varianten festzulegen. Die Note einer Variante *i* ist dann davon abhängig, wie weit der Wertebereich zwischen minimaler und maximaler Variante auseinander liegt (Bild 8.3-1). d.h. die relative Bewertung ändert sich ($g(x_i) > f(x_i)$), obwohl der Absolutwert der Variante gleich bleibt.

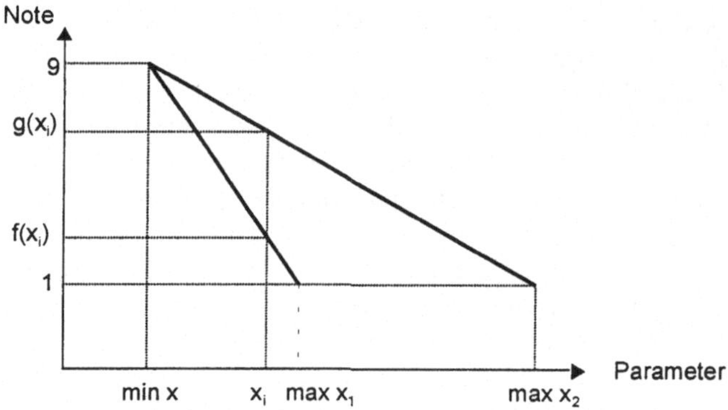

Bild 8.3-1: Benotung nach dem Minimal/Maximal-Konzept

Betrachtet man nur ein Kriterium ist das auch kein Problem, da damit die Wertigkeit der Varianten untereinander gut abgebildet wird. Sobald aber mehrere Kriterien bewertet werden, kann es durch diesen Ansatz zu Verwerfungen in der Aussage kommen. Dieser Fall tritt ein, wenn die Bewertungsgrößen in einem Kriterium sehr eng beieinander, in einem anderen sehr weit auseinander liegen (Bild 8.3-2). Das fiktive Beispiel zeigt, daß sich die Unterschiede zwischen den Varianten 1 und 2 aufheben, obwohl die Bewertungsergebnisse der Varianten beim Kriterium B sehr weit auseinander liegen. Um solche Verwerfungen zu vermeiden, wurde nach anderen Zuordnungsprinzipien gesucht. Die für die umweltbezogene Bewertung abgeleiteten Ansätze werden im folgenden erläutert.

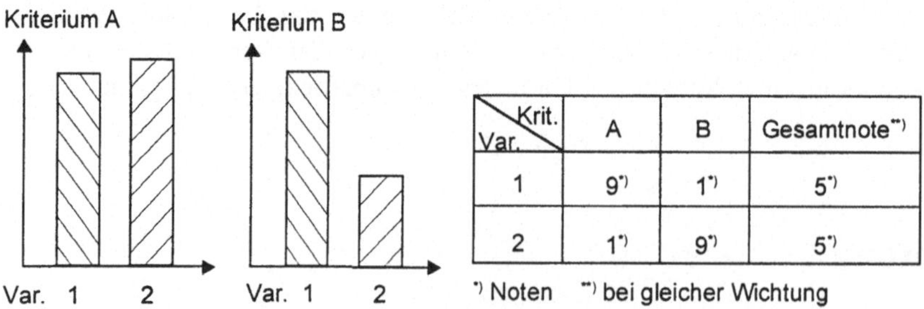

Krit. Var.	A	B	Gesamtnote[**]
1	9[*]	1[*]	5[*]
2	1[*]	9[*]	5[*]

Bild 8.3-2: Auswirkungen des Minimal/Maximal-Konzepts auf die Bewertung

1. Benotung mit Vergleichsbrücken

Dieses Konzept geht davon aus, daß eine größere Menge vergleichbarer Brücken den Stand der Technik repräsentiert, anhand dessen die zu bewertenden Entwürfe eingeordnet werden können. Bild 8.3-3 zeigt den Wertebereich des Primärrohstoffverbrauchs der Tragwerke von rd. 200 vergleichbaren Straßenbrücken, der auf der Basis der Sachbilanzdaten von Anhang A und der Brückendaten von Anhang C berechnet wurde. Es ergibt sich eine Bandbreite, deren unterem Wert die Bestnote 9 und deren oberem Wert die schlechteste Note 1 zugeordnet werden kann. Haben alle untersuchten Brücken die gleiche Spannweite, ist der Wertebereich auf die betreffenden Spannweite eingrenzbar.

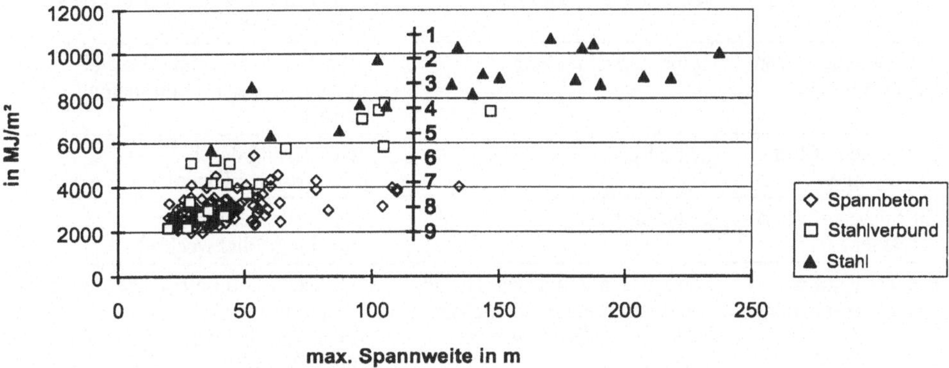

Bild 8.3-3: Benotung mit Vergleichsbrücken

Das Konzept der Benotung mit Vergleichsbrücken eignet sich hauptsächlich für die umweltbezogenen Wirkungskategorien. Vergleichbare Daten lassen sich aber nur für die Prozesse der Baustoffherstellung berechnen, die, wie gezeigt wurde, große Anteile der Gesamtwirkungen eines Brückenlebenszyklus ausmachen.

2. Benotung durch qualitative Zuordnung

Das Konzept der Vergleichsbrücken eignet sich nicht für die umfeldbezogenen Wirkungskategorien, weil hier die situationsbedingten Einflüsse größer sind. Die Notenskala wird hier anhand möglicher minimaler und maximaler Wirkungen festgelegt (Tabelle 8.3-1).

Es zeigt sich, daß maximale Wirkungen nicht für jede Bewertungsgröße definierbar sind. In solchen Fällen muß ein sinnvoller Wert festgelegt werden. Bei der Wirkungskategorie *Einflüsse auf Fließgewässer* könnte als maximale Wirkung ein Fließwechsel, also der Übergang vom Strömen zum Schießen angesetzt werden. Bei einem Fließwechsel tritt eine merkliche Stauwirkung auf, ein Fall, der in der Regel vermieden wird. Ob sich der Aufwand lohnt, das Verbauverhältnis auszurechnen, bei dem ein Fließwechsel auftritt, ist allerdings zu bezweifeln. Ebenso kann ein Höchstwert für die Stauhöhe definiert werden, der nicht überschritten werden darf. Möglicherweise gibt es eine solche Vorgabe bereits vom zuständigen Wasser- und Schiffahrtsamt. Für die *baubedingte Flächeninanspruchnahme* und die Größe einer durch Grundwasserabsenkung betroffenen Fläche können auch Höchstgrenzen festgelegt werden, die den Skalenwert für die maximale Wirkung darstellen. Liegt der Wertebereich fest, können den Varianten anhand der quantifizierbaren Bewertungsgrößen Noten zugeordnet werden.

Tab. 8.3-1: Wertebereiche

Wirkungskategorie	Minimale Wirkung = Note 9	maximale Wirkung = Note 1
Flächeninanspruch-nahme im Umfeld	keine anlagenbedingte Flächen-inanspruchnahme zwischen den Widerlagern; geringe baubeding-te Flächeninanspruchnahme	nicht exakt definierbar (theoretisch unbegrenzt); Vorschlag: anlagen-bedingte Flächeninanspruchnahme entspricht der Brückengrundfläche oder ist größer
Zerschneidung von Lebensräumen	keine Zerschneidung	vollständige Zerschneidung über die ganze Länge der funktionalen Einheit
Einflüsse auf Luft-bewegungen	keine Einflüsse	Behinderung durch geschlossenen Damm
Einflüsse auf Fließ-gewässer	keine Einflüsse	nicht exakt definierbar; Vorschlag: Fließwechsel
Einflüsse auf den Grundwasserspiegel	keine Behinderung von Grund-wasserströmungen; keine Ab-senkung des Grundwassers	nicht exakt definierbar (theoretisch unbegrenzt); Vorschlag: Stauwirkung durch langes Bauwerk

3. Benotung mit Kennziffer
Die Bewertungsgrößen der Kriterien *Verwendbarkeit* und *Verwertbarkeit* sind Katego-rien, denen Gewichtungen zugeordnet werden können. Legt man die Gewichtungen so fest, daß der höchste Wert die Note 9 und der niedrigste Wert die Note 1 ergibt, liefern die Kategorien direkt die Note einer Variante. Den Kategorien werden folgende Ge-wichtungen zugeordnet:

– Verwendbarkeit: I $\Rightarrow$ 9; II $\Rightarrow$ 7; III $\Rightarrow$ 5; IV $\Rightarrow$ 3; V $\Rightarrow$ 1
– Verwertbarkeit: I $\Rightarrow$ 9; II $\Rightarrow$ 7; III $\Rightarrow$ 5; IV $\Rightarrow$ 3; V $\Rightarrow$ 1

8.4 Gewichtung

Eine Gewichtung ist erforderlich, um die Bewertungsergebnisse von Unterkriterien, die in der Hierarchie nebeneinander stehen, zum übergeordneten Bewertungsergebnis zu-sammenzufassen. Ein objektiver Ansatz ist dazu nicht möglich. Im folgenden sind Vor-schläge aus der Literatur zusammengestellt.

In Tabelle 8.4-1 sind die Umweltbelastungen bzw. deren Wirkungen in verschie-dene Bewertungsklassen eingeteilt. Sie werden durch die räumlichen und zeitlichen Dimensionen der Wirkungen, die möglichen Gefahren für die Umwelt und die Rever-sibilität beeinflußt. Übertragen auf die Kriterienstruktur läßt sich aus der Tabelle ablei-ten, daß die Kriterien *Ressourcenverbrauch* und *Auswirkungen von Emissionen* (in der Tabelle: Treibhausproblem, Ozonabbau, Versauerung, Eutrophierung, Photosmog, Freisetzung toxischer Stoffe) höher zu gewichten sind als die Kriterien *Eingriffe in den Naturhaushalt* (in der Tabelle: Flächenverbrauch) und *Abfallpotential*.

Ein ähnlicher Ansatz wird in [Schm95] beschrieben (Tabelle 8.4-2). Dort wird die ökologische Bedeutung von Umweltbelastungen und Wirkungen in fünf Kategorien eingeteilt (gering bis sehr groß). Die Kriterien für das Festlegen der ökologischen Bedeutung sind mit denen von Tabelle 8.4-1 vergleichbar.

Tab. 8.4-1: Gewichtungsvorschlag nach [Eye96]

Klasse	Merkmal	Problemfelder	Gewichtung
I	**global**		**7-10**
	lange Wirkungshorizonte	Treibhausproblem	10
	irreversibel; lebenswichtig	Ozonabbau	7
		Ressourcenverbrauch	9
II	**regional**		**4-6**
	technisch beeinflußbar;	Versauerung	6
	reversibel	Eutrophierung	4
		Photosmog	4
III	**lokal**		**2-6**
	Technosphäre	Abfallentsorgung	6
		Flächenverbrauch	3
		Lärm	3
		Geruch	2
IV	**übergreifend**	Freisetzung toxischer Stoffe	**2-10**

Tab. 8.4-2: Gewichtungsvorschlag nach [Schm95]

Wirkungskategorie	Ökologische Bedeutung
Verbrauch fossiler Energieträger	groß
Treibhauseffekt	sehr groß
Beeinträchtigung der Gesundheit des Menschen	Bewertung einzelner Stoffe oder Stoffgruppen
Direkte Schädigung von Organismen und Ökosystemen	Bewertung einzelner Stoffe oder Stoffgruppen
Bildung von Photooxidantien	groß
Versauerung von Böden und Gewässern	mittel
Nährstoffeintrag in Gewässer	mittel
Flächenverbrauch durch Deponien	gering bis mittel
Lärmbelastung – siedlungsnaher Bereich – Fernbereich	mittel gering bis mittel
Kernenergie	Bedeutung nicht festlegbar (potentielle Schäden sind ökologisch sehr bedeutsam, aber die Wahrscheinlichkeit des Eintretens ist schwer zu quantifizieren
Holzverbrauch	gering
Wasserverbrauch	gering

Berücksichtigt wurden ökologisches Gefährdungspotential, Reversibilität, Wirkungshorizont (global, regional oder lokal), Umweltpräferenz der Bevölkerung und Verhältnis der Belastung zu Qualitätszielen. Vor allem dem ökologischen Gefährdungspotential und der Reversibilität wird dabei eine besondere Bedeutung beigemessen, so daß auch aus diesem Gewichtungsvorschlag eine höhere Gewichtung der Kriterien *Ressourcenverbrauch* und *Auswirkungen von Emissionen* abgeleitet werden kann.

In Einzelfällen ist aber zu entscheiden, ob die lokalen *Eingriffe in den Naturhaushalt* so gravierend sein können, daß sie gegenüber den eher abstrakten anderen Kriterien höher oder zumindest gleichwertig gewichtet werden sollten. Eine große Vorbelastung des beeinträchtigten Raumes oder eine geringe Bedeutung der betroffenen Schutzgüter berechtigt zu einer geringen Gewichtung.

In [Schm95] wird weiterhin vorgeschlagen, auch die Anteile einzelner Umweltbelastungen an den Gesamtumweltbelastungen einer zeitlichen und räumlichen Einheit zu bestimmen und daraus Gewichtungen abzuleiten (Gewichtung durch den spezifischen Beitrag). Umweltbelastungen mit hohen Anteilen an den Gesamtbelastungen werden dabei höher gewichtet. Diese Methode ist objektiv, setzt allerdings quantitative Analysen und Kenntnisse zu Gesamtumweltbelastungen voraus. Tabelle 8.4-3 enthält die bekannten Jahresfrachten verschiedener Umweltbelastungen für Deutschland und zeigt die Anteile der Herstellung der Brückenbaustoffe und des Baus der Schornbachtalbrücke. Deutlich wird, daß vor allem der Verbrauch energetischer Rohstoffe und die Emissionen (hauptsächlich NO_x und CO_2) hohe Anteile an den Gesamtumweltbelastungen haben.

Tab. 8.4-3: Jahresfrachten und normierte Werte der Schornbachtalbrücke

Belastung	Einheit	Jahresfracht	Literatur	Fracht Schornbachtal	Verhältnis zur Jahresfracht	Verhältnis ($\times$1e+06)
Eisenerz	kg	43,0e+12	[Sta95]	2,1e+06	48,4e-09	0,048
Kalkstein	kg	93,2e+12	[Kal92]	11,6e+06	124,4e-09	0,124
Naturstein	kg	171,0e+12	[Sta95]	1,6e+06	9,5e-09	0,009
Sand/Kies	kg	213,0e+12	[Sta95]	44,4e+06	208,5e-09	0,208
Stammholz	m^3	38,7e+06	[Frü94]	137,0e+00	3,5e-06	3,540
Steinkohle	MJ	2,1e+12	[Fis95]	42,2e+06	20,4e-06	20,388
Braunkohle	MJ	2,0e+12	[Fis95]	24,6e+06	12,5e-06	12,475
Rohöl	MJ	5,7e+12	[Fis95]	29,8e+06	5,2e-06	5,246
Erdgas	MJ	2,5e+12	[Fis95]	10,2e+06	4,1e-06	4,086
Uran	MJ	1,4e+12	[Fis95]	16,3e+06	11,3e-06	11,337
Fläche	m^2	438,0e+06	[Gro90]	442,5e+00	1,0e-06	1,010
Wasser	m^3	12,3e+09	[Schm95]	76,6e+03	6,2e-06	6,225
SO_2	g	4,6e+12	[Schm95]	12,9e+06	2,8e-06	2,839
NO_x	g	3,1e+12	[Schm95]	35,1e+06	11,2e-06	11,170
Staub	g	1,8e+12	[Schm95]	5,2e+06	2,9e-06	2,867
CO_2	g	982,0e+12	[Schm95]	13,9e+09	14,1e-06	14,137
CO	g	10,0e+12	[Schm95]	35,9e+06	3,6e-06	3,595

Belastung	Einheit	Jahres-fracht	Literatur	Fracht Schorn-bachtal	Verhältnis zur Jahres-fracht	Verhältnis ($\times$1e+06)
CH_4	g	3,6e+12	[Schm95]	22,5e+06	6,3e-06	6,324
NMVOC	g	3,0e+12	[Schm95]	3,1e+06	1,0e-06	1,050
HF	g	124,0e+09	[Schm95]	17,8e+03	143,4e-09	0,143
NH_3	g	664,0e+09	[Schm95]	2,9e+03	4,3e-09	0,004
Pb	g	2,5e+09	[Schm95]	8,3e+03	3,3e-06	3,311
Dioxine/ Furane	g	14,6e+03	[För95]	11,0e-03	750,7e-09	0,751

8.5 Qualitative Bewertung

Die Kapitel 5 und 6 haben deutlich gemacht, daß vollständige Bewertungen auf der Grundlage quantifizierter Daten kaum möglich sind. Es ist daher angebracht, die Bewertung in einen quantitativen und einen qualitativen Abschnitt zu unterteilen. Für eine quantitative Analyse eignen sich alle Umweltbelastungen im Zusammenhang mit der Baustoffherstellung und weitere Umweltbelastungen, die aus den Baustoffmengen abgeleitet werden können. Je nach angestrebter Genauigkeit können analog des Beispiels Schornbachtalbrücke zusätzliche Verursacher und Lebensphasen bilanziert werden.

Für praktische Bewertungen von Wettbewerbsentwürfen ist ein Quantifizieren von Umweltbelastungen aus Zeitgründen aber kaum vorstellbar. So waren zum Beispiel beim Wettbewerb für die Südbrücke-Oberhavel in Berlin-Spandau mehr als 80 Entwürfe zu bewerten [Wet95]. Eine solche Anzahl von Entwürfen kann im Prinzip nur noch qualitativ bewertet werden.

Tab. 8.5-1: Bewertungstabelle für das Kriterium *Verbrauch mineralischer Rohstoffe* [FOG97a]

Parameter	Im allgemeinen mit geringerem Primärrohstoffverbrauch verbunden	Im allgemeinen mit höherem Primärrohstoffverbrauch verbunden
Bauart der Brücke	leichte dauerhafte Konstruktionen; wenig Verschleißteile, wie Lager, Übergangskonstruktionen usw.; geschützte Lage wesentlicher Tragwerksteile; kleine Betonoberflächen	massige Brücken mit großem Baustoffverbrauch; Brücken mit geringer Lebensdauer; häufig auszutauschende Bauteile; Tragwerksteile im Bereich aggressiver Medien; große Betonoberflächen
Art der Baustoffe	Stahl- und Holzbrücken; hohe Anteile von Elektrostahl (Schrottbasis) an den verwendeten Stählen; Einsatz von Recyclingmaterial für Baustraßen u.ä.	Brücken aus Beton; Brücken aus Naturstein
Qualität der Baustoffe	Baustoffe höherer Qualität (z.B. Hochleistungsbeton)	Baustoffe geringerer Festigkeit, z.B. Stahlbeton statt Spannbeton
Bauverfahren	wiederverwendbare Hilfskonstruktionen; geringe Abschreibung der Hilfskonstruktionen	nur einmal verwendbare Hilfskonstruktionen; aufwendige Baustraßen, bspw. für den Transport von schweren Fertigteilen; aufwendige Bodenverfestigungen im Baufeld

Der Fragenkatalog [FOG97a] sieht eine qualitative Bewertung vor. Zu jedem Kriterium werden dort Bewertungstabellen aufgestellt, nach denen eine grobe Bewertung auch ohne Quantifizierungen vorgenommen werden kann. Als Beispiel ist hier die Bewertungstabelle für die Wirkungskategorie *Verbrauch mineralischer Rohstoffe* aufgeführt (Tabelle 8.5-1). Es wird deutlich, daß hier die Parameter eingehen, die in Kapitel 7 analysiert wurden. Die Ergebnisse der Analyse bilden die Grundlage für die Bewertungstabellen.

8.6 Beispiel - Schornbachtalbrücke

8.6.1 Allgemeines

Für die Schornbachtalbrücke wurde vom Regierungspräsidium Stuttgart ein Ingenieurwettbewerb ausgelobt [Soh89]. Einige der prämierten Entwürfe, darunter der Ausführungsentwurf (Entwurf 3), standen für Bewertungen innerhalb der FOGIB zur Verfügung. Die untersuchten Entwürfe sind in Bild 8.6-1 dargestellt und werden im folgenden erläutert.

Entwurf 1 (siehe Anhang B, Bild B-6)   Entwurf 2 (siehe Anhang B, Bild B-7)

Entwurf 3 (siehe Kap. 5.3 und Anhang B)   Entwurf 4 (siehe Anhang B, Bild B-8)

Entwurf 5 (siehe Anhang B, Bild B-9)

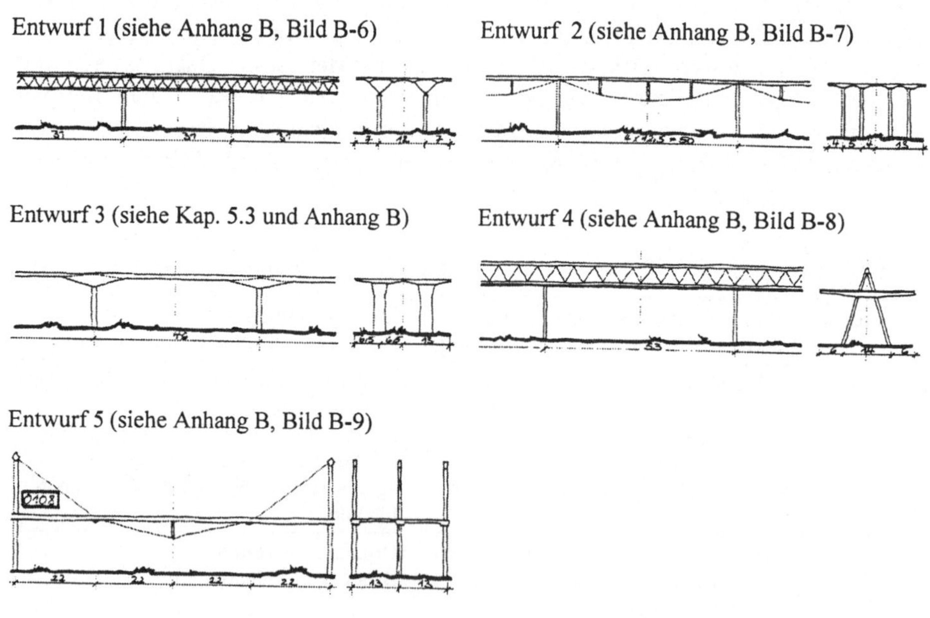

Bild 8.6-1: Untersuchte Entwürfe

– **Entwurf 1:** Bei dem Entwurf von *Zellner, Patsch und Fiedler* handelt es sich um eine Verbundkonstruktion mit einer Betonplatte als Fahrbahn und zwei darunter liegenden stählernen Fachwerkträgern. Für die Fachwerkträger sind Stahlrohre vorgesehen. Die Untergurtrohre (Durchmesser 600 mm) sind mit Beton gefüllt.

– **Entwurf 2:** Der Entwurf von *Schlaich, Schinlauer* und *Luz* weist als Besonderheit die Unterspannung (externe Vorspannung) der Brückenfelder in der Talmitte auf, wodurch eine geringe Überbauhöhe erreicht wird. Die Brücke hat zwei getrennte Überbauten, ausgeführt als Spannbetonplattenbalken. Als Stützen sind betongefüllte Stahlrohre vorgesehen. Die Brücke hat keine Lager.

– **Entwurf 3:** Der Entwurf von *Schulz, Hetzel* und *Krauß* wurde ausgeführt und ist in Kapitel 5.3 beschrieben.

– **Entwurf 4:** Von *Ludescher* und *Guggenberger* stammt dieser Entwurf, bei dem ein über der Fahrbahn liegender Dreigurt-Fachwerkbinder aus Stahl die beiden Fahrspuren trennt. Die Fahrbahnplatten aus Beton liegen auf Auskragungen. Diese sind am Untergurt des Fachwerkes befestigt und wirken im Verbund.

– **Entwurf 5:** Der Entwurf *Peter&Lochner* sieht einen dreistegigen Spannbetonplattenbalken vor, der im Bereich der Brückenmitte an Pylonen abgehängt und unterspannt ist.

Somit werden eine reine Spannbetonbrücke (Entwurf 3), zwei ab- bzw. unterspannte Spannbetonkonstruktionen (Entwürfe 2 und 5) sowie zwei Verbundkonstruktionen (Entwürfe 1 und 4) miteinander verglichen.

Grundlage der Bewertungen waren die Beschreibungen der Brücken [Soh89, Scho1] und einige Informationen zum Umfeld [Scho2, Scho3]. Die Baustoffmengen für die Entwürfe 1, 2, 4 und 5 wurden anhand der Wettbewerbsunterlagen berechnet. Für den Entwurf 3 wurde die Massenbilanz aus den Ausschreibungsunterlagen zusammengestellt (siehe Kapitel 5.3.1). Anhand der Massenbilanzen der Brücken wurden Sach- und Wirkungsbilanzen für die Herstellung der Brückenbaustoffe berechnet.

8.6.2 Bewertungen

Flächeninanspruchnahme im Umfeld

Die Bewertung erfolgt anhand der Bewertungsgrößen *anlagen-* und *baubedingte Flächeninanspruchnahme*. Wegen der geringen Höhe der Brücke über dem Talboden ist für die *anlagenbedingte Flächeninanspruchnahme* die überdeckte Fläche ausschlaggebend (siehe Bild 6.6-2). Geringe Unterschiede ergeben sich hier durch die unterschiedlichen Breiten der Entwürfe. Entwurf 1 ist wegen des Verzichts auf die Mittelfuge mit 25,5 m am schmalsten, Entwurf 5 im mittleren Bereich über eine Länge von 374 m wegen der Pylone und Seilaufhängungen mit 27,9 m am breitesten. Die anlagenbedingte Flächeninanspruchnahme der Entwürfe beträgt im einzelnen:

Enturf 1: $15\,708\text{ m}^2 = 25,5 \cdot 616\text{ m}$
Enturf 2: $15\,990\text{ m}^2 = 26 \cdot 615\text{ m}$
Enturf 3: $16\,230\text{ m}^2 = 26,26 \cdot 618\text{ m}$
Enturf 4: $15\,990\text{ m}^2 = 26 \cdot 615\text{ m}$
Enturf 5: $16\,605\text{ m}^2 = 242 \cdot 25,5 + 374 \cdot 27,9\text{ m}$

In Bezug auf die *baubedingte Flächeninanspruchnahme* sind die Entwürfe 1 und 4 positiv zu bewerten, da sie teilweise vormontiert werden können (kürzere Bauzeit) und Entwurf 1 im Taktschiebeverfahren herstellbar ist (geringere Flächeninanspruchnahme).

Die Bewertung geht wegen der, im Verhältnis zur Brückenfläche großen über-deckten Fläche von einem relativ niedrigen Grundwert, der Note 3,0 aus. Die geringen Unterschiede bei der anlagenbedingten Flächeninanspruchnahme werden durch Abzüge von 0,1 (E2 und E4), 0,2 (E3) und 0,3 (E5) erfaßt. Die kleinere baubedingte Flächen-inanspruchnahme der Entwürfe 1 und 4 wird mit einem Bonus von 0,5 (E1) und 0,3 (E4) berücksichtigt.

Bewertung: Entwurf 1: $3 + 0,5$ $\Rightarrow$ 3,5

                Entwurf 2: $3 - 0,1$ $\Rightarrow$ 2,9

                Entwurf 3: $3 - 0,2$ $\Rightarrow$ 2,8

                Entwurf 4: $3 - 0,1 + 0,3$ $\Rightarrow$ 3,2

                Entwurf 5: $3 - 0,3$ $\Rightarrow$ 2,7

Flächeninanspruchnahme infolge Rohstoffgewinnung

Bewertet werden die Ergebnisse der Wirkungsbilanzen für die Herstellung der Brücken-baustoffe. Neben der Flächeninanspruchnahme für die Brückenbaustoffe gibt es keine zusätzlichen Aspekte, die das Bewertungsergebnis deutlich verändern könnten. Die Noten wurden anhand des Wertebereiches der Vergleichsbrücken[1] ($0,38 - 3,24$ m^{2}a/m^2) linear interpoliert.

Bewertung: Entwurf 1:   1,34 m^{2}a/m^2 $\Rightarrow$ 6,3

                Entwurf 2:   1,63 m^{2}a/m^2 $\Rightarrow$ 5,5

                Entwurf 3:   3,02 m^{2}a/m^2 $\Rightarrow$ 1,6

                Entwurf 4:   1,24 m^{2}a/m^2 $\Rightarrow$ 6,6

                Entwurf 5:   2,04 m^{2}a/m^2 $\Rightarrow$ 4,3

Zerschneidung von Lebensräumen

Zu bewerten ist die teilweise Zerschneidung durch die Flächenverödung unter der Brük-ke. Die Länge l_{teil} ist für alle Entwürfe gleich. Bei den Entwürfen 3 und 4 ergibt sich durch die vorgesehene Öffnung zwischen den Richtungsfahrbahnen die Möglichkeit, eine schmales Vegetationsband anzulegen. Der Zerschneidungseffekt wird dadurch ge-mildert, was positiv bewertet wird. Als Grundnote wird 4,0 angenommen, da die Fläche unter der Brücke nur von größeren Tierarten passiert werden kann. Die Entwürfe 3 und 4 werden wegen der Öffnung um eine Note aufgewertet[2]. Wegen der breiteren Fahr-bahnplatte und der für den Regeneinfall ungünstigen Randausbildung wird Entwurf 5 um eine halbe Note abgewertet.

Bewertung: Entwurf 1: 4 ± 0 $\Rightarrow$ 4,0

                Entwurf 2: 4 ± 0 $\Rightarrow$ 4,0

                Entwurf 3: $4 + 1,0$ $\Rightarrow$ 5,0

                Entwurf 4: $4 + 1,0$ $\Rightarrow$ 5,0

                Entwurf 5: $4 - 0,5$ $\Rightarrow$ 3,5

---

[1] Bei der Benotung anhand der Vergleichsbrücken wurden die Baustoffmengen der einzelnen Entwürfe jeweils auf eine Fahrbahnfläche von 15700 m^2 normiert.

[2] Bei der Ausführung von Entwurf 3 wurde allerdings auf die ursprünglich geplante breite Öff-nung zwischen den Richtungsfahrbahnen verzichtet.

Einflüsse auf Luftbewegungen
Relevant ist hier nur die Behinderungswirkung, da aufgrund der topographischen Gegebenheiten und der Größen der relativen Öffnungsweiten ein Kaltluftstau bei keinem Entwurf zu befürchten ist. Die Behinderungswirkung wird wie in Kapitel 6.6 nach Formel 6-6 unter Annahme eines idealisierten Talquerschnittes von 7045 m², mit idealisierten Seitenansichtsflächen der Brücken sowie dem c_w-Wert 2,05 für das liegende Prisma berechnet. Die Höhe h der Rechtecksfläche A_S setzt sich dabei aus den idealisierten Höhen der Unter- und Überbauten (h_U, $h_ü$), der Lärmschutzwand (h_L) und gegebenenfalls zusätzlicher Bauteile (h_B), wie Brüstung, Fachwerkträger, Pylone zusammen. Im einzelnen ergeben sich folgende Werte:

Tab. 8.6-1: Berechnung der Behinderungswirkung

Entwurf	l (m)	h ($h_U + h_ü + h_L + h_B$) (m)	A_S (m²)	Behinderungswirkung (%)
1	616	5,1 (0,2 + 2,9 + 2 + 0)	3142	96
2	615	3,6 (0,4 + 1,2 + 2 + 0)	2214	80
3	618	4,4 (0,4 + 1,2 + 2 + 0,8)	2720	89
4	615	6,2 (0,2 + 1,3 + 2 + 2,7)	3813	105
5	616	3,9 (0,4 + 1,3 + 2 + 0,2)	2402	84

Die Skala der Noten wird durch die theoretischen Behinderungswirkungen von 0% (keine Brücke) und 143% (vollständige Verbauung) bestimmt. Aus den berechneten Behinderungswirkungen ergeben sich folgende Noten:

Bewertung:
Entwurf 1: 96% $\Rightarrow$ 3,6
Entwurf 2: 80% $\Rightarrow$ 4,5
Entwurf 3: 89% $\Rightarrow$ 4,0
Entwurf 4: 105% $\Rightarrow$ 3,1
Entwurf 5: 84% $\Rightarrow$ 4,3

Einflüsse auf Fließgewässer
Die Forderungen in der Ausschreibung des Wettbewerbes [Scho2], keine Umbaumaßnahmen am Bach vorzunehmen, werden von allen Entwürfen eingehalten. Der Uferbereich des Baches wird jeweils großräumig freigehalten. Auf eine temporäre Beeinträchtigung durch eine Baustraßenbrücke kann bei keiner der Entwürfe verzichtet werden. Alle Entwürfe sind also gleich zu bewerten, so daß diese Wirkungskategorie entfallen kann.

Einflüsse auf den Grundwasserspiegel
Genaue Angaben zum Grundwasser lagen für die Bewertung nicht vor. In der Planfeststellung [Scho3] wurde ein Gutachten zitiert, nach dem eine Beeinflussung des Grundwassers durch die Brücke ausgeschlossen ist. Grundwasserhaltungen wurden während des Baus nicht vorgenommen, bzw. sind für keine Entwurf nötig. Die Wirkungskategorie kann somit auch entfallen.

Verbrauch mineralischer Rohstoffe

Bewertungsgrundlage: Ergebnisse der Wirkungsbilanzen; Noten linear interpoliert; Wertebereich der Vergleichsbrücken: 550 bis 2580 kg/m^2

Bewertung: Entwurf 1:   1171 kg/m^2 $\Rightarrow$ 6,5

                   Entwurf 2:   1300 kg/m^2 $\Rightarrow$ 6,0

                   Entwurf 3:   2394 kg/m^2 $\Rightarrow$ 1,7

                   Entwurf 4:   1117 kg/m^2 $\Rightarrow$ 6,8

                   Entwurf 5:   1609 kg/m^2 $\Rightarrow$ 4,8

Holzverbrauch

Der Holzverbrauch wird qualitativ anhand der erforderlichen Schalfläche bewertet. Vouten und Pylone führen zu einer Abwertung. Als Grundwert wird die Note 6,0 angenommen, da der Schalungsaufwand aller Entwürfe im Verhältnis zum üblichen Hohlkasten gering ist (siehe Kap. 6.6.4). Wegen der Vouten, bzw. wegen der Pylone werden die Entwürfe 3 und 5 auf den Wert 5,0 abgemindert.

Bewertung: Entwurf 1: 6 ± 0 $\Rightarrow$ 6,0

                   Entwurf 2: 6 ± 0 $\Rightarrow$ 6,0

                   Entwurf 3: $6 - 1,0$ $\Rightarrow$ 5,0

                   Entwurf 4: 6 ± 0 $\Rightarrow$ 6,0

                   Entwurf 5: $6 - 1,0$ $\Rightarrow$ 5,0

Verbrauch energetischer Rohstoffe

Bewertet wird der Primärenergieverbrauch. Die anhand des Wertebereiches der Vergleichsbrücken (1970 bis 10712 MJ/m^2) berechneten Noten werden wie folgt modifiziert: Bei Entwurf 3 erfolgt eine Abwertung um 0,5, da die gegenüber den anderen Entwürfen deutlich schwerere Brücke größere Aufwendungen während des Baus und des Abbruchs sowie für Transporte erfordert. Der Schweißaufwand für die Entwürfe 1 und 4 wird durch eine Abwertung um 0,2 berücksichtigt. Mit Beton gefüllte Rohre sind nur mit hohem energetischen Aufwand abzubrechen und sortenrein aufzuarbeiten, was durch einen Abzug von 0,3 erfaßt wird (Entwürfe 1, 2, 4). Der wahrscheinliche Austausch der Seile bei den Entwürfen 2 und 5 wird durch einen Abzug von 0,3 berücksichtigt.

Bewertung: Entwurf 1:   4610 MJ/m^2 $\Rightarrow$ 6,6 $(-0,2 - 0,3)$ $\Rightarrow$ 6,1

                   Entwurf 2:   2480 MJ/m^2 $\Rightarrow$ 8,5 $(-0,3 - 0,3)$ $\Rightarrow$ 7,9

                   Entwurf 3:   4120 MJ/m^2 $\Rightarrow$ 7,0 $(-0,5)$ $\Rightarrow$ 6,5

                   Entwurf 4:   4571 MJ/m^2 $\Rightarrow$ 6,6 $(-0,2 - 0,3)$ $\Rightarrow$ 6,1

                   Entwurf 5:   2703 MJ/m^2 $\Rightarrow$ 8,3 $(-0,3)$ $\Rightarrow$ 8,0

Wasserverbrauch

Bewertungsgrundlage: Ergebnisse der Wirkungsbilanzen; Noten linear interpoliert; Wertebereich der Vergleichsbrücken: 0,82 bis 3,23 m^3/m^2

Bewertung: Entwurf 1:   1,59 m^3/m^2 $\Rightarrow$ 6,4

                   Entwurf 2:   1,58 m^3/m^2 $\Rightarrow$ 6,5

                   Entwurf 3:   2,88 m^3/m^2 $\Rightarrow$ 2,1

                   Entwurf 4:   1,46 m^3/m^2 $\Rightarrow$ 6,9

                   Entwurf 5:   1,95 m^3/m^2 $\Rightarrow$ 5,2

Treibhauseffekt

Bewertungsgrundlage: Ergebnisse der Wirkungsbilanzen; Noten linear interpoliert; Wertebereich der Vergleichsbrücken: 248 bis 958 kg/m^2

Bewertung:	Entwurf 1:	485 kg/m^2	$\Rightarrow$	6,3
	Entwurf 2:	318 kg/m^2	$\Rightarrow$	8,2
	Entwurf 3:	551 kg/m^2	$\Rightarrow$	5,6
	Entwurf 4:	472 kg/m^2	$\Rightarrow$	6,5
	Entwurf 5:	367 kg/m^2	$\Rightarrow$	7,7

Versauerung von Böden und Gewässern

Bewertungsgrundlage: Ergebnisse der Wirkungsbilanzen; Noten linear interpoliert; Wertebereich der Vergleichsbrücken: 580 bis 2820 g/m^2

Bewertung:	Entwurf 1:	1170 g/m^2	$\Rightarrow$	6,9
	Entwurf 2:	700 g/m^2	$\Rightarrow$	8,6
	Entwurf 3:	1220 g/m^2	$\Rightarrow$	6,7
	Entwurf 4:	1240 g/m^2	$\Rightarrow$	6,6
	Entwurf 5:	790 g/m^2	$\Rightarrow$	8,3

Bodennahe Ozonbildung

Bei dieser Wirkungskategorie haben die Bauprozesse (Verbrennungsmotoren) gegenüber den Prozessen der Baustoffherstellung relativ hohe Anteile an den Gesamtemissionen (siehe Bild 6.6-12). NMVOC-Emissionen bei Korrosionsschutzarbeiten führen u.U. sogar zu einem deutlich höheren Beitrag zur bodennahen Ozonbildung als die Herstellung der Stahlteile, auf die der Anstrich aufgetragen wird: Geht man von einem Bedarf an Korrosionsschutzmitteln von 320 g pro m^2 Stahloberfläche und einem Lösemittelanteil von 30% aus, werden beim Auftrag des Anstriches etwa 100 g NMVOC je m^2 Stahloberfläche frei (320 · 0,3 = 96 g/m^2). Das Ozonbildungspotential von NMVOC beträgt 0,416 (Tabelle 6.3-4). Daraus ergibt sich ein Beitrag zur Ozonbildung von 0,416 · 96 = 40 g je m^2 Stahloberfläche. Eine Erneuerung des Korrosionsschutzes führt näherungsweise zu den gleichen Emissionen, so daß sich bei drei Erneuerungen während eines Lebenszyklus ein Gesamtbeitrag von 40 + 3 · 40 = 160 g/m^2 Stahloberfläche ergibt. Bei Entwurf 1 beträgt der Beitrag zur Ozonbildung infolge der Herstellung der Baustoffe 29 g/m^2 Brückenoberfläche. Die Erstbeschichtung der Stahloberfläche von 0,53 m^2/m^2 Brückenoberfläche führt zu einer Ozonbildung von 21 g/m^2 (0,53 · 40), die dreimalige Erneuerung zu 63 g/m^2, in der Summe somit zu 84 g/m^2.

Wegen des großen Einflusses auf den Gesamtbeitrag zur Ozonbildung wird der Korrosionsschutz bei der Bewertung der Wirkungskategorie *Bodennahen Ozonbildung* berücksichtigt (Tabelle 8.6-2). Um die Größenordnungen der anderen Emissionen näherungsweise im richtigen Verhältnis zu erfassen, wird der berechnete Beitrag aus der Baustoffherstellung verdoppelt. Der Zuschlag von 100% wurde aus dem Anteil der Baustoffherstellung am Gesamtbeitrag der Entwurf 3 übernommen (Bild 6.6-12).

Die Bewertungsskala wird pauschal anhand der schlechtesten Brücke festgelegt. Dem Wert von 214 g/m^2 wird eine Note von 3,0 zugeordnet, da auch noch größere Stahloberflächen denkbar wären. Als Untergrenze für die Note 9 wird der um 100% aufgewertete Minimalwert der Vergleichsbrücken angesetzt (14 · 2 = 28 g/m^2).

Tab. 8.6-2: Berechnung des Beitrags zur bodennahen Ozonbildung

Entwurf	Ozonbildung infolge Herstellung der Baustoffe (g/m^2)	pauschaler Zuschlag	Stahloberfläche (m^2/m^2)	Ozonbildung infolge Korrosionsschutz (g/m^2)	Summe (g/m^2)
1	29	100%	0,53	84	142
2	18	100%	0,1	16	52
3	32	100%	0	0	64
4	27	100%	1,0	160	214
5	21	100%	0,05	8	50

Aus dem Wertebereich und den Beiträgen der einzelnen Entwürfe ergeben sich folgende, linear interpolierte Noten:

Bewertung: Entwurf 1: $142\ g/m^2$ $\Rightarrow$ 5,3
               Entwurf 2: $52\ g/m^2$ $\Rightarrow$ 8,2
               Entwurf 3: $64\ g/m^2$ $\Rightarrow$ 7,8
               Entwurf 4: $214\ g/m^2$ $\Rightarrow$ 3,0
               Entwurf 5: $50\ g/m^2$ $\Rightarrow$ 8,3

Humantoxizität- und Ökotoxizität

Die Bewertung erfolgt nur mit der Bewertungsgröße *Humantoxizität*, da die Bewertungsgröße *Kritisches Volumen* die gleichen Noten ergibt. Die anhand des Wertebereiches der Vergleichsbrücken (750 bis 3966 kg/m^2) berechneten Noten werden bei Entwürfen mit Stahloberflächen in Abhängigkeit von deren Größe abgemindert, da bei den Korrosionsschutzarbeiten toxische Emissionen auftreten.

Bewertung: Entwurf 1: $1637\ kg/m^2$ $\Rightarrow$ 6,8 (− 0,5) $\Rightarrow$ 6,3
               Entwurf 2: $907\ kg/m^2$ $\Rightarrow$ 8,6 (− 0,1) $\Rightarrow$ 8,5
               Entwurf 3: $1567\ kg/m^2$ $\Rightarrow$ 7,0 (± 0) $\Rightarrow$ 7,0
               Entwurf 4: $1708\ kg/m^2$ $\Rightarrow$ 6,6 (− 1,0) $\Rightarrow$ 5,6
               Entwurf 5: $1018\ kg/m^2$ $\Rightarrow$ 8,3 (± 0) $\Rightarrow$ 8,3

Abraum

Bewertungsgrundlage: Ergebnisse der Wirkungsbilanzen; Noten linear interpoliert; Wertebereich der Vergleichsbrücken: 128 bis 642 kg/m^2.

Bewertung: Entwurf 1: $253\ kg/m^2$ $\Rightarrow$ 7,1
               Entwurf 2: $157\ kg/m^2$ $\Rightarrow$ 8,5
               Entwurf 3: $273\ kg/m^2$ $\Rightarrow$ 6,7
               Entwurf 4: $281\ kg/m^2$ $\Rightarrow$ 6,6
               Entwurf 5: $174\ kg/m^2$ $\Rightarrow$ 8,3

Inerte Abfälle

Wie Bild 6.6-18 zeigt, spielt die Herstellung der Baustoffe bei dieser Wirkungskategorie keine Rolle, da die meisten inerten Abfälle bei der Unterhaltung und beim Abbruch einer Brücke entstehen. Alle Tragwerksteile der Entwürfe bestehen aus Stahl und Beton und sind somit theoretisch vollständig verwertbar (siehe Kap. 6.5.2). Inerter Abfall aus Abbrüchen entsteht nur dann, wenn der Beton zu hohe Chloridkonzentrationen infolge Tausalzeintrag enthält oder die Abbruchmassen wegen schlechter Trennbarkeit nicht verwertbar sind. Bei allen Entwürfen sind die Kappen mit Sicherheit chloridhaltig, zusätzlich bei Entwurf 4 die Brüstung unter dem Fachwerkträger und bei Entwurf 5 der untere Bereich der Pylone (Abwertung 0,5 bzw. 0,3). Als schwer trennbar sind bei den Entwürfen 1, 2 und 4 die betongefüllten Rohre anzusehen (Abwertung 0,5). Ausgegangen wird von der Grundnote 7,0.

Bewertung:
Entwurf 1:	$7 - 0,5$	$\Rightarrow$ 6,5
Entwurf 2:	$7 - 0,5$	$\Rightarrow$ 6,5
Entwurf 3:	7 ± 0	$\Rightarrow$ 7,0
Entwurf 4:	$7 - 0,5 - 0,5$	$\Rightarrow$ 6,0
Entwurf 5:	$7 - 0,3$	$\Rightarrow$ 6,7

Sonderabfälle

Bewertungsgrundlage: Ergebnisse der Wirkungsbilanzen; Noten linear interpoliert; Wertebereich der Vergleichsbrücken: 0,1 bis 4,2 kg/m^2.

Bewertung:
Entwurf 1:	1,13 kg/m^2	$\Rightarrow$ 7,0
Entwurf 2:	0,29 kg/m^2	$\Rightarrow$ 8,6
Entwurf 3:	0,45 kg/m^2	$\Rightarrow$ 8,3
Entwurf 4:	1,39 kg/m^2	$\Rightarrow$ 6,5
Entwurf 5:	0,23 kg/m^2	$\Rightarrow$ 8,7

Verwendbarkeit

Entwurf 1

Teile der unter der Fahrbahnplatte liegenden Fachwerkträger können u.U. weiterverwendet werden, wobei die Betonfüllung der Untergurte die Demontage erschwert. Am ehesten denkbar ist daher eine Verwendung der Diagonalen, die in großer Stückzahl vorhanden sind und beliebig gekürzt werden können. Die Untergurte könnten als Stützen verwendet werden. Die Träger liegen geschützt, so daß die Schädigungswahrscheinlichkeit gering ist. Das Bauwerk wird in die Kategorie II-III eingestuft.

Entwurf 2

Verwendbar sind die Seile, die Luftstützen und die Stützen. Alle genannten Bauteile liegen geschützt unter der Fahrbahnplatte. Mengenmäßig haben sie nur einen geringen Anteile am Gesamtbauwerk. Bei den Seilen ist von einer Vorbelastung durch Ermüdung auszugehen. Das Bauwerk wird in die Kategorie IV eingestuft.

Entwurf 3

Von der Spannbetonkonstruktion ist nichts verwendbar (Kategorie V).

Entwurf 4

Verwendet werden können Teile des Fachwerks, die Querträger, die Stützen und mglw. auch die Fertigteilbrüstungen. Abgesehen von der Fahrbahnplatte ist sogar eine De- und Remontage der Brücke denkbar. Das über der Fahrbahn liegende Fachwerk und die Fertigteilbrüstungen sind allerdings der Witterung und Tausalzbelastungen ausgesetzt. Von einer hohen Schädigungswahrscheinlichkeit ist somit auszugehen. Der Entwurf wird trotzdem in die Kategorie II eingestuft.

Entwurf 5

Hier sind nur Seile und Luftstützen verwendbar. Die Seile liegen teilweise über der Fahrbahn, was die Wahrscheinlichkeit einer Schädigung erhöht. Dieser Entwurf ist der Kategorie IV-V mit Tendenz zur Kat. V zuzuordnen und wird daher mit der Note 1,5 bewertet.

Bewertung: Entwurf 1:   Kat. II-III $\Rightarrow$ 6,0
               Entwurf 2:   Kat. IV $\Rightarrow$ 3,0
               Entwurf 3:   Kat. V $\Rightarrow$ 1,0
               Entwurf 4:   Kat. II $\Rightarrow$ 7,0
               Entwurf 5:   Kat. IV $\Rightarrow$ 1,5

Verwertbarkeit

Für alle Entwürfe kommen nur Stahl und Beton zum Einsatz. Die Entwürfe 1 und 4 können wegen des hohen Stahlanteils in die Verwertungskategorie I-II eingestuft werden. Die Entwürfe 2, 3 und 5 werden der Verwertungskategorie II zugeordnet. Für die Verwertbarkeit des Stahles ist dessen Zustand unerheblich. Anders dagegen beim Beton. Hier kann eine mögliche Kontaminierung mit Chloriden einer Verwertung als Zuschlagmaterial entgegenstehen. Der Schädigungszustand der Kappen und der Fahrbahnplatte dürfte beim Abbruch bei allen Entwürfen gleich sein. Negativ zu bewerten sind daher nur Betonteile über der Fahrbahn, die es bei den Entwürfen 4 (Fertigteilbrüstungen) und 5 (Pylone) gibt. Beide Entwürfe werden deshalb um 0,5 bzw. 0,3 abgewertet. Zu einer weiteren Abwertung von 0,5 führen die betongefüllten Rohre der Entwürfe 1, 2 und 4.

Bewertung: Entwurf 1:   Kat. I-II $\Rightarrow$ 8,0 $(-0,5)$ $\Rightarrow$ 7,5
               Entwurf 2:   Kat. II $\Rightarrow$ 7,0 $(-0,5)$ $\Rightarrow$ 6,5
               Entwurf 3:   Kat. II $\Rightarrow$ 7,0 (± 0) $\Rightarrow$ 7,0
               Entwurf 4:   Kat. I-II $\Rightarrow$ 8,0 $(-0,5-0,5)$ $\Rightarrow$ 7,0
               Entwurf 5:   Kat. II $\Rightarrow$ 7,0 $(-0,3)$ $\Rightarrow$ 6,7

8.6.3 Gewichtungen

Eingriffe in den Naturhaushalt

Im Prinzip sind bei der Schornbachtalbrücke nur die Flächeninanspruchnahme und die Zerschneidung wirklich relevant. Einflüsse auf Luftbewegungen sind aufgrund der Breite des Tales kaum zu erwarten, Einflüsse auf Fließgewässer und Grundwasser sind nicht vorhanden. Flächeninanspruchnahme und Zerschneidung werden deshalb mit je 30%, die Einflüsse auf Luftbewegungen mit 10% gewichtet.

Flächeninanspruchnahme im Umfeld:	30%
Flächeninanspruchnahme infolge Rohstoffgewinnung:	30%
Zerschneidung von Lebensräumen:	30%
Einflüsse auf Luftbewegungen:	10%
Einflüsse auf Fließgewässer:	0%
Einflüsse auf den Grundwasserspiegel:	0%

Ressourcenverbrauch

Der Verbrauch energetischer Rohstoffe wird hoch gewichtet, da dieser Verbrauch irreversibel ist und die energetischen Rohstoffe im Vergleich zu den mineralischen Rohstoffen knapper sind. Holz- und Wasserverbrauch erhalten wegen der geringen ökologischen Bedeutung eine geringe Gewichtung.

Verbrauch mineralischer Rohstoffe:	30%
Holzverbrauch:	10%
Verbrauch energetischer Rohstoffe:	50%
Wasserverbrauch:	10%

Auswirkungen von Emissionen

Die Gewichtungen orientieren sich an der ökologischen Bedeutung nach Tabelle 8.4-2, wobei der Human- und Ökotoxizität eine große ökologische Bedeutung zugeordnet wird.

Treibhauseffekt:	30%
Versauerung von Böden und Gewässern:	20%
Bodennahe Ozonbildung:	25%
Human- und Ökotoxizität:	25%

Abfallpotential

Abraum und Bodenaushub sind in der Regel unbelastete Abfälle, verbrauchen aber große Deponieflächen. Bodenaushub spielt hier allerdings keine Rolle. Bei den inerten Abfällen ist ebenfalls nur die Deponiefläche von Bedeutung. Aus ökologischer Sicht sind die Sonderabfälle als besonders problematisch anzusehen. Sie werden daher höher gewichtet als Abraum und inerte Abfälle.

Abraum:	30%
Bodenaushub:	0%
Inerte Abfälle:	30%
Sonderabfälle:	40%

Kreislauffähigkeit

Wegen des höheren Einsparpotentials wird die Verwendbarkeit höher gewichtet als die Verwertbarkeit.

Verwendbarkeit:	60%
Verwertbarkeit:	40%

Ebene Hauptkriterien

Ressourcenverbrauch und *Auswirkungen von Emissionen* werden wegen der ökologischen Bedeutung und des hohen spezifischen Beitrags am höchsten gewichtet (siehe Kap. 8.4). Die Kriterien *Abfallpotential* und *Kreislauffähigkeit* betreffen vorrangig in der Zukunft liegende und schwer vorhersehbare Ereignisse, so daß hierfür eine niedrigere Gewichtung gewählt wird.

Eingriffe in den Naturhaushalt:	20%
Ressourcenverbrauch:	25%
Auswirkungen von Emissionen:	25%
Abfallpotential:	15%
Kreislauffähigkeit:	15%

8.6.4 Bewertungsergebnis

Die einzelnen Noten jeder Entwurf werden mit der Nutzwertanalyse zu einer Gesamtaussage zusammengefaßt. Die Aggregation erfolgt nach der Formel:

$$x = \sum y_j \left(\sum y_i x_i \right)_j \tag{8-1}$$

mit: x_i: Noten auf der 3. Kriterienebene

y_i: Gewichtungen auf der 3. Kriterienebene

y_j: Gewichtungen auf der 2. Kriterienebene

x: Note auf der 1. Kriterienebene

Tab. 8.6-3: Bewertungsergebnisse der Kriterien auf der 3. Ebene

Kriterien	Gewichtung	Entwurf 1	Entwurf 2	Entwurf 3	Entwurf 4	Entwurf 5
Flächeninanspruchnahme im Umfeld	30%	3,5	2,9	2,8	3,2	2,7
Flächeninanspruchnahme infolge Rohstoffgewinnung	30%	6,3	5,5	1,6	6,6	4,3
Zerschneidung von Lebensräumen	30%	4,0	4,0	5,0	5,0	3,5
Einflüsse auf Luftbewegungen	10%	3,6	4,5	4,0	3,1	4,3
Einflüsse auf Fließgewässer	0%	0,0	0,0	0,0	0,0	0,0
Einflüsse auf den Grundwasserspiegel	0%	0,0	0,0	0,0	0,0	0,0
Verbrauch mineralischer Rohstoffe	30%	6,5	6,0	1,7	6,8	4,8
Holzverbrauch	10%	6,0	6,0	5,0	6,0	5,0
Verbrauch energetischer Rohstoffe	50%	6,1	7,9	6,5	6,1	8,0
Wasserverbrauch	10%	6,4	6,5	2,1	6,9	5,2
Treibhauseffekt	30%	6,3	8,2	5,6	6,5	7,7
Versauerung von Böden und Gewässern	20%	6,9	8,6	6,7	6,6	8,3
Bodennahe Ozonbildung	25%	5,3	8,2	7,8	3,0	8,3
Human- und Ökotoxizität	25%	6,3	8,5	7,0	5,6	8,3
Abraum	30%	7,1	8,5	6,7	6,6	8,3
Bodenaushub	0%	0,0	0,0	0,0	0,0	0,0
Inerte Abfälle	30%	6,5	6,5	7,0	6,0	6,7
Sonderabfälle	40%	7,0	8,6	8,3	6,5	8,7
Verwendbarkeit	60%	6,0	3,0	1,0	7,0	1,5
Verwertbarkeit	40%	7,5	6,5	7,0	7,0	6,7

Tab. 8.6-4: Bewertungsergebnisse nach Aggregation auf der 2. Kriterienebene

Kriterien	Gewichtung	Entwurf 1	Entwurf 2	Entwurf 3	Entwurf 4	Entwurf 5
Eingriffe in den Naturhaushalt	20%	4,5	4,2	3,2	4,8	3,6
Ressourcenverbrauch	25%	6,2	7,0	4,5	6,4	6,5
Auswirkungen von Emissionen	25%	6,2	8,4	6,7	5,4	8,1
Abfallpotential	15%	6,9	7,9	7,4	6,4	8,0
Kreislauffähigkeit	15%	6,6	4,4	3,4	7,0	3,6

Tab. 8.6-5: Bewertungsergebnisse nach Aggregation auf der 1. Kriterienebene

Kriterium	Entwurf 1	Entwurf 2	Entwurf 3	Entwurf 4	Entwurf 5
Umweltverträglichkeit	6,0	6,5	5,1	5,9	6,1

Das beste Ergebnis erzielt somit Entwurf 2. Die Entwürfe 5, 1 und 4 liegen im Mittelfeld dicht beieinander. Entwurf 3 bildet das Schlußlicht.

Diskussion der Bewertungsergebnisse

Da es beim Kriterium *Eingriffe in den Naturhaushalt* keine großen Unterschiede zwischen den Entwürfe gibt, wird das Bewertungsergebnis vor allem durch die Umweltbelastungen außerhalb des Umfeldes beeinflußt. Die Unterschiede zwischen Spannbeton- und Stahlkonstruktionen kommen hier nicht so deutlich zum Tragen, weil die zwei Entwürfe mit Stahlüberbauten Verbundkonstruktionen sind. Hier spielen vielmehr die Baustoffmengen eine große Rolle, was am schlechten Abschneiden von Entwurf 3 zu erkennen ist. Der große Baustoffbedarf des an sich schlanken, aber als Vollplatte mit Vouten ausgebildeten Spannbetonüberbaus dieses Entwurfes erweist sich hier als Nachteil. Bei Entwurf 2 werden mit der Idee, die Plattendicke durch engeren Stützenabstand und die Unterspannung deutlich zu verringern, große Materialmengen und damit auch Umweltbelastungen eingespart. Das ähnliche Konzept des Entwurfes 5 ergibt den zweiten Platz. Daß die zwei Verbundkonstruktionen (E1 und E4) besser abschneiden als Entwurf 3 ist sicher nicht auf den ersten Blick erkennbar. Hier ist neben dem großen Materialbedarf des Entwurfes 3 auch die bessere Kreislauffähigkeit der Verbundbrücken ausschlaggebend dafür, daß die an sich höheren Umweltbelastungen der Stahlerzeugung aufgewogen werden.

Durch die Gewichtungen der Kriterien kann das Ergebnis beeinflußt werden. So ergibt sich z.B. mit einer Gleichgewichtung aller Kriterien folgendes Ergebnis:

Entwurf 1:	5,7	Platz 2
Entwurf 2:	6,0	Platz 1
Entwurf 3:	4,7	Platz 5
Entwurf 4:	5,6	Platz 3
Entwurf 5:	5,5	Platz 4

Die Plätze 1 und 5 haben sich nicht verändert. Allerdings sind die Entwürfe 1, 4 und 5 näher an Entwurf 1 herangerückt und haben auch ihre Plätze vertauscht. Die Stahlverbundkonstruktionen (E1 und E4) liegen jetzt knapp vor Entwurf 5. Das geänderte Ergebnis ist hauptsächlich auf die höhere Gewichtung der Kreislauffähigkeit zurückzuführen.

Analysiert man die Noten der einzelnen Kriterien, fallen die ähnlichen Ergebnisse bei den Kriterien *Flächeninanspruchnahme infolge Rohstoffgewinnung*, *Verbrauch mineralischer Rohstoffe* und *Wasserverbrauch* auf der einen Seite und *Verbrauch energetischer Rohstoffe*, *Treibhauseffekt*, *Versauerung von Böden und Gewässern*, *Human- und Ökotoxizität*, *Abraum* und *Sonderabfälle* auf der anderen Seite auf. Diese Kriterien werden nur durch Art und Menge der Brückenbaustoffe bestimmt, und zwar durch die Massenanteile von Stahl und Beton. Ein hoher Stahlanteil beeinflußt die Kriterien der erstgenannten Gruppe positiv, der letztgenannten dagegen negativ (siehe Tab. 7.3-5).

Das Ergebnis des Bewertungsbeispiels unterstreicht die Bedeutung der Auswahl der Brückenbaustoffe und der benötigten Baustoffmengen für die Umweltbelastungen einer Brücke. Gleichzeitig wird deutlich, wie stark das Bewertungsergebnis von einer guten Beschreibung der Entwürfe (Baustoffmengen, Bauverfahren) und von den verwendeten Sachbilanzdaten abhängig ist. Der erste und der letzte Platz zeigen Tendenzen, die auch bei genaueren Sachbilanzdaten und einer detaillierteren Beschreibung des Lebensweges Bestand haben werden. Die Plazierungen der anderen Entwürfe sind dagegen, wie anhand der Gewichtung bereits deutlich wurde, als veränderliche Größen anzusehen.

Aus dem geringen Unterschied zwischen den Bewertungsergebnissen der einzelnen Entwürfe läßt sich ableiten, daß das Kriterium *Umweltverträglichkeit* nur dann einen Einfluß auf das Ergebnis einer ganzheitlichen Bewertung hat, wenn die Bandbreite der Bewertungsergebnisse der anderen Hauptkriterien ähnlich groß oder kleiner ist. Würde bei anderen Kriterien die Bandbreite der Noten ausgeschöpft, bliebe die hier ermittelte geringe Spanne ohne Einfluß auf das Gesamtergebnis. Die Bewertungsergebnisse der Hauptkriterien *Tragwerk und Gestalt* (ohne Robustheit) sowie *Wohlbefinden* zeigen, daß auch die Ergebnisse dieser Kriterien nahe beieinander liegen (Tab. 8.6-6). In diesem Fall hat die Bewertung der Umweltverträglichkeit also einen Einfluß auf die Gesamtbewertung, d.h. sie führt zu einer Rangverschiebung, wenn sie berücksichtigt wird (Tab. 8.6-7). Insbesondere bei den gestalterischen Aspekten sind aber auch Fälle denkbar, bei denen die Spanne der vergebenen Noten größer ist. Geringe Unterschiede bezüglich der Umweltverträglichkeit beeinflussen das Ergebnis dann nur, wenn die Umweltverträglichkeit hoch gewichtet wird.

Tab. 8.6-6: Bewertungsergebnisse anderer Hauptkriterien [FOG97a]

	Entwurf 1	Entwurf 2	Entwurf 3	Entwurf 4	Entwurf 5
Tragwerk und Gestalt	7,4	7,1	5,2	6,2	5,1
Wohlbefinden	6,37	6,22	6,53	5,95	5,50

Tab. 8.6-7: Einfluß der Bewertung der Umweltverträglichkeit auf das Gesamtergebnis

	Entwurf 1	Entwurf 2	Entwurf 3	Entwurf 4	Entwurf 5
Bewertungsergebnis ohne Umweltverträglichkeit	6,9	6,7	5,9	6,1	5,3
Bewertungsergebnis mit Umweltverträglichkeit	6,6	6,6	5,6	6,0	5,6

9 Zusammenfassung

Umweltbezogene Produktbewertungen und Variantenvergleiche, für die in den letzten Jahren die methodischen Grundlagen geschaffen wurden, gelten neben dem anlagenbezogenen Umweltschutz als weitere Möglichkeit, Umweltbelastungen zu reduzieren. Ein wesentliches Ergebnis der umfangreichen Forschungen zu diesem Thema war die Erkenntnis, daß die allgemeine Methodik der umweltbezogenen Produktbewertung jeweils an die zu bewertenden Produkte anzupassen ist, um bei der Produktauswahl zu Handlungsempfehlungen kommen zu können. Die Ziele der vorliegenden wissenschaftlichen Arbeit bestanden darin, die Möglichkeiten einer umweltbezogenen Bewertung von Brücken auszuloten, wesentliche Einflußfaktoren für die Größe der von Brücken ausgehenden Umweltbelastungen aufzuzeigen, Kriterien aufzustellen, mit denen eine umweltbezogene Bewertung von Entwurfsvarianten möglich ist und Vorschläge für eine Vereinfachung der allgemeinen Bewertungsmethode zu machen. Die Wahl des Untersuchungsgegenstandes *Brücke* ergab sich aus dem Thema der interdisziplinären Forschergruppe "Ingenieurbauten - Wege zu einer ganzheitlichen Betrachtung", in der eine Methodik zur ganzheitlichen Bewertung der Qualität von Ingenieurbauwerken am Beispiel von Brücken erarbeitet wurde. Ein weiteres Anliegen war es daher, darzustellen, wie die Bewertung von Umweltbelastungen in ein ganzheitliches Bewertungskonzept integrierbar ist.

Der hier aufgestellte Vorschlag für die umweltbezogene Bewertung von Brücken beruht auf den Konzepten der wichtigsten Methoden zur Bewertung von Umweltbelastungen, auf Umweltverträglichkeitsstudien und Ökobilanzen. Mit dem Konzept der Umweltverträglichkeitsstudie können die Belastungen des Brückenumfeldes analysiert werden, wo die betroffenen Umweltbestandteile (Schutzgüter) beschreibbar sind. Der Ansatz der Ökobilanz eignet sich für alle Umweltbelastungen außerhalb des Umfeldes, da dabei eine genaue Kenntnis der betroffenen Schutzgüter nicht erforderlich ist.

Grundlage eines Variantenvergleiches ist die Definition einer funktionalen Einheit. Bei Brücken ist die Untersuchung ganzer Bauwerke, die Beschränkung auf den Überbau oder die Analyse eines größeren Abschnitts des Verkehrsweges sinnvoll. Die von Brücken ausgehenden Umweltbelastungen können nach Lebensphasen und nach ihren Verursachern systematisiert werden. Unterschieden wurden die Lebensphasen Baustoffherstellung, Bau, Nutzung, Abbruch und Entsorgung der Abbruchmassen. Als Verursacher von Umweltbelastungen wurden Prozesse der Rohstoffgewinnung und Baustoffherstellung, Bauprozesse, die Anlagen der Baustelleneinrichtung, das Bauwerk selbst, der Verkehr auf der Brücke, Verwertungs- und Entsorgungsprozesse, Prozesse der Energiebereitstellung sowie Transporte untersucht.

Die Basis einer umweltbezogenen Bewertung stellen Sachbilanzen dar, in denen Umweltbelastungen quantifiziert werden. Wie genau die Sachbilanz einer Brücke ist, hängt zunächst davon ab, wie exakt ihr Lebenszyklus beschreibbar ist. In der Regel sind bei Variantenvergleichen lediglich die Bauart und die verwendeten Baustoffe einer Entwurfsvariante bekannt. Aus der Bauart lassen sich Aussagen zum Bauverfahren ableiten, die aber selten eindeutig sind, da es meist mehrere Möglichkeiten zur Errichtung einer Brücke gibt. Verschiedene Möglichkeiten gibt es in der Regel auch für den Abbruch und die Entsorgung der Abbruchmassen. Die Vorhersage dieser Lebensphasen wird zusätzlich durch den kaum kalkulierbaren technischen Fortschritt erschwert. Ebenfalls nur prognostizieren lassen sich der Aufwand für die Brückenunterhaltung sowie die Nutzungsdauer der Brücke. Bereits die Beschreibung des Lebenszyklus einer Brücke enthält also neben Fakten eine Reihe von Annahmen.

Neben der Beschreibung des Lebensweges sind für die Sachbilanz verallgemeinerbare Informationen zu den von Prozessen und Anlagen ausgehenden Umweltbelastungen erforderlich. In Kapitel 5.2 wurde dargestellt, was derzeit an Informationen zur Verfügung steht. Relativ gut quantifizierbar sind die Prozesse der Baustoffherstellung, die Prozesse der Energiebereitstellung sowie die Transporte. Ausreichend genau beschreibbar sind die bauwerksbedingten Umweltbelastungen. Die Umweltbelastungen von Bau-, Verwertungs- und Entsorgungsprozesse bereiten dagegen Probleme.

Wegen der Schwierigkeiten mit der Beschreibung des Lebenszyklus und fehlender Informationen zu Umweltbelastungen läßt sich der Anspruch von Sachbilanzen, die Umweltbelastungen über den ganzen Lebenszyklus genau zu erfassen, für Brücken nur beschränkt umsetzen. Auf der Basis von Annahmen können aber die wesentlichsten Umweltbelastungen bilanziert werden, was an einem Beispiel (Schornbachtalbrücke) gezeigt wurde.

Die Sachbilanzdaten werden nicht direkt bewertet, da einerseits die Anzahl der Bewertungsgrößen zu hoch ist, andererseits noch keine Aussagen zu möglichen Wirkungen vorliegen. In Wirkungsbilanzen werden deshalb aus Sachbilanzdaten Wirkungen abgeleitet und gleichzeitig Umweltbelastungen wirkungsbezogen aggregiert. Die in Kapitel 6 zusammengestellten Wirkungskategorien orientieren sich an den von Brücken ausgehenden Umweltbelastungen. Es wurden fünf Gruppen von Wirkungskategorien definiert: Eingriffe in den Naturhaushalt, Ressourcenverbrauch, Auswirkungen von Emissionen, Abfallpotential und Kreislauffähigkeit. In Abhängigkeit vom Wirkungsort lassen sich die Wirkungskategorien auch in umfeld- und umweltbezogene Wirkungskategorien einteilen. Zu jeder Wirkungskategorien wurden Bewertungsgrößen definiert, die entweder direkt aus der Bauwerksbeschreibung abgeleitet oder anhand von Sachbilanzdaten berechnet werden können. Die Bewertungsgrößen stellen die Grundlage der umweltbezogenen Bewertung von Brücken dar.

Am Beispiel Schornbachtalbrücke wurden gezeigt, wodurch die Bewertungsgrößen beeinflußt werden. Es wurde deutlich, daß die Umweltbelastungen bei der Herstellung der Brückenbaustoffe hohe Anteile an den Gesamtbelastungen und -wirkungen eines Brückenlebens ausmachen. Aus einer Dominanzanalyse ging hervor, daß nur wenige Leitgrößen (CO_2, SO_2, NO_x, NMVOC) die aggregierten Werte bei den emissionsbezogenen Wirkungskategorien bestimmen. Aus dem Beispiel läßt sich ableiten, daß bereits ein großer Teil der gesamten Umweltbelastungen erfaßt ist, wenn nur die Herstellungsprozesse für die Baustoffe des Tragwerkes und die anlagenbedingten Umweltbelastungen anhand von Leitgrößen bewertet werden, was eine wesentliche Vereinfachung der allgemeinen Methodik darstellt. Für die anderen Lebensphasen und Verursacher von Umweltbelastungen ist eine qualitative Bewertung ausreichend.

In der Parameterstudie wurden die Parameter untersucht, die bei einem Variantenvergleich gut vorhersehbar sind, also Bauart der Brücke, Baustoffqualität, Baustoffart und Bauverfahren:

– Die Bauart der Brücke beeinflußt die anlagenbedingten Wirkungen im Umfeld, die mit den umfeldbezogenen Wirkungskategorien Flächeninanspruchnahme, Zerschneidungseffekte und Einflüsse auf Luftbewegungen, Fließgewässer und Grundwasserspiegel bewertet werden. Große Unterschiede ergeben sich diesbezüglich beim Vergleich einer Brücke mit einem Damm, wobei die Brücke besser zu bewerten ist als der Damm. Da der Herstellungsaufwand für die Baustoffe des Dammes nur gering ist, liegen die Nachteile der Brücke bei diesem Vergleich auf Seiten der umweltbezogenen Wirkungskategorien.

– Durch die Bauart werden auch die benötigten Baustoffmengen beeinflußt, die großen Einfluß auf die umweltbezogenen Wirkungskategorien haben. Effiziente und leichte, d.h. baustoffsparende Konstruktionen führen zu geringeren Umweltbelastungen.

– Baustoffe höherer Qualität verringern ebenfalls die Belastungen der Umwelt, wenn die besseren Eigenschaften entsprechend ausgenutzt werden.

– Bei den umweltbezogenen Wirkungskategorien ergeben sich die größten Unterschiede, wenn die zu vergleichenden Brücken aus unterschiedlichen Baustoffen bestehen. Eindeutige Aussagen zu der Frage, welcher Baustoff vorzuziehen ist, sind nicht möglich. Die wichtigsten Vorteile von Spannbetonbrücken im Vergleich mit Stahl- und Stahlverbundbrücken sind der geringere Energieverbrauch und die geringeren Emissionen. Die Nachteile liegen im höheren Verbrauch mineralischer Rohstoffe, in der größeren Flächeninanspruchnahme für die Rohstoffgewinnung, vor allem aber in der schlechteren Kreislauffähigkeit. Holzbrücken haben gegenüber Beton- und Stahlbrücken vor allem beim Ressourcenverbrauch Vorteile, da Holz ein erneuerbarer Rohstoff ist. Anhand eines Beispiels wurde gezeigt, daß Holzbrücken aufwendiger Bauart, insbesondere überdachte Brücken, auch Nachteile bei einigen umweltbezogenen Wirkungskategorien gegenüber Beton- und Stahlbrücken aufweisen können. Eine pauschale positive Bewertung von Holzbrücken aufgrund der Tatsache, daß Holz ein nachwachsender Rohstoff ist, ist also nicht möglich.

– Das Bauverfahren beeinflußt vor allem die umfeldbezogenen Wirkungskategorien, hat aber über den Energieverbrauch der Bauprozesse und den Herstellungsaufwand für die Hilfskonstruktionen auch einen Einfluß auf die umweltbezogenen Wirkungskategorien. Von Vorteil sind Bauverfahren, bei denen die Fläche unter der Brücke nicht oder nur geringfügig in Anspruch genommen wird und solche, bei denen nur wenig zusätzliche Baustoffe für die Hilfskonstruktionen benötigt werden. Fertigteilbauweisen kann kein eindeutiger Vorteil attestiert werden.

Eine hinsichtlich aller Bewertungsgrößen positiv zu bewertende Brücke konnte aus der Parameterstudie nicht abgeleitet werden. Es lassen sich aber wesentliche Faktoren nennen, die zu geringen Umweltbelastungen führen. Von ausschlaggebender Bedeutung sind der Entwurf leichter, robuster und kreislauffähiger Tragwerke, die Verwendung hochwertiger Baustoffe, der Einsatz von Sekundärstoffen bei der Baustoffherstellung und die Auswahl von Baustoffherstellern, die nach hohen Umweltschutzstandards produzieren. Wiederverwendbare Hilfskonstruktionen und kurze Transportwege können ebenfalls zur Reduzierung von Umweltbelastungen beitragen. Für die Auswirkungen auf das Umfeld der Brücke sind eine geringe Flächeninanspruchnahme und minimale Abmessungen der Tragwerksteile wichtig.

Für die Integration in das ganzheitliche Bewertungskonzept der Forschergruppe Ingenieurbauten (FOGIB) wurde der Bewertungsvorschlag erweitert. Die Wirkungskategorien wurden hierarchisch strukturiert und mit Gewichtungen versehen. Weiterhin war es erforderlich, Vorschläge für die Zuordnung von Noten zu den Bewertungsgrößen abzuleiten. Hierfür wurden drei Verfahren aufgestellt: Ein großer Teil der umweltbezogenen Wirkungskategorien wird anhand von Vergleichsbrücken eingestuft. Bei den umfeldbezogenen Wirkungskategorien erfolgt eine qualitative Zuordnung anhand denkbarer minimaler und maximaler Wirkungen. Bei der Bewertung der Kreislauffähigkeit wurden gewichteten Verwendbarkeits- bzw. Verwertbarkeitskategorien Noten zugeordnet. Da das Bewertungsverfahren der Forschergruppe vorrangig bei Wettbewerben eingesetzt werden soll, bei denen umfangreiche Bilanzierungen aus Zeitgründen kaum möglich sind, wurde in Kapitel 8.5 eine Möglichkeit beschrieben, die Kriterien anhand der Brückenbeschreibung qualitativ zu bewerten. Die Ergebnisse der Parameterstudie bilden dafür die Grundlage.

Wiederum am Beispiel Schornbachtalbrücke wurde die Anwendbarkeit des Bewertungsvorschlages für eine vergleichende Bewertung von fünf Entwurfsvarianten gezeigt. Das Bewertungsergebnis unterstreicht die Aussagen zu den Haupteinflußfaktoren. Als schlechteste Variante erwies sich die massivste und damit schwerste Konstruktion, die zusätzlich beim Kriterium *Kreislauffähigkeit* schlecht abschnitt. Die ermittelte geringe Spanne der Noten (5,1 bis 6,5) ist mit dem hohen Niveau der bewerteten Entwürfe zu erklären und ergab sich auch bei anderen Kriterien, wie am Beispiel der Kriterien *Tragwerk und Gestalt* und *Wohlbefinden* deutlich wurde.

Zusammenfassend läßt sich feststellen, daß die Umweltbelastungen von Brücken anhand des hier beschriebenen Vorschlags bewertet werden können. Prinzipiell läßt sich die Methode für alle Arten von Brücken anwenden. Wegen des hohen Aufwandes und der nicht ausräumbaren Unsicherheiten liegt der Anwendungsbereich solcher Bewertungen aber eher im Bereich des Großbrückenbaus als bei untergeordneten Brücken. Die vorgeschlagene Methode zur Minimierung der Umweltbelastungen sollte daher vor allem für Brücken angewendet werden, die häufig gebaut werden, bspw. die Typenprojekte der Bahn. Hier könnten auf der Basis der umweltbezogenen Wirkungskategorien Optimierungen vorgenommen werden, die auch die Analyse einer größeren Anzahl von Baustoffherstellern einschließen. Denkbar wäre auch eine Bewertung alternativer Projekte für die eventuell zu bauenden Transrapidstrecke, die ja zum größten Teil aufgeständert, d.h. als Brücke, gebaut wird.

Bei Wettbewerben mit einer Vielzahl von Teilnehmern ist eine quantitative Bewertung der Umweltbelastungen nur möglich, wenn von den Teilnehmern selbst die Grundlagen geliefert werden. Zu fordern ist z.B. eine Aufstellung aller benötigten Baustoffe (Art, Qualität und Mengen), ein Vorschlag für die Montage der Brücke sowie in Einzelfällen auch eine Aussage zu Verwendbarkeit und Verwertbarkeit der Konstruktion. Sinnvoll ist auf jeden Fall, bei Wettbewerben quantitative und qualitative Bewertungsansätze zu kombinieren.

Um die Umweltbelastungen möglichst umfassend bewerten zu können, mußte der Bewertungsvorschlag bei den umfeldbezogenen Umweltbelastungen relativ allgemein bleiben. Genaue Analysen der Wirkungen auf Schutzgüter können ohnehin nur von Ökologen oder Landschaftsplanern ausgeführt werden. Für größere Vorhaben und genaue Wirkungsanalysen sollte daher eine Arbeitsteilung vorgesehen werden. Ökologen und Landschaftsplaner wären diejenigen, die den Teil der Umweltverträglichkeitsstudie übernehmen, wobei der planende Ingenieur die Zuarbeit in Form der Bauwerks- und Baubeschreibungen liefern muß. Für die Ingenieure bleibt neben dieser Zuarbeit die Analyse der übrigen Umweltbelastungen, also das, was die Ökobilanz ausmacht. Hier wird der Trend zu spezialisierten Fachingenieuren gehen, die alle notwendigen Informationen zusammentragen und auf dieser Basis und mit entsprechendem Know-How Ökobilanzen erstellen und auswerten.

Bei einer Anwendung der Bewertungsmethode sollte man sich aber immer darüber im klaren sein, daß jede Bewertung subjektive Komponenten enthält und daß die Probleme umweltbezogener Bewertungen in der Komplexität des Bewertungsproblems liegen. Bedingt durch die lange Lebensdauer einer Brücke und die extrem weit zu ziehenden Systemgrenzen des Untersuchungsraumes wird das Bewertungsergebnis durch derart viele Parameter, vor allem aber Annahmen beeinflußt, daß im Prinzip nie ein eindeutiges Ergebnis möglich ist. Datensammlungen und Computerprogramme können die Genauigkeit von Sachbilanzen erhöhen und die Möglichkeiten von Sensitivitätsbetrachtungen verbessern. Genormte Bewertungsverfahren und einheitliche Ergebnisprotokolle ermöglichen die Vergleichbarkeit der Resultate unterschiedlicher Autoren. Nicht ausräumbar sind aber bei der Bewertung von Brücken die Ungewißheiten bezüglich Nutzungsdauer, Unterhaltungsaufwand und Entsorgungsverfahren sowie das generelle Probleme von Bewertungen, daß subjektive Ansichten des Bewerters in das Ergebnis einfließen. Gewisse Probleme mit der Akzeptanz der Resultate umweltbezogener Bewertungen werden sich daher nicht vollständig beseitigen lassen.

Bei dem hergeleiteten Bewertungsvorschlag handelt es sich um einen offenen Ansatz, d.h. er ist durch weitere Kriterien ergänzbar. Es wurde zwar versucht, die wesentlichsten Umweltbelastungen zu integrieren, auf einige Aspekte mußte aber aufgrund fehlender Daten verzichtet werden, bspw. auf die Emissionen in Wasser. Weiterführende Untersuchungen könnten sich mit ergänzenden Kriterien beschäftigen. Als wichtigstes Ziel der weiteren Forschungen ist die Schaffung eines einheitlichen Datensatzes für bauspezifische Anwendungen anzusehen, der auf der einen Seite die Bandbreite der Baustoffindustrie widerspiegelt, auf der anderen Seite aber auch Daten zu wichtigen Bauprozessen enthält. Des weiteren sollte die von der Forschergruppe erarbeitete Bewertungsmethode intensiv angewendet werden, um Erfahrungen mit ganzheitlichen Bewertungen zu sammeln. Erst aus einer größeren Anzahl von Bewertungen könnten allgemeine Rückschlüsse auf den Einfluß der umweltbezogenen Kriterien auf die ganzheitliche Qualität einer Brücke gezogen werden.

10 Literatur

[Abl80]   Richtlinien für die Berechnung der Ablösungsbeträge der Erhaltungskosten für Brücken und sonstige Ingenieurbauwerke - Ablösungsrichtlinien 1980 - Allgemeines Rundschreiben Straßenbau Nr. 16/1979 des Bundesministers für Verkehr. Verkehrsblatt-Verlag, Dortmund

[Aci76]   acier-stahl-steel 41(1976)4, S.160

[Ahb90]   Ahbe, S. et al.: Methodik für Ökobilanzen auf der Basis ökologischer Optimierung. Schriftenreihe Umwelt Nr. 133. Hrsg.: Bundesamt für Umwelt, Wald und Landschaft (BUWAL), Bern 1990

[Alu95]   N.N.: Aluminium road bridge. Nordic Road & Transport Research No.3, 1995, S.4-5

[And95]   Andrä, H.-P. et al.: Einsparungen von Ressourcen im Hochbau. ecomed verlagsgesellschaft, Landsberg 1995

[Ank93]   Ankele, K.; Steinfeldt, M.: Ökobilanz für typische YTONG-Produktanwendungen. YTONG AG, Entwicklungszentrum, Schrobenhausen 1993

[Arn77]   Arnold, F. et al.: Gesamtökologischer Bewertungsansatz für einen Vergleich von zwei Autobahntrassen - Bewertung von Landschaftsschäden mit Hilfe der Nutzwertanalyse. In: Schriftenreihe für Landschaftspflege und Naturschutz, Heft 6, Bonn 1977

[Asp95]   N.N.: asphaltkalender 1995. Hrsg.: Beratungsstelle für Asphaltverwendung e.V., Bonn 1995

[Bai82]   Baier, B.: Energetische Bewertung luftgetragener Membranhallen im Vergleich mit Holz-, Stahl- und Stahlbetonhallen. Rudolf Müller GmbH, Köln 1982

[Bai94]   Bai, M.: Einfluß der Bauverfahren auf Bauart, konstruktive Durchbildung und Wirtschaftlichkeit von Spannbetonhohlkastenbrücken. Diss. Universität Stuttgart 1994

[Bän91]   Bänzinger, D.J.; Bacchetta, A.: Eingliederung des Aahretalviaduktes in seine Umwelt. route et trafic N°6 juin 1991, S. 402-407

[Bas92]   Ernst Basler & Partner: Instandhaltungskonzept Brücken. Deutsche Bundesbahn/ Bundesbahndirektion Saarbrücken 1992

[Bau77]   Schweizer Bauzeitung 95(1977)29

[Bau91]   N.N.: BGL Baugeräte-Liste. Hrsg.: Hauptverband der Deutschen Bauindustrie e.V., Bauverlag GmbH Wiesbaden und Berlin 1991

[Bau93]   N.N.: Abbruch einer Großbrücke. Bauingenieur 68(1993) S.439

[Bau94]   Baumbach, G.: Luftreinhaltung. Springer-Verlag, Berlin 1994

[BBT81]   Bundesministerium für Bauten und Technik: Straßenbau und Energie, Verwendung energiesparender Bindemittel. Straßenforschung Heft 291/81

[Bec78]   Bechmann, A.: Nutzwertanalyse, Bewertungstheorie und Planung. Verlag Paul Haupt, Bern 1978

[Bel94]   N.N.: Informationsmaterial Storebælt. Hrsg.: A/S Storebæltforbindelsen. Kopenhagen, 1994

[Ber81]   Berbalk, M.; Drozella, R.: Abbruch der alten Aulatalbrücke im Zuge der Autobahn A7. Beton- und Stahlbetonbau 2/1981, S.46-47

[Bil71]   Billib, H.; Mull, R.: Beeinflussung der Grundwasserverhältnisse durch bauliche
             Maßnahmen untersucht mit einem Widerstandsnetzwerk. Die Bautechnik 2/71,
             S.53-58

[BMT87]   N.N.: Abbruch von Bauwerken, Recycling von Bauschutt. BMT 3/87, S.113

[Bol96]   Bollrich, G.: Technische Hydromechanik. Verlag für Bauwesen GmbH, Berlin-
             München 1996

[Bos94]   Bossel, H.: Umweltwissen - Daten, Fakten, Zusammenhänge. Springer-Verlag,
             Berlin 1994

[Bou79]   Boustead, I.; Hancock, G.F.: Handbook of Industrial Energy Analysis,
             Ellis Horwood Ltd., 1979

[Bou94]   Boustead, I.: Eco-balance methodology for commodity thermoplastics. Association
             of Plastics Manufacturers in Europe 1994

[BPG92]   Gesetz über das Inverkehrbringen von und den freien Warenverkehr mit Bauproduk-
             ten zur Umsetzung der Richtlinie 89/106/EWG des Rates vom 21.12.1988 zur
             Angleichung der Rechts- und Verwaltungsvorschriften der Mitgliedsstaaten über
             Bauprodukte (Bauproduktengesetz - BauPG) vom 10. August 1992. (Bundesgesetz-
             blatt Jg. 1992- Teil I S.1495)

[BPR88]   Richtlinie des Rates vom 21.12.1988 zur Angleichung der Rechts- und Ver-
             waltungsvorschriften der Mitgliedsstaaten über Bauprodukte - 89/106/EWG

[Bre94]   Breitschaft, G.: Harmonisierung technischer Regeln des konstruktiven Ingenieur-
             baus als Beitrag zur Schaffung des Europäischen Binnenmarktes von 1992. Zielvor-
             gaben, Organisation, Entwicklungsstand.
             In: Betonkalender 94/I, Verlag Ernst&Sohn, Berlin 1994

[Bre96]   Breitenbücher, R. et al.: Umweltgerechter Rückbau und Wiederverwendung minera-
             lischer Baustoffe. Sachstandsbericht. DAfStb Heft 462, Beuth Verlag GmbH,
             Berlin 1996

[Bri89]   Bringezu, S.: Zur Prüfung und Bewertung der Umweltverträglichkeit von Holz-
             schutzmitteln. Holz- als Roh- und Werkstoff 47 (1989) 421-425

[Bro96]   Browne, Lionel: Brücken. Parkland Verlag, Köln 1996

[Brü92]   Brüninghoff, H. et al.: Informationsdienst Holz - Brücken. Hrsg.: Entwicklungs-
             gemeinschaft Holzbau in der Deutschen Gesellschaft für Holzforschung e.V.,
             München 1992

[Bru95]   Bruch, K.H. et al.: Sachbilanz einer Ökobilanz der Kupfererzeugung und
             -verarbeitung. Metall 4/5/6/95, S.252-257, 318-324, 434-440

[Bru96]   Bruck, M. et al.: Handbuch für die ökologische Bilanzierung. Hrsg.: Fachverband
             Stein- und Keramische Industrie Österreichs, Wien 1996

[Bun90]   Bundesamt für Konjunkturfragen, Bern: Ökoprofil von Holz - Untersuchungen zur
             Ökobilanz von Holz als Baustoff. Schlußbericht Januar 1989/Mai 1990

[BUW94]   N.N.: Schadstoffemissionen und Treibstoffverbrauch von Baumaschinen, Bericht.
             UmweltMaterialien Nr. 23. Hrsg.: Bundesamt für Umwelt, Wald und Landschaft
             (BUWAL), Bern 1994

[Cad92]   Cadoret, G.; Richard, P.: Full scale use of High Performance Concrete in building
             and public works. In: Malier, Y. (Ed.): High Performance Concrete. E&FN Spon,
             London 1992, S.379-412

[Car95]   Carlsen, C. (Hrsg.): Naturschutz und Bauen: Eingriffe in Natur und Landschaft und
             ihr Ausgleich, insbesondere in der Bauleitplanung. Blackwell-Wissenschafts-Verlag,
             Berlin 1995

[Cha92]   Champs, J-F.; Monachon, P.: High performance concrete in the arch of the bridge
             over the Rance. In: Malier, Y. (Ed.): High Performance Concrete. E&FN Spon,
             London 1992, S. 510-526

[Dab81]   Daber Landschaftsplanung: Landschaftspflegerische Analyse Neubaustrecke
             Hannover - Würzburg (DB) und Grunderneuerung der BAB A7

[db87]   N.N.: Holzbrücke bei Essing über den Main-Donau-Kanal. db 10/87, S.19

[Deg93]   N.N.: Vorplanung BW 31 Elbebrücke Vockerode. Ingenieurbüro Leonhardt, Andrä
              und Partner im Auftrag der DEGES

[Die95]   Dietz, J.: Erarbeitung von Vorschlägen zur Abschätzung der Umweltauswirkungen
              von Ingenieurbauwerken während der Lebensphasen Nutzung, Abbruch und Entsor-
              gung. Diplomarbeit, Institut für Werkstoffe im Bauwesen, Universität Stuttgart,
              1995

[DIN1072]   DIN 1072: Straßen- und Wegbrücken, Lastannahmen. Ausgabe 12/85

[DIN18005]   DIN 18005: Schallschutz im Städtebau - Berechnungsverfahren. Ausgabe 5/87

[DIN33926]   DIN 33926 (Entwurf): Produktbezogene Ökobilanzen - Standardberichtsbogen

[DIN94]   N.N.: Grundsätze produktbezogener Ökobilanzen. DIN-Mitteilungen 73,1994, Nr.3,
              S.208-212

[Dre71]   Drees, G.; Reiff: Die Baustelleneinrichtung - Entwurf, Planung, Beispiele.
              Werner-Verlag, Düsseldorf 1971

[Dre82]   Drees, G.; Kurz, T.: Ingenieurbauwerke Leistungsmengen und Aufwandswerte
              ausgeführter Objekte. Bauverlag 1982

[Dri81]   Drinkgern, G.: Energieinhalt von Betonfertigteilen. Betonwerk + Fertigteil-Technik,
              Heft 1/81, S.50-56

[Dri83]   Drinkgern, G.: Energieinhalte beim Beton und bei Beton-Bauteilen. Betonwerk +
              Fertigteil-Technik 9/83, S.588-591 und 10/83, S.683-642

[Dri94]   Drinkgern, G.; Willma-Höse, R.A.: Ökologische und energetische Betrachtung für
              Rohre aus Beton. Betonwerk + Fertigteil-Technik 12/94

[dtV91]   dtv-Atlas zur Ökologie. Deutscher Taschenbuch Verlag, München 1991

[Ede95]   Eden, W. et al.: Ökobilanz für den Baustoff Kalksandstein und Kalksandstein-
              Wandkonstruktionen. Manuskript, veröffentlicht für die Mitglieder des Bundesver-
              bandes Kalksandsteinindustrie e.V., 1995

[EDV95]   N.N.: Ökobilanz automatisch ausgewertet. EDV im Umweltschutz - Sonderausgabe
              1995, S.32

[Egg86]   Eggert, P.: Steine und Erden in der BRD - Lagerstätten, Produktion und Verbrauch.
              Bundesamt für Geowissenschaften und Rohstoffe 1987.

[Eis88]   Eisermann, G.; Rademacher, C.-H.: Demontage einer Rheinbrücke. In Eisenbahn-
              ingenieur 39(1988) 11, S. 523 ff.

[Els95]   N.N.: Der Elsner 95

[EPS93]   N.N.: Lebenswegbilanz von EPS-Dämmstoff. Interdisziplinäre Forschungsgemein-
              schaft InFo Kunststoff e.V. Berlin 1993

[Eye96]   Eyerer, P. et al.: Ganzheitliche Bilanzierung, Springer-Verlag, 1996

[Fen80]   Fenz, M.: Großbrücken in Massivbauweise - Wechselwirkung von Konstruktion und
              Baudurchführung. Zement und Beton 25(1980)2, S.48-53

[Fen82]   Fenz, M.: Die Abtragung der Murbrücke Raach. Zement und Beton 27(1982)1,
              S.21 ff.

[Fis92]   Fischer, M.; Roxlau, U.: Anwendung wetterfester Baustähle im Brückenbau.
              Studiengesellschaft Stahlanwendung e.V. - Projekt 191. Düsseldorf 1992

[Fis95]   Der Fischer Weltallmanach, Fischer Taschenbuch Verlag 1994

[FOG91]   N.N.: Forschergruppe Ingenieurbauten - Wege zu einer ganzheitlichen Betrachtung.
              Antrag an die DFG 1991, Universität Stuttgart 1991

[FOG95]   N.N.: Forschergruppe Ingenieurbauten - Wege zu einer ganzheitlichen Betrachtung.
              Fortsetzungsantrag an die DFG 1995-96, Universität Stuttgart 1995

[FOG97]   N.N.: Ingenieurbauten - Wege zu einer ganzheitlichen Betrachtung. Abschlußbericht
              der DFG-Forschergruppe FOGIB an der Universität Stuttgart. Bände 1 bis 3,
              Universität Stuttgart 1997

[FOG97a]   N.N.: Ingenieurbauten - Wege zu einer ganzheitlichen Betrachtung. Abschlußbericht der DFG-Forschergruppe FOGIB an der Universität Stuttgart. Band 3, Universität Stuttgart 1997

[For155]   Bundesminister für Verkehr (Hrsg.): Untersuchungen über kleinräumige Klimaänderungen durch Straßenbauten. Forschung Straßenbau und Straßenverkehrstechnik, Heft 155

[För95]   Förstner, U.: Umweltschutztechnik: Eine Einführung. Springer-Verlag Berlin Heidelberg 1995

[Fra92]   Fraanje, P. et al.: Milieubelasting van twee aanbruggen. IVAM-Onderzoeksreeks nr.57. Universiteit Amsterdam, 1992

[Fri95]   Frischknecht, R. et al.: Ökoinventare für Energiesysteme. Schlußbericht des BEW/ NEFF-Forschungsprojektes „Umweltbelastung der End- und Nutzenergiebereitstellung". Bundesamt für Energiewirtschaft, Bern 1995

[Frit95]   Fritsche, U. et al.: Gesamt-Emissionsmodell Integrierter Systeme, Version 2.1, Erweiterter Endbericht. Hessisches Ministerium für Umwelt, Energie und Bundesangelegenheiten, Wiesbaden 1995

[Fro91]   N.N.: Umweltverträglichkeitsstudie B 39 Umgehung Mühlhausen. Froelich + Sporbeck, Landschafts- und Ortsplanung Umweltplanung. Bochum 1991

[Frü94]   Frühwald, A.: Holz - ein Rohstoff für die Zukunft. Hrsg.: Deutsche Gesellschaft für Holzforschung e.V., München 1994

[Gabi]   Projekt „Ganzheitliche Bilanzierung von Baustoffen und Gebäuden" am Institut für Kunststoffprüfung und Kunststoffkunde sowie am Institut für Werkstoffe im Bauwesen der Universität Stuttgart

[Ger97]   Gertis, K. et al.: Fragenkatalog zur Auswirkung von Brückenbauwerken auf das menschliche Wohlbefinden. In: [FOG97a]

[Gre93]   Greiff, R.; Kröning, W. (Hrsg.): Bodenschutz beim Bauen. Grundlagen und Handlungsempfehlungen für den Hochbau. Verlag C.F. Müller, Karlsruhe 1993

[Gri91]   Grießhammer, R. (Hrsg.): Produktlinienanalyse und Ökobilanzen. Werkstattreihe Ökoinstitut Freiburg 1991

[Gro90]   Grossmann, R. et al.: Baustoffauswahl nach Kriterien der Umweltverträglichkeit. Hrsg.: Bundestagsfraktion DIE GRÜNEN, Bonn 1990

[Gru79]   Grube, H.: Der Beton der Rheinbrücke Köln-Deutz. Beton-Information 2+3 1979, Beton-Verlag GmbH Düsseldorf

[Hab91]   Habersatter, K.: Ökobilanz von Packstoffen Stand 1990. Schriftenreihe Umwelt Nr. 132, Hrsg.: Bundesamt für Umwelt, Wald und Landschaft (BUWAL), Bern 1991

[Hein89]   Heinrich, B.: Brücken. Rowohlt Taschenbuch Verlag GmbH, Hamburg 1983, S.250

[Heim89]   Heimerl, G. et al.: Standardisierte Bewertung von Verkehrsweginvestitionen des ÖPNV. Der Nahverkehr 6/89, S.10-15

[Hei92]   Heijungs, R. et al.: Milieugerichte levenscyclusanalyses van produkten – Handleiding/Achtergronden. Centrum voor Milieukunde Leiden 1992

[Hin77]   Hinz, W.: Umweltschutz und Energiewirtschaft. In: VDZ: Verfahrenstechnik der Zementherstellung, VDZ Kongreß 1977

[Hof82]   Hofmann, E.: Über den Abbruch des Sulzbachtal-Viaduktes im Zuge der A8. Landesvereinigung der Prüfingenieure für Baustatik Baden-Württemberg e.V., Tagungsbericht 6/82, S.157 ff.

[Hof91]   Hofstetter, P.: Bewertungsmodelle für Ökobilanzen. In: Energie- und Schadstoffbilanzen im Bauwesen. Beiträge zur Tagung vom 7.3.91. ETZ Zürich 1991

[Hol95]   N.N.: Philipp Holzmann Kalender 1995

[Hol96]   N.N.: Philipp Holzmann AG - Umweltbericht 94/95. Frankfurt am Main, 1996

[Iso91]   Ingenieurbüro für Umwelt Zürich: Energie-und Schadstoffbilanz von ISOFLOC. Zürich 1991

[Jes94]   Jesberg, Paulgerd: Brücken erheben baukünstlerisch hohe Ansprüche. In: Deutsches Ingenieurblatt, 7/8 1994, S.36-45

[Jor93]   Jordan, J.W.: Thema Tropenholz: Gibt es Tropenholz aus ökologisch vertretbarer Waldnutzung? In: Unterlagen zur UTECH Berlin 1993, Ökologische Baustoffauswahl, hrsg. von Umweltforum und Beratungsservice GmbH, Berlin 1993

[Jör93]   Jörissen et al.: Vorsorgestragien zum Grundwasserschutz für den Bausektor. Büro für Technikfolgen-Abschätzung beim Deutschen Bundestag (TAB). Bonn, 1993

[Jun86]   Jungwirth, D. et al.: Dauerhafte Betonbauwerke. Beton-Verlag, Düsseldorf 1986

[Jur92]   Jurecka, R.: Erstes Brückenobjekt in Österreich mit Einsatz der Glasfasertechnologie für Vorspannung. Zement+Beton 2/92, S.8

[Kal92]   N.N.: Geschichte der Deutschen Kalkindustrie. Hrsg.: Bundesverband der Deutschen Kalkindustrie, Köln 1992

[Kau89]   Kaule, G.: Ökologische Eckwerte für den Arten- und Biotopschutz - Vorgaben für die UVP -. In: Hübler, K.H.; Otto-Zimmermann, K.: Bewertung der Umweltverträglichkeit. Eberhard Blottner Verlag, Berlin 1989

[Klö87]   Klöckner, W. et al.: Grundbau. In: Betonkalender 87/II, S.429 ff.

[Klü93]   Klüppel, H.-J.: Ökobilanzierung von Wasch- und Reinigungsmittelinhaltsstoffen. In: Tagungsunterlagen UTECH Berlin 93 - Seminar Ökobilanzen, Berlin 1993

[Kna86]   N.N.: Knalleffekt. Baugewerbe 66(1986)5, S.38

[Koc90]   Koch, M.: Die Umweltverträglichkeitsprüfung von Straßentrassen am Beispiel von Baden-Württemberg. Dissertation Universität Stuttgart, 1990

[Koc91]   Kocher, H.P.; Wagner, W.: Umweltzeichen - Ein Diskussionsbeitrag. Schriftenreihe Umwelt Nr. 144. Hrsg.: Bundesamt für Umwelt, Wald und Landschaft (BUWAL), Bern 1991

[Koh91]   Kohler, N.: Gesamtenergetische Bewertungen von Bauteilen und Gebäuden. In: Energie- und Schadstoffbilanzen im Bauwesen. Beiträge zur Tagung vom 7.3.91. ETZ Zürich 1991

[Koh94]   Kohler, N. et al.: Energie- und Stoffflussbilanzen von Gebäuden während ihrer Lebensdauer. Schlußbericht des Forschungsprojektes des Bundesamtes für Energiewirtschaft. Lausanne/Karlsruhe 1994

[Kön86]   König, G. et al.: Spannbeton: Bewährung im Brückenbau. Analyse von Bauwerksdaten, Schäden und Erhaltungskosten. Springer Verlag 1986

[Kön86a]   König, G. et al.: Ermüdung von Massivbau-Konstruktionen. Bundesvereinigung der Prüfingenieure für Baustatik, Skript für die Arbeitstagung in Berchtesgaden 1986

[Kön95]   Könemann, F.: Beeinflussung des Grundwasserspiegels durch unterirdische Bauwerke. Mitteilungen aus dem Fachgebiet Grundbau und Bodenmechanik (Uni Essen). Verlag Glückauf GmbH, Essen 1995

[Kre87]   Kreijger, P.: Ecological properties of building materials. Materials and Structures, 1987,20,248-254

[Kru72]   Krug, S.: Bewertung von Bausystemen. Beitrag zur Nutzwertanalyse. In: Der Bauingenieur 47,1972,S.378-383

[Küf96]   Küffner, G.: Brücken aus Aluminium brauchen keine Anstrich, FAZ vom 3.9.96

[Kuh94]   Kuhlmann, K.: Ökologische Beurteilung von Baustoffen. Vorlesungsreihe an der Universität Stuttgart, WS 94/95.

[Kun95]   N.N.: Brücke aus glasfaserverstärktem Kunststoff über den Tay. In: BAUTECHNIK aktuell, Jg.93, S.733

[Kün95]   Künninger, T.; Richter, K.: Ökologischer Vergleich von Freileitungsmasten aus imprägniertem Holz, armiertem Beton und korrosionsgeschütztem Stahl. EMPA 1995

[Lan84]   Landschaftsverband Rheinland, Straßenbauverwaltung, Referat Brücken- und Tunnelbau: Finanzbedarf für die Unterhaltung und Erneuerung der Bauwerke. Köln, Okt. 1984

[Lan85]   N.N.: Kosten der Unterhaltung und Instandsetzung von Brücken im Bereich des Landschaftsverbandes Rheinland, Nov. 1985

[Lan93]   Lange, G.; Lecher, K.: Gewässerregelung und Gewässerpflege. Verlag Paul Parey, Hamburg 1993

[Lei96]   N.N.: Ganzheitliche Bilanzierung von Steine-Erden Baustoffen - Leitfaden. Forschungsbericht im Auftrag des Bundesverbandes Steine und Erden e.V. Institut für Kunststoffprüfung und Kunststoffkunde und Institut für Werkstoffe im Bauwesen, Universität Stuttgart 1996

[Leo96]   Leonhart, B.: Autobahnbrücke im Taktschiebeverfahren. In: Züblin Rundschau 28 (1996), S.56ff.

[Les94]   Leser, H.: Westermann Lexikon Ökologie & Umwelt. Westermann Verlag GmbH, Braunschweig 1994

[Lia96]   N.N.: Informationsmaterial Liapor. Planung-Konstruktion-Anwendung. Hrsg.: Liapor-Werke, Tuningen 1996

[Lin82]   Linder, R.: Schälen, Trennen und Abbrechen von Betonbauteilen. Ernst&Sohn, Berlin 1982

[Loh89]   Lohmeyer, G.: Beton-Technik, Handbuch für Planer und Konstrukteure. Beton-Verlag, Wiesbaden 1989

[Lün94]   Lünser, H.: Literaturauswertung - Umwelteinwirkungen bei der Zementherstellung. Interner Bericht, Institut für Werkstoffe im Bauwesen, Universität Stuttgart 1994

[Lüt79]   Lüttig, G.: Probleme der Lagerstättensicherung für oberflächennahe mineralische Rohstoffe. Bergbau-Rohstoffe-Energie Band 17. Verlag Glückauf Essen, 1979.

[Lüt92]   Lützkendorf, T.; Kohler, N.; Holliger, M.: Handbuch: Methodische Grundlagen für Energie- und Stoffflussanalysen. Bundesamt für Energiewirtschaft, Bern 1992

[Mai95]   Maibach, M. et al.: Ökoinventar Transporte. Technischer Schlußbericht. Verlag INFRAS, Zürich 1995

[MAK]   Deutsche Forschungsgemeinschaft: Maximale Arbeitsplatzkonzentrationen und biologische Arbeitsstofftoleranzwerte. VCH Verlagsgesellschaft, Weinheim (erscheint jährlich neu)

[Mal92]   Malier, Y. et al.: The Joigny bridge: an exeperimental high performance concrete bridge. In: Malier, Y. (Ed.): High Performance Concrete. E&FN Spon, London 1992, S.424-431

[Mar86]   Marmé, W.; Seeberger, J.: Energieinhalt von Baustoffen. In: Beckert, J. et al.: Gesundes Wohnen. Beton-Verlag, Düsseldorf 1986

[May94]   Mayer, L.: Beton - kein Gefahr für Boden und Grundwasser. Beton- und Stahlbetonbau 89(1994)3, S.64-69

[Mei85]   Meier, W.: Standardisierte Bewertung von Verkehrsweginvestitionen des öffentlichen Personennahverkehrs. Methodische Ansätze und praktische Erfahrungen. In: OR Spektrum (1985) 7:225-236

[Mei87]   Meili, P.; Ammann, A.: Sprengung der alten Rotbachbrücke. Schweizer Ingenieur + Architekt, 105(1987)25 S.788

[Mer95]   Merten, T. et al.: Materialintensitätsanalyse von Grund- Werk- und Baustoffen (1). Die Werkstoffe Beton und Stahl. Materialintensität von Freileitungsmasten. Wuppertal Institut. Papers Nr.27-Januar 1995

[Mey95]   Meyer, M.: Gestaltung von Ingenieurbauwerken. Zement+Beton 2/95, S.44

[MIK86]   Verein Deutscher Ingenieure: Richtlinie VDI 2310, Maximale Immissions-Werte. Beuth-Verlag, Berlin 1986

[MLuS-92] Merkblatt über Luftverunreinigungen an Straßen, Teil: Straßen ohne oder mit lockerer Randbebauung (MLuS-92)

[Mül78]   Müller-Wenk, R.: Die Ökologische Buchhaltung. Ein Informations- und Steuerungsinstrument für umweltkonforme Unternehmenspolitik. Campus Verlag, Frankfurt 1978

[NAG95]   N.N.: Umweltmanagement-Ökobilanz-Prinzipien und Verfahren. Arbeitspapier Normenausschuß Grundlagen des Umweltschutzes (NAGUS) 1995

[Nat96]   Natterer, J. et al.: Holzbau Atlas Zwei Studienausgabe, S.272, Fachverlag Holz der Arbeitsgemeinschaft Holz, Düsseldorf 1996

[Nat97]   Natzschka: Straßenbau. Teubner-Verlag, Stuttgart 1997

[Ned86]   Neddens, M.C.: Ökologisch orientierte Stadt- und Raumentwicklung. Bauverlag, Wiesbaden-Berlin 1986

[Nen78]   Nendza, H.; Lehmann, G.: Untersuchungen über die Veränderung des Grundwasserverlaufs bei Behinderung des Durchflusses. Forschungberichte an dem Fachbereich Bauwesen, Heft 4, Universität GH Essen

[Ohl84]   Ohlemutz, A.: Demontage großer Klappbrücken in den USA. Stahlbau 6/1984, S.184

[Ohl94]   Ohlemutz, A.: Wiederverwendung einer stählernen Brückenkonstruktion. In: Stahlbau 63(1994)4, S.120

[Öko93]   Verordnung (EWG) Nr. 1836/93 des Rates vom 23. Juni 1993 über die freiwillige Beteiligung gewerblicher Unternehmen an einem Gemeinschaftssystem für das Umweltmanagment und die Umweltbetriebsprüfung

[Pal95]   Palinkas, T.: Vermeidung und Verwertung von Baurestmassen und Wiederverwertung von Bauteilen. UmweltZentrumDortmund GmbH, Dortmund 1995

[Pet90]   Peters, K. H. et al.: Stand der Roheisenerzeugung in der Bundesrepublik Deutschland. Stahl und Eisen 110 (1990) Nr.2

[Pfe93]   Pfeffekoven, W.: Umweltverhalten von Asphalt und Bitumen. BBauBl, Januar 1993, S.39-40

[Phi94]   Philipp, J.A.; Eyerer, P. et al.: Ökobilanzen für Stahlprodukte - Sachstand und Perspektiven. Stahl und Eisen 114 (1994) Nr.11

[Pla94]   Plagemann, W.: Neuaufbau einer historischen Fußgängerbrücke in Nordirland. Bauingenieur 68(1993)S.94

[Poh86]   Pohle, G.; Beyert, J.: Aufstellung einer Energiebilanz für verschiedene Oberbauarten im Straßenbau. Forschung Straßenbau und Straßenverkehrstechnik Heft 485/1986

[Rah91]   Rahlwes, K.: Recycling von Stahlbeton- und Stahlverbundkonstruktionen - Ansätze zu einer umweltökonomischen Bewertung. Vorträge Betontag 1991.

[Rec93]   Reck, H., Kaule, G.: Straßen und Lebensräume. Ermittlung und Beurteilung straßenbedingter Auswirkungen auf Pflanzen, Tiere und ihre Lebensräume. Forschung Straßenbau und Straßenverkehrstechnik. Heft 654

[Rei85]   Reinhardt, H.-W.; Bouvy, J. J. (Hrsg.): Demountable Concrete Structures - A challenge for precast concrete. Delft University Press, Delft, S.351 ff.

[Rei90]   Reinhardt, H.-W.: Demontabel bouwen. CUR-Rapport 135, Gouda 1990, Hoofdstukken 1,2,7-10

[Rei90a]   Reinhardt, H.-W.: Ein unverzichtbarer Baustoff - Beton für Aufgaben des Umweltschutzes. Beton 40(1990)Nr.4, S.137-141

[Rei91]   Reinirkens, P.: Ermittlung und Beurteilung straßenbedingter Auswirkungen auf die Landschaftsfaktoren Boden und Wasser. Forschung Straßenbau und Straßenverkehrstechnik. Heft 626

[Rei92]   Reinhardt, H.-W.: Betontechnologie - ökologisch aktuell. In: Beton+Fertigteil-Technik 58(1992), Nr.2, S.61-67

[Rei93]   Reinhardt, H.-W.: Entsorgung und Bindung von Schadstoffen mit Zement und Beton, Theoretische Grundlagen und internationaler Stand des Wissens. In: Zement+Beton 1/93, S.2-6

[Rei94]   Reinhardt, H.-W.: Zur ökologischen Baustoffauswahl: Sind „natürlich" oder „künstlich" geeignete Kriterien? Vortrag und Aufsatz zur IBK Fachtagung Bauen und Umwelt - heute und morgen. Göttingen 20./21.9. 1994. Institut für das Bauen mit Kunststoffen e.V., Darmstadt 1994

[Rem88]   N.N.: Ein Dreiecksfachwerk als Haupttragsystem. bauen mit holz 12/88, S. 830 ff.

[Ric90]   Richter, H.: Fügetechnik, Schweißtechnik, Deutscher Verlag für Schweißtechnik, Düsseldorf 1990

[Ric96]   Richter, K.: Vergleichende Ökobilanz für Fenster. Bundesbaublatt 3/96, S.220-223

[Rin87]   Ringleben, W.: Umsetzung einer Stahlbrücke, Stahlbau 56(1987)4, S. 225 ff.

[Rit94]   Ritzmann, H.: Kontinuität in Forschung und Entwicklung - Basis für optimale Technologien. Zement-Kalk-Gips, Nr. 5/1994.

[RLS-90]   Richtlinien für den Lärmschutz an Straßen, 1990

[Roi86]   Roik, K. et al.: Schrägseilbrücken. Verlag Wilhelm Ernst&Sohn, Berlin 1986

[Röm93]   Römpp-Lexikon Umwelt, hrsg. von Herwig Hulpke, Thieme-Verlag, Stuttgart 1993

[Ros88]   Rossner, W.: Brücken aus Spannbeton-Fertigteilen. Verlag Ernst&Sohn, Berlin 1988

[Rou92]   Roubin, E.: CO_2-Emissionen Umweltsituation-Beton-Landwirtschaft. In: Zement + Beton 2/92, S.40-43

[Rub89]   Rubik, F.; Harmsen, A.: Die Produktlinienanalyse. werkundzeit 3/89, S.9-11

[Ruc93]   Ruch, H.: Der Kalkbrennprozeß im Spannungsfeld zwischen Ökologie und Ökonomie. Zement-Kalk-Gips 5/93

[Rud94]   Rudolph, S.: Über eine Methodik zur systematischen Bewertung in der Konstruktion. Dissertation Universität Stuttgart 1994

[Ruh86]   Ruhrberg, R.; Schumann, H.: Vergleichende Untersuchung über die Rückbaukosten eines einteiligen Überbaues einer weitgespannten Autobahntalbrücke in Stahl- und Spannbetonkonstruktion.
Forschung Straßenbau und Straßenverkehrstechnik. Heft 467

[Rüh91]   Rühl, R.; Wilken, U.: Gefahrstoffe beim Bauen, Renovieren und Reinigen, Hrsg.: Berufsgenossenschaft der Bauwirtschaft, 1991

[Rum92]   Rumpf, K.: Neue Technik aus Chemnitz ermöglichte Brückenabbau. TIS 10/92, S.748

[Rus92]   Ruske, W.: Brückenkonstruktionen aus Holz. TIS 8/92, S.596-600

[Ruß94]   Rußwurm, R.: Ist der Baustoff Betonstahl umweltfreundlich? Beton+Fertigteil-Technik 9/94, S.102-110

[Saa80]   Saaty, T.L.: The Analytic Hierarchy Process, McGraw-Hill, New York, 1980

[Sae75]   Saechtling, H.: Baustofflehre Kunststoffe für Bauingenieure und Architekten, Carl Hanser Verlag, München 1975

[Säl82]   Sälzer, E.: Städtebaulicher Schallschutz, Planerische und technische Maßnahmen, Bauverlag Wiesbaden 1982

[Sar97]   Saradshow, P.: Die Kriterien. In [FOG97] Bd.1

[Sch77]   Schmitz, K.: Die Entwicklungsmöglichkeiten der Energiewirtschaft in der Bundesrepublik Deutschland. Untersuchungen mit Hilfe eines dynamischen Simulationsmodells. KFA Jülich GmbH, Jülich 1977

[Scha92]   Schaller, I. et al.: Experimental monitoring of the Joigny Bridge. In: Malier, Y. (Ed.): High Performance Concrete. E&FN Spon, London 1992, S.432-457

[Scha95]   Schaltegger, S.; Kubat, R.: Das Handwörterbuch der Ökobilanzierung. Wirtschaftswissenschaftliches Zentrum der Universität Basel, Basel 1995

[Sche92]   Schellenberg, K.: Asphalt und Umwelt - ein Widerspruch? Bitumen 3/92, S.104-107

[Sche93]   Scheer, J.: Lastkähne schleppen eine 1200 t schwere Brücke 615 Meilen zu einem neuem Verwendungsort. Bauingenieur 68(1993),S.4

[Schl86]   Schlaich, J.: Zur Gestaltung der Ingenieurbauten oder Die Baukunst ist unteilbar. Bauingenieur 61(1986)S.49-61

[Schl93]   Schlaich, J.: Brückenbau-Baukultur? Editorial für die Bautechnik 70(1993),H.1

[Schl94]   Schlaich, J.: Sonnenenergienutzung - Warum? Wie? Tagungsband - Internationale EIPOS-Konferenz "Ökologie im Bauwesen", Dresden 1994

[Schm85]   Schmuck, A.; Löffler, M.: Untersuchung des Planungsfalls "Straßenerhaltung" für das überörtliche Straßennetz in Hessen. Schußbericht zum Untersuchungsauftrag des Hessischen Landesamtes für Straßenbau 1985

[Schm93]   Schmidt, M.: Baustoffe für die Bauaufgaben von morgen - Perspektiven der Baustoff-Forschung. Beton und Fertigteil-Technik, 4/93

[Schm95]   Schmitz, S. et al.: Ökobilanzen für Getränkeverpackungen. Umweltbundesamt - Texte 52/95, Berlin 1995

[Schm96]   Schmidt, M.; Häuslein, A.: Ökobilanzierung mit Computerunterstützung. Produktbilanzen und betriebliche Bilanzen mit dem Programm Umberto. Springer-Verlag, Berlin/Heidelberg, 1996

[Schmi93]   Schmidt, H.: Emissionen polycyclischer aromatischer Kohlenwasserstoffe beim Verarbeiten von Bitumen- und Polymerbitumenbahnen, Bitumen 2/93, S.72-74

[Schn81]   Schneider, G.: Berechnung der Beeinflussung des Grundwasserstromes durch Baumaßnahmen. Die Bautechnik 2/1981,S.67-69

[Schn82]   Schneider, G.: Möglichkeit zur Berechnung der Grundwasserbeeinflussung durch ein sehr langes Bauwerk mit abschnittsweisen Durchbrüchen. In: Die Bautechnik 10/1982,S.332-337

[Schn83]   Schneider, G.: Beeinflussung des Grundwasserstromes durch Baumaßnahmen mit Grundwasserdurchleitungen bei gleichzeitiger Umströmungsmöglichkeit. In: Die Bautechnik 6/1983,S.189-196

[Schn90]   Schneider, K.-J. (Hrsg.): Bautabellen. Werner-Verlag GmbH, Düsseldorf 1990

[Scho1]   Ideen-/Realisierungswettbewerb Brücke über das Schornbachtal: Eingereichte Unterlagen der Wettbewerbsteilnehmer

[Scho2]   Regierungspräsidium Stuttgart: Ideen-/Realisierungswettbewerb Brücke über das Schornbachtal - Aufgabenstellung

[Scho3]   N.N.: Neubau der B 29 (SQ 24) - Umgehung Schorndorf- Planfeststellung, Erläuterungsbericht

[Scho95]   Scholz, R.: Umweltgesichtspunkte bei der Herstellung und Anwendung von Kalkprodukten. Zement-Kalk-Gips 10/94, S.571-581

[Schu94]   Schumm, M.: Bilanzierung und Auswertung umweltrelevanter Daten während des Baus der Schornbachtalbrücke im Zuge der B 29. Diplomarbeit, Institut für Werkstoffe im Bauwesen, Universität Stuttgart, 1994

[Schw91]   Schwarz, O.; Leonhardt, F.; Saul, R.: Die Mainbrücke Nantenbach. In: Eisenbahntechnische Rundschau, Heft 12/1991, S.813-819

[Schwa95]   Schwarz, C.: Zum Zusammenhang von Ökonomie und Ökologie bei der Bewertung von Ingenieurbauwerken. Diplomarbeit, Institut für Werkstoffe im Bauwesen, Universität Stuttgart, 1995

[Sei96]   Seible, F.: Anwendung neuer Composit-Werkstoffe im konstruktiven Ingenieurbau. Vortrag an der Universität Stuttgart am 2.7.1996

[SET92]   N.N.: Workshop Report Life-Cycle Assessment. Published by Society of Environmental Toxicology and Chemistry Europe, Brüssel 1992

[SET93]   N.N.: A conceptual framework for life-cycle impact assessment. Society of Environmental Toxicology and Chemistry. Pensacola, Florida 1993

[SFB86]   SFB 315: Erhalten historisch bedeutsamer Bauwerke. Forschungsprogramm 1986. Verlag Ernst&Sohn, Berlin 1986 (S.132)

[Sie85]   Siebke, H.: Über den Einfluß der Zeit auf die DB-Brückenbauwerke. In: Beton 12/85, S.455-459

[Soh89]   Sohn, K.: Der Ingenieurwettbewerb für die Straßenbrücke über das Schornbachtal. In: Beton- und Stahlbetonbau 84 (1989) 12, S.303-309

[Som78]   Sommerer, R. et al.: Die Eschachtalbrücke im Zuge der BAB Stuttgart-Westlicher Bodensee. Bauingenieur 53(1978)117-126

[Spe89]   Specht, M.; Rösler, M.: Forschungsbrücke Berlin. In: Beton- und Stahlbetonbau 84(1989)H.12, S.319-323

[Spo88]   Sporbeck, O.: Der Planungsbeitrag zur Linienfindung. In: Planungsbeiträge zur Berücksichtigung des Naturschutzes und der Landschaftspflege beim Straßenbau. Lehrstuhl und Institut für Straßenwesen, Erd- und Tunnelbau. RWTH Aachen, 1988

[Sta90]   Stadelmann, W.: Holzbrücken der Schweiz - ein Inventar. Verlag Bündner Monatsblatt, 1990 (S.62, 67, 71, 252)

[Sta95]   N.N.: Statistisches Jahrbuch 1995 für die Bundesrepublik Deutschland. Hrsg.: Statistisches Bundesamt, Wiesbaden

[Ste85]   Stein, V.: Rohstoffsicherung. Aspekte für den Betonbau. Beton 1/85.

[Ste94]   N.N.: Steinzeit Magazin 1/94. Magazin der Steine- und Erdenindustrie Baden Württemberg

[Ste95]   Steiger, P.: Hochbaukonstruktionen nach ökologischen Gesichtspunkten. Schweizerischer Ingenieur- und Architekten-Verein. Dokumentation D 0123, Zürich 1995

[Stö92]   Rubik, F.; Stölting, P.: Übersicht über ökologische Produktbilanzen. IÖW Heidelberg 1992

[Sut92]   Sutter, H.-P. et al.: Vergleichende ökologische Bewertung von Anstrichstoffen im Baubereich. Bd. 1: Methode. Schriftenreihe Umwelt Nr. 186. Hrsg.: Bundesamt für Umwelt, Wald und Landschaft (BUWAL), Bern 1992

[Sut95]   Sutter, H.-P. et al.: Vergleichende ökologische Bewertung von Anstrichstoffen im Baubereich. Bd. 2: Daten. Schriftenreihe Umwelt Nr. 232. Hrsg.: Bundesamt für Umwelt, Wald und Landschaft (BUWAL), Bern 1995

[SZ95]   Stuttgarter Zeitung vom 16.9.95: Beim Hochwasserschutz gehen die Wogen immer noch hoch.

[TALä]   Verwaltungsvorschrift zum Bundes-Immissionsschutzgesetz (Technische Anleitung zum Schutz gegen Lärm)

[TALu86]   Verwaltungsvorschrift zum Bundes-Immissionsschutzgesetz (Technische Anleitung zur Reinhaltung der Luft)

[Tie93]   Tiedemann, A.: Ökologische Bewertung von Papierprodukten. In: Tagungsunterlagen UTECH Berlin 93 - Seminar Ökobilanzen, Berlin 1993

[TÜV84]   Ermittlung von Schadstoffemissionen von Personenkraftwagen bei hohen Geschwindigkeiten. Rheinisch-Westfälischer Technischer Überwachungsverein e.V., Hessische Landesanstalt für Umwelt, Umweltplanung und Umweltschutz, Essen-Wiesbaden 1984

[UBA92]   Umweltbundesamt (Hrsg.): Ökobilanzen für Produkte. Bedeutung-Sachstand-Perspektiven. UBA-Texte 38/92, Berlin 1992

[Ull95]   Ullrich, J: Umweltgerechte Straßenplanung. In: Der Elsner 1995, S. E/554ff.

[Umw81]   N.N.: Umwelt-Recht. Wichtige Gesetze und Verordnungen zum Schutz der Umwelt. Deutscher Taschenbuch Verlag, München 1981

[Umw93]   N.N.: Das Umweltlexikon. Kiepenheuer&Witsch, Köln 1993

[Umw94]   N.N.: Daten zur Umwelt 1992/93. Hrsg.: Umweltbundesamt. Erich Schmidt Verlag, Berlin 1994.

[UPI93]   Umwelt und Prognose-Institut (UPI) Heidelberg: Schockierende Auto-Biographie. In: Stern 23/93

[UVP85]   Richtlinie des Rates vom 27. Juni 1985 über die Umweltverträglichkeitsprüfung bei bestimmten öffentlichen und privaten Projekte (85/337/EWG)

[UVP90]   Gesetz zur Umsetzung der Richtlinie des Rates vom 27. Juni 1985 über die Umweltverträglichkeitsprüfung bei bestimmten öffentlichen und privaten Projekten (85/337/EWG). Bundesgesetzblatt vom 20.02.90

[UVP92]   N.N.: UVP bei Straßenverkehrsanlagen - Anleitung zur Erstellung von UVP-
           Berichten. Mitteilungen zur Umweltverträglichkeitsprüfung Nr.7 (1992).
           Hrsg.: Bundesamt für Umwelt, Wald und Landschaft (BUWAL), Bern 1992

[VDI94]   VDI-Lexikon Umwelttechnik, hrsg. von F.J. Dreyhaupt, VDI-Verlag Düsseldorf
           1994

[VDI91]   VDI 2243: Konstruieren recyclinggerechter technischer Produkte. VDI-Verlag,
           Düsseldorf 1991

[Vol90]   Vollrath, F.; Tathoff, H.: Handbuch der Brückeninstandhaltung. Beton-Verlag,
           Düsseldorf 1990

[Voß77]   Voß, W.; Ludwig, W.: Abbruch und Neubau der Straßenbrücke über den Möhnsee.
           Beton- und Stahlbetonbau 72(1977)7, S. 476

[Vos96]   Voss, A.; Liebscher, P.: Ganzheitliche Bilanzierung von Verkehrssystemen für
           konkrete Transportaufgaben im Güterverkehr. In [Eye96], S.604-627.

[Was]   Washüttl, J.: Untersuchung über die Bepflanzbarkeit und Begrünung von Flächen
           unter Brücken. Forschungsauftrag des Bundesministeriums für Bauten und Technik
           (Österreich)

[Web91]   Weber, R. et al.: Hochofenzement - Eigenschaften und Anwendung im Beton.
           Beton-Verlag, Düsseldorf 1991

[Wei93]   Weimer, W.; Lünstroth, U.: Energie- und CO_2-Einsparpotentiale in Baden-
           Württemberg. Akademie für Technikfolgenabschätzung in Baden-Württemberg.
           Arbeitsbericht Nr.1/1993. Stuttgart, 1993

[Wei95]   Weibel, T.; Stritz, A.: Ökoinventare und Wirkungsbilanzen von Baumaterialien.
           ESU-Reihe Nr. 1/95, ETH Zürich 1995

[Wet95]   N.N.: Realisierungswettbewerb Südbrücke Oberhavel, Wasserstadt Berlin-
           Oberhavel. wettbewerbe aktuell 2/94

[Wil92]   Wilps, H.: Die Erzversorgung der deutschen Stahlindustrie und ihre Auswirkungen
           auf die Umwelt. Stahl und Eisen 112 (1992) Nr.5

[Win97]   Winkelmann, U. et al.: „DW" Zur Wirkung von Ingenieurbauwerken auf die
           „Wohlfahrt" in einem Raum. Bericht über die Ergebnisse der Forschungsperiode
           1993/1994. FOGIB-Teilprojekt Raumplanung. Universität Stuttgart, Februar 1997

[Zem94]   N.N.: Zement 93-94, Zahlen und Daten. Hrsg.: Bundesverband der Deutschen
           Zementindustrie, Köln 1994

Anhang A: Sachbilanzdaten

A.1 Methodische Grundlagen

Methode der Datenerfassung

Datensätze für Produkte oder Prozesse wurden entweder direkt aus der Literatur übernommen, oder, wenn das nicht möglich war, nach der Methode der Prozeßkettenanalyse bilanziert. Bei dieser Methode wird die Herstellung eines Produktes in technologisch abgrenzbare Schritte zerlegt, die einzeln bilanziert werden. Bei jedem Glied der Prozeßkette werden die anteiligen Umweltbelastungen der vorgelagerten Schritte und die Umweltbelastungen dieses Schrittes addiert, so daß am Ende der Kette eine Aussage zur Gesamtumweltbelastung des Produktes vorliegt (Kumulationsprinzip).

Datenauswahl

Sachbilanzdaten können prinzipiell in zwei Kategorien eingeteilt werden, in spezifische und allgemeine Daten. Spezifische Produkt- oder Prozeßdaten beruhen auf einer Fallstudie, z.B. auf Angaben eines bestimmten Produzenten. Allgemeine Daten stellen dagegen gemittelte Werte dar, bspw. von mehreren Hersteller eines gleichen Produktes.

Gegen die Verwendung allgemeiner Daten spricht die „Gleichschaltung" der meist vorhandenen Bandbreite und das Argument, daß die tatsächlichen Verhältnisse, vor allem bei langen und weit verzweigten Prozeßketten, nur unzureichend abgebildet werden [Schm95]. Andererseits ist es oft nicht vorhersehbar, von welchem Hersteller die zu bilanzierenden Produkte kommen, so daß auch spezifische Daten zu verfälschten Resultaten führen können. Genaugenommen handelt es sich hier aber um eine theoretische Diskussion, da die derzeit verfügbaren Daten eine Auswahl noch gar nicht zulassen. Hier sind allgemeine **und** spezielle Daten verwendet worden, ein Prinzip, was auch bei anderen Ökobilanzen zwangsläufig angewendet wurde.

Systemgrenzen

Die Untersuchungen beschränken sich in der Regel auf deutsche Verhältnisse. Innerhalb der Prozeßketten werden die Prozesse aber bis an ihren Ursprung zurückverfolgt. Im Normalfall werden aktuelle Daten und Informationen verwendet. Die meisten Daten stammen aus dem Zeitraum 1990–1995. Teilweise mußte auch auf ältere Daten zurückgegriffen werden.

Energiebereitstellung

Die wesentlichsten Umweltbelastungen der Energiebereitstellungsprozesse werden aus der Endenergie und der Energieträgerverteilung eines Prozesses ermittelt und zu den prozeßbedingten Umweltbelastungen addiert. Das genaue Vorgehen ist weiter hinten beschrieben. Die Berechnung erfolgt mit Faktoren auf der Grundlage von [Frit95].

Materielle Vorstufen

Als materielle Vorstufen werden die Aufwendungen für die Herstellung von Produktions- und Verkehrsanlagen, Maschinen, Hilfskonstruktionen, Fahrzeugen usw. bezeichnet. Aus diesen ergeben sich ebenfalls Umweltbelastungen, die dem untersuchten Produkt anteilig zuzurechnen sind. Viele der bisher durchgeführte Ökobilanzen konzentrierten sich auf die Bilanzierung der direkten Umweltbelastungen, erfaßten die materiellen Vorstufen also nicht. Die Gründe dafür sind gut nachvollziehbar, beinhaltet doch das Berücksichtigen materieller Vorstufen eine Reihe von Problemen: Der Informationsbedarf wird um ein Vielfaches erhöht. Neben prozeßtechnischen Daten müssen auch die Anlagen bilanziert werden, was zu einer weiteren Verzweigung der Prozeßkette führt. Außerdem ergeben sich relativ schnell Rückkopplungen, bspw. dann, wenn der erforderliche Stahl für die Anlagen eines Stahlwerk bilanziert wird, der ja auch aus einem Stahlwerk stammt.

In den verwendeten Daten zur Energiebereitstellung aus [Frit95] sind die Umweltbelastungen der materiellen Vorstufen enthalten. Bei allen anderen Daten (Transporte, Baustoffherstellung, Bauprozesse) wurden dagegen die materiellen Vorstufen nicht berücksichtigt, da diese Daten nicht im erforderlichen Umfang zu beschaffen waren.

Module

Jedem abgrenzbaren Schritt der Prozeßkette wird ein Modul zugeordnet. Das Grundprinzip eines Moduls ist in Bild A.1-1 dargestellt. Es enthält jeweils eine Anbindung an die vor- und nachgeordneten Schritte der Prozeßkette sowie Aussagen zu den In- und Outputs (Rohstoffe, Energie, Wasser, Emissionen, Abfälle). Des weiteren sind die Transporte erfaßt, die zwischen dem vorgelagerten und dem bilanzierten Prozeßschritt stattfinden.

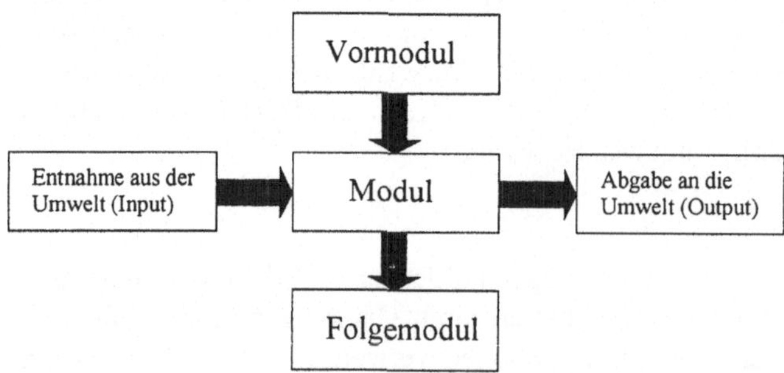

Bild A.1-1: Grundschema der Module (nach [Oels93])

Alle Module und die zugeordneten Daten sind in Tabellenform dokumentiert. Jede Tabelle enthält die Daten eines bilanzierten Prozeßschrittes, bezogen auf 1 t oder 1 m^3 des Hauptproduktes, und ist nach folgender Systematik geordnet:

1. Input
   1.1 Mineralische Rohstoffe
   1.2 Sekundärrohstoffe
   1.3 Produkte
   1.4 Hilfsstoffe
   1.5 Energetische Rohstoffe
       1.5.1 Primärbrennstoffe
       1.5.2 Sekundärbrennstoffe
       1.5.3 Elektroenergie
   1.6 Wasser
2. Flächeninanspruchnahme infolge Rohstoffgewinnung
3. Transporte
4. Output
   4.1 Nebenprodukte
   4.2 Emissionen in Luft
   4.3 Abfälle

Als *Sekundärstoffe* werden Produkte bezeichnet, die nach dem Ablauf ihrer Lebensdauer in der Prozeßkette eines anderen Produktes verwertet werden. Beispiele für Sekundärstoffe sind Altreifen (verwertbar bei der Zementherstellung) und Schrott (verwertbar bei der Stahlherstellung). Nach ihrer Verwendung sind Sekundärbrenn- und Sekundärrohstoffe zu unterscheiden. *Produkte* sind das Ergebnis einer vorgelagerten Prozeßkette oder eines vorgelagerten Prozeßschrittes (Vormodul). *Hilfsstoffe* sind Produkte, die im Modul zwar erwähnt, aufgrund ihrer geringen Menge aber nicht bilanziert werden. Der Verbrauch energetischer Rohstoffe wird in Megajoule [MJ] als Heizwert der verbrauchten Brennstoffe, bzw. als Stromverbrauch erfaßt. Die Flächeninanspruchnahme wird hier in m^2 angegeben. Die Dauer wird erst bei der Wirkungskategorie berücksichtigt. Unter Punkt 3 werden Transportentfernungen und Verkehrsmittel für den Transport der in dieses Modul eingegangenen Produkte angegeben. *Nebenprodukte* sind verwertbare Produkte, die bei einem Prozeß zusätzlich zum Hauptprodukt anfallen.

Verteilungsregeln, Annahmen

Der Lebensweg von Sekundärstoffen wird nicht betrachtet. Somit werden den Sekundärstoffen auch keine Umweltbelastungen aus ihrem früheren Produktleben zugeordnet. Notwendige Aufbereitungsprozesse sowie erforderliche Transporte werden dagegen erfaßt. Aus Sekundärbrennstoffen erzeugte Energie wird nicht dem Primärenergieverbrauch zugerechnet. Die Emissionen aus der Verbrennung werden aber in der Sachbilanz berücksichtigt. Gutschriften für reduziertes Deponievolumen o.ä. werden nicht erteilt.

Entstehen bei einem Prozeßschritt neben dem Haupt- auch Nebenprodukte, müssen die Umweltbelastungen auf Haupt- und Nebenprodukte verteilt werden. In der Literatur [Lüt92, Fri95] werden dazu verschiedene Verteilungsmethoden vorgeschlagen, u.a. nach Masse, Volumen, Heizwert, Stöchiometrie oder Marktwert. Ebenso ist es möglich, alle

Aufwendungen dem Hauptprodukt zuzuordnen. Die Auswahl einer Verteilungsmethode richtet sich jeweils nach den Besonderheiten der betrachteten Prozesse. Tabelle A.1-1 enthält die angewendeten Verteilungsregeln.

Tab. A.1-1: Verteilungsregeln

Haupt-/Nebenprodukt	Verteilungsregel (Begründung)
Strom/REA-Gips	keine Verteilung, alles zum Strom (Strom ist Hauptprodukt)
Koks/Koksgas	Verteilung nach Heizwert (beide Produkte werden energetisch verwertet)
Roheisen, Rohstahl/ Schlacke, Hüttensand	keine Verteilung, alles zum Roheisen bzw. Rohstahl (eine Verteilung nach Masse würde das Hauptprodukt unterbewerten, eine Verteilung nach Marktwert ist mit den vorliegenden Daten nicht möglich)
Holz/Restholz	Verteilung nach Volumen (Restholz wird energetisch verwertet und fällt in großen Mengen an)
Raffinerieprodukte (Bitumen, Kunststoffe)	Verteilungsregeln der Datenquellen werden übernommen (betrifft Daten aus [Frit95, Fri95, Bou94])

Bitumen und Kunststoffe werden aus Erdöl (Kunststoffe auch aus Kohle) hergestellt und enthalten einen vergegenständlichten Heizwert (Feedstock). Der vergegenständlichte Heizwert wird hier auch dem Verbrauch energetischer Rohstoffe zugerechnet. Der gleiche Ansatz gilt für Holzprodukte: Energetischer und materieller Holzverbrauch werden gemeinsam als Holzverbrauch bilanziert. Ein potentieller Heizwert von Kunststoffen oder Holz ist erst bei der Bewertung der Entsorgungsmöglichkeiten wichtig. Innerhalb der Sachbilanz erfolgt keine Gutschrift.

Berechnungen
Auf der Basis der den Modulen zugeordneten Daten werden folgende Werte berechnet:
1. Verbrauch energetischer Rohstoffe
   – Rückrechnung des Elektroenergieverbrauchs auf verbrauchte energetische Rohstoffe mit angenommenen Strom-Mix
   – Rückrechnung des Energieaufwandes für die Bereitstellung der energetischen Rohstoffe
2. Emissionen bei der Verbrennung der Energieträger
   – prozeßbedingte Emissionen
   – Emissionen im Zusammenhang mit der Stromerzeugung
   – Emissionen im Zusammenhang mit der Bereitstellung der energetischen Rohstoffe
3. Umweltbelastungen der Transporte
   – Verbrauch energetischer Rohstoffe
   – Emissionen

Die berechneten Werte werden jeweils zu den Prozeßdaten und zu den Daten des vorgelagerten Moduls addiert. An das nachfolgende Modul werden die summierten Daten weitergegeben (Bild A.1-2). Als Ergebnis der Berechnungen und der Verknüpfungen einzelner Module zu Prozeßketten ergeben sich Sachbilanzen für einzelne Baustoffe oder Bauprozesse. Sachbilanzen von Brücken werden durch die Kopplung dieser Daten mit beschreibenden Daten der Brücke (z.B. Mengen der verwendeten Baustoffe) erstellt.

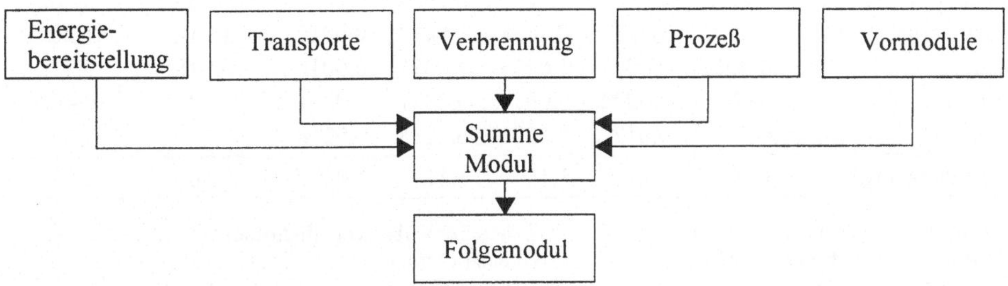

Bild A.1-2: Schema der Berechnungen

A.2 Grunddaten

Energiebereitstellung

Für die Prozesse der Energiebereitstellung wird mit Daten aus [Frit95] gearbeitet. In Tabelle A.2-1 sind die direkt entnommenen Emissionen angegeben. Des weiteren wurden mit dem zu [Frit95] zugehörigen Computerprogramm GEMIS die Anteile einzelner Energieträger berechnet (Tabelle A.2-2).

Tab. A.2-1: Datensatz Energiebereitstellung - Emissionen [Frit95]

Emissionsfaktor in mg/MJ$_{Endenergie}$	Stk.[1]	Brk.[2]	Öl-S[3]	Öl-EL[4]	Erdgas[5]	Strom Grund-last[6]	Strom Bahn[7]
SO_2	17,3	9,3	54,7	50,6	1,4	118,3	131,9
NO_x	12,8	17,9	29,4	29,8	11,5	133,9	146,9
Staub	1,6	1,9	3,7	3,8	0,6	18,1	18,2
CO_2	4706	18111	10699	8180	2705	171261	182468
CO	2,9	8,96	10,0	9,8	12,8	59,6	78,8
CH_4	500,1	2,5	21,3	17,7	148,6	203,4	652,2
NMVOC	0,7	2,51	18,9	19,4	0,7	3,6	8,4
N_2O	0,1	5,3	0,2	0,1	0,1	4,6	7,7

[1] Steinkohle Mix via Bahn und Schiff
[2] Braunkohlestaub rheinisch via Lkw
[3] Öl-S (Heizöl) per Bahn
[4] Öl-EL (Heizöl) und Diesel via Lkw
[5] Erdgas frei Verbraucher (Industrie)
[6] Grundlast-Strom
[7] Fahrstrom Bahn

Tab. A.2-2: Datensatz Energiebereitstellung – Anteile der Energieträger [Frit95]

in MJ/MJ$_{Endenergie}$	Stk.[1]	Brk.[2]	Öl-S[3]	Öl-EL[4]	Erd-gas[5]	Strom Grundlast[6]	Strom Bahn[7]
Steinkohle	1,0411	0,0004	0,0067	0,0047	0,0059	0,383	0,362
Braunkohle	0,0002	1,1553	0,0038	0,0019	0,0012	1,21	1,205
Rohöl	0,0017	0,0010	1,0473	1,0398	0,0010	0,0185	0,39
Erdgas	0,001	0,0002	0,0614	0,0331	1,0391	0,0065	0,468
Uran	0,014	0,0122	0,0291	0,0288	0,0216	1,2	0,47
Σ Primärenergie	1,06	1,17	1,15	1,11	1,07	2,86	2,73

[1] Steinkohle Mix via Bahn und Schiff
[2] Braunkohlestaub rheinisch via Lkw
[3] Öl-S (Heizöl) per Bahn
[4] Öl-EL (Heizöl) und Diesel via Lkw
[5] Erdgas frei Verbraucher (Industrie)
[6] Grundlast-Strom
[7] Fahrstrom Bahn

Verbrennung

Die Daten zur Verbrennung wurden ebenfalls aus [Frit95] entnommen (Tab. A.2-3). Sie stammen aus dem Programm GEMIS und wurden über die Funktion „Verbrennung" berechnet.

Tab. A.2-3: Datensatz Verbrennung - Emissionen [Frit95]

Emissionsfaktor in mg/MJ$_{Endenergie}$	Stein-kohle	Öl-S	Diesel	Erdgas	Kokereigas	Holz-schnitzel
SO_2	92	491	75	0,4	164	51
NO_x	76	115	964	28	26	41
Staub	10	11,5	80	0,14	0,13	8
CO_2	93350	78770	74050	55150	43640	0[*]
CO	95	43	209	14	13	102
CH_4	0,4	3,0	3,0	2,5	2,3	20,3
NMVOC	1,9	3,0	3,0	2,5	2,3	30,5
N_2O	50	2,0	3,0	1,0	1,0	6,1

[*] kein Ansatz von CO_2-Emissionen, da Holz während des Wachstums die gleiche Menge CO_2 aufnimmt, die bei der Verbrennung frei wird

Transporte

Es werden Transporte mit Lkw im Nah- und Fernverkehr, Bahntransporte sowie Transporte mit Binnenschiffen und Massengutfrachtern unterschieden. In [Frit95] sind Daten zu Gütertransporten enthalten, allerdings bestehen bei den Angaben zu Lkw-Transporten zwischen Text, Programm und zitierten Quellen einige Unklarheiten, die die Verwendbarkeit der Daten in Frage stellen. Für Lkw-Transporten werden daher Informationen aus [Lei96] benutzt. Ausgangspunkt für die Ermittlung von Umweltbelastungen ist immer der Energieverbrauch der jeweiligen Transportmittel. Dieser ist von verschiedensten Faktoren, in erster Linie aber vom Fahrzeugtyp und der Auslastung abhängig. In [Lei96] werden folgende Werte genannt:

– Lkw-fern: 0,83-1,75 MJ/tkm (bei 50% Auslastung)

– Lkw-nah: 1,54-2,27 MJ/tkm (bei 50% Auslastung)

Der niedrige Wert gilt jeweils für einen Lkw-Zug mit 26 t Nutzlast, der hohe Wert für einen Klein-Lkw. Da Baustofftransporte den größten Anteil der Transporte bei den untersuchten Prozessen darstellen und diese meist mit großen Lkw (Lkw-Zügen oder Sattelaufliegern) durchgeführt werden, wird von folgenden Werten ausgegangen:

– Lkw-fern: 1,0 MJ/tkm (=0,0234 kg Diesel/tkm)

– Lkw-nah: 1,7 MJ/tkm (=0,0397 kg Diesel/tkm)

In [Lei96] sind für verschiedene Lkw-Typen Emissionsfaktoren nach Angaben des Umweltbundesamtes aufgelistet. Hier werden die Faktoren für den Sattelzug (26 t Nutzlast, 38 t Gesamtgewicht) herangezogen. Anhand der oben genannten Verbrauchswerte werden mit diesen Emissionsfaktoren die Emissionen der Lkw berechnet (Tab. A.2-4).

Tab. A.2-4: Direkte Emissionen der Lkw (berechnet mit Emissionsfaktoren aus [Lei96])

Emission	Emissions-faktoren für Fernverkehr in g/kg Diesel	direkte Emissionen für Lkw-fern in g/tkm (1,0 MJ/tkm)	Emissions-faktoren für Nahverkehr in g/kg Diesel	direkte Emissionen für Lkw-nah in g/tkm (1,7 MJ/tkm)
SO_2	4,0	0,094	4,0	0,159
NO_x	43,5	1,02	44,5	1,77
Staub	1,91	0,045	2,08	0,082
CO_2	3146	73,6	3152	125,1
CO	7,35	0,172	7,69	0,305
HC	3,27	0,076	3,65	0,145

Bei Bahntransporten sind Diesel und Elektrotraktion zu unterscheiden. Der Anteil der Elektrotraktion beträgt nach [Lei96] 86%. Es werden folgende Werte für den Energieverbrauch angegeben:

– Elektrotraktion: 0,16 MJ/tkm (51% Auslastung)

– Dieseltraktion: 0,3 MJ/tkm (60% Auslastung)

– Mix: 0,18 MJ/tkm (86% Elektro)

In [Frit95] werden für Dieseltraktion 0,6 MJ/tkm (mit Programm berechnet), für Elektrotraktion 0,21 MJ/tkm (Nahverkehr), bzw. 0,15 MJ/tkm (Fernverkehr) genannt. Angaben zu direkten Emissionen der Dieseltraktion liegen nur in [Frit95] vor (siehe Tab. A.2-5). Sie beziehen sich auf Tonnenkilometer [tkm] und sind somit unabhängig vom angesetzten Energieverbrauch. Für den Energieverbrauch werden die Werte von [Lei96], für die direkten Emissionen die von [Frit95] übernommen.

Für die in Anhang A aufgelisteten Sachbilanzdaten sind Transporte mit Binnenschiffen im Steine&Erden-Bereich und See-Transporte für Eisenerztransporte relevant. In [Lei96] sind folgende Werte für den Energieverbrauch von Schiffen angegeben:

– Binnenschiff (Rhein):   0,08-0,29 MJ/tkm (bei 77% Auslastung)

– Binnenschiff (Kanal):   0,31 MJ/tkm (bei 77% Auslastung)

– Seeschiff: 0,02-0,73 MJ/tkm

Der Energieverbrauch des Binnenschiffes ist davon abhängig, ob die Tal- oder die Bergfahrt voll gefahren wird. Bei den Seeschiffen hängt die Höhe des Energieverbrauchs vom Schiffstyp, der Auslastung und der Fahrroute (Hochsee oder Küste) ab. Hier ist nur der Massenguttransport auf hoher See interessant (Eisenerz), der sich im unteren Bereich der Spanne (etwa bei 0,1 MJ/tkm) bewegt. In [Frit95] wird für Binnenschiffe ein Energieverbrauch von 0,5 MJ/tkm, für Seeschiffe 0,1 MJ/tkm genannt. Angaben zu direkten Emissionen liegen wiederum nur in [Frit95] vor (Tab. A.2-5). Diese werden übernommen. Als Energieverbrauch wird für Binnenschiffe 0,3 MJ/tkm, für Seeschiffe 0,1 MJ/tkm angesetzt.

Tab. A.2-5: Direkte Emissionen von Transportmitteln [Frit95]

Emissionsfaktor in g/tkm	Bahn-Diesel	Berechnung für Bahn-Mix	Binnenschiff-Diesel	Seeschiff
SO_2	0,05	0,007	0,04	0,15
NO_x	0,50	0,07	0,40	0,10
Staub	0,04	0,0056	0,01	0,01
CO_2	42,0	5,88	35,0	8,0
CO	0,15	0,021	0,10	0,016
CH_4	0,01	0,0014	0,01	0,0003
NMVOC	0,14	0,02	0,04	0,003
N_2O	0,00005	0,000007	0,00004	0,00003

Die Werte für den Energieverbrauch wurden mit den Daten der Energiebereitstellung verknüpft, um den Primärenergieverbrauch und die Gesamtemissionen zu ermitteln. Als Ergebnis der Berechnungen ergeben sich die Werte der Tabellen A.2-6 und A.2-7.

Tab. A.2-6: Angesetzte Grunddaten für Transporte - Emissionen

Emissionen in g/tkm	Lkw-fern	Lkw-nah	Bahn	Binnenschiff	Seeschiff
SO_2	0,145	0,245	0,027	0,055	0,155
NO_x	1,05	1,821	0,092	0,409	0,103
Staub	0,049	0,088	0,008	0,011	0,010
CO_2	81,8	139	31,4	37,4	8,818
CO	0,182	0,322	0,032	0,103	0,017
CH_4	0,018	0,030	0,092	0,015	0,002
NMVOC	0,095	0,178	0,022	0,046	0,005
N_2O	0	0	0,001	0	0

Tab. A.2-7: Angesetzte Grunddaten für Transporte – Verteilung der Energieträger

Energieverbrauch in MJ/tkm	Lkw-fern	Lkw-nah	Bahn	Binnenschiff	Seeschiff
Steinkohle	0,0047	0,008	0,05	0,001	0,0004
Braunkohle	0,0019	0,003	0,166	0,0005	0,0002
Rohöl	1,04	1,77	0,05	0,312	0,103
Erdgas	0,033	0,056	0,066	0,01	0,003
Uran	0,029	0,05	0,066	0,009	0,003
Σ Primärenergie	1,11	1,89	0,42	0,33	0,11

A.3 Zement und Beton

Die Sachbilanzdaten zur Herstellung von Zement und Beton basieren auf einer eigenen Literaturstudie [Lün94]. Bilanziert wurden Normalbetone mit Zusammensetzungen nach Tabelle A.3-1. Bild A.3-1 zeigt die angesetzte Prozeßkette der Betonherstellung. Zusatzstoffe und Zusatzmittel wurden nicht betrachtet. Die Prozeßkette für Zement wurde in die Schritte Rohmehl, Klinker und Gips zerlegt.

Tab. A.3-1: Betonzusammensetzungen in kg/m^3

Beton	PZ 35	PZ 45	Sand/Kies	Wasser
B 25	350		1851	175
B 35		350	1822	175
B 45		380	1769	185

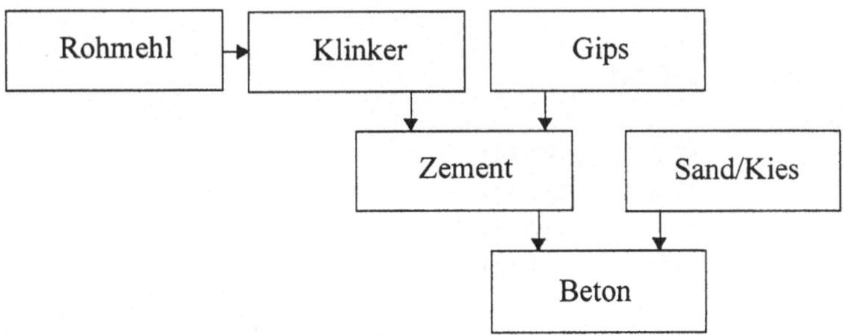

Bild A.3-1: Prozeßkette Betonherstellung

Modul Rohmehl
Natürliche Rohstoffe für die Herstellung von Zementklinker sind Kalkstein als CaO-Träger und Tone sowie Sande als Träger von Al_2O_3, SiO_2 und Fe_2O_3 oder Kalksteinmergel als natürliches Kalk-Ton-Gemisch. Das Verhältnis von Kalkstein zu Ton beträgt etwa 7:1. Korrekturstoffe und Sekundärrohstoffe werden hier vernachlässigt. Die

Gewinnung des Kalksteins erfolgt in der Regel durch Sprengen, wofür nach [Scho94] 200 g Sprengstoff je t Haufwerk benötigt werden. Für die Verladung und den Transport des Haufwerks werden meist dieselgetriebene Fahrzeuge eingesetzt. Deren Energieverbrauch wird nach [Scho94] mit 32 MJ/t angenommen. Die jährliche Flächeninanspruchnahme der deutschen Zementindustrie infolge Rohstoffgewinnung wird in [Hin77] und [Wis91] mit etwa 1 km^2 beziffert. Bei einer geschätzten Rohmaterialgewinnung von 45 Mio t (nach [Hin77]) ergibt sich eine Flächeninanspruchnahme von 0,022 m^2/t Rohmaterial.

Bilanzierungseinheit: 1000 kg Rohmehl			Bemerkungen
Mineralische Rohstoffe	Kalkstein	875 kg	Mittelwert ohne Sekundär- und Korrekturstoffe
	Ton	125 kg	
Hilfsstoffe	Sprengstoff	200 g	nicht bilanziert
Energie	Diesel	32 MJ	
	Elektroenergie[*]		[*] Ansatz beim Modul Zement
Flächen	Tagebau	0,022 m^2	

Modul Klinker

Je Tonne Klinker werden etwa 1,6 t Rohmaterial benötigt [Egg86]. Der Substanzverlust entsteht durch Austreiben von CO_2 und H_2O. Feuerfestmaterialien werden zur Auskleidung von Drehrohröfen, Wärmetauschern, Kühlern usw. gebraucht. Eine Abschätzung der eingesetzten Mengen nach [Sche93] ergibt einen Bedarf von etwa 0,5 kg/t Klinker. Zum Brennstoffenergiebedarf lagen statistische Angaben [BDZ94, Kuh94], Mittelwerte verschiedener Ofentypen [Sche92] und Betriebswerte einzelner Ofenanlagen [Kre87, VDZ93, Rit94] vor. Als Ergebnis einer kritischen Auswertung der teilweise widersprüchlichen Angaben wird von folgenden mittleren Werten ausgegangen:

– Gesamtbrennstoffbedarf: 3700 MJ
    aus Primärbrennstoffen: 3200 MJ
    aus Sekundärbrennstoffen: 500 MJ
– Primärbrennstoffstruktur:
    Steinkohlenstaub: 52,6% = 1683 MJ
    Braunkohlenstaub: 33,8% = 1082 MJ
    Heizöl, schwer: 10,9% = 349 MJ
    Heizöl, leicht: 1,0% =   32 MJ
    Erdgas: 1,7% =   54 MJ

In [Ran94] wird der Frischwasserverbrauch eines modernen Zementwerkes mit 0,027 m^3/t Klinker angegeben. In Ermangelung anderer Angaben wird dieser Wert hier angesetzt. Die diesem Modul zugeordneten Emissionen in die Luft sind einer Reihe von Literaturstellen, insbesondere [Wis91, VDZ93, Kro90, Kir94] entnommen. Enthalten sind sowohl energie- als auch prozeßbedingte Emissionen.

Bilanzierungseinheit: 1000 kg Klinker			Bemerkungen
Produkte	Rohmehl	1600 kg	
Hilfsstoffe	feuerfestes Material	500 g	nicht bilanziert
Energie	Steinkohlenstaub	1683 MJ	Verbrennung in Emissionswerten
	Braunkohlenstaub	1082 MJ	bereits enthalten
	Heizöl, schwer	349 MJ	
	Heizöl, leicht	32 MJ	
	Erdgas	54 MJ	
	Elektroenergie[*]		[*] Ansatz beim Modul Zement
	Sekundärbrennstoffe	500 MJ	
Wasser	Grundwasser	$0{,}027\ m^3$	als Prozeß- und Kühlwasser
Emissionen in die Luft	SO_2	500 g	
	NO_x	1800 g	
	Staub[*]		[*] Ansatz beim Modul Zement
	CO_2	900 kg	
	CO	350 g	
	NMVOC	60 g	
	Dioxine, Furane (TE)	8,5e-8 g	
	Cadmium	0,0005 g	
	Quecksilber	0,08 g	
	Thallium	0,114 g	

Modul Gips

Gips zählt zu den Nebenbestandteilen und wird dem Zement bis zu einem Massenanteil von 5% als Erstarrungsregler und zur Verbesserung der Mahlbarkeit zugegeben. Als Rohstoffe können natürlicher Gipsstein, aber auch REA-Gipse aus Rauchgasentschwefelungsanlagen von Steinkohlekraftwerken eingesetzt werden. Nach Angaben von [Wis91] wird ein REA-Gips-Anteil von 20% angenommen. Alle folgenden Werte beziehen sich deshalb auf eine Tonne Gips, welche zu 80% aus natürlichen Rohstoffen und zu 20% aus REA-Gips besteht. Als Ausgangsprodukt für die Zementherstellung muß Gipsstein lediglich gebrochen werden. In [Mar86] wird der Primärenergieverbrauch von gebrochenem Gipsstein mit 50 MJ/t (44% Elektroenergie), von REA-Gips im Mittel mit 157 MJ/t (100% Elektroenergie) angegeben. Als Nebenprodukt der Rauchgasentschwefelung werden dem REA-Gips nur Aufwendungen für Trocknen und Agglomerieren angerechnet. Die Rückrechnung auf den Energieinhalt ergibt folgende Werte: gebrochener Gipsstein: 24,8 MJ/t aus Brennstoffen (Annahme: Dieselmotor), 7,2 MJ/t aus Elektroenergie; REA-Gips: 51,3 MJ/t aus Elektroenergie. Für die angegebene Zusammensetzung ergibt sich ein Brennstoffbedarf von 19,8 MJ/t und ein Bedarf an elektrischer Energie von 16 MJ. Für die Gipsstein wird die gleiche Flächeninanspruchnahme wie für die Gewinnung der Zementrohstoffe angesetzt. Weitere Angaben zu Umweltbelastungen lagen nicht vor.

Bilanzierungseinheit: 1000 kg Gips für Zementherstellung			Bemerkungen
Mineralische Rohstoffe	Gipsstein	800 kg	
Sekundär-rohstoffe	REA-Gips	200 kg	Sekundärprodukt aus Steinkohlekraftwerken
Energie	Diesel	20 MJ	
	Elektroenergie	16 MJ	
Flächen	Tagebau	0,0176 m^2	80% von 0,022 m^2

Modul Zement (PZ 35, PZ 45)

Dieses Modul berücksichtigt das gemeinsame Vermahlen von Klinker und Gips. Außerdem werden hier Daten zum Stromverbrauch und zu Staubemissionen erfaßt, die nicht auf die Prozeßschritte verteilt werden konnten. Als durchschnittlicher Elektroenergieverbrauch der Zementindustrie werden in [BDZ94, Kro90, Sche92, Ell94] jeweils 110 kWh/t = 396 MJ/t Zement angegeben. Es wird angenommen, daß sich Unterschiede im Stromverbrauch zwischen den Zementarten vor allem aus der Abhängigkeit des Strombedarfs von der Mahlfeinheit der Zemente ergeben. Für eine Abschätzung der Differenzen werden vier Zementarten unterschieden (in Klammern: Anteile am Inlandversand): PZ 35 (42,7%), PZ 45 (29,5%), PZ 55 (4,4%) und Zemente mit Zumahlstoffen (23,4%). Angenommen wird ferner, daß der Bedarf an elektrischer Energie bei einem PZ 45 um 70 MJ, bei einem PZ 55 um 180 MJ und bei Zementen mit Zumahlstoffen um 80 MJ höher ist, als bei einem PZ 35 (nach [VDZ93]). Auf dieser Basis wurden folgende Werte für den Stromverbrauch ermittelt: PZ 35: 348 MJ/t, PZ 45: 418 MJ/t. Nach [Kuh94] werden als Staubemissionen 0,35 kg/t Zement angesetzt. Für die Zemente wird ein Gipsanteil von 5% angenommen. Für Gips wird eine Transportentfernung von 100 km angesetzt.

Bilanzierungseinheit: 1000 kg PZ 35 bzw. PZ 45			Bemerkungen
Produkte	Klinker	950 kg	
	Gips	50 kg	
Transporte	Gips	100 km	Lkw-fern
Energie	Elektroenergie	348 MJ	für PZ 35
		418 MJ	für PZ 45
Emissionen in die Luft	Staub	350 g	für gesamte Zementherstellung

Modul Sand/Kies

Da Sand und Kies in der Regel gemeinsam gewonnen und erst durch das Klassieren getrennt werden, wird ein gemeinsames Modul für Sand und Kies aufgestellt. Alle Angaben beziehen sich auf eine Tonne Sand/Kies. Da die Kornzusammensetzung der natürlichen Lagerstätten im allgemeinen nicht der, für Beton gewünschten Idealsieblinie entspricht, werden nicht benötigte Körnungen aufgehaldet. Außerdem ergeben sich Verluste durch das intensive Waschen des Sandes, welches zur Einhaltung der zulässigen

Mehlkorngehalte erforderlich ist. Nach [Ste85] liegt der Rohstoffverlust bundesweit bei 10-20%. Hier wird ein Rohstoffbedarf von 1100 kg für 1000 kg Sand/Kies angenommen. In der Literatur [Lüt79, Hin77, Ste85, Egg86] liegen die angegebenen Werte für die Flächeninanspruchnahme der Sand- und Kiesgewinnung zwischen 0,05 und 0,18 m^2/t. Es wird mit 0,09 m^2/t gerechnet. Aus statistischem Zahlenmaterial [Stei91] wurde ein Energiebedarf von 14,8 MJ/t Sand/Kies errechnet, der sich wie folgt verteilt:

– Diesel: 2,2 MJ

– Gas: 3,9 MJ

– Elektroenergie: 8,7 MJ

Zum Abschlämmen unerwünschter organischer Bestandteile und zur Einhaltung zulässiger Mehlkorngehalte werden die Kiessande intensiv gewaschen. Nach [Egg86] wird das mit Trübstoffen und Feinstsand beladene Waschwasser beim Naßabbau in den Baggersee und beim Trockenabbau in Klärbecken geleitet. Nach [Stei94] werden für das Aufbereiten einer Tonne Kies ca. 1,5 m^3 Wasser benötigt.

Bilanzierungseinheit: 1000 kg Sand/Kies			Bemerkungen
Mineralische Rohstoffe	natürliche Vorkommen an Sand und Kies	1100 kg	Rohstoffverlust nach [Ste85] etwa 10%
Energie	Heizöl	2,2 MJ	
	Gas	3,9 MJ	
	Elektroenergie	8,7 MJ	
Flächen	Tagebau	0,09 m^2	
Wasser	Grundwasser	1,5 m^3	als Waschwasser

Modul Betonherstellung

Es wird davon ausgegangen, daß der Beton in einem Transportbetonwerk gemischt wird. Für die Transportentfernungen der Ausgangsstoffe zum Transportbetonwerk wurden mittlere Entfernungen nach Angaben in [Ver94] und [Hül95] angesetzt. Der Primärenergieverbrauch der Betonherstellung wird in [Poh86] mit 11 MJ/t angegeben (25,3 MJ/m^3 mit 2,3 t/m^3). Dabei unterscheidet sich die Energieträgerstruktur von Stern- und Haldenanlagen: Stern: 100% Elektroenergie; Halde: 64% Elektroenergie und 36% Diesel. Hier wird von 100 % Strom ausgegangen. Durch Rückrechnung ergibt sich ein Endenergieverbrauch von 8,3 MJ Elektroenergie je m^3 Beton. Zu den Emissionen wurden keine Angaben gefunden. Abwasser aus der Aufbereitung des Restbetons sowie Spülwasser vom Reinigen der Anlagen und Fahrmischer wird im Kreislauf geführt. In Transportbetonwerken fallen etwa 2,5% der Produktion als Restmengen an [Alb93]. Der Restbeton wurde früher vollständig auf Deponien verkippt. Heute ist die Wiederaufbereitung des Frischbetons Stand der Technik und wird in zahlreichen Werken durchgeführt. Es wird daher nur eine zu deponierende Menge von 1% der Produktion in Ansatz gebracht.

Bilanzierungseinheit: 1 m³ Beton (B 25, B 35, B 45)			Bemerkungen
Produkte	Zement		Zusammensetzung siehe Tabelle A.3-1
	Sand/Kies		
Transporte	Zement	100 km	Lkw-fern
	Sand/Kies	80 km	Lkw-fern
		20 km	Binnenschiff
Energie	Elektroenergie	8,3 MJ	
Wasser			abhängig von Betonzusammensetzung
Abfälle	Restbeton	23 kg	Annahme: 1% der Betonmenge

A.4 Stahl

Die beiden wichtigsten Stahlherstellungsverfahren, das Oxygen- und das Elektro-stahlverfahren, müssen getrennt bilanziert werden. Da einige Stahlprodukte sowohl nach dem einen als auch nach dem anderen Verfahren herstellbar sind, werden in diesen Fällen beide Möglichkeiten aufgeführt. Für folgende Produkte werden Sachbilanzen erstellt:

1. Oxygenstahlverfahren:
– Baustahl: Profile, Bleche

– Betonstabstahl

– hochfester Feinkornbaustahl

– Spannstahl, kaltgezogen

2. Elektrostahlverfahren:
– Baustahl: Profile

– Betonstabstahl

– Spannstahl, kaltgezogen

A.4.1 Oxygenstahl

Die Grundlage der Bilanzen zum Oxygenstahlverfahren bilden Daten aus [Phi94], die auf Angaben eines deutschen Stahlherstellers beruhen. Die Umweltbelastungen bei der Herstellung bestimmter Stahlprodukte werden dort produktspezifisch als aggregierte Werte für eine integriertes Hüttenwerk angegeben. In den Daten für Schienen ([Phi94]: Tafel 1a), die hier als Modul Oxygenstahl übernommen werden, sind folgende Prozeß-schritte der Stahlherstellung enthalten: Kokerei, Sinter- und Roheisenerzeugung, Stahl-herstellung, Strangguß, Profilwalzen. Für eine vollständige Prozeßkettenanalyse müssen einige Vormodule bilanziert werden, und zwar Eisenerz, Pellets, Kalkstein, Kalkstein-mehl und Branntkalk [Sta89]. Die summierten Daten werden für Profilstahl und Beton-stabstahl angesetzt. Als Folgemodule werden Grobblech, Feinkornbaustahl und Walz-draht/Spannstahl aus dem Modul Oxygenstahl abgeleitet (Bild A.4-1).

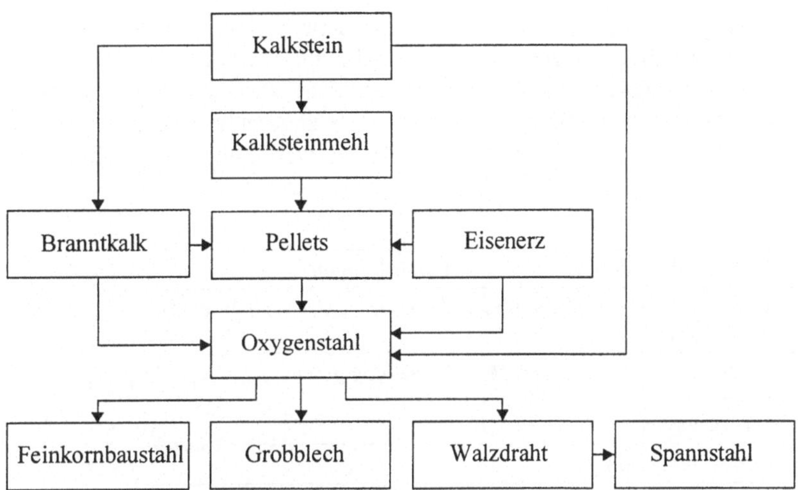

Bild A.4-1: Prozeßkette Oxygenstahl

Modul Eisenerz

Das in Deutschland verhüttete Eisenerz kommt zu einem großen Teil aus Brasilien, Kanada und Australien [Wil92], wo es im Tagebau abgebaut wird. Für eine Tonne verhüttbares Eisenerz werden nach [Jac90] 1500 kg Roheisenerz gefördert. Angesetzt werden 1350 kg, da mittlerweile von einer gestiegenen Ausbringungsrate ausgegangen werden kann. In Ermangelung genauer Werte wird für die Flächeninanspruchnahme mit 0,02 m²/t ein ähnlicher Wert wie für Kalkstein angesetzt. Der Wert ergibt sich bei einer Ausbringungsrate von einer Tonne verhüttbarem Eisenerz pro m³ Massenbewegung (geschätzt nach [Wil92]) und einer Tagebautiefe von 50 m. Das Eisenerz wird vor dem Versand einer Aufbereitung unterzogen, die Zerkleinern, Klassieren, Waschen und Anreichern umfassen kann. Hierfür wird je Tonne ein Energieverbrauch von 50 MJ Diesel und 100 MJ Strom angesetzt (geschätzt nach [Jac90]).

Bilanzierungseinheit: 1000 kg Eisenerz (aufbereitet)			Bemerkungen
Mineralische Rohstoffe	Roheisenerz	1350 kg	
Energie	Diesel	50 MJ	(Verteilung geschätzt)
	Elektroenergie	100 MJ	
Flächen		0,02 m²	
Abfälle	Abraum	1000 kg	

Modul Pellets

Da ein Hochofen nach dem Gegenstromprinzip arbeitet, müssen die Ausgangsprodukte in stückiger Form zugeführt werden, um ein Durchströmen mit Luft zu ermöglichen. Beim Pelletieren werden Feinsterze und Konzentrate zu kleinen Kugeln von etwa 10 bis

15 mm Durchmesser geformt, indem die Erzmischung angefeuchtet, mit einem Bindemittel versehen und anschließend getrocknet und gebrannt wird [Sta89]. Ausgangsprodukte sind aufbereitetes Eisenerz und Kalksteinmehl. Das Mischungsverhältnis wurde anhand der Verhältnisse beim Sintern geschätzt. Der angesetzte Energieverbrauch
orientiert sich an Angaben von [Jac90], die Energieträgerverteilung wurde angenommen.

Bilanzierungseinheit: 1000 kg Pellets			Bemerkungen
Produkte	Eisenerz (aufbereitet)	900 kg	Anteil Kalksteinmehl geschätzt
	Kalksteinmehl	100 kg	
Energie	Heizöl	480 MJ	Verteilung geschätzt
	Erdgas	480 MJ	
	Elektroenergie	40 MJ	
Wasser	Oberflächenwasser	1 m^3	für Flotation

Module Kalkstein, Kalksteinmehl, Branntkalk

Kalkstein, Kalksteinmehl und Branntkalk werden bei der Eisen- und Stahlherstellung als
Zuschläge benötigt, um den Schmelzpunkt der Gangart zu senken und um unerwünschte
Begleitelemente aus der Schmelze zu entfernen. Neben den genannten Stoffen kommen
weitere Zuschläge zum Einsatz, die hier aber aus Gründen der Übersichtlichkeit nicht
erfaßt wurden. Vereinfacht wird für alle Zuschläge eines der Kalkmodule angesetzt. Alle
Daten zu den Modulen Kalkstein, Kalksteinmehl und Branntkalk wurden mit wenigen
Ausnahmen [Scho94] entnommen. Für die Flächeninanspruchnahme bei der Kalkstein-
gewinnung wird der gleiche Wert wie beim Modul Rohmehl (Zement) angesetzt.

Bilanzierungseinheit: 1000 kg Kalkstein, gebrochen			Bemerkungen
Mineralische Rohstoffe	Kalkstein	1100 kg	Rohmaterial, ohne Abraum; es entstehen 100 kg Waschverluste
Hilfsstoffe	Sprengstoff	200 g	nicht bilanziert
Energie	Diesel	32 MJ	
	Elektroenergie	13 MJ	
Flächen	Tagebau	0,022 m^2	
Wasser	Oberflächenwasser	1,1 m^3	als Waschwasser
Abfälle	Abraum	85 kg	wird als inerter Abfall angesetzt

Bilanzierungseinheit: 1000 kg Kalksteinmehl, getrocknet			Bemerkungen
Produkte	Kalkstein, gebrochen	1000 kg	
Energie	Elektroenergie	179 MJ	für Mahltrocknung

Bilanzierungseinheit: 1000 kg Branntkalk			Bemerkungen
Produkte	Kalkstein, gebrochen	1755 kg	
Energie	Erdgas	3645 MJ	
	Elektroenergie	80 MJ	
Emissionen in die Luft	CO_2	757 kg	aus Entsäuerung

Modul Oxygenstahl

Die Daten für dieses Modul stammen aus [Phi94]. Dabei wurden die Werte für Dampf und Strom in Steinkohle umgerechnet. Für Schrott wurden keine Umweltbelastungen bilanziert, da Eigenschrott angenommen wird. Als Kreislaufwassermenge werden in [Phi94] 35,7 m^3/t angegeben. Der Wasserverbrauch wurde hier nach [Schu92] mit 2,5 m^3 angesetzt. Den Nebenprodukten werden keine Umweltbelastungen zugeordnet. Die angegebenen Transportaufwendungen werden durch 890 km Bahntransport ergänzt, die nach [Wil92] in der Transportkette des brasilianischen Eisenerzes enthalten sind.

Bilanzierungseinheit: 1000 kg Oxygenstahl (als Profil- bzw. Betonstabstahl)			Bemerkungen
Produkte	Eisenerz	922 kg	
	Pellets	420,4 kg	
	Kalkstein[*)	187,5 kg	[*)incl. sonstige Zuschläge
	Branntkalk	58,2 kg	
Sekundärrohstoffe	Schrott	116,8 kg	Annahme von Eigenschrott
Hilfsstoffe	Legierungen	10,4 kg	nicht bilanziert
Transporte	Eisenerz, Pellets	6000 km	Seeschiff
		250 km	Binnenschiff
		890 km	Bahn
	Kalkstein, Kalk	30 km	Bahn
Energie	Steinkohle	18187 MJ	Dampf und Strom wurden mit
	Erdgas	175 MJ	Steinkohle verrechnet
Wasser	Oberflächen- und Grundwasser	2,5 m^3	
Nebenprodukte	Schlacke	342	den Nebenprodukten werden keine
	Benzol	0,31	Umweltbelastungen zugeordnet
	Teer	12,75	
	H_2SO_4	2,17	
Emissionen in die Luft	SO_2	1960 g	
	NO_x	1480 g	
	Staub	480,5 g	
	CO_2	1549,3 kg	
	CO	21440 g	
	CH_4	8,52 g	

Bilanzierungseinheit: 1000 kg Oxygenstahl (als Profil- bzw. Betonstabstahl)			Bemerkungen
	NMVOC	8,99 g	
	HCl	37,11 g	
	HF	2,54 g	
	H_2S	3,87 g	
	NH_3	0,31 g	
	H^2SO_4	0,7 g	
	Cd	0,03 g	
	Cr	0,06 g	
	Cu	0,23 g	
	Mn	2,01 g	
	Ni	0,03	
	Pb	5,6 g	
	Tl	0,05 g	
	V	0,01 g	
	Benzol	0,48 g	
	Dioxin (TE)	5,19 µg	
Abfälle	Abfall	32,18 kg	aus Schlackenaufbereitung
	Schlamm	8,69 kg	
	Schutt	18,57 kg	

Modul Grobblech

Die Werte des Moduls Oxygenstahl enthalten auch den Prozeßschritt Walzen. Da der Walzaufwand für Bleche höher ist als für Profile wird in Anlehnung an mittlere Werte aus [Stah71] für Grobblech ein zusätzlicher Stromverbrauch von 150 MJ/t angenommen.

Bilanzierungseinheit: 1000 kg Grobblech			Bemerkungen
Produkte	Oxygenstahl	1000 kg	
Energie	Elektroenergie	150 MJ	zusätzlicher Walzaufwand

Modul Feinkornbaustahl

Feinkornbaustähle sind vergütete Stähle. Die Vergütung erfolgt durch Glühen in gasbeheizten Öfen und ein anschließendes Abschrecken. Der Energieaufwand für das Glühen wird nach [Plö79] und [Wes85] abgeschätzt. Bei einer Glühtemperatur von etwa 750 °C ergibt sich eine Energieverbrauch von 540 MJ/t. Zusätzlich werden 10% Verluste angenommen, so daß 600 MJ/t angesetzt werden. Für das Erwärmen des Abschreckbades wird elektrische Energie aufgewendet (nach [Plö79] etwa 60 MJ/t).

Bilanzierungseinheit: 1000 kg Feinkornbaustahl			Bemerkungen
Produkte	Oxygenstahl	1000 kg	
Energie	Erdgas	600 MJ	für Vergütung
	Elektroenergie	60 MJ	

Modul Walzdraht

Das Modul Walzdraht wird als Schritt zwischen dem gewalzten Profil, was auch ein Halbzeug sein könnte, und dem Modul Spannstahl eingeführt (siehe Prozeßkette Elektrostahl). Für den zusätzlichen Walzaufwand werden 40 MJ Strom je Tonne angesetzt.

Bilanzierungseinheit: 1000 kg Walzdraht			Bemerkungen
Produkte	Baustahl, oxygen	1000 kg	
Energie	Elektroenergie	40 MJ	zusätzlicher Walzaufwand

Modul Spannstahl (kaltgezogen)

In [Wes85] ist die Herstellung kaltgezogener Spannstähle beschrieben. Ausgangsprodukt ist Walzdraht, aus dem durch mehrfaches Patentieren und Kaltziehen sowie einem abschließenden Anlassen hochfeste Spannstähle hergestellt werden. Der Energieverbrauch dieser Verfahren wird wie folgt abgeschätzt: Beim Patentieren handelt es sich um ein Vergütungsprozeß, bei dem die Stahldrähte zunächst geglüht, dann bei 400 bis 550 °C abgeschreckt und abschließend an der Luft abgekühlt werden. Hierfür wird der gleiche Energieverbrauch wie für das Glühen des Feinkornbaustahls angenommen. Für die Kaltverformung wird ein Stromverbrauch von 75 MJ/t angesetzt (nach [Ruß94]). Das Anlassen wird nach [Plö79] wie folgt abgeschätzt: Anlaßtemperatur 300 °C $\Rightarrow$ Energieaufwand 30 kWh/t = 108 MJ/t, 10% Verluste $\Rightarrow$ 120 MJ/t. Unter Annahme von drei Patentierdurchläufen ergibt sich folgender Gesamtenergieaufwand: Glühen: $3 \cdot 660$ MJ/t = 1980 MJ/t (1800 MJ/t Erdgas, 180 MJ/t Strom), Kaltverformung: $3 \cdot 75$ MJ/t = 225 MJ/t (Strom), Anlassen: 120 MJ/t (Erdgas); Nebenanlagen: 50 MJ/t (Strom); Gesamt: 2375 MJ/t.

Bilanzierungseinheit: 1000 kg Spannstahl, kaltgezogen			Bemerkungen
Produkte	Walzdraht, oxygen	1040 kg	40 kg Verschnitt
Energie	Erdgas	1920 MJ	
	Elektroenergie	455 MJ	
Abfälle	Umlaufschrott	40 kg	Recycling

A.4.2 Elektrostahl

Ausgangsmaterial für das Elektrostahlverfahren ist Schrott, der zusammen mit Koks und Zuschlägen in Elektroöfen eingeschmolzen wird. Als Hilfsstoffe sind dabei Sauerstoff und Elektrodenmaterial anzusehen. Eine mit [Phi94] vergleichbare Studie liegt für Elektrostahl nicht vor, weshalb hier Prozeßschritte zu untersuchen sind, die im Modul Oxygenstahl bereits enthalten sind: Nach dem Schmelzen wird der Stahl im Strangguß-verfahren zu Brammen vergossen und anschließend zu Profilen oder Stäben gewalzt. Bild A.4-2 zeigt die angenommene Prozeßkette.

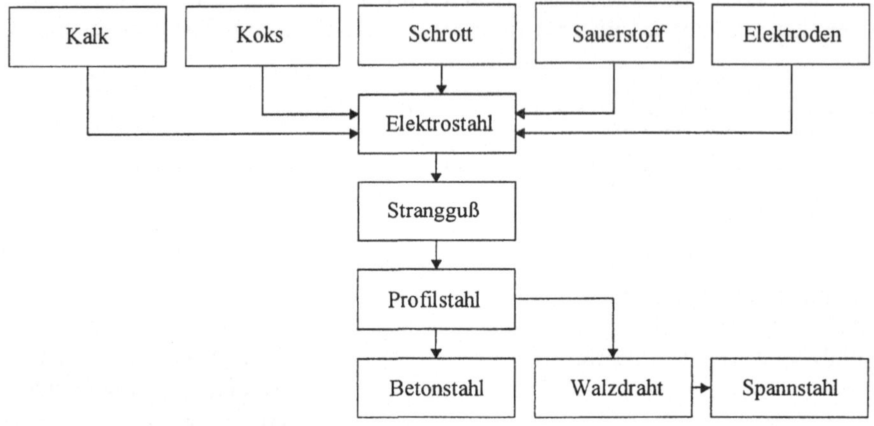

Bild A.4-2: Prozeßkette Elektrostahl

Modul Schrott

Dem Schrott werden definitionsgemäß nur Aufwendungen für die Aufbereitung zuge-ordnet. Diese werden mit 50 MJ Diesel und 100 MJ Strom abgeschätzt.

Bilanzierungseinheit: 1 t Altschrott, aufbereitet			Bemerkungen
Sekundär-produkt	Altschrott aus Abbrüchen	1000 kg	
Energie	Diesel	50 MJ	für Logistik
	Elektroenergie	100 MJ	

Modul Steinkohlenkoks

Alle Daten wurden aus [Fri95] übernommen. Das bei der Verkokung entstehende Koksgas ist als verwertbares Nebenprodukt anzusehen, dem ebenfalls Aufwendungen zugeordnet werden. Ausgegangen wird von einem Kohle-Koks-Verhältnis von 1,4:1, bezogen auf den Heizwert, d.h. für 1 MJ Koks sind 1,4 MJ Steinkohle erforderlich. Die Verteilung auf Koks und Koksgas erfolgt nach dem Heizwert (Koks 1,1 MJ, Koksgas 0,3 MJ). Unter Annahme eines Heizwertes für Steinkohle in Höhe von 29300 MJ/t ergibt sich folgender Energieinput für die Herstellung von 1000 kg Koks: $1{,}1 \cdot 29300 = 32230$ MJ.

Bilanzierungseinheit: 1000 kg Steinkohlenkoks			Bemerkungen
Energie	Steinkohle	32230 MJ	vergegenständlichter Heizwert: 28600 MJ
	Elektroenergie	136 MJ	
Emissionen in die Luft	SO_2	344 g	Verbrennung in Emissionswerten bereits enthalten
	NO_x	688 g	
	Staub	120 g	
	CO_2	68 kg	
	CO	800 g	
	CH_4	28 g	
	NMVOC	151 g	
	H_2S	40 g	
	NH_3	5,6 g	
	HCN	0,08 g	
	As	0,0024 g	
	Cd	0,004 g	
	Hg	0,0008 g	
	Pb	0,04 g	
	Benzol	7,2 g	
	Toluol	1,44 g	
	Benzo(a)pyren	0,05 g	
Abfälle	Schlamm	0,2 kg	Schlamm auf Deponie

Modul Sauerstoff/Inertgas

Die Daten für dieses Modul wurden ebenfalls aus [Fri95] übernommen. Als Energieverbrauch für die Luftzerlegung werden dort 2,5 MJ/Nm^3 angegeben. Unter Annahme einer Luftdichte von 1700 t/Nm^3 ergibt sich ein Energieverbrauch von 1750 MJ/t.

Bilanzierungseinheit: 1000 kg Sauerstoff/Inertgas			Bemerkungen
Rohstoff	Luft		kein Ansatz
Energie	Elektroenergie	1750 MJ	

Modul Elektrodenmaterial

Alle Daten wurden aus [Hab91] übernommen. Als direkter Energieverbrauch werden je Tonne Elektrodenmaterial 1720 MJ aus Steinkohle, 670 MJ aus Erdöl und 3950 MJ aus Erdgas (Summe = 6340 MJ) angegeben. Der vergegenständlichte Heizwert beträgt 5800 MJ aus Steinkohle und 34200 MJ aus Erdöl.

Bilanzierungseinheit: 1000 kg Elektrodenmaterial			Bemerkungen
Energie	Steinkohle	7520 MJ	
	Heizöl	34870 MJ	
	Erdgas	3950 MJ	
	Elektroenergie	612 MJ	
Emissionen in die Luft	SO_2	750 g	nur Prozeß
	HF	100 g	

Modul Elektrostahl

In diesem Modul wird der Prozeßschritt Erschmelzen des Elektrostahles im Lichtbogen-ofen beschrieben. Grundlage sind Angaben zum Input eines herkömmlichen Wechsel-strom-Lichtbogenofens aus [Ber95]. Die Daten beziehen sich auf eine Tonne Flüssig-stahl. Genannt werden folgende Werte: 38 kg Kalk, 14 kg Koks, 3 kg Elektrodenmate-rial, 6,5 kg Feuerfestmaterial, 1,51 GJ Schmelzstromverbrauch, 9 Nm^3 Erdgas, 30 Nm^3 Sauerstoff. Ergänzt werden diese Werte durch folgende Annahmen: Schrotteinsatz: 1,07 t [Lin95]; Stromverbrauch für Nebenanlagen, z.B. Sekundärmetallurgie: 300 MJ; Kühlwasser: 1,1 m^3 [Hab91]; Schlacke: 115 kg [Lin95]; deponierter Abfall: 15 kg = 10% der Schlacke [Schu93]. Die Emissionen wurden nach diversen Literaturangaben berechnet. Ausgangspunkt sind Werte in [Ruß94], wo die Schadstoffgehalte im gerei-nigten Abgas eines mitteleuropäischen Stahlwerkes angegeben sind (Angaben in mg/m^3 und g/h). Unter Annahme einer Abgasmenge von 10000 m^3/t (geschätzt nach Angaben in [Ban91, Fel93, Hei95, Arb95, Plö79, Hen87]) wurden die im Modul angegebenen Emissionswerte berechnet. Der Wert für CO_2 wurde nach Angaben in [Lin95] geschätzt. Für die erforderlichen Transporte der Ausgangsstoffe wurden mittlere Werte nach [Stat92] angenommen.

Bilanzierungseinheit: 1000 kg Elektrostahl (unvergossen)			Bemerkungen
Produkte	Schrott	1070 kg	Kalk je zur Hälfte Kalkstein, bzw. Brannt-
	Kalk	38 kg	kalk; Sauerstoff: 30 Nm^3
	Koks	14 kg	
	Sauerstoff	42,9 kg	
	Elektroden	3 kg	
Hilfsstoffe	Feuerfestmaterial	6,5 kg	nicht bilanziert
Transporte	Schrott, Kalk	70 km	Bahn
		20 km	Binnenschiff
		10 km	Lkw-nah
	Koks	90 km	Bahn
		10 km	Lkw-nah
	Elektroden	100 km	Lkw-fern
Energie	Erdgas	349 MJ	9 Nm^3 Erdgas mit H_u = 38,8 MJ/Nm^3;
	Elektroenergie	1810 MJ	1510 MJ Schmelzstrom, 300 MJ Nebenanlagen
Wasser	Grund- oder Oberflä-chenwasser	1,1 m^3	Kühlwasser
Neben-produkte	Schlacke	115 kg	den Nebenprodukten werden keine Umweltbelastungen zugeordnet
Emissionen in die Luft	NO_x	200 g	
	Staub	8,1 g	
	CO_2	300 kg	
	CO	970 g	
	NMVOC	100 g	
	HCl	1,1 g	

Bilanzierungseinheit: 1000 kg Elektrostahl (unvergossen)			Bemerkungen
	HF	2,5 g	
	As	0,053 g	
	Cd	3,91 g	
	Co	0,002 g	
	Cr	0,15 g	
	Cu	1,9 g	
	Hg	3,91 g	
	Mn	2,7 g	
	Ni	0,023 g	
	Pb	0,64 g	
	Se	0,004 g	
	Sn	0,038 g	
	V	0,033 g	
	Benzol	1,8 g	
	Dioxin (TE)	1,6 μg	
	Benzo(a)pyrene	0,0047 g	
	Dibenz(a,h)anthracene	0,0018 g	
	Aldehyde	2,9 g	
	Acetate	0,732 g	
Abfälle	Abfall, Schutt	15 kg	deponierte Schlacke und Ausbruch (letzteres geschätzt)

Modul Strangguß

Das Vergießen des Rohstahls erfolgt in Stranggußanlagen für die der Energieverbrauch nach Angaben in [Fet93] mit 40 MJ Erdgas und 60 MJ Strom angenommen wird. Es wird ein Verschnitt (Knüppelabfälle) von 40 kg/t angesetzt [Plö79]. Der Wasserverbrauch und die Abfälle wurden nach Angaben in [Plö79] geschätzt.

Bilanzierungseinheit: 1000 kg Stranggußbrammen			Bemerkungen
Produkte	Elektrostahl	1040 kg	
Energie	Erdgas	40 MJ	
	Elektroenergie	60 MJ	
Wasser	Grund- oder Oberflächenwasser	0,2 m^3	als Kühlwasser, Annahme eines Kreislaufs, Ausgleich der Verluste
Abfälle	Umlaufschrott	40 kg	Recycling
	Schutt	2 kg	Ausbruch

Modul Profilstahl, Betonstabstahl

Dieses Modul berücksichtigt das Walzen der Stranggußbrammen zu Profilen oder Stäben. Im Normalfall erreichen die Brammen oder Knüppel aus der Stranggußanlage das Walzwerk im abgekühlten Zustand. Das Walzgut muß also in mit Gas betriebenen Hubbalkenöfen auf Walztemperatur erhitzt werden. Ein Heißtransport der Brammen wird zwar in Erwägung gezogen [Voi90], scheint aber noch nicht gängige Praxis zu sein. Nach [Arb95] ist aber selbst bei unmittelbarem Nebeneinander von Stranggußanlage und Profilwalzwerk ein erneutes Aufwärmen der Knüppel erforderlich, da häufig auf Vorrat vergossen werden muß. Als Energiebedarf der Hubbalkenöfen wird in Auswertung von [Voi90, Kös91, Aic91, Rei90] 1300 MJ Erdgas pro Tonne Stahl angesetzt. Der Stromverbrauch wird nach [Fle93, Fli93, Ple93, Pöt92] mit 200 MJ/t für die Walzen und 200 MJ/t für die Nebenanlagen angenommen. Der Wasserverbrauch wurde geschätzt.

Bilanzierungseinheit: 1000 kg Profilstahl, Betonstabstahl			Bemerkungen
Produkte	Stranggußbrammen	1040 kg	40 kg Verschnitt
Energie	Erdgas	1300 MJ	
	Elektroenergie	400 MJ	
Wasser	Grund- oder Oberflächenwasser	0,2 m³	als Kühlwasser, Annahme eines Kreislaufs, Ausgleich der Verluste
Abfälle	Umlaufschrott	40 kg	Recycling

Modul Betonstahl

Für Schneiden und Biegen des Betonstahls wird nach [Ruß94] ein Stromverbrauch von 63 MJ/t angesetzt. Die angenommenen Transportentfernungen entsprechen dem Durchschnitt für Stahlprodukte [Stat92].

Bilanzierungseinheit: 1000 kg Betonstahl (einbaufertig)			Bemerkungen
Produkte	Betonstahl	1040 kg	Annahme: 40 kg Verschnitt
Transporte	Betonstahl	60 km	Bahn
		30 km	Lkw-nah
		10 km	Binnenschiff
Energie	Elektroenergie	63 MJ	
Abfälle	Umlaufschrott	40 kg	Recycling

Modul Walzdraht

Dieses Modul entspricht dem Modul Walzdraht in Kapitel 3.2.1. Als Input wird aber Profilstahl auf Elektrostahlbasis angesetzt.

Modul Spannstahl, kaltgezogen

Dieses Modul entspricht dem Modul Spannstahl in Kapitel 3.2.1. Als Input wird aber Walzdraht auf Elektrostahlbasis angesetzt.

A.5 Holz

Bilanziert wurden die Produkte Stammholz, Schnittholz, Brettschichtholz und Baufurniersperrholz. Bild A.5-1 zeigt die angesetzte Prozeßkette.

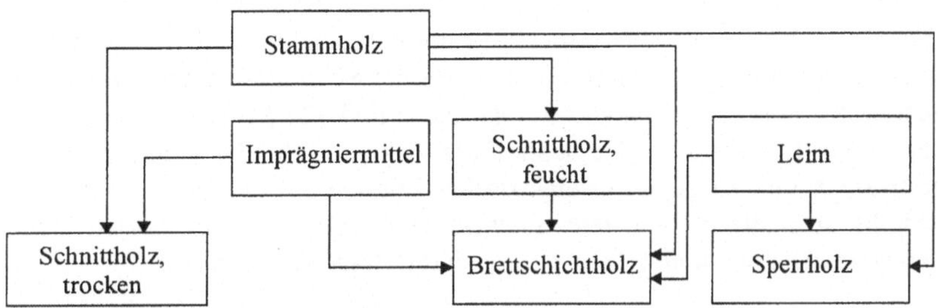

Bild A.5-1: Prozeßkette Holzprodukte

Modul Stammholz

Alle Daten dieses Moduls stammen aus [Kün95]. Die Prozeßkette umfaßt den Holz-
einschlag, das Entästen und das Stapeln der Stämme. Die in [Kün95] angegebenen
Werte in g/h werden auf m^3 umgerechnet (Sägeleistung: 4 m^3/h; Kraftstoffverbrauch:
2,13 kg/h (Benzin, bleifrei 0,75 kg/l) $\Rightarrow$ 0,53 kg/m^3 $\Rightarrow$ 0,7 l/m^3). Entsprechend wird bei
den Emissionen vorgegangen. Der in [Kün95] genannte Wert für NMVOC-Emissionen
wird nach Vergleichen mit [Fri95, Lei96] abgemindert.

Bilanzierungseinheit: 1 m^3 Stammholz			Bemerkungen
Rohstoffe	Holz		
Hilfsstoffe	Kettenschmieröl	0,075 l	nicht bilanziert
Energie	Benzin*) (0,7 l)	30,4 MJ	*) Verbrennung in Emissionswerten bereits
	Diesel (0,6 l)	25,7 MJ	enthalten
Emissionen in die Luft	SO_2	1,37 g	Emissionen der Kettensäge
	NO_x	0,75 g	
	CO_2	700 g	
	CO	332 g	
	CH_4	2,8 g	
	NMVOC	14 g+)	+) Abminderung nach Vergleich mit anderen
	Pb	0,037 g	Daten

Modul Imprägniermittel

Die Daten für das Imprägniermittel sind [Kün95] entnommen. Dort wurde der Primärenergieverbrauch aufgrund der Zusammensetzung abgeschätzt. Als Mittelwert wurde
29,5 MJ/kg angenommen. Der Primärenergieverbrauch muß hier in Endenergie umgerechnet werden. Hierfür wird von 100% Strom ausgegangen. Es ergibt sich eine Strom-

verbrauch von 29,5/2,86 = 10,3 MJ/kg. Der Wert 2,86 entspricht dem angesetzten Verhältnis von Primärenergie zu Endenergie bei der Stromerzeugung (siehe Tab. A.2-2).

Modul Schnittholz, imprägniert und getrocknet

Die Prozeßkette umfaßt die Anlieferung des Stammholzes, des weiteren Schneiden, Imprägnieren, Trocknen und Stapeln. Als Input werden 1,6 m³ Stammholz angesetzt [Bun90, Kün95], wovon 0,5 m³ als verwertbares Restholz bilanziert werden. Technisch getrocknet werden nach [Bun90] und [Res85] nur 30% der Schnittholzmenge. Bezogen auf einen m³ beträgt der Energieverbrauch 162 MJ Strom und 324 MJ thermische Energie [Res85]. Nach [Frü94] erfolgt bei der Schnittholztrocknung zu 75% eine Selbstversorgung mit thermischer und zu 20% mit elektrischer Energie auf der Basis von Restholz. Daraus ergibt sich die aufgelistete Energieträgerverteilung. Die Daten zum Imprägniermittelverbrauch und zu den Transporten sind [Kün95] entnommen.

Bilanzierungseinheit: 1 m³ Schnittholz, imprägniert und z.T. technisch getrocknet			Bemerkungen
Produkte	Stammholz	1,1 m³	realer Input: 1,6 m³ Stammholz, es entstehen
	Imprägniermittel	13,5 kg	rd. 0,5 m³ verwertbares Restholz
Hilfsstoffe	NaOH (50%ig)	0,6 *l*	nicht bilanziert
	H$_2$SO$_4$	0,3 *l*	
Transporte	Stammholz	50 km	Lkw-nah (Umrechnung auf m³ $\Rightarrow$ 30 km)
	Imprägniermittel	100 km	Lkw-fern
Energie	Diesel	42,8 MJ	1 *l* Diesel für Stapeln
	Heizöl	81 MJ	Thermische Energie aus 0,033 m³ Restholz
	Holzschnitzel	243 MJ	mit H$_u$ = 8750 MJ/m³, Wirkungsgrad 85%;
	Elektroenergie (fremd)	130 MJ	Eigenstromerzeugung aus 0,015 m³ Restholz
	Elektroenergie (Eigenstrom)	33 MJ	mit H$_u$ = 8750 MJ/m³, Wirkungsgrad 25%; Σ verwertetes Restholz: 0,05 m³, Annahme von weiteren 0,05 m³ Verlusten
Nebenprodukte	Restholz	0,5 m³	Aufwendungen für Stammholz werden nach Volumen aufgeteilt
Wasser	Frischwasser	0,125 m³	Mittelwert

Modul Schnittholz für Brettschichtholz

Dieses Modul muß eingeführt werden, da im Modul Brettschichtholz die technische Trocknung enthalten ist. Es handelt sich hier also um nicht getrocknetes Schnittholz. Die Prozeßkette umfaßt die Anlieferung des Stammholzes sowie Schneiden und Stapeln. Als Energieverbrauch werden nach [Res85] 126 MJ/m³ Strom angesetzt. Der Selbstversorgungsanteil ist vernachlässigbar. Für das Stapeln werden nach [Kün95] 1 *l* Diesel pro m³ bilanziert. Der reale Input beträgt wiederum 1,6 m³ Stammholz. Als Nebenprodukt fallen 0,6 m³ verwertbares Restholz an, d.h. der anzusetzende Stammholzeinsatz liegt bei 1 m³.

Bilanzierungseinheit: 1 m³ Schnittholz ohne technische Trocknung			Bemerkungen
Produkte	Stammholz	1 m³	realer Input: 1,6 m³ Stammholz, es entstehen rd. 0,6 m³ verwertbares Restholz, Verteilung nach Volumenanteilen
Transporte	Stammholz	50 km	Lkw-nah (Umrechnung auf m³ $\Rightarrow$ 30 km)
Energie	Diesel	42,8 MJ	1 l Diesel für Stapeln
	Elektroenergie	126 MJ	
Nebenprodukte	Restholz	0,6 m³	Aufwendungen für Stammholz werden nach Volumen aufgeteilt

Modul Leim (Phenol-Resorcin-Harz)

Für den bei der Herstellung von Brettschicht- und Furniersperrholz benötigten Leim wird wiederum auf [Kün95] zurückgegriffen. Dort wird der Primärenergieverbrauch mit 89,3 MJ/kg beziffert. Rückgerechnet auf den Endenergie ergibt sich unter Annahme von 100% Strom ein Stromverbrauch von 89,3/2,86 = 31,2 MJ/kg.

Modul Brettschichtholz

Brettschichtholz besteht aus breitseitig faserparallel verleimten Brettern aus Nadel-schnittholz. Die Prozeßkette umfaßt die Anlieferung von Schnittholz, des weiteren La-mellen vorhobeln und perforieren, Imprägnieren, Trocknen, Hobeln sowie Verleimen und Verpressen. Der Schnittholzinput beträgt nach [Kün95] 1,4 m³. Die erforderliche Leimmenge beträgt nach [Kün95] 14 kg/m³, als weiterer Input kommen 13 kg Impräg-niermittel hinzu. Der Energieverbrauch wird nach [Res85] wie folgt angesetzt: 115 kWh = 414 MJ/m³ Strom; 840 kWh = 3024 MJ/m³ thermische Energie (Trocknen enthalten). Die Selbstversorgung beträgt nach [Res85] bei thermischer Energie 93% (Annahme für den Rest: Öl). Bei Strom wird eine Selbstversorgung mit 10% angenommen. Aus diesen Annahmen folgt die im Modul aufgelistete Energieträgerverteilung. Zur Erzeugung der Energiemenge sind 0,4 m³ Holzschnitzel erforderlich. Da nach [Kün95] auch 0,1 m³ kontaminiertes und daher nicht verwertbares Restholz anfällt, wird ein zusätzlicher Stammholzinput von 0,1 m³ angesetzt. Als Wasserverbrauch für die Imprägnierung wird nach [Kün95] eine Menge von 118 l angenommen.

Bilanzierungseinheit: 1 m³ Brettschichtholz			Bemerkungen
Produkte	Schnittholz für BSH	1,4 m³	zusätzlicher Input an Stammholz wird energetisch verwertet
	Stammholz	0,1 m³	
	Imprägniermittel	13 kg	
	Phenol-ResorcinHarz	14 kg	
Transporte	Stammholz	50 km	Lkw-nah (Umrechnung auf m³ $\Rightarrow$ 30 km)
	Imprägniermittel, Harz	100 km	Lkw-fern
Energie	Heizöl, l	212 MJ	Thermische Energie aus 0,378 m³ Rest-holz mit H_u = 8750 MJ/m³, Wirkungsgrad 85%;
	Holzschnitzel	2812 MJ	

Bilanzierungseinheit: 1 m³ Brettschichtholz			Bemerkungen
	Elektroenergie (fremd)	373 MJ	Eigenstromerzeugung aus 0,019 m³ Rest-
	Elektroenergie (Eigenstrom)	41 MJ	holz mit H_u = 8750 MJ/m³, Wirkungsgrad 25%
Wasser	Frischwasser	0,118 m³	
Abfälle	Restholz, kontaminiert	0,1 m³	

Modul Baufurniersperrholz

Baufurniersperrholz besteht aus mindestens drei aufeinandergeleimten Holzfurnierlagen, deren Faserrichtungen gegeneinander versetzt sind. Die Prozeßkette umfaßt nach [Scho95] die Schritte Anlieferung Stammholz, Dämpfen, Schälen, Trocknen, Zuschnitt, Ausbessern, Leimen und Pressen. Die Ausbeute beträgt 45%, d.h. der Stammholzinput beträgt 2,2 m³. Die Leimmenge wird auf 30 kg/m³ geschätzt. Als Energieverbrauch werden in [Frü94] 380 kWh = 1368 MJ/m³ Strom und 8280 MJ/m³ thermische Energie genannt. Die Selbstversorgung beträgt 86% bei thermischer Energie (Annahme für den Rest: Öl) und 10% bei Strom. Hieraus ergibt sich die im Modul aufgelistete Energieträgerverteilung.

Bilanzierungseinheit: 1 m³ Baufurniersperrholz			Bemerkungen
Produkte	Stammholz	2 m³	realer Input: 2,2 m³ Stammholz, es ent-
	Phenol-Resorcin-Harz	30 kg	stehen rd. 0,2 m³ verwertbares Restholz, Verteilung nach Volumenanteilen
Transporte	Stammholz	50 km	Lkw-nah (Umrechnung auf m³ $\Rightarrow$ 30 km)
	Leim	100 km	Lkw-fern
Energie	Heizöl,l	1159 MJ	Thermische Energie aus 0,957 m³ Rest-
	Holzschnitzel	7121 MJ	holz mit H_u=8750 MJ/m³, Wirkungsgrad
	Elektroenergie (fremd)	1231 MJ	85%; Eigenstromerzeugung aus 0,062 m³ Restholz mit H_u=8750 MJ/m³, Wirkungs-
	Elektroenergie (Eigenstrom)	137 MJ	grad 25%
Nebenprodukte	Restholz	0,2 m³	Aufwendungen für Stammholz werden nach Volumen aufgeteilt

A.6 Bitumen und Asphalt

Asphalte kommen für die Abdichtung und den Fahrbahnbelag von Brücken zum Einsatz und bestehen aus Bitumen sowie Zuschlagstoffen (Splitt, Kies, Sand, Füller). Bild A.6-1 zeigt die angesetzte Prozeßkette. Bilanziert wurden Asphalttragschichten, Splittmastixasphalt, Asphaltbinder (Walzasphalt) sowie Gußasphalt mit Zusammensetzungen nach Tabelle A.6-1. Die Zusammensetzungen stellen mittlere Werte dar. Bei den Zuschlägen wird jeweils ein Anteil von 50% natürlichen und 50% gebrochenen Zuschlägen angenommen. Für die gebrochenen Zuschläge werden die gleichen Werte wie für gebrochenen Kalkstein, für den Füller die Werte von Kalksteinmehl angesetzt.

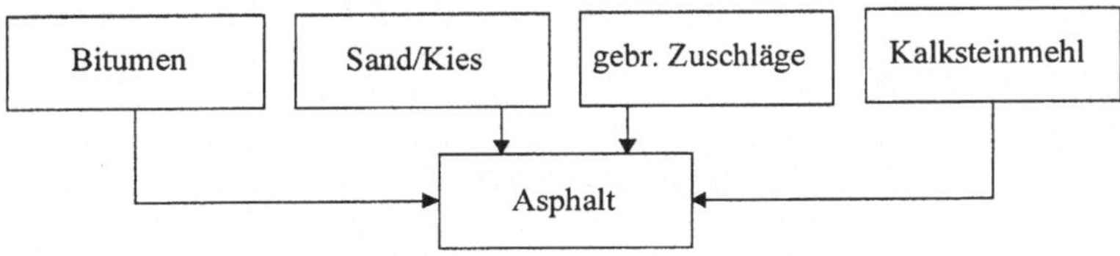

Bild A.6-1: Prozeßkette Asphalt

Tab. A.6-1: Asphaltzusammensetzungen in kg/t

	Bitumen	**Sand/Kies**	**gebr. Zuschläge**	**Füller**
Asphalttragschicht	42,5	434	434	89
Splittmastixasphalt	65	429	429	78
Asphaltbinder	60	416	416	108
Gußasphalt	72	355	355	218

Modul Bitumen

Alle Daten zur Bitumenherstellung in einer Raffinerie wurden [Fri95] entnommen.

Bilanzierungseinheit: 1000 kg Bitumen			**Bemerkungen**
Rohstoffe	Rohöl frei Raffinerie	1040 kg	Ansatz als Energieträger
Energie	Rohöl	41600 MJ	1040 kg · 40 MJ/kg = 41600 MJ,
	Elektroenergie	140 MJ	vergegenständlichter Heizwert: 40000 MJ; Verbrennung als Schweröl: 1600 MJ
Wasser		4,1 m^3	Grund- oder Oberflächenwasser
Emissionen in die Luft	SO_2	540 g	nur Prozeß! Verbrennung des Erdöls ist nicht enthalten
	NO_x	28 g	
	CO_2	14,4 kg	
	CH_4	40 g	
	NMVOC	377,4 g	
Abfälle	Schlämme	0,7 kg	

Modul Walzasphalt

Asphalt wird meist in stationären Anlagen hergestellt. Für den Energieverbrauch werden Angaben aus [Poh86] übernommen. Die Transportentfernungen werden in Anlehnung an die Verhältnisse beim Beton angesetzt.

Bilanzierungseinheit: 1000 kg Asphalttragschicht, Splittmastixasphalt, bzw. Asphaltbinder			**Bemerkungen**
Produkte	Bitumen		Zusammensetzung nach Tabelle A.6-1; Annahme von 50% Eigenfüller, d.h. nur die Hälfte des Füllers wird bei den Rohstoffen angesetzt
	Sand/Kies		
	gebrochene Zuschläge		
	Füller		
Transporte	Bitumen	100 km	Lkw-fern
	Zuschläge, Füller	80 km	Lkw-fern
		20 km	Binnenschiff
Energie	Heizöl,l	334 MJ	
	Elektroenergie	11 MJ	

Modul Gußasphalt

Die Herstellung von Gußasphalt unterscheidet sich von der Herstellung des Walzasphaltes insofern, daß zusätzlich das Bitumen aufgeschmolzen werden muß und eine höhere Mischguttemperatur notwendig ist. Daraus folgt der gegenüber dem Modul Walzasphalt höhere Energieverbrauch, der ebenfalls aus [Poh86] übernommen wurde.

Bilanzierungseinheit: 1000 kg Gußasphalt			**Bemerkungen**
Produkte	Bitumen	72 kg	Annahme von 50% Eigenfüller, d.h. nur die Hälfte des Füllers wird bei den Rohstoffen angesetzt
	Sand/Kies	355 kg	
	gebrochene Zuschläge	355 kg	
	Füller	218 kg	
Transporte	Bitumen	100 km	Lkw-fern
	Zuschläge, Füller	80 km	Lkw-fern
		20 km	Binnenschiff (Annahmen wie Beton)
Energie	Heizöl,l	503 MJ	
	Elektroenergie	19,5 MJ	

A.7 Alkydharzlack

Die Daten zu Alkydharzlack stammen aus [Sut95]. Bild A.7-1 zeigt die Prozeßkette.

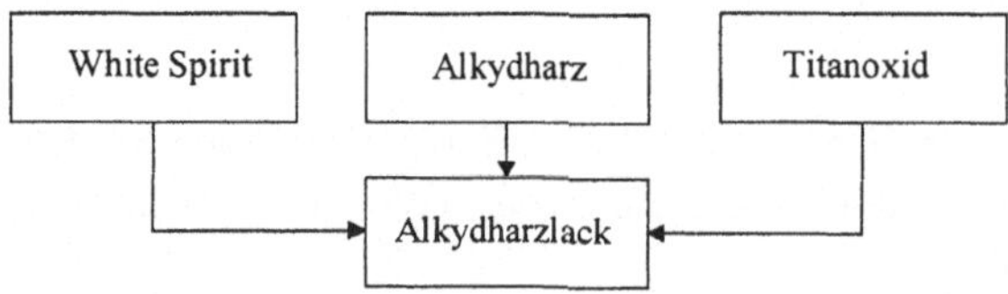

Bild A.7-1: Prozeßkette Alkydharzlack

Modul White Spirit

Bilanzierungseinheit: 1000 kg White Spirit			Bemerkungen
Rohstoffe	Rohöl	1000 kg	Ansatz als Energieträger
Energie	thermisch[*]	4870 MJ	[*] Verteilung: 31,1% Kohle, 4,1% leichtes und
	Elektroenergie	50 MJ	18,3% schweres Heizöl sowie 46,5% Erdgas
	Erdöl	45000 MJ	
Emissionen in die Luft	SO_2	1800 g	incl. Verbrennung
	Staub	340 g	
	CO_2	284 kg	
	CO	80 g	
	NMVOC	2900 g	
	HCl	10 g	
Abfälle	nicht spezifiziert	5,18 kg	

Modul Alkydharz

Bilanzierungseinheit: 1000 kg Alkydharz			Bemerkungen
Rohstoffe	Erdöl	0,47 kg	Ansatz bei Energie
	Erdgas	0,09 kg	Ansatz bei Energie
	Sojaöl	0,47 kg	nachwachsender Rohstoff (kein Ansatz)
Energie	thermisch[*]	26510 MJ	[*] siehe Anmerkung bei Modul White Spirit
	Elektroenergie	3760 MJ	
	Erdöl	21090 MJ	
	Erdgas	4650 MJ	
	Transporte[+]	5680 MJ	[+] Ansatz als Diesel
Emissionen in die Luft	SO_2	14110 g	(incl. Verbrennung)
	NO_x	7610 g	
	Staub	1630 g	
	CO_2	2276 kg	
	CO	6160 g	
	NMVOC	20110 g	
	HCl	10 g	
Abfälle	nicht spezifiziert	145,25 kg	

Modul Titanoxid

Bilanzierungseinheit: 1000 kg Titanoxid			Bemerkungen
Rohstoffe	Koks		Ansatz als Energieträger
Energie	thermisch[*]	29960 MJ	[*] siehe Anmerkung bei Modul White Spirit
	Elektroenergie	32730 MJ	
	Koks	10910 MJ	
	Transporte[+]	5550 MJ	[+] Ansatz als Diesel
Emissionen in die Luft	SO_2	27630 g	(incl. Verbrennung)
	NO_x	11540 g	
	Staub	5020 g	
	CO_2	4066 kg	
	CO	2990 g	
	NMVOC	33340 g	
	HCl	70 g	
Abfälle	nicht spezifiziert	1710 kg	

Modul Alkydharzlack

Bilanzierungseinheit: 1000 kg Alkydharzlack			Bemerkungen
Produkte	Alkydharz, 70%	485 kg	+ 30 kg nicht bilanzierte Stoffe
	Titandioxid, Chlorid	364 kg	
	White Spirit	121 kg	

A.8 Kunststoffe

Daten werden für die Kunststoffe PE und PVC benötigt. Die entsprechenden Werte wurden [Bou94] entnommen. Es wird davon ausgegangen, daß die Daten aggregierte Werte darstellen und die Prozesse der Energiebereitstellung bereits enthalten. Auf die Übernahme der Emissionen in Wasser wird verzichtet.

Tab. A.8-1: Daten zu Kunststoffen aus [Bou94]

Angaben je kg		PE	PVC
Energieverbrauch in MJ	Kohle	2,75	6,96
	Öl	3,07	6,04
	Gas	11,53	15,41
	Wasser	0,46	0,84
	Nuklear	1,53	7,87
	andere Energieträger	0,14	0,13
Vergegenständlichte Energie in MJ	Öl	32,76	16,85
	Gas	33,59	12,71

Angaben je kg		PE	PVC
Rohstoffe in kg	NaCl		0,69
Wasser in m^3		0,018	0,0019
Emissionen in g	Staub	2	3,9
	CO	0,8	2,7
	CO_2	1100	1944
	SO_2	7	13
	H_2S	0	0
	NO_x	11	16
	Cl_2	0	0,002
	HCl	0,06	0,23
	HF	0,001	0
	HC	21	20
	Aldehyde	0,005	0
	andere Organik	0,005	0
	Metalle	0,001	0,003
	H_2	0,001	0
	chlorinated organics	0	0,72
Abfälle in kg	Industriemüll	0,0031	0,0018
	Mineralische Abfälle	0,022	0,066
	Schlacken und Aschen	0,007	0,047
	Toxische Chemikalien	0,00007	0,0012
	Nicht toxische Chemikalien	0,002	0,014

A.9 Glas

Die Daten für Glas wurden aus [Fri95] übernommen. Bild A.9-1 zeigt die Prozeßkette.

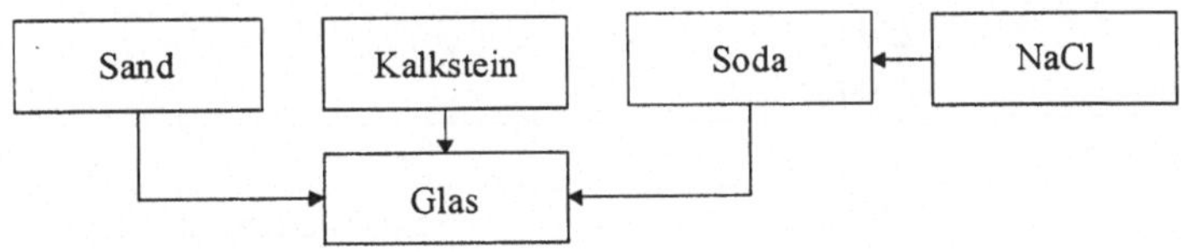

Bild A.9-1: Prozeßkette Glas

Modul Steinsalz

Bilanzierungseinheit: 1 m^3 NaCl (Steinsalz)			Bemerkungen
Mineralische Rohstoffe	Steinsalz	1000 kg	
Energie	Steinkohle	205 MJ	
	Heizöl,S	267 MJ	
	Erdgas	377 MJ	
	Elektroenergie	94 MJ	

Bilanzierungseinheit: 1 m³ NaCl (Steinsalz)		Bemerkungen
Wasser	Grund- oder Oberflächenwasser	2,2 m³
Abfälle	inert	36 kg

Modul Soda

Bilanzierungseinheit: 1000 kg Soda			Bemerkungen
Produkte	NaCl	1550 kg	als Steinsalz bilanziert
	Kalkstein	1130 kg	
	Steinkohlenkoks	80 kg	
Transporte	NaCl		per Pipeline (nicht bilanziert)
	Kalkstein, Koks	100 km	Lkw-fern
Energie	Erdgas	1130 MJ	Verbrennung in Emissionswerten enthalten;
	Steinkohle	7910 MJ	Eigenstromerzeugung als Energieträger erfaßt
Wasser		62,6 m³	
Emissionen in die Luft	SO_2	2000 g	incl. Verbrennung
	NO_x	1800 g	
	Staub	250 g	
	CO_2	967 kg	
	CO	7000 g	
	NH_3	230 g	
Abfälle	Asche in Deponie	6 kg	
	Kalksteinrückstände	20 kg	

Modul Glas

Bilanzierungseinheit: 1000 kg Flachglas			Bemerkungen
Produkte	Sand	750 kg	
	Kalkstein	250 kg	
	Soda	200 kg	
Transporte	Sand, Kalkstein, Soda	100 km	Lkw-fern
Energie	Erdgas	7500 MJ	Verbrennung in Emissionswerten enthalten
	Elektroenergie	390 MJ	
Wasser		0,7 m³	
Emissionen in die Luft	SO_2	27 g	incl. Verbrennung
	NO_x	130 g	
	Staub	8,5 g	
	CO_2	590000 g	
	CO	200 g	
	CH_4	26 g	
	NMVOC	109 g	
	HF	25 g	
	HCl	20	

A.10 Recyclingmaterial

Für den Energieverbrauch einer Bauschutt-Aufbereitungsanlage werden nach [Die95] 10 MJ Strom und 13 MJ Diesel pro Tonne Recyclingmaterial angesetzt. Weitere Umweltbelastungen konnten nicht bilanziert werden.

Modul Recyclingmaterial

Bilanzierungseinheit: 1 t Recyclingmaterial			Bemerkungen
Sekundärprodukt	Bauschutt	1000 kg	
Energie	Diesel	13 MJ	
	Elektroenergie	10 MJ	

A.11 Bauprozesse

Belag und Abdichtung

1. Entfernen des Belages mit einer Fräse [Die95]

– Geräteleistung: 28 m^3/h

– Dieselverbrauch: 71 l/h $\Rightarrow$ 2,54 l/m^3

– bei 10 cm Belagdicke: 0,25 l/m^2

2. Entfernen der Abdichtung durch Erwärmen und Abstemmen

– Annahme: kleiner Bagger mit Schäleinrichtung

– Dieselverbrauch geschätzt: 0,2 l/m^2, Propangas nach [Nov82]: 0,13 l/m^2

3. Erneuern des Belages und der Abdichtung [Schu94]

– Dieselverbrauch: 0,19 l/m^2

Erneuern der Betonkappe

1. Abstemmen des Betons mit Hydraulikhämmern, Stahl schneiden, laden [Die95]

– Dieselverbrauch: 17,6 l/m^3

2. Betonieren [Plü84]

– Dieselverbrauch: 0,6 l/m^3, Stromverbrauch: 0,8 kWh/m^3

Betoninstandsetzung

1. Abstemmen des Betons mit Drucklufthämmern (Überschlag nach Angaben in [Plü84])

– Luftverbrauch Hammer 60 m^3/h

– Dieselverbrauch Kompressor: 2,7 l/h

– Leistung 6,25 m^2/h $\Rightarrow$ Dieselverbrauch: 0,43 l/m^2

2. Sandstrahlen [Die95]

– Annahme: Druckluftstrahlen von Betonflächen ohne Altbeschichtung

– Dieselverbrauch: 0,48 l/m^2

3. Spritzbeton (Überschlag nach Angaben in [Plü84])
– Annahme: Betonspritzgerät mit einer Leistung von 3-4 m^3/h

– Luftverbrauch: 5-8 m^3/min

– Dieselverbrauch 19,2 l/h

– für 4 m^3/h $\Rightarrow$ Dieselverbrauch 4,8 l/m^3

– Flächenleistung bei 30% Rückprall und 4 cm Schichtdicke: 70 m^2

– Dieselverbrauch: 0,274 l/m^2

– Annahme incl. Mischer, Pumpen, Kleingeräte: 0,4 l/m^2

Stahlbetonabbruch [Die95]
– Geräte: Brechzange, Ladebagger, Meißelbagger, Radlader, Schere

– Leistung: 5,5 m^3/h

– Dieselverbrauch: 17,6 l/m^3

A.12 Aggregierte Sachbilanzdaten

Die folgenden Tabellen enthalten die aggregierten Sachbilanzdaten für die am Ende der jeweiligen Prozeßkette stehenden Produkte.

		Betonausgangsstoffe			Beton		
		PZ 35	PZ 45	Sand/Kies	B 25	B 35	B 45
		je t	je t	je t	je m³	je m³	je m³
Eisenerz	kg						
Gipsstein	kg	40,000e+00	40,000e+00		14,000e+00	14,000e+00	15,200e+00
Kalkstein	kg	1,330e+03	1,330e+03		465,500e+00	465,500e+00	505,400e+00
Naturstein	kg						
Sand/Kies	kg			1,100e+03	2,036e+03	2,004e+03	1,946e+03
Steinsalz	kg						
Ton	kg	190,000e+00	190,000e+00		66,500e+00	66,500e+00	72,200e+00
Schrott	kg						
REA-Gips	kg	10,000e+00	10,000e+00		3,500e+00	3,500e+00	3,800e+00
Rohholz	m³						
Steinkohle	MJ	1,801e+03	1,828e+03	3,361e+00	640,800e+00	650,100e+00	704,700e+00
Braunkohle	MJ	1,611e+03	1,696e+03	10,539e+00	593,900e+00	623,200e+00	673,560e+00
Rohöl	MJ	395,500e+00	396,700e+00	6,505e+00	352,500e+00	350,200e+00	360,150e+00
Erdgas	MJ	79,800e+00	80,290e+00	259,128e-03	34,900e+00	35,000e+00	37,300e+00
Uran	MJ	466,300e+00	550,300e+00	10,616e+00	198,400e+00	227,400e+00	243,350e+00
Sekundärbrennstoffe	MJ	475,000e+00	475,000e+00		166,200e+00	166,250e+00	180,500e+00
Flächenverbrauch	m²	34,320e-03	34,300e-03	90,000e-03	178,600e-03	176,000e-03	172,000e-03
Wasser	m³	25,650e-03	25,650e-03	1,500e+00	2,960e+00	2,920e+00	2,850e+00
SO_2	g	577,700e+00	586,000e+00	1,793e+00	235,000e+00	237,500e+00	254,700e+00
NO_x	g	1,860e+03	1,869e+03	7,229e+00	872,800e+00	873,200e+00	927,200e+00
Staub	g	366,400e+00	367,700e+00	670,846e-03	139,000e+00	139,300e+00	150,200e+00
CO_2	g	948,904e+03	960,892e+03	1,992e+03	353,583e+03	357,510e+03	386,090e+03
CO	g	382,700e+00	386,900e+00	1,853e+00	175,000e+00	175,900e+00	187,100e+00
CH_4	g	888,580e+00	902,800e+00	1,896e+00	320,000e+00	324,900e+00	351,800e+00
NMVOC	g	69,500e+00	69,700e+00	167,960e-03	43,800e+00	43,660e+00	45,500e+00
N_2O	g	7,440e+00	7,760e+00	58,930e-03	2,770e+00	2,880e+00	3,110e+00
HCl	g	6,790e+00	7,370e+00	73,491e-03	2,620e+00	2,820e+00	3,040e+00
HF	g	277,790e-03	301,000e-03	2,993e-03	110,000e-03	117,000e-03	126,000e-03
H_2S	g						
NH_3	g						
HCN	g						
As	g						
Cd	g	475,000e-06	475,000e-06		166,000e-06	166,000e-06	181,000e-06
Co	g						
Cr	g						
Cu	g						
Hg	g	76,000e-03	76,000e-03		26,600e-03	26,600e-03	29,000e-03
Mn	g						
Ni	g						
Pb	g						
Sn	g						
Tl	g	108,300e-03	108,300e-03		38,000e-03	38,000e-03	41,100e-03
V	g						
Benzol	g						
Toluol	g						
Dioxine/Furane	g	80,800e-09	80,800e-09		28,300e-09	28,300e-09	30,700e-09
Benzo(a)pyren	g						
Aldehyde	g						
Acetate	g						
Abraum	kg	129,200e+00	129,200e+00	100,000e+00	230,320e+00	227,400e+00	226,000e+00
Restbeton	kg				23,000e+00	23,000e+00	23,000e+00
Schlamm	kg						
Schutt	kg						
Chemikalien	kg						
Industriemüll	kg						
inerte Abfälle	kg						
Restholz	kg						

		Oxygenstahl				Elektrostahl	
		Profilstahl	Grobblech	Spannstahl	Betonstahl	Profilstahl	Spannstahl
		je t	je t	je t	je t	je t	je t
Eisenerz	kg	1,755e+03	1,755e+03	1,826e+03	1,826e+03		
Gipsstein	kg						
Kalkstein	kg	364,849e+00	364,849e+00	379,443e+00	379,443e+00	62,278e+00	64,769e+00
Naturstein	kg						
Sand/Kies	kg						
Steinsalz	kg						
Ton	kg						
Schrott	kg					1,157e+03	1,204e+03
REA-Gips	kg						
Rohholz	m³						
Steinkohle	MJ	19,068e+03	19,126e+03	20,033e+03	19,858e+03	1,556e+03	1,820e+03
Braunkohle	MJ	405,385e+00	586,885e+00	1,025e+03	508,319e+00	3,191e+03	3,922e+03
Rohöl	MJ	1,326e+03	1,329e+03	1,391e+03	1,442e+03	264,473e+00	286,261e+00
Erdgas	MJ	764,527e+00	765,508e+00	2,793e+03	801,497e+00	1,910e+03	3,985e+03
Uran	MJ	587,602e+00	767,602e+00	1,249e+03	692,451e+00	3,201e+03	3,967e+03
Sekundärbrennstoffe	MJ						
Flächenverbrauch	m²	33,304e-03	33,304e-03	34,636e-03	34,636e-03	1,246e-03	1,295e-03
Wasser	m³	3,285e+00	3,285e+00	3,417e+00	3,417e+00	1,660e+00	1,726e+00
SO_2	g	3,715e+03	3,733e+03	3,926e+03	3,881e+03	345,795e+00	421,888e+00
NO_x	g	2,934e+03	2,954e+03	3,194e+03	3,127e+03	744,466e+00	916,560e+00
Staub	g	619,680e+00	622,395e+00	654,876e+00	648,999e+00	67,150e+00	80,245e+00
CO_2	g	1,877e+06	1,903e+06	2,148e+06	1,969e+06	888,333e+03	1,120e+06
CO	g	21,753e+03	21,762e+03	22,704e+03	22,640e+03	1,285e+03	1,418e+03
CH_4	g	9,365e+03	9,395e+03	10,130e+03	9,759e+03	1,094e+03	1,529e+03
NMVOC	g	111,459e+00	111,999e+00	123,887e+00	123,545e+00	133,556e+00	146,868e+00
N_2O	g	5,354e+00	6,044e+00	9,983e+00	5,930e+00	14,329e+00	19,318e+00
HCl	g	48,445e+00	49,690e+00	54,620e+00	50,996e+00	23,559e+00	28,739e+00
HF	g	3,029e+00	3,078e+00	3,314e+00	3,174e+00	3,906e+00	4,226e+00
H_2S	g	3,870e+00	3,870e+00	4,025e+00	4,025e+00	605,696e-03	629,924e-03
NH_3	g	310,000e-03	310,000e-03	322,400e-03	322,400e-03	84,797e-03	88,189e-03
HCN	g					1,211e-03	1,260e-03
As	g					2,200e-03	2,288e-03
Cd	g	30,000e-03	30,000e-03	31,200e-03	31,200e-03	57,385e-03	59,681e-03
Co	g					2,163e-03	2,250e-03
Cr	g	60,000e-03	60,000e-03	62,400e-03	62,400e-03	162,240e-03	168,730e-03
Cu	g	230,000e-03	230,000e-03	239,200e-03	239,200e-03	2,055e+00	2,137e+00
Hg	g					4,229e+00	4,398e+00
Mn	g	2,010e+00	2,010e+00	2,090e+00	2,090e+00	2,920e+00	3,037e+00
Ni	g	30,000e-03	30,000e-03	31,200e-03	31,200e-03	24,877e-03	25,872e-03
Pb	g	5,600e+00	5,600e+00	5,824e+00	5,824e+00	692,830e-03	720,543e-03
Sn	g					41,101e-03	42,745e-03
Tl	g	50,000e-03	50,000e-03	52,000e-03	52,000e-03		
V	g	10,000e-03	10,000e-03	10,400e-03	10,400e-03	35,693e-03	37,121e-03
Benzol	g	480,000e-03	480,000e-03	499,200e-03	499,200e-03	2,056e+00	2,138e+00
Toluol	g					21,805e-03	22,677e-03
Dioxine/Furane	g	5,190e-06	5,190e-06	5,398e-06	5,000e-06	1,731e-06	1,800e-06
Benzo(a)pyren	g					5,841e-03	6,074e-03
Aldehyde	g					3,137e+00	3,262e+00
Acetate	g					789,568e-03	821,151e-03
Abraum	kg	1,329e+03	1,329e+03	1,382e+03	1,382e+03	4,812e+00	5,005e+00
Restbeton	kg						
Schlamm	kg	8,690e+00	8,690e+00	9,038e+00	9,038e+00	3,028e-03	3,150e-03
Schutt	kg	18,570e+00	18,570e+00	19,313e+00	19,313e+00	18,304e+00	19,036e+00
Chemikalien	kg						
Industriemüll	kg						
inerte Abfälle	kg	32,180e+00	32,180e+00	33,467e+00	33,467e+00		
Restholz	kg						

		Elektrostahl	Holz			Asphalt	
		Betonstahl	Schnittholz	Brettschichtholz	Sperrholz	Tragschicht	Splittmastix
		je t	je m³	je m³	je m³	je t	je t
Eisenerz	kg						
Gipsstein	kg						
Kalkstein	kg	64,769e+00				48,950e+00	42,900e+00
Naturstein	kg					478,500e+00	468,000e+00
Sand/Kies	kg					477,400e+00	471,900e+00
Steinsalz	kg						
Ton	kg						
Schrott	kg	1,204e+03					
REA-Gips	kg						
Rohholz	m³		1,100e+00	1,500e+00	2,000e+00		
Steinkohle	MJ	1,646e+03	59,000e+00	259,000e+00	562,000e+00	19,033e+00	21,944e+00
Braunkohle	MJ	3,406e+03	182,100e+00	689,000e+00	1,494e+03	41,857e+00	44,329e+00
Rohöl	MJ	337,682e+00	281,200e+00	967,000e+00	2,431e+03	2,277e+03	3,243e+03
Erdgas	MJ	1,993e+03	14,400e+00	658,000e+00	1,437e+03	23,051e+00	27,558e+00
Uran	MJ	3,411e+03	187,500e+00	716,000e+00	1,560e+03	71,035e+00	82,935e+00
Sekundärbrennstoffe	MJ		276,000e+00	2,853e+03	7,258e+03		
Flächenverbrauch	m²	1,295e-03				49,587e-03	48,906e-03
Wasser	m³	1,726e+00	125,000e-03	118,000e-03		1,525e+00	1,596e+00
SO_2	g	377,004e+00	90,900e+00	444,000e+00	1,361e+03	197,103e+00	269,928e+00
NO_x	g	849,448e+00	117,900e+00	481,000e+00	1,009e+03	491,656e+00	518,791e+00
Staub	g	74,368e+00	12,400e+00	73,000e+00	162,500e+00	40,737e+00	44,290e+00
CO_2	g	941,342e+03	40,764e+03	142,300e+03	353,898e+03	56,338e+03	64,495e+03
CO	g	1,354e+03	420,000e+00	863,500e+00	1,559e+03	109,481e+00	117,493e+00
CH_4	g	1,158e+03	44,000e+00	186,700e+00	431,000e+00	40,503e+00	53,998e+00
NMVOC	g	146,525e+00	29,000e+00	412,200e+00	908,000e+00	46,223e+00	62,205e+00
N_2O	g	15,265e+00	2,600e+00	20,500e+00	52,000e+00	1,565e+00	1,739e+00
HCl	g	25,114e+00	1,300e+00	5,700e+00	12,300e+00	690,077e-03	875,258e-03
HF	g	4,087e+00	50,000e-03	210,000e-03	460,000e-03	37,517e-03	47,547e-03
H_2S	g	629,924e-03					
NH_3	g	88,189e-03					
HCN	g	1,260e-03					
As	g	2,288e-03					
Cd	g	59,681e-03					
Co	g	2,250e-03					
Cr	g	168,730e-03					
Cu	g	2,137e+00					
Hg	g	4,398e+00					
Mn	g	3,037e+00					
Ni	g	25,872e-03					
Pb	g	720,543e-03	40,700e-03	55,500e-03	74,000e-03		
Sn	g	42,745e-03					
Tl	g						
V	g	37,121e-03					
Benzol	g	2,138e+00					
Toluol	g	22,677e-03					
Dioxine/Furane	g	1,800e-06					
Benzo(a)pyren	g	6,074e-03					
Aldehyde	g	3,262e+00					
Acetate	g	821,151e-03					
Abraum	kg	5,005e+00				47,183e+00	46,215e+00
Restbeton	kg						
Schlamm	kg	3,150e-03				29,750e-03	45,500e-03
Schutt	kg	19,036e+00					
Chemikalien	kg						
Industriemüll	kg						
inerte Abfälle	kg						
Restholz	kg			60,000e+00			

		Asphalt		Sonstiges			
		Binder	Gußasphalt	Alkydharzlack	PE	PVC	Glas
		je t	je t	je t	je t	je t	je t
Eisenerz	kg						
Gipsstein	kg						
Kalkstein	kg	59,400e+00	119,900e+00				523,600e+00
Naturstein	kg	470,000e+00	464,000e+00				
Sand/Kies	kg	457,600e+00	390,500e+00				825,000e+00
Steinsalz	kg					690,000e+00	310,000e+00
Ton	kg						
Schrott	kg						
REA-Gips	kg						
Rohholz	m³						
Steinkohle	MJ	22,201e+00	31,606e+00	13,826e+03	2,750e+03	6,960e+03	2,466e+03
Braunkohle	MJ	46,650e+00	70,669e+00	1,237e+03			535,748e+00
Rohöl	MJ	3,027e+03	3,713e+03	27,182e+03	35,830e+03	22,900e+03	255,343e+00
Erdgas	MJ	26,529e+00	34,481e+00	14,678e+03	45,120e+03	28,100e+03	8,165e+03
Uran	MJ	83,103e+00	116,381e+00	5,071e+03	1,530e+03	7,870e+03	723,301e+00
Sekundärbrennstoffe	MJ						
Flächenverbrauch	m²	47,780e-03	42,158e-03				77,972e-03
Wasser	m³	1,553e+00	1,480e+00	20,613e+00	18,000e+00	1,900e+00	15,551e+00
SO_2	g	253,834e+00	315,264e+00	17,118e+03	7,000e+03	13,000e+03	597,567e+00
NO_x	g	511,683e+00	691,001e+00	7,891e+03	11,000e+03	16,000e+03	845,301e+00
Staub	g	43,479e+00	59,670e+00	2,659e+03	2,000e+03	3,900e+03	85,312e+00
CO_2	g	62,978e+03	83,947e+03	2,618e+06	1,100e+06	1,944e+06	921,879e+03
CO	g	115,601e+00	156,919e+00	4,086e+03	800,000e+00	2,700e+03	1,785e+03
CH_4	g	51,456e+00	65,809e+00				2,387e+03
NMVOC	g	58,537e+00	70,405e+00	22,240e+03	21,000e+03	20,000e+03	134,773e+00
N_2O	g	1,711e+00	2,412e+00				6,549e+00
HCl	g	853,540e-03	1,140e+00	31,540e+00	60,000e+00	230,000e+00	26,818e+00
HF	g	46,076e-03	60,806e-03		1,000e+00		25,226e+00
H_2S	g						640,000e-03
NH_3	g						46,090e+00
HCN	g						1,280e-03
As	g						38,400e-06
Cd	g						64,000e-06
Co	g						
Cr	g						
Cu	g						
Hg	g						12,800e-06
Mn	g						
Ni	g						
Pb	g				1,000e+00	3,000e+00	640,000e-06
Sn	g						
Tl	g						
V	g						
Benzol	g						115,200e-03
Toluol	g						23,040e-03
Dioxine/Furane	g						
Benzo(a)pyren	g						800,000e-06
Aldehyde	g				5,000e+00		
Acetate	g						
Abraum	kg	46,190e+00	44,765e+00	652,000e+00			115,460e+00
Restbeton	kg						
Schlamm	kg	42,000e-03	50,400e-03	6,900e+00			3,200e-03
Schutt	kg						
Chemikalien	kg				2,070e+00	15,200e+00	
Industriemüll	kg				3,100e+00	1,800e+00	
inerte Abfälle	kg			34,700e+00	29,000e+00	113,000e+00	16,360e+00
Restholz	kg						

A.13 Aggregierte Wirkungsbilanzdaten

Aufgeführt sind die aggregierten Wirkungsbilanzdaten für die wichtigsten Bewertungs-größen.

Betonausgangsstoffe		PZ 35	PZ 45	Sand/Kies
		je t	je t	je t
Flächeninanspruchnahme inf. Rohstoffgewinnung	m²a	1,716e+00	1,716e+00	1,485e+00
Primärrohstoffverbrauch	kg	1,560e+03	1,560e+03	1,100e+03
Stammholzverbrauch	m³			
Primärenergieverbrauch	MJ	4,354e+03	4,551e+03	31,279e+00
Treibhauseffekt	kg	960,687e+03	972,918e+03	2,028e+03
Versauerung	g	1,886e+03	1,901e+03	6,923e+00
Bodennahe Ozonbildung	g	35,132e+00	35,315e+00	83,142e-03
Abraum	kg	129,200e+00	129,200e+00	100,000e+00
Sonderabfall	kg			

Beton		B 25	B 35	B 45
		je m³	je m³	je m³
Flächeninanspruchnahme inf. Rohstoffgewinnung	m²a	3,349e+00	3,306e+00	3,279e+00
Primärrohstoffverbrauch	kg	2,582e+03	2,550e+03	2,539e+03
Stammholzverbrauch	m³			
Primärenergieverbrauch	MJ	1,821e+03	1,886e+03	2,019e+03
Treibhauseffekt	kg	357,851e+03	361,862e+03	390,800e+03
Versauerung	g	848,442e+00	851,409e+00	906,617e+00
Bodennahe Ozonbildung	g	20,461e+00	20,437e+00	21,391e+00
Abraum	kg	230,320e+00	227,400e+00	226,000e+00
Sonderabfall	kg			

Oxygenstahl		Profilstahl	Grobblech	Spannstahl	Betonstahl
		je t	je t	je t	je t
Flächeninanspruchnahme inf. Rohstoffgewinnung	m²a	1,455e+00	1,455e+00	1,513e+00	1,513e+00
Primärrohstoffverbrauch	kg	2,120e+03	2,120e+03	2,205e+03	2,205e+03
Stammholzverbrauch	m³				
Primärenergieverbrauch	MJ	22,152e+03	22,575e+03	26,490e+03	23,303e+03
Treibhauseffekt	kg	1,981e+06	2,008e+06	2,262e+06	2,078e+06
Versauerung	g	5,824e+03	5,857e+03	6,223e+03	6,128e+03
Bodennahe Ozonbildung	g	112,010e+00	112,448e+00	122,544e+00	119,801e+00
Abraum	kg	1,329e+03	1,329e+03	1,382e+03	1,382e+03
Sonderabfall	kg	8,690e+00	8,690e+00	9,038e+00	9,038e+00

Elektrostahl		Profilstahl	Spannstahl	Betonstahl
		je t	je t	je t
Flächeninanspruchnahme inf. Rohstoffgewinnung	m²a	68,506e-03	71,246e-03	71,246e-03
Primärrohstoffverbrauch	kg	62,278e+00	64,769e+00	64,769e+00
Stammholzverbrauch	m³			
Primärenergieverbrauch	MJ	10,124e+03	13,980e+03	10,793e+03
Treibhauseffekt	kg	904,240e+03	1,142e+06	958,199e+03
Versauerung	g	895,202e+00	1,097e+03	1,002e+03
Bodennahe Ozonbildung	g	65,155e+00	73,815e+00	71,072e+00
Abraum	kg	4,812e+00	5,005e+00	5,005e+00
Sonderabfall	kg	3,028e-03	3,150e-03	3,150e-03

Holz		Schnittholz	Brettschichtholz	Sperrholz
		je m³	je m³	je m³
Flächeninanspruchnahme inf. Rohstoffgewinnung	m²a			
Primärrohstoffverbrauch	kg			
Stammholzverbrauch	m³	1,100e+00	1,500e+00	2,000e+00
Primärenergieverbrauch	MJ	724,200e+00	3,289e+03	7,484e+03
Treibhauseffekt	kg	41,950e+03	149,889e+03	372,679e+03
Versauerung	g	174,654e+00	786,052e+00	2,079e+03
Bodennahe Ozonbildung	g	12,372e+00	172,782e+00	380,745e+00
Abraum	kg			
Sonderabfall	kg		60,000e+00	

Asphalt		Tragschicht	Splittmastix	Binder	Gußasphalt
		je t	je t	je t	je t
Flächeninanspruchnahme inf. Rohstoffgewinnung	m²a	1,225e+00	1,199e+00	1,200e+00	1,169e+00
Primärrohstoffverbrauch	kg	1,005e+03	982,800e+00	987,000e+00	974,400e+00
Stammholzverbrauch	m³				
Primärenergieverbrauch	MJ	2,432e+03	3,420e+03	3,206e+03	3,966e+03
Treibhauseffekt	kg	57,206e+03	65,558e+03	64,006e+03	85,322e+03
Versauerung	g	541,930e+00	633,928e+00	612,838e+00	800,065e+00
Bodennahe Ozonbildung	g	19,512e+00	26,255e+00	24,712e+00	29,749e+00
Abraum	kg	47,183e+00	46,215e+00	46,190e+00	44,765e+00
Sonderabfall	kg	29,750e-03	45,500e-03	42,000e-03	50,400e-03

Sonstiges		PE	PVC	Alkydharzlack	Glas
		je t	je t	je t	je t
Flächeninanspruchnahme inf. Rohstoffgewinnung	m²a				1,690e+00
Primärrohstoffverbrauch	kg		690,000e+00		1,659e+03
Stammholzverbrauch	m³				
Primärenergieverbrauch	MJ	85,230e+03	65,830e+03	61,994e+03	12,145e+03
Treibhauseffekt	kg	1,100e+06	1,944e+06	2,618e+06	949,906e+03
Versauerung	g	14,754e+03	24,402e+03	22,670e+03	1,341e+03
Bodennahe Ozonbildung	g	8,738e+03	8,320e+03	9,252e+03	72,810e+00
Abraum	kg			652,000e+00	115,460e+00
Sonderabfall	kg	5,170e+00	17,000e+00	6,900e+00	3,200e-03

A.14 Literatur

[Aic91]   Aichinger, H.M. et al.: Rationelle und umweltverträgliche Energienutzung der Stahl-
            industrie der Bundesrepublik Deutschland. In: Stahl und Eisen 111 (1991) Nr.4

[Alb93]   Albeck, J.; Baumgartner, H.: Abfall- und rückstandsfreie Produktion von Betonbau-
            teilen. In: Betonwerk + Fertigteil-Technik 4/1993

[Arb95]   Arbed: Spürbare Erfolge bei der Umstellung auf die Elektrostahlroute. In: Stahl und
            Eisen 115(1995)5

[Ban91]   Bandt,O.: Umweltprobleme des Stahlschrottrecyclings. Werkstattreihe Ökoinstitut
            Freiburg, 1991

[BDZ94]   Bundesverband der deutschen Zementindustrie: Zement Jahresbericht 93-94, Köln
            1994

[Ber95]   Berger, H.; Mittag, P.: Der Comelt-Elektrolichtbogenofen mit schräg angeordneten
            Seitenelektroden. In: Stahl und Eisen 115(1995)9

[Bou94]   Boustead, I.: Eco-balance methodology for commodity thermoplastics. Association
            of Plastics Manufacturers in Europe 1994

[Bra92]   Brauer, H.: Weiterentwicklung der Dreiwalzen-Umformblöcke. In: Stahl und Eisen
            112(1992)7, S.53-60

[Bun90]   Bundesamt für Konjunkturfragen, Bern: Ökoprofil von Holz - Untersuchungen zur
            Ökobilanz von Holz als Baustoff. Schlußbericht Januar 1989/Mai 1990

[Die95]   Dietz, J.: Erarbeitung von Vorschlägen zur Abschätzung der Umweltauswirkungen
            von Ingenieurbauwerken während der Lebensphasen Nutzung, Abbruch und Entsor-
            gung. Diplomarbeit, Institut für Werkstoffe im Bauwesen, Universität Stuttgart,
            1995

[Egg86]   Eggert, P.: Steine und Erden in der BRD – Lagerstätten, Produktion und Verbrauch.
            Bundesamt für Geowissenschaften und Rohstoffe 1986

[Ell94]   Ellerbrock, H.-G.; Mathiak, H.: Zerkleinerungstechnik und Energiewirtschaft. In:
            Zement-Kalk-Gips, Nr. 9/1994

[Fel93]   Felsch, C.: Stahl – Eine Stahlkunde für Stahlhändler. Hrsg.: Bundesverband
            Deutscher Stahlhandel 1990

[Fet93]   Fett, F.N. et al.: Energiemanagment und Energiebedarfsprognose eines Hütten-
            werkes. In: Stahl und Eisen 113(1993)5, S.109-119

[Fle93]   Flemming, G. et al.: Die CSP-Anlagentechnik und ihre Anpassung an erweiterte
            Produktionsprogramme. In: Stahl und Eisen 113(1993)2, S.37-46

[Fli93]   Flick A. et al.: Das Control-Verfahren zur flexiblen und qualitätsorientierten Warm-
            banderzeugung. In: Stahl und Eisen 113(1993)9, S.63-69

[Fri95]   Frischknecht, R. et al.: Ökoinventare für Energiesysteme. Schlußbericht des BEW/
            NEFF-Forschungsprojektes „Umweltbelastung der End- und Nutzergiebereitstel-
            lung". Bundesamt für Energiewirtschaft, Bern 1995

[Frit95]   Fritsche, U. et al.: Gesamt-Emissionsmodell Integrierter Systeme (GEMIS), Version
            2.1, Erweiterter Endbericht. Hessisches Ministerium für Umwelt, Energie und Bun-
            desangelegenheiten, Wiesbaden 1995

[Frü94]   Frühwald, A.: Holz - ein Rohstoff für die Zukunft. Hrsg.: Deutsche Gesellschaft für
            Holzforschung e.V., München 1994

[Hab91]   Habersatter, K.: Ökobilanz von Packstoffen Stand 1990. Schriftenreihe Umwelt
            Nr. 132, Hrsg.: Bundesamt f. Umwelt, Wald u. Landschaft (BUWAL), Bern 1991

[Hei95]   Heinrich, P. et al.: Ministahlwerke und neuere Entwicklungen bei Gleichstrom-
            Lichtbogenöfen. In: Stahl und Eisen 115(1995)5, S.47-53

[Hen87]   Henckel, W.: Entwicklung und Stand der Maßnahmen zur Luftreinhaltung in der
            deutschen Eisenhüttenindustrie. Dissertation TU Berlin 1987

[Hin77]   Hinz, W.: Umweltschutz und Energiewirtschaft. In: VDZ: Verfahrenstechnik der Zementherstellung, VDZ Kongreß 1977

[Hül95]   Hülsken GmbH&Co.: Informationsmaterial. Wesel 1995

[Jac90]   Jacobs, W. et al.: Neuere Entwicklungen in der Aufarbeitung von Eisenerzen. In: Stahl und Eisen 110(1990)8, S.65-72

[Kir94]   Kirsch, J.: Maßnahmen zum Schutz der Umwelt. Zement-Kalk-Gips, Nr. 1/1994

[Kös91]   Köster, F.: ...Hubbalkenöfen... In: Stahl und Eisen 111(1991)11, S.49ff.

[Kre87]   Kreft, W., Scheubel, B., Schütte, R.: Klinkerqualität, Energiewirtschaft und Umweltbelastung – Einflußnahme und Anpassung des Brennprozesses. Teil 1: Basisbetrachtungen. In: Zement-Kalk-Gips, Nr. 3/1987 und Nr 5/1987

[Kro90]   Kroboth, K.; Kuhlmann, K.: Stand der Technik der Emissionsminderung in Europa. In: Zement-Kalk-Gips, Nr. 3/1990

[Kuh94]   Kuhlmann, K.: Ökologische Beurteilung von Baustoffen. Vorlesungsreihe an der Universität Stuttgart, WS 94/95

[Kün95]   Künninger, T.; Richter, K.: Ökologischer Vergleich von Freileitungsmasten aus imprägniertem Holz, armiertem Beton und korrosionsgeschütztem Stahl. EMPA, 1995

[Lei96]   N.N.: Ganzheitliche Bilanzierung von Steine-Erden Baustoffen – Leitfaden. Forschungsbericht im Auftrag des Bundesverbandes Steine und Erden e.V. Institut für Kunststoffprüfung und Kunststoffkunde und Institut für Werkstoffe im Bauwesen, Universität Stuttgart 1996

[Lin95]   Linninger, A.A. et al.: Modernes Technologie- und Informationsmanagment am Beispiel der Auslegung von Elektrolichtbogenöfen. In: Stahl und Eisen 115(1995)3, S.93-101

[Lün94]   Lünser, H.: Literaturauswertung - Umwelteinwirkungen bei der Zementherstellung. Interner Bericht, Institut für Werkstoffe im Bauwesen, Universität Stuttgart 1994

[Lüt79]   Lüttig, G.: Probleme der Lagerstättensicherung für oberflächennahe mineralische Rohstoffe. Bergbau-Rohstoffe-Energie Band 17. Verlag Glückauf Essen, 1979

[Lüt92]   Lützkendorf, T.; Kohler, N.; Holliger, M.: Handbuch: Methodische Grundlagen für Energie- und Stoffflussanalysen. Bundesamt für Energiewirtschaft, Bern 1992

[Mar86]   Marmé, W.; Seeberger, J.: Energieinhalt von Baustoffen. In: Beckert, J.: Gesundes Wohnen. Beton-Verlag, Düsseldorf 1986

[Nov82]   Novak, J.: Der Energieaufwand als ein Kriterium zur Beurteilung von Varianten im Belagsbau. Bitumen 3/82

[Oels93]   Oels, H.-J.; Schmitz, S.: Ökobilanzierungen von Verpackungen. Unterlagen des Seminar Ökobilanzen auf der UTECH Berlin 1993, Hrsg.: FGU Berlin, 1993

[Phi94]   Philipp, J.A et al.: Ökobilanzen für Stahlprodukte – Sachstand und Perspektiven. In: Stahl und Eisen 114(1994)11

[Ple93]   Pleschiutschnigg, F.-P. et al.: Die ISP-Technologie, ihre Möglichkeiten und erste Produktionserfahrungen. In: Stahl und Eisen 113(1993)3, S.53-67

[Plö79]   Plöckinger, Etterich: Elektrostahlerzeugung. Verlag Stahleisen GmbH, Düsseldorf 1979

[Plü84]   Plümecke, K.: Preisermittlung für Bauarbeiten, Verlagsgesellschaft Rudolf Müller GmbH, Köln 1984

[Poh86]   Pohle, G.; Beyert, J.: Aufstellung einer Energiebilanz für verschiedene Oberbauarten im Straßenbau. Forschung Straßenbau und Straßenverkehrstechnik Heft 485/1986

[Pöt92]   Pöttken, H.-G.: Die Bedeutung der Stromwirtschaft für die deutsche Stahlindustrie. In: Stahl und Eisen 112(1992)6, S.29-33

[Ran94]   Ranze, W.; Wolf, B.: Emissionsüberwachungen in modernen Zementwerken. In: Zement-Kalk-Gips, Nr. 6/1994

[Rei90]   Reinitzhuber, F.: Einsatz neuzeitlicher Technologien an Walzwerksöfen. In: Stahl und Eisen 110(1990)8, S.139-149

[Res85]   Ressel, J: Energieanalyse der Holzindustrie der Bundesrepublik Deutschland, 1986

[Rit94]   Ritzmann, H.: Kontinuität in Forschung und Entwicklung – Basis für optimale Technologien. In: Zement-Kalk-Gips, Nr. 5/1994

[Ruß94]   Rußwurm, D.: Ist der Baustoff Betonstahl umweltfreundlich? In: Beton+Fertigteil-Technik 9/94, S.102ff.

[Sche92]   Scheuer, A.; Ellerbrock, H.-G.: Möglichkeiten der Energieeinsparung bei der Zementherstellung. In: Zement-Kalk-Gips, Nr. 5/1992

[Sche93]   Scheubel, B.: Feuerfestzustellung von modernen Drehofenanlagen. In: Zement-Kalk-Gips, Nr. 11/1993

[Schm95]   Schmitz, S. et al.: Ökobilanzen für Getränkeverpackungen. In: Umweltbundesamt - Texte 52/95, Berlin 1995

[Scho94]   Scholz, R.: Umweltgesichtspunkte bei der Herstellung und Anwendung von Kalkprodukten. In: Zement-Kalk-Gips 10/94, S.571-581

[Scho95]   Scholz-Baustoffkenntnis. Werner-Verlag 1995

[Schu92]   Schulz, E.: Umweltschutz in der Stahlindustrie – Statement der Thyssen Stahl AG. In: Stahl und Eisen 112(1992)5, S.43-51

[Schu93]   Schulz, E.: Die Zukunft des Stahls im Spannungsfeld zwischen Ökonomie und Ökologie. In: Stahl und Eisen 113(1993)2, S.25-33

[Schu94]   Schumm, M.: Bilanzierung und Auswertung umweltrelevanter Daten während des Baus der Schornbachtalbrücke im Zuge der B 29. Diplomarbeit, Institut für Werkstoffe im Bauwesen, Universität Stuttgart, 1994

[Sta89]   Stahlfibel. Hrsg. vom Verein Deutscher Eisenhüttenleute. Verlag Stahleisen mbH, Düsseldorf 1989

[Stah71]   Gemeinfassliche Darstellung des Eisenhüttenwesens. Hrsg. vom Verein Deutscher Eisenhüttenleute in Düsseldorf. Verlag Stahleisen mbH, Düsseldorf 1991

[Stat92]   Statistisches Jahrbuch der Stahlindustrie. Hrsg.: Wirtschaftsvereinigung Stahl, Verlag Stahleisen Düsseldorf

[Ste85]   Stein, V.: Rohstoffsicherung. Aspekte für den Betonbau. Beton 1/85.

[Stei91]   Bundesverband Steine und Erden e.V.: Statistisches Jahresheft Steine und Erden 1991

[Stei94]   N.N.: Steinzeit Magazin 1/94. Magazin der Steine- und Erdenindustrie Baden-Württemberg

[Sut95]   Sutter, H.-P. et al.: Vergleichende ökologische Bewertung von Anstrichstoffen im Baubereich. Bd. 2: Daten. In: Schriftenreihe Umwelt Nr. 232. Hrsg.: Bundesamt für Umwelt, Wald und Landschaft (BUWAL), Bern 1995

[VDZ93]   Verein Deutscher Zementwerke e.V./Forschungsinstitut der Zementindustrie: Tätigkeitsbericht 1990-93. Eigenverlag, Düsseldorf 1993

[Ver94]   Verkehr in Zahlen

[Voi90]   Voigt, H.: Untersuchungen zum Heißtransport von Stranggußbrammen. In: Stahl und Eisen 110(1990)6, S.97-105

[Wes85]   Wesche, K.: Baustoffe für tragende Bauteile, Bd. 3. Bauverlag GmbH, Wiesbaden/ Berlin 1985

[Wil92]   Wilps, H.: Die Erzversorgung der deutschen Stahlindustrie und ihre Auswirkungen auf die Umwelt. Stahl und Eisen 112 (1992) Nr.5

[Wis91]   Wischers, G.; Kuhlmann, K.: Ökobilanz von Zement und Beton. In: Betonwerk + Fertigteil-Technik 11/91

Anhang B: Schornbachtalbrücke

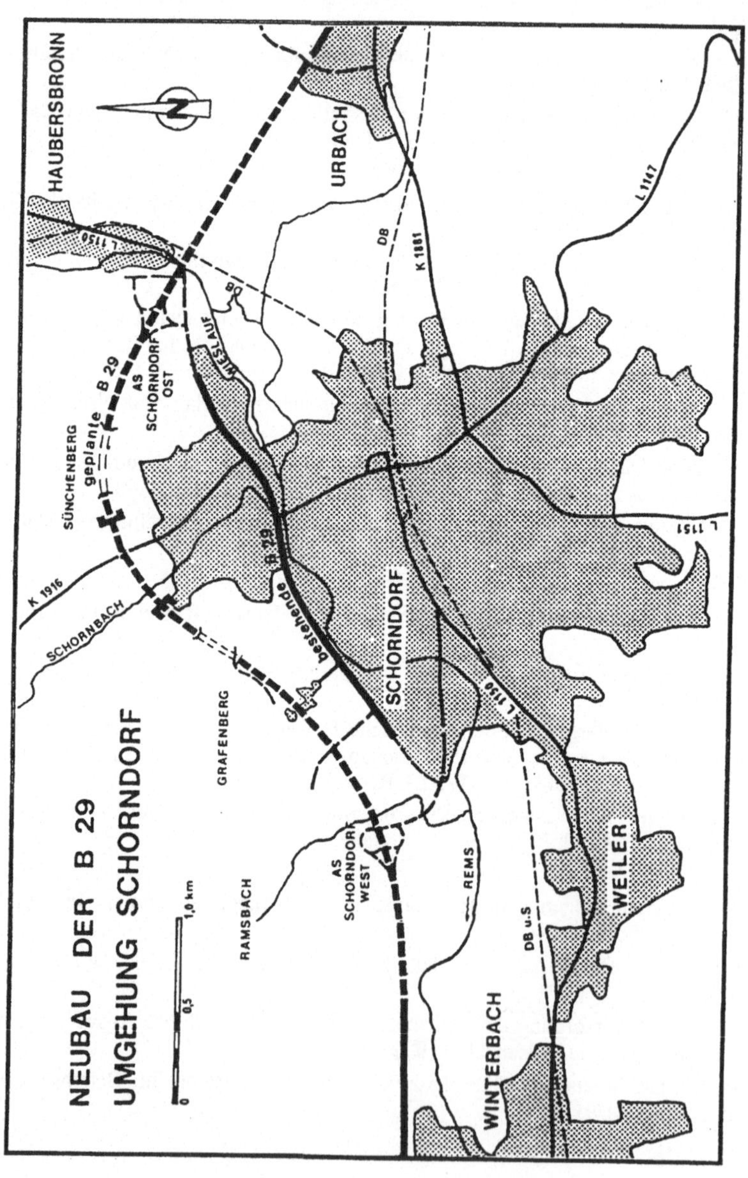

Bild B-1: Ortsumgehung Schorndorf [Schu94]

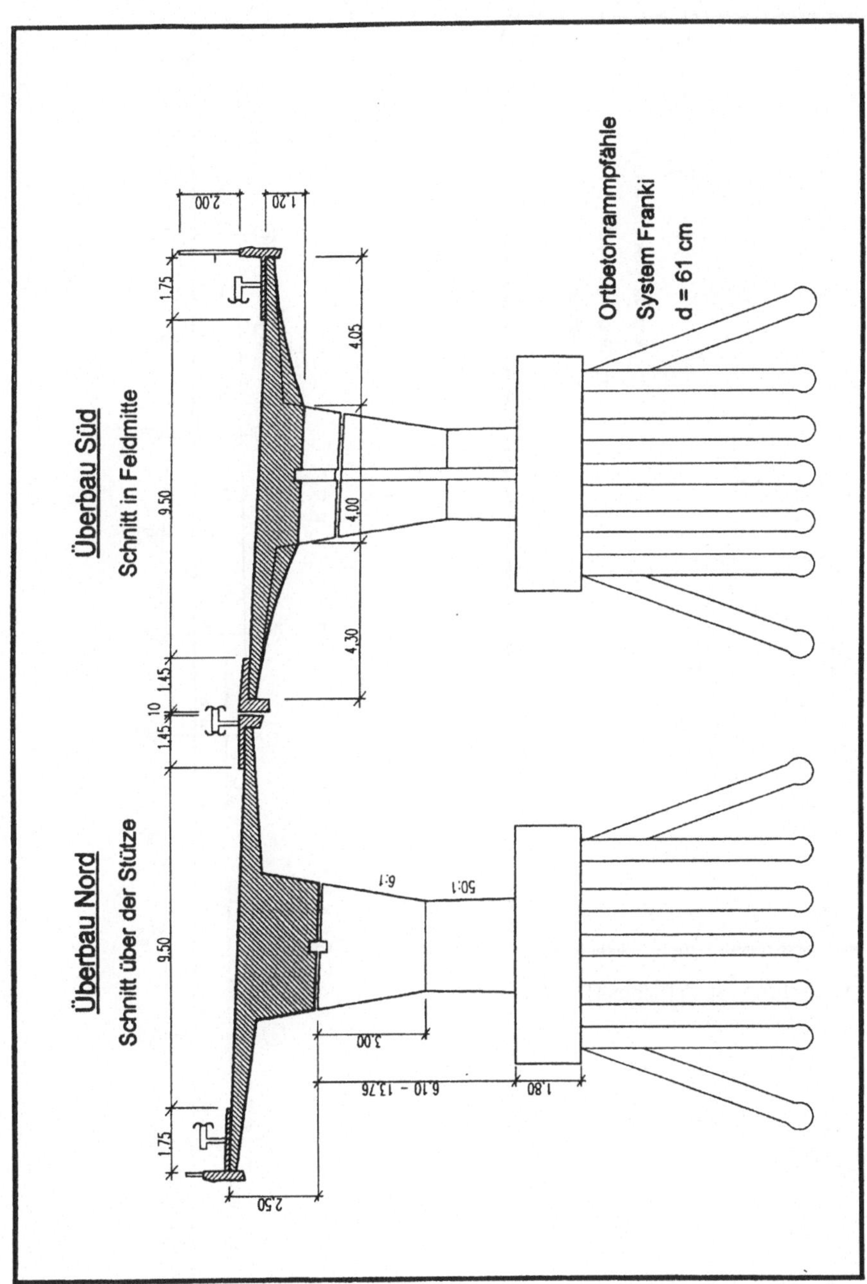

Bild B-2: Querschnitt der Brücke [Schu94]

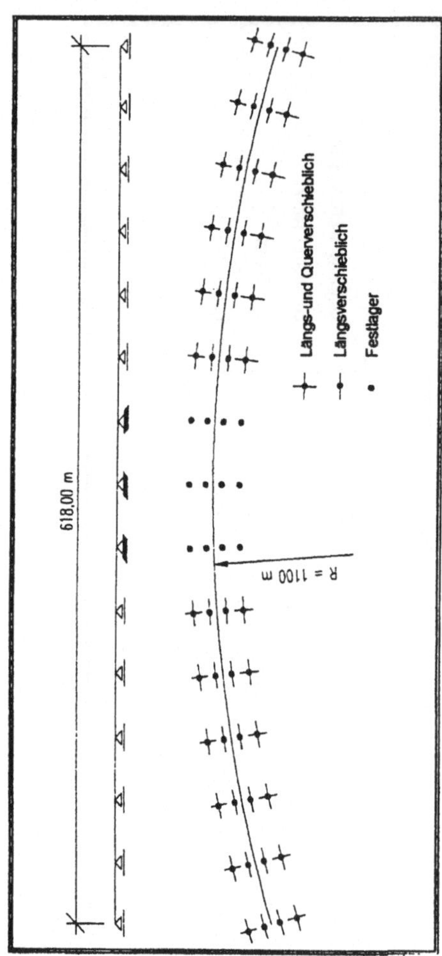

Bild B-3: Statisches System [Schu94]

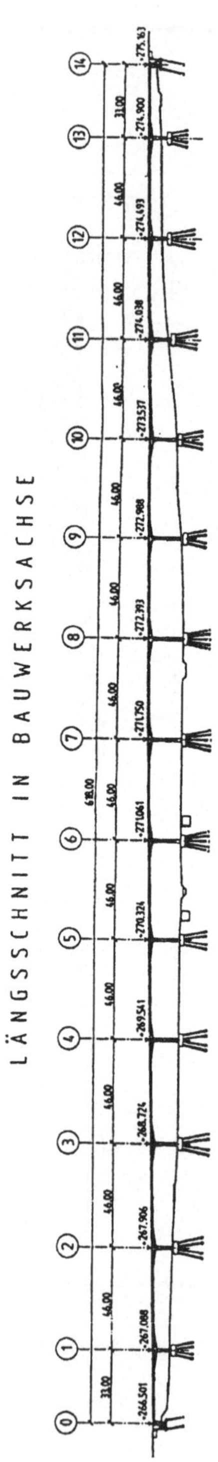

Bild B-4: Ansicht der Brücke [Schu94]

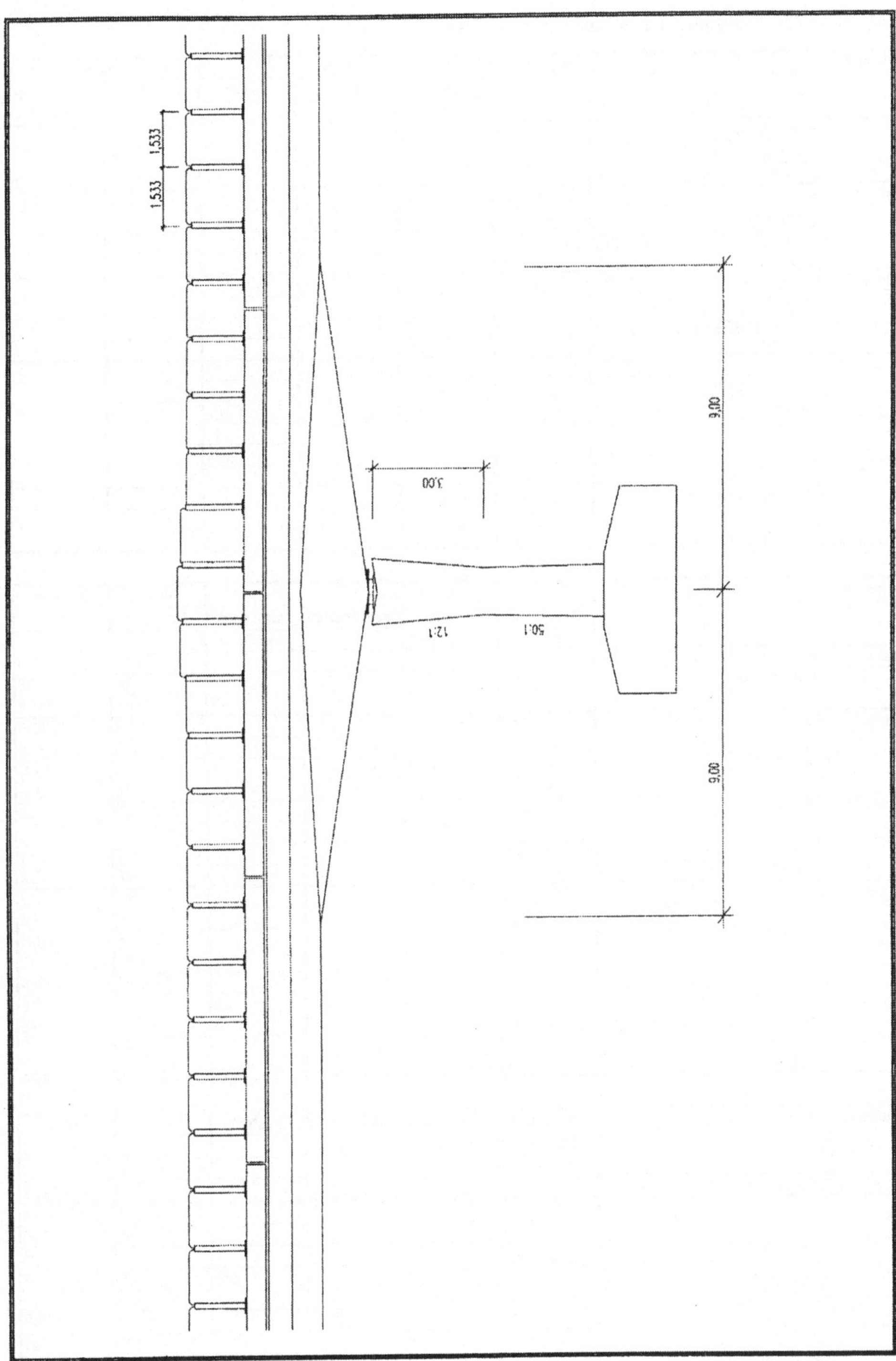

Bild B-5: Ansicht des Pfeilers und der Lärmschutzwand [Schu94]

Tab. B-1: Massenbilanz der Schornbachtalbrücke

Baustoffe			Gründung	Unterbau			Überbau	
				Pfeiler	Widerlager	Lager	Überbau	Übergangs-konstruktion
Stähle	Betonstahl BSt 500 S	t	408	118	67		1420	
	Spannstahl St 1570/1770	t					790	
	Baustahl St-37; St-52	t				29,4		47,5
Betone	Beton B 45	m³		1315			14079	
	Beton B 35	m³	3409					
	Beton B 25	m³			745			
	Beton B 15	m³			140			
bituminöse	Gußasphalt	t						
Baustoffe	Asphaltbinder	t						
	Splittmastixasphalt	t						
	Edelsplitt	t						
Sonstiges	Epoxidharz	t						
	Flüssigkunststoff	t						
	Gummi	t				0,68		0,125
	PTFE	t				0,13		
	PVC	t				0,084		
	Polyethylen	t						
	Einscheibensicherheitsglas	t						
	Steinzeugrohre	t						
	Gußeisenrohre	t						

Baustoffe			Ausbau				Summe	Massen
			Abdichtung, Belag	Brüstung, Kappe	Entwässerung	Lärmschutz Handlauf	Bauwerk	in t
Stähle	Betonstahl BSt 500 S	t		170			2183	2183
	Spannstahl St 1570/1770	t					790	790
	Baustahl St-37; St-52	t				79	155,9	155,9
Betone	Beton B 45	m³					15394	36945,6
	Beton B 35	m³					3409	8181,6
	Beton B 25	m³		1440			2185	5244
	Beton B 15	m³					140	336
bituminöse	Gußasphalt	t	850				850	850
Baustoffe	Asphaltbinder	t	1133				1133	1133
	Splittmastixasphalt	t	991				991	991
	Edelsplitt	t	70,8				70,8	70,8
Sonstiges	Epoxidharz	t	6,2				6,2	6,2
	Flüssigkunststoff	t	49,6				49,6	49,6
	Gummi	t					0,805	0,805
	PTFE	t					0,13	0,13
	PVC	t					0,084	0,084
	Polyethylen	t				0,6	0,6	0,6
	Einscheibensicherheitsglas	t				49	49	49
	Steinzeugrohre	t			20		20	20
	Gußeisenrohre	t			22		22	22

Baustoffe			Regenklär-becken, Zuläufe	Hilfskonstruktionen		Baustraße	Summe	Massen
				Pfähle	Jochbalken			in t
Stähle	Betonstahl BSt 500 S	t	30	54	27,2		111,2	111,2
Betone	Beton B 35	m³		409	272		681	1634,4
	Beton B 25	m³	320				320	768
	Beton B 10	m³	10				10	24
bituminöse Baustoffe	Asphaltbinder	t				336	336	336
Sonstiges	Steinzeugrohre	t	19				19	19
	Betonrohre	t	121				121	121
	Recyclingmaterial	t				6000	6000	6000

Tab. B-2: Transporte für den Bau der Schornbachtalbrücke [Schu94]

Transportart	Transportgut	t	km	tkm
Fahrmischer	Beton	24866	2,5	62165
Fahrmischer	Beton	24866	13	323258
Lkw-Fern	Zement für die Pfähle	450	100	45000
Lkw-Fern	Kies für die Pfähle	3000	100	300000
Lkw-Fern	BSt für die Pfähle	174	150	26100
Lkw-Fern	Betonstahl	2294	150	344100
Lkw-Fern	Spannstahl	790	150	118500
Lkw-Fern	Lehrgerüst	360	250	90000
Lkw-Fern	Schalung	25	400	10000
Lkw-Fern	Baustellenmischanlage	300	100	30000
Lkw-Fern	2 Rammen, 4 Radlader	150	100	15000
Lkw-Fern	Ramme, Spundwand	100	400	40000
Lkw-Fern	Bürobaracken	40	300	12000
Lkw-Nah	Rohrleitungen - Guß	2	50	100
Lkw-Nah	Betonrohre	150	70	10500
Lkw-Nah	Lager, Fahrbahnübergänge	50	30	1500
Lkw-Nah	Stahl - Lärmschutzwand	49	50	2450
Lkw-Nah	Bituminöse Schutzschicht	820	30	24600
Lkw-Nah	Bituminierter Edelsplitt	59	30	1770
Lkw-Nah	Asphaltbinder	1090	30	32700
Lkw-Nah	Gußasphalt	950	30	28500
Lkw-Nah	Abstreumaterial	12	30	360
Lkw-Nah	Recycling-Material	6000	20	120000
Lkw-Nah	Kappenschalwagen	22	20	440
Lkw-Nah	Holz für Schalung Überbau	243	80	19440
Lkw-Nah	Holz für Schalung Pfeiler	60	70	4200
Lkw-Nah	Fertiger	14	30	420
Lkw-Nah	Tandem Vibrowalze	6	30	180
Lkw-Nah	Dreiradwalze	10	30	300
Lkw-Nah	Gummiradwalze	12	30	360
Lkw-Nah	Kettenbagger	30	20	600
Lkw-Nah	Komatsu 240	40	20	800
Lkw-Nah	Kran, Liebherr 112	80	90	7200
Lkw-Nah	Kran, Peiner SMK 203	40	90	3600
Lkw-Nah	Kramer Allrad	15	30	450
Lkw-Nah	Bagger (Fuchs 125)	80	30	2400
Lkw-Nah	Wohncontainer	55	90	4950
Lkw-Nah	Flüssiggasanlage	4	30	120
Lkw-Nah	Diesel	40	30	1200
Lkw-Nah	Propangas	18	30	540
Lkw-Nah	Abfälle: Holz	30	30	900
Lkw-Nah	Stahlrecycling	50	30	1500
Lkw-Nah	Abbruchbeton	216	30	6480

Summe: rd.1,7 Mio tkm

Tab. B-3: Sachbilanz der Schornbachtalbrücke

		Baustoffherstellung	Bau	Instandhaltung	Abbruch	Summe
Eisenerz	kg	1,758e+06	322,132e+03	442,031e+03		2,523e+06
Gipsstein	kg	313,369e+03	9,534e+03	34,280e+03		357,183e+03
Kalkstein	kg	11,187e+06	409,160e+03	1,739e+06		13,335e+06
Naturstein	kg	1,461e+06	157,920e+03	2,923e+06		4,542e+06
Sand/Kies	kg	42,890e+06	1,518e+06	7,894e+06		52,303e+06
Steinsalz	kg	15,299e+03		15,350e+03		30,649e+03
Ton	kg	1,513e+06	45,287e+03	210,830e+03		1,769e+06
Holz	m^3		137,000e+00	3,741e-306		137,000e+00
Steinkohle	MJ	37,652e+06	4,552e+06	7,110e+06	54,778e+03	49,369e+06
Braunkohle	MJ	22,420e+06	2,155e+06	2,639e+06	22,241e+03	27,236e+06
Rohöl	MJ	20,835e+06	8,964e+06	27,045e+06	12,128e+06	68,972e+06
Erdgas	MJ	8,486e+06	1,728e+06	2,381e+06	429,082e+03	13,024e+06
Uran	MJ	14,191e+06	2,135e+06	2,629e+06	337,652e+03	19,293e+06
SO_2	g	10,863e+06	2,084e+06	3,981e+06	1,477e+06	18,406e+06
NO_x	g	26,078e+06	8,997e+06	10,306e+06	12,179e+06	57,561e+06
Staub/Partikel	g	4,063e+06	1,098e+06	1,233e+06	1,716e+06	8,111e+06
CO_2	g	12,361e+09	1,521e+09	2,342e+09	960,966e+06	17,185e+09
CO	g	29,213e+06	6,698e+06	8,142e+06	4,311e+06	48,365e+06
CH_4	g	19,935e+06	2,579e+06	4,233e+06	212,588e+03	26,959e+06
NMVOC	g	1,889e+06	1,239e+06	1,652e+06	2,124e+06	6,905e+06
N_2O	g	112,953e+03	16,200e+03	24,434e+03	1,212e+03	154,798e+03
HCl	g	173,998e+03	23,999e+03	32,024e+03	2,452e+03	232,472e+03
HF	g	16,287e+03	1,492e+03	3,781e+03	233,256e+00	21,794e+03
Abraum	kg	6,326e+06	414,574e+03	1,307e+06		8,048e+06
Restbeton	kg	482,724e+03	231,663e+03	33,120e+03		747,507e+03
Schlamm	kg	8,940e+03	1,609e+03	2,646e+03		13,195e+03
Schutt	kg	60,107e+03	365,950e+03	7,811e+03		433,868e+03
Chemikalien	kg	4,454e+00		4,713e+00		9,167e+00
Industriemüll	kg	2,562e+03		5,120e+03		7,683e+03
inerte Abfälle	kg	33,571e+03	5,905e+03	5,337e+06	3,741e+06	9,118e+06
Restholz	kg		25,000e+03			25,000e+03

Tab. B-4: Wirkungsbilanz der Schornbachtalbrücke

		Baustoffherstellung	Bau	Instandhaltung	Abbruch	Summe
Fläche inf. Rohstoffgew.	m^{2}a	74,879e+03	2,927e+03	16,320e+03		94,126e+03
Primärrohstoffverbrauch	kg	59,138e+06	2,463e+06	13,258e+06		74,859e+06
Stammholzverbrauch	m^3		137,000e+00			137,000e+00
Verbrauch foss. Energietr.	MJ	41,367e+06	11,821e+06	31,133e+06	12,447e+06	96,767e+06
Verbrauch nukl. Energietr.	MJ	14,191e+06	2,135e+06	2,629e+06	337,652e+03	19,293e+06
Primärenergieverbrauch	MJ	103,584e+06	19,533e+06	41,805e+06	12,972e+06	177,893e+06
Treibhauseffekt	g	12,611e+09	1,554e+09	2,395e+09	963,632e+06	17,523e+09
Versauerung	g	29,313e+06	8,407e+06	11,237e+06	10,006e+06	58,963e+06
Bodennahe Ozonbildung	g	930,025e+03	533,479e+03	717,435e+03	885,137e+03	3,066e+06
Kritisches Volumen	m^3	1,339e+12	389,592e+09	501,003e+09	480,505e+09	2,710e+12
Humantoxizität	g	37,383e+06	9,910e+06	13,423e+06	11,325e+06	72,040e+06
Abraum	kg	6,326e+06	414,574e+03	1,307e+06		8,048e+06
Inerte Abfälle	kg	576,402e+03	603,518e+03	5,378e+06	3,741e+06	10,299e+06
Sonderabfälle	kg	11,507e+03	1,609e+03	7,771e+03		20,887e+03

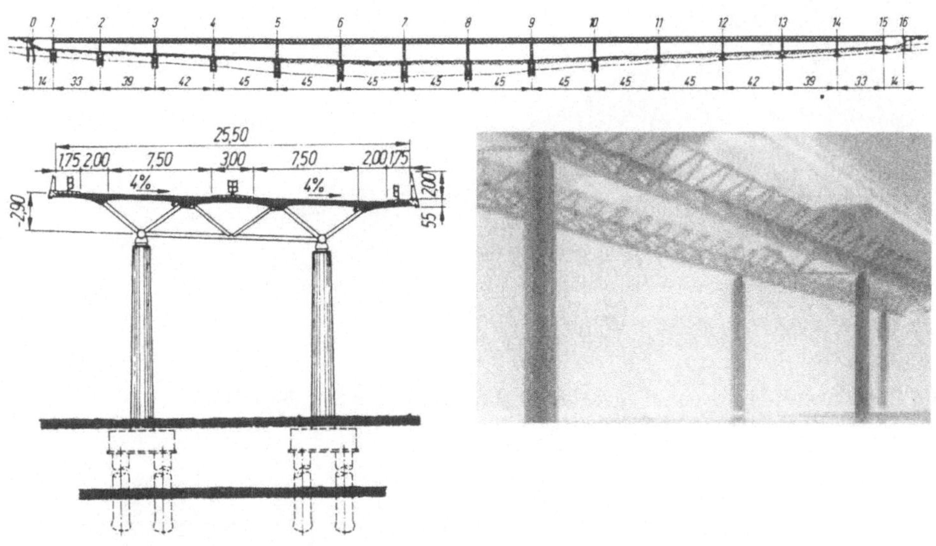

Bild B-6: Entwurf *Zellner*, *Patsch*, *Fiedler* (Entwurf 1 nach Kap. 8.6) [Soh89]

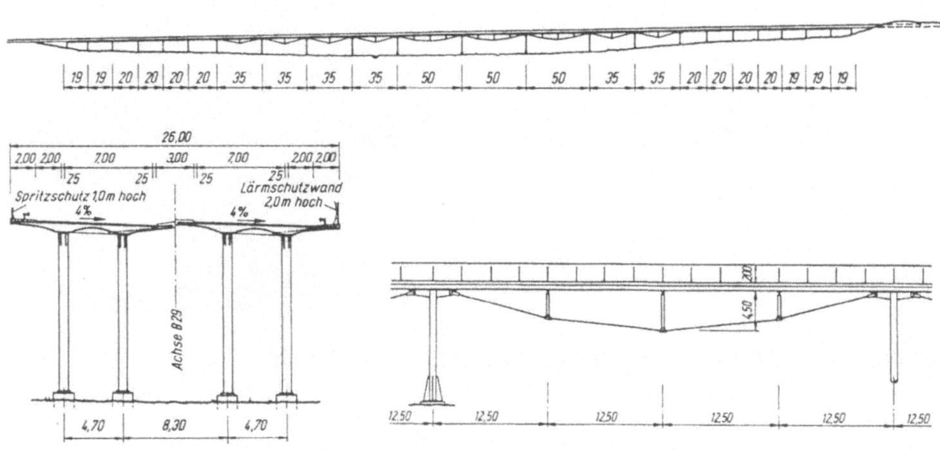

Bild B-7: Entwurf *Schlaich*, *Schinlauer*, *Luz* (Entwurf 2 nach Kap. 8.6) [Soh89]

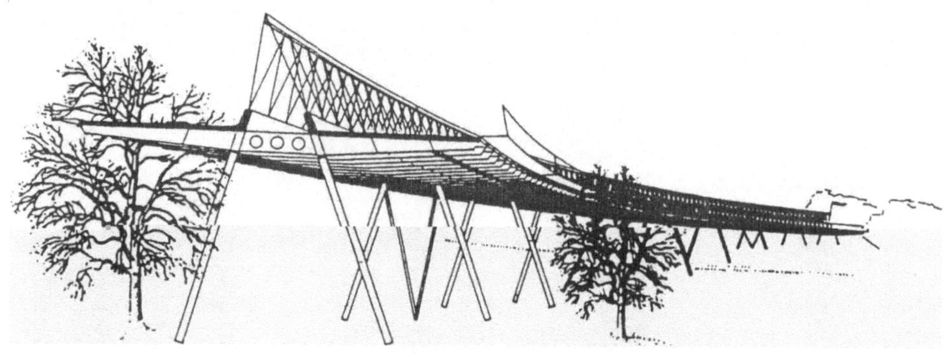

Bild B-8: Entwurf *Ludescher, Guggenberger* (Entwurf 4 nach Kap. 8.6) [Die95]

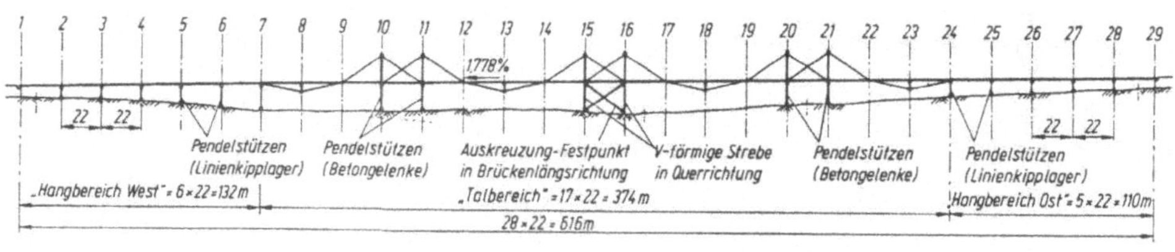

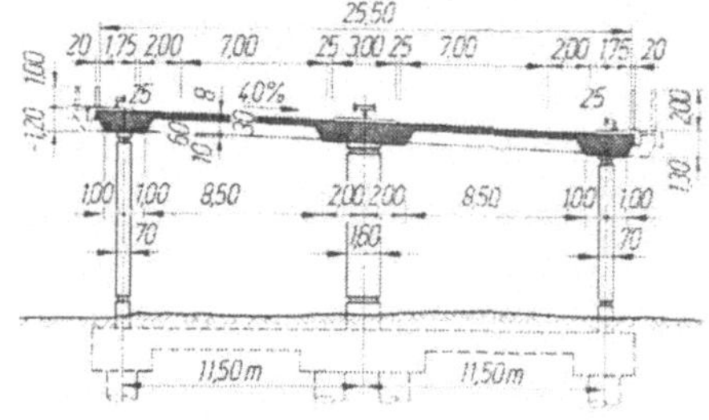

Bild B-9: Entwurf *Peter&Lochner* (Entwurf 5 nach Kap. 8.6) [Soh89]

Tab. B-5: Gegenüberstellung der wichtigsten Baustoffmengen von Entwurf 2 und 3

			Entwurf 2 (siehe Bild B-7)	Entwurf 3, ausgeführt (siehe Kap. 5.3)
Beton	B 25	m^3	2155	2185
	B 35	m^3	2386	3409
	B 45	m^3	7810	15394
Stahl	Baustahl	t	637	156
	Spannstahl	t	458	790
	Betonstahl	t	1420	2183

Anhang C: Brückenkatalog

Die folgenden Brückendaten wurden von *Würth* und *Häussermann* zusammengestellt [Wür96, Häu96]. Alle Daten zu Beton-, Verbund- und Stahlbrücken sind dem Groß-brückenkatalog des Landesamtes für Straßenwesen Baden-Württemberg entnommen. Die von *Würth* zusammengestellten Daten zu Holzbrücken wurden ergänzt. In der Tabelle sind die zugehörigen Literaturstellen aufgelistet. Alle Daten beziehen sich auf die Überbauten der Brücken.

[Wür96]   Würth, V.: Systematische Darstellung der werkstoffbedingten Umweltbeein-flussungen durch Brücken. Diplomarbeit am Institut für Werkstoffe im Bauwesen, Universität Stuttgart 1996 (unvollendet)

[Häu96]   Häussermann, R.: Werkstoffbedingte Umweltbeeinflussungen durch Brücken. Seminararbeit am Institut für Werkstoffe im Bauwesen, Universität Stuttgart 1996

Betonbrücken – Hohlkasten

Lfd.Nr.	Bezeichnung		Querschnitt	Felderanzahl
	Baujahr	Brückenklasse	Bauverfahren	max. Stützweite in m
1	L67 ü. A5 bei Muggensturm		einzelliger Hohlkasten	2
	1983	60/30	keine Angaben	28,6
2	Rampenbr. Süd zur Mainbr. Obernburg		einzelliger Hohlkasten	5
	1981	60/30	Lehrgerüst	30
3	A46 Talbr. Rüggensiepen bei Arnsberg		zwei einzellige Hohlkästen	4
	1989	60/30	Lehrgerüst	32
4	B236 n Hochstr. in Dortmund		zwei einzellige Hohlkästen	7
	1983	60/30	Taktschiebeverfahren	33,2
5	B1n Vorteltalbrücke		einzelliger Hohlkasten	9
	1990	60/30	Taktschiebeverfahren	35
6	A33 Talbr. Ahnetal bei Paderborn		zwei einzellige Hohlkästen	11
	1987	60/30	Taktschiebeverfahren	35
7	A46 Talbr. Kuhpfadsiepen		zwei einzellige Hohlkästen	6
	1987	60/30	Taktschiebeverfahren	35
8	B54 Hüttentalstraße Br." Kreuztal"		zweizelliger Hohlkasten	16
	1991	60/30	Vorschubrüstung	35
9	B61 Hochstraße Brackwede		zwei einzellige Hohlkästen	16
	1983	60	Lehrgerüst	36,5
10	Gv ü. A96 b. Aichstetten		einzelliger Hohlkasten	2
	1986	60/30	keine Angaben	36,9
11	B236 Port - Jard - Brücke bei Altena		einzelliger Hohlkasten	5
	1988	60/30	Lehrgerüst	38
12	B1n Talbrücke " In der Grund"		einzelliger Hohlkasten	5
	1993	60/30	Taktschiebeverfahren	38
13	K45 ü. A31 bei Ahaus		einzelliger Hohlkasten	4
	1987	60/30	Lehrgerüst	38,3
14	A72 Elstertalbrücke Pirk bei Plauen		zwei einzellige Hohlkästen	14
	1993	60/30	Taktschiebeverfahren	38,5
15	Ringstr. B8 ü. B26 bei Aschaffenburg		einzelliger Hohlkasten	3
	1984	60/30	Lehrgerüst	40
16	B299 Erzbergbr. ü. Vils bei Amberg		zweizelliger Hohlkasten	5
	1987	60/30	Lehrgerüst	40,5
17	A7 ü. L1068 Buchbachtalbr. bei Fichtenau		zwei einzellige Hohlkästen	5
	1986	60/30	Taktschiebeverfahren	41
18	B1n Strothetalbrücke		einzelliger Hohlkasten	10
	1992	60/30	Taktschiebeverfahren	41,25
19	A46 Talbr. Wannebachtal bei Arnsberg		zwei einzellige Hohlkästen	14
	1989	60/30	Taktschiebeverfahren	42
20	B38 Erlenbachtalbrücke		einzelliger Hohlkasten	8
	1988	60/30	keine Angaben	42
21	A94 Innbr. Stammham bei Simbach		einzelliger Hohlkasten	8
	1989	60/30	Taktschiebeverfahren	43
22	A70 bei Stettfeld		zwei einzellige Hohlkästen	5
	1989	60/30	Taktschiebeverfahren	43
23	A46 Talbr. Wintrop bei Arnsberg		zwei einzellige Hohlkästen	6
	1991	60/30	Taktschiebeverfahren	43
24	A7 Jagsttalbr. bei Westhausen		zwei einzellige Hohlkästen	13
	1986	60/30	keine Angaben	43
25	B8 Zenntalbrücke		einzelliger Hohlkasten	11
	1992	60/30	Taktschiebeverfahren	44
26	A1 Krebsbachtalbrücke		zwei einzellige Hohlkästen	11
	1980	60	Taktschiebeverfahren	44
27	A33 Talbr. Lohme bei Alme		zwei einzellige Hohlkästen	17
	1987	60/30	Taktschiebeverfahren	45
28	A33 Talbr. Barkhausen		zwei einzellige Hohlkästen	7
	1987	60/30	Taktschiebeverfahren	45

Länge in m	Breite in m / Stützweiten in m	Oberfl. in m²	$h_{Stütze}$ in m / h_{Feld} in m	Spannstahl kg/m²	Betonstahl kg/m²	Betonmenge m³/m²	Lfd.Nr.
57,2	10,0	598,0	1,3	38,0	114,5	0,65	1
	2*28,60		1,3			B45	
138,0	9,5	1311,0	1,5	28,2	64,8	0,64	2
	24,00-3*30,00-24,00		1,5			B45	
106,5	29,5	3141,8	2,6	30,2	90,1	0,58	3
	21,25-2*32,00-21,25		2,6			B45	
217,7	29,5	6696,5	2,3	27,9	62,7	0,58	4
	25,00-33,20-3*32,15-32,00-31,00		2,3			B45	
301,0	14,5	4364,5	2,5	30,5	65,5	0,60	5
	28,00-7*35,00-28,00		2,5			B45	
371,0	27,5	10202,5	2,8	29,9	92,6	0,59	6
	28,00-9*35,00-28,00		2,8			B45	
196,0	29,5	5782,0	2,5	32,2	96,9	0,60	7
	28,00-4*35,00-28,00		2,5			B45	
549,0	25,1	13752,5	2,4	21,9	54,4	0,58	8
	31,00-14*35,00-28,00		2,4			B45	
552,0	31,5	17388,0	1,8	27,6	70,6	0,60	9
	28,50-10*36,50-25,00-36,00-2*35,50-26,50		1,8			B45	
73,8	9,5	711,6	1,8	24,0	91,2	0,62	10
	2*36,90		1,8			B45	
171,7	14,8	2606,3	2,1	27,7	74,8	0,70	11
	31,00-3*38,00-26,70		2,1			B45	
174,0	14,5	2523,0	3,0	25,8	80,9	0,79	12
	30,00-3*38,00-30,00		3,0			B45	
122,6	11,8	1439,4	1,8	28,5	54,2	0,52	13
	23,00-2*38,30-23,00		1,8			B45	
503,5	28,5	14349,8	2,5	54,0	116,0	0,91	14
	17,00-33,00-10*38,50-35,00-33,50		2,5			B45	
100,0	13,1	1310,0	1,7	32,1	57,3	0,57	15
	30,00-40,00-30,00		1,7			B35	
187,5	13,3	2484,4	1,7	24,6	115,9	0,68	16
	33,00-3*40,50-33,00		1,7			B45	
183,0	29,5	5398,5	2,8	35,3	57,1	0,63	17
	30,00-3*41,00-30,00		2,8			B45	
393,0	14,5	5698,5	3,0	29,8	71,4	0,74	18
	29,00-8*41,25-34,00		3,0			B45	
573,5	30,8	17635,1	3,3	29,4	95,0	0,66	19
	34,75-12*42,00-34,75		3,3			B45	
319,0	13,1	4178,9	3,0	32,1	92,8	0,78	20
	33,50-6*42,00-33,50		3,0			B45	
328,0	13,5	4428,0	2,5	31,0	59,4	0,61	21
	35,00-6*43,00-35,00		2,5			B45	
184,6	26,5	4891,9	3,0	35,4	61,3	0,61	22
	30,00-40,00-2*43,00-28,60		3,0			B45	
241,5	31,6	7619,3	3,6	30,4	117,3	0,69	23
	34,75-4*43,00-34,75		3,6			B45	
547,0	29,5	16136,5	2,8	41,9	58,1	0,61	24
	37,00-11*43,00-37,00		2,8			B45	
484,0	13,1	6340,4	2,6	35,3	66,4	0,72	25
	11*44,00		2,6			B45	
471,4	26,5	12494,8	3,4	30,9	51,4	0,66	26
	37,80-9*44,00-37,70		3,4			B45	
747,0	27,5	20542,5	3,3	30,4	101,3	0,59	27
	36,00-15*45,00-36,00		3,3			B45	
292,2	27,5	8035,5	3,3	29,6	97,1	0,60	28
	28,60-5*45,00-38,60		3,3			B45	

Betonbrücken - Hohlkasten (Fortsetzung)

Lfd.Nr.	Bezeichnung		Querschnitt	Felderanzahl
	Baujahr	Brückenklasse	Bauverfahren	max. Stützweite in m
29	A46 Talbr. Berbke bei Arnsberg		zwei einzellige Hohlkästen	7
	1991	60/30	Taktschiebeverfahren	45
30	B61 Knoten "Quelle" bei Bielefeld		zwei einzellige Hohlkästen	3
	1985	60	Lehrgerüst	46
31	B173 Leiterbachbrücke		zwei einzellige Hohlkästen	7
	1989	60/30	Taktschiebeverfahren	46
32	B299 Innbrücke Neuötting-West		einzelliger Hohlkasten	8
	1992	60/30	Taktschiebeverfahren	47
33	B36 ü. A6 bei Schwetzingen		einzelliger Hohlkasten	2
	1983	60	keine Angaben	47
34	A70 Friesentalbrücke Süd		zwei- und einzelliger Zellenkasten	3
	1989	60/30	Lehrgerüst	47,5
35	Vorlandbr. der Hochbr. bei Brunsbüttel		einzelliger Hohlkasten	45
	1982	60/30	Vorschubrüstung	50
36	B431 ü. DB in Elmshorn		einzelliger Hohlkasten	7
	1981	60/30	Taktsch. u. Lehrgerüst	50,5
37	A81 Saubachtalbr. bei Singen		zwei einzellige Hohlkästen	8
	1985	60/30	Freivorbau	53,5
38	A72 Saalebrücke bei Töpen		zwei einzellige Hohlkästen (auskr.)	5
	1993	60/30	Taktschiebeverfahren	53,5
39	A96 Talbr. Untere Argen bei Wangen		zwei einzellige Hohlkästen	10
	1988	60/30	Lehrgerüst	54
40	B303 Flitterbachtalbrücke		einzelliger Hohlkasten	9
	1982	60	Taktschiebeverfahren	54
41	A92 Donaubrücke Fischersdorf (Los 1)		zwei einzellige Hohlkästen	10
	1991	60/30	Taktschiebeverfahren	55,3
42	A62 Talbrücke Landstuhl		zwei einzellige Hohlkästen	9
	1990	60/30	Taktschiebeverfahren	56,6
43	A8 Talbr. Wettersbach bei Karlsruhe		zwei zweizellige Hohlkästen	9
	1993	60/30	Lehrgerüst u. Querverschub	57
44	B317 Wiesebrücke am Hagener Wehr		einzelliger Hohlkasten	6
	1991	60/30	Vorschubrüstung	60
45	B54 Hüttentalstraße Br. "Langenau"		zwei einzellige Hohlkästen	6
	1991	60/30	Taktschiebev. + Lehrger.	60,1
46	A661 Hochstr. Ratsweg bei Frankfurt/Main		einzelliger Hohlkasten	5
	1987	60/30	Taktschiebeverfahren	63
47	A8 Sulzbachviadukt bei Denkendorf		einzelliger Hohlkasten	7
	1983	60	Taktschiebeverfahren	63,8
48	A7 Talbr. Pfeffermühle b. Rothenburg		zwei einzellige Hohlkästen	10
	1984	60	Taktschiebeverfahren	64
49	A3 Mainbrücke Stockstadt		einzelliger Hohlkasten	9
	1991	60/30	Taktschiebev. + Lehrger.	78
50	B303 Talbr. ü. Röslau bei Schirnding		einzelliger Hohlkasten	4
	1995	60/30	Taktschiebeverfahren	78
51	A70 Mainbrücke Oberhaid		zwei einzellige Hohlkästen	17
	1991	60/30	Taktschiebeverfahren	83
52	B17 Lechtalbrücke bei Schongau		einzelliger Hohlkasten, gevoutet	6
	1991	60/30	Freivorbau	104,15
53	A8 Mangfallbrücke bei Weyarn		einzelliger Hohlkasten	3
	1978	60/30	Taktschiebeverfahren	108
54	A7 Mainbrücke Marktbreit		zwei einzellige Hohlkästen	11
	1981	60	Taktschiebeverfahren	109,8
55	Vejle - Fjord - Brücke (Dänemark)		einzelliger Hohlkasten	17
	1980	= 60	Freivorbau	110
56	Rheinbrücke Konstanz		zwei einzellige Hohlkästen	3
	1980	60/30	Freivorbau	134,2

Länge in m	Breite in m Stützweiten in m	Oberfl. in m²	h$_{Stütze}$ in m h$_{Feld}$ in m	Spannstahl kg/m²	Betonstahl kg/m²	Betonmenge m³/m²	Lfd.Nr.
298,5	29,5	8801,0	3,4	29,1	106,2	0,65	29
	36,75-5*45,00-36,75		3,4			B45	
110,0	31,0	3410,0	2,3	28,4	67,4	0,57	30
	32,00-46,00-32,00		2,3			B45	
301,0	24,5	7374,5	3,2	34,6	71,3	0,68	31
	35,50-5*46,00-35,50		3,2			B45	
297,5	14,9	4416,4	2,4	32,2	84,5	0,65	32
	38,00-4*47,00-38,00-15,90-17,60		2,4			B45	
91,8	15,0	1444,5	2,4	51,9	103,8	0,73	33
	44,80-47,00		2,4			B45	
123,5	13,0	1605,5	2,2	34,3	68,5	0,69	34
	38,00-47,50-38,00		2,2			B45	
2250,0	21,8	51666,0	3,5	23,2	145,2	0,63	35
	18*50,00-(461,60)-27*50,00		3,5			B45	
276,1	18,5	5106,0	1,9	52,9	117,5	0,72	36
	2*37,00-2*50,50-33,10-2*34,00		1,9			B45	
391,1	33,8	13229,3	3,6	43,6	57,0	0,69	37
	32,10-6*53,50-38,30		3,6			B45	
193,8	27,5	7312,3	2,5	65,8	165,2	0,95	38
	47,70-20,50-53,50-20,50-51,60		2,5			B45	
390,0	27,5	10725,0	2,3	23,1	51,7	0,57	39
	28,00-2*40,00-54,00-5*40,00-28,00		2,3			B45	
335,2	13,6	4550,6	2,5	28,6	46,1	0,57	40
	27,00-31,50-2*54,00-3*35,50-33,50-28,70		2,5			B45	
550,6	23,5	13136,5	2,4	46,9	55,7	0,60	41
	4*55,00-55,30-(102,50)-55,30-4*55,00		2,4			B45	
441,3	26,2	11540,0	3,8	39,7	55,5	0,80	42
	35,75-46,80-5*56,60-40,00-35,75		3,8			B45	
391,0	20,3	7917,8	2,8	40,4	106,1	0,73	43
	35-39-55-36-30,00-48,00-2*57-34		2,8			B45	
332,0	13,1	4349,2	2,7	49,9	138,2	0,76	44
	2*50,00-3*60,00-52,00		2,3			B35	
312,0	22,8	7113,6	3,3	64,9	78,9	0,74	45
	47,50-49,70-60,10-45,40-60,10-49,20		3,3			B45	
264,0	28,0	7392,0	2,5	65,5	104,2	0,84	46
	41,00-50,00-63,00-62,00-48,00		2,5			B45	
365,4	17,5	6394,5	3,3	48,6	61,3	0,67	47
	40,60-52,20-58,00-63,80-58,00-52,20-40,60		3,3			B45	
406,2	29,5	11982,9	2,7	25,0	52,6	0,61	48
	30,60-2*34,00-64,00-5*41,40-36,60		2,7			B45	
398,5	11,2	4022,9	2,5	69,1	97,7	0,70	49
	18,60-5*48,00-78,00-42,70-19,20		2,5			B45+B55	
270,0	12,9	3483,0	3,4	44,5	106,2	0,78	50
	56,00-68,00-78,00-68,00		3,4			B45	
608,2	26,5	16117,3	4,5	31,1	70,1	0,69	51
	31,60-6*32,50-36,00-83,00-36,00-6*32,50-31,60		2,5			B45	
566,0	14,9	8405,0	6,7	42,7	45,2	0,75	52
	76,90-4*104,15-72,50		3,5			B45	
305,0	18,4	5596,8	5,4	57,2	73,6	0,83	53
	98,50-108-98,50		5,4			B45	
920,8	29,5	27199,0	5,2	51,4	68,4	0,84	54
	37-52-2*83-3*91-109,80-106-91-88		5,2			B45	
1710,0	26,6	45486,0	6,0	40,2	102,2	0,86	55
	67,90-14*110,00-68,80-33,50		3,0			B45	
304,9	36,2	11037,4	8,0	47,1	113,3	0,77	56
	85,35-134,20-85,35		3,5			B45	

Betonbrücken - Massivplatten

Lfd.Nr.	Bezeichnung		Querschnitt	Felderanzahl
	Baujahr	Brückenklasse	Bauverfahren	max. Stützweite in m
57	Zubringer ü. A5 Südtangente Karlsruhe		Massivplatte	4
	1987	60/30		20
58	K7928 ü. A96 bei Aichstetten		Massivplatte	2
	1990	60/30		24,9
59	L309 ü. A96		Massivplatte	3
	1991	60/30		28,4
60	A5 ü. K3581 bei Ettlingen		zwei Massivplatten	3
	1989	60/30		28,8
61	Überführ. d. GV Untersiemau-Scherneck		Massivplatte	6
	1982	60	Lehrgerüst	29
62	K6168 ü. A881 b. Markelfingen		Massivplatte	5
	1988	60/30		30
63	Tiroler Achenbrücke Marquartstein		Massivplatte	4
	1981	60	Lehrgerüst	33
64	B236 Lennebrücke		Massivplatte	4
	1981	60	Lehrgerüst	33
65	B272 ü. A65 bei Landau		Massivplatte	3
	1990	60/30		35
66	B9 Mühlentalbrücke Rhens		Massivplatte	4
	1988	60/30	Lehrgerüst	36,2
67	B23 Ammerbrücke bei Oberammergau		Massivplatte	4
	1989	60/30	Lehrgerüst	38

Betonbrücken – Fertigteilträger mit Ortbetonplatte

Lfd.Nr.	Bezeichnung		Querschnitt	Felderanzahl
	Baujahr	Brückenklasse	Bauverfahren	max. Stützweite in m
68	L597 ü. A656		8-stegiger Plattenbalken	2
	1984	60/30		21,5
69	B462 ü. A5		10-stegiger Plattenbalken	2
	1987	60/30		21,55
70	A93 Br. ü. Waldnaab		zwei 5-steg. FT-Träger	7
	1987	60/30		23,4
71	K4137ü. A6		5-stegiger Plattenbalken	4
	1987	60/30		25,2
72	B62n Hangbrücke		6-steg. FT-Träger	5
	1983	60/30		25,5
73	Überf. NEW 9 ü. A93 bei Weiden		4-steg. FT-Träger	9
	1986	60/30		25,9
74	A70 Flutbrücke bei Oberhaid		zwei 5-steg. FT-Träger	6
	1989	60/30		26,2
75	A98 Rampe ü. A5 bei Weil am Rhein		5-stegiger Plattenbalken	2
	1985	60/30		26,5
76	B470 Aischtalbrücke		4-steg. FT-Träger	5
	1980	60		28,7
77	A93 Brücke ü. d. Fischteiche bei Wiesau		zwei 5-steg. FT-Träger.	4
	1992	60/30		30,6
78	A6 Mühltalbrücke Amberg		zwei 6-steg. FT-Träger	10
	1991	60/30		30,6
79	A70 bei Staffelbach		zwei 5-steg. FT-Träger.	7
	1989	60/30		33,2
80	B173 Talbr. Aspach bei Zapfendorf		zwei 4-stegige Plattenbalken	5
	1987	60/30		33,4
81	A93 Waldnaabtalbrücke West		5-steg. FT-Träger	6
	1992	60/30		33,9

Länge in m	Breite in m / Stützweiten in m	Oberfl. in m²	$h_{Stütze}$ in m / h_{Feld} in m	Spannstahl kg/m²	Betonstahl kg/m²	Betonmenge m³/m²	Lfd.Nr.
72,0	11,5	828,0	1,2	37,6	65,3	0,78	57
	16,00-2*20,00-16,00		1,2			B45	
48,6	9,5	479,8	1,1	23,8	73,8	0,84	58
	23,70-24,90		1,1			B45	
59,0	11,8	705,0	1,0	23,5	66,7	0,86	59
	15,30-28,40-15,30		1,0			B45	
65,6	41,1	2696,2	1,1	47,3	87,4	0,94	60
	17,50-28,80-19,30		1,1			B45	
142,0	9,5	1349,0	1,1	18,7	60,0	0,63	61
	20,00-2*25,50-29,00-23,00-19,00		1,1			B35	
56,2	10,0	562,0	1,5	25,6	57,3	0,69	62
	0,50-14,60-30,00-10,60-0,50		0,7			B45	
132,0	12,5	1650,0	1,5	40,9	68,5	0,82	63
	4*33,00		1,5			B45	
120,0	12,0	1440,0	1,4	29,9	59,0	0,71	64
	27,00-2*33,00-27,00		1,4			B45+B55	
104,0	9,5	988,0	1,6	41,5	88,1	0,96	65
	34,50-35,00-34,50		1,6			B45	
137,6	12,0	1999,2	1,4	32,0	70,0	0,86	66
	29,00-3*36,20-29,00		1,4			B45	
135,0	14,3	1930,5	1,3	30,0	62,0	0,64	67
	32,50-2*38,00-26,50		1,3			B45	

Länge in m	Breite in m / Stützweiten in m	Oberfl. in m²	$h_{Stütze}$ in m / h_{Feld} in m	Spannstahl kg/m²	Betonstahl kg/m²	Betonmenge m³/m²	Lfd.Nr.
43,0	19,0	849,3	1,3	28,7	59,7	0,58	68
	2*21,50		1,3			B45+B55	
43,1	28,0	1268,4	1,4	31,1	69,1	0,58	69
	2*21,55		1,4			B45+B55	
152,0	26,5	4028,0	1,3	14,3	61,3	0,51	70
	21,10-5*21,50-23,40		1,3			B45+B55	
90,6	13,3	1240,2	1,5	29,3	55,6	0,60	71
	18,60-2*25,20-21,60		1,5			B45+B55	
126,5	15,0	1897,5	1,6	18,4	72,7	0,63	72
	25,00-3*25,50-25,00		1,6			B45+B55	
228,1	11,3	2567,3	1,4	19,3	66,3	0,54	73
	25,60-6*25,90-23,70-23,40		1,4			B45+B55	
157,2	26,5	4165,8	1,5	25,0	73,2	0,55	74
	6*26,20		1,5			B45+B55	
49,2	11,5	587,7	1,4	23,8	71,6	0,58	75
	22,70-26,50		1,4			B45+B55	
129,9	13,6	1765,3	2,0	11,6	62,4	0,49	76
	21,80-3*28,70-21,90		2,0			B45+B55	
121,2	28,5	3457,1	1,8	19,5	94,0	0,59	77
	30,60-2*30,00-30,60		1,8			B45+B55	
305,0	29,5	8997,5	1,8	18,2	78,0	0,56	78
	30,10-8*30,60-30,10		1,8			B45+B55	
216,2	26,5	5729,3	2,3	28,8	68,1	0,58	79
	24,00-27,50-4*33,20-31,90		2,3			B45+B55	
152,0	24,5	3638,3	1,8	11,2	53,7	0,54	80
	25,90-3*33,40-25,90		1,8			B45+B55	
202,4	14,5	2934,8	2,0	21,1	58,3	0,61	81
	33,40-4*33,90-33,40		2,0			B45+B55	

Betonbrücken – Fertigteilträger mit Ortbetonplatte (Fortsetzung)

Lfd.Nr.	Bezeichnung		Querschnitt	Felderanzahl
	Baujahr	Brückenklasse	Bauverfahren	max. Stützweite in m
82	A73 Zeegenbachbrücke bei Bamberg		zwei 5-steg. FT-Träger	10
	1985	60/30		35
83	A94 Türkenbachbr. bei Simbach am Inn		4-steg. FT-Träger	3
	1988	60/30		36,5
84	A93 Talbrücke ü. Seibertsbach		zwei 5-steg. FT-Träger	7
	1992	60/30		36,5
85	B173 Lauferbachbrücke bei Zapfendorf		zwei 4-stegige Plattenbalken	4
	1986	60/30		36,6
86	B466 Aurachtalbrücke		5-steg. FT-Träger	4
	1985	60/30		37,5
87	A73 Möstenbachbrücke bei Bamberg		zwei 5-steg. FT-Träger	4
	1984	60/30		37,7
88	B303 Riedbachtalbrücke		5-steg. FT-Träger	5
	1988	60/30		40
89	A93 Naabbrücke bei Preimd		zwei 5-steg. FT-Träger .	8
	1985	60/30		42,5

Betonbrücken - Plattenbalken

Lfd.Nr.	Bezeichnung		Querschnitt	Felderanzahl
	Baujahr	Brückenklasse	Bauverfahren	max. Stützweite in m
90	A8 ü. DB und L1200 bei Holzmaden		zwei 4-stegige Plattenbalken	2
	1986	60/30	keine Angaben	19,8
91	GV ü. A96 bei Wangen		2-stegiger Plattenbalken	2
	1988	60/30	keine Angaben	21,5
92	A7 Wertachtalbr. bei Nesselwang		zwei 2-stegige Plattenbalken	19
	1992	60/30	Freivorbau	21,5
93	A8 ü. FW bei Kirchheim		3-stegiger Plattenbalken	2
	1986	60/30	keine Angaben	22,5
94	K3731 ü. A5 bei Sinzheim		2-stegiger Plattenbalken	2
	1991	60/30	keine Angaben	23,3
95	B287 Saalebr. West bei Hammelburg		2-stegiger Plattenbalken	12
	1992	60/30	Lehrgerüst	23,5
96	B18 und WW ü. A96		2-stegiger Plattenbalken	2
	1992	60/30	keine Angaben	23,6
97	L67a ü. A5 bei Rastatt		2-stegiger Plattenbalken	2
	1987	60/30	keine Angaben	25
98	K9613 ü. A5		2-stegiger Plattenbalken	2
	1991	60/30	keine Angaben	25,8
99	A2 Talbrücke Arensburg bei Rinteln		3-stegiger Plattenbalken	29
	1992	60/30	Lehrgerüst	25,8
100	B287 Saalebr. Ost bei Hammelburg		2-stegiger Plattenbalken	7
	1991	60/30	Lehrgerüst	26
101	A96 ü. K8030 u. WW (Süd)			3
	1992	60/30	keine Angaben	27,5
102	B465 ü. A96		2-stegiger Plattenbalken	2
	1990	60/30	keine Angaben	27,8
103	A81 ü. DB bei Bietingen			3
	1988	60/30	keine Angaben	29
104	L597 ü. A6 bei Mannheim		2-stegiger Plattenbalken	5
	1988	60/30	keine Angaben	29,3
105	B66 Hochstraße Lage/Lippe		2-stegiger Plattenbalken	8
	1978	60	Lehrgerüst	30
106	B207 ü. B404+DB bei Schwarzenbek		2-stegiger Plattenbalken	11
	1992	60/30	Lehrgerüst	30,3

Länge in m	Breite in m	Oberfl. in m²	$h_{Stütze}$ in m	Spannstahl	Betonstahl	Betonmenge	Lfd.Nr.
	Stützweiten in m		h_{Feld} in m	kg/m²	kg/m²	m³/m²	
324,4	27,5	8921,0	2,1	23,5	83,0	0,58	82
32,00-33,00-35,00-33,00-30,00-4*33,00-29,40			2,1			B45+B55	
109,3	11,8	1301,9	1,9	23,8	60,7	0,56	83
	2*36,40-36,50		1,9			B45+B55	
235,2	29,0	6820,8	2,2	18,9	80,5	0,61	84
	27,10-5*36,50-25,60		2,2			B45+B55	
133,4	24,5	3265,9	2,0	17,8	69,2	0,52	85
	30,10-2*36,60-30,10		2,0			B45+B55	
145,6	13,1	1963,7	2,3	21,6	84,0	0,62	86
	35,90-35,30-36,90-37,50		2,3			B45+B55	
149,6	27,5	4114,0	2,2	19,4	59,8	0,60	87
	37,10-2*37,70-37,10		2,2			B45+B55	
180,0	13,1	2358,0	2,3	17,6	60,2	0,59	88
	33,00-37,00-40,00-37,00-33,00		2,3			B45+B55	
307,9	26,5	8069,3	2,4	22,7	59,2	0,58	89
	42,50-37,60-2*41,60-2*34,60-2*37,70		2,4			B45+B55	

Länge in m	Breite in m	Oberfl. in m²	$h_{Stütze}$ in m	Spannstahl	Betonstahl	Betonmenge	Lfd.Nr.
	Stützweiten in m		h_{Feld} in m	kg/m²	kg/m²	m³/m²	
37,4	38,3	1430,6	1,3	29,3	73,4	0,53	90
	17,60-19,80		1,3			B45	
43,0	8,5	429,3	1,1	27,0	37,3	0,64	91
	2*21,50		1,1			B45	
334,5	25,5	8529,8	1,5	15,2	93,6	0,55	92
	17,50-3*21,50-11*15,50-3*21,50-17,50		1,5			B35	
37,5	38,0	1577,0	1,2	24,5	54,5	0,52	93
	15,00-22,50		1,2			B45	
46,3	12,3	589,2	1,3	24,9	73,7	0,77	94
	23,30-23,00		1,3			B45	
271,0	13,1	3550,1	1,3	16,1	68,7	0,57	95
	18,00-10*23,50-18,00		1,3			B35	
47,2	15,8	798,5	1,4	26,4	63,7	0,69	96
	2*23,60		1,4			B45	
50,0	14,5	725,0	1,3	36,3	63,4	0,61	97
	2*25,00		1,3			B45	
47,7	13,3	628,1	1,1	29,8	96,6	0,79	98
	21,90-25,80		1,1			B45	
568,1	18,4	10451,2	1,2	27,7	61,4	0,56	99
	25,80-26*19,15-21,50-22,90		1,2			B35	
159,0	14,9	2371,5	1,1	17,3	70,0	0,64	100
	15,50-25,00-3*26,00-25,00-15,50		1,1			B35	
78,0	13,3	1185,9	1,4	36,2	75,0	0,68	101
	23,15-27,30-27,50		1,4			B45	
55,1	16,3	957,1	1,5	30,7	80,3	0,83	102
	27,30-27,80		1,5			B45	
73,0	27,0	1971,0	1,6	29,4	56,8	0,55	103
	22,00-29,00-22,00		1,6			B45	
123,8	15,0	1890,0	1,5	38,5	69,2	0,66	104
	17,20-29,30-28,80-29,30-19,20		1,5			B45	
232,0	9,3	2157,6	1,8	18,4	65,8	0,51	105
	26,00-6*30,00-26,00		1,8			B45	
318,0	15,0	4770,0	1,4	26,6	57,7	0,81	106
	24,00-9*30,30-21,30		1,4			B35	

Betonbrücken – Plattenbalken (Fortsetzung)

Lfd.Nr.	Bezeichnung		Querschnitt	Felderanzahl
	Baujahr	Brückenklasse	Bauverfahren	max. Stützweite in m
107	A98 ü. B34 bei Lauchringen		2-stegiger Plattenbalken	3
	1993	60/30	keine Angaben	30,5
108	L441 bei Bückeburg		2-stegiger Plattenbalken	5
	1990	60/30	Lehrgerüst	31
109	Anschlußbauwerk der L107 an A6		2-stegiger Plattenbalken	5
	1989	60/30	Lehrgerüst	32
110	A81 ü. K6125 bei Singen			3
	1986	60/30	keine Angaben	32,4
111	B54 Olpebachtalbrücke		2-stegiger Plattenbalken	4
	1989	60/30	Lehrgerüst	34
112	L2218 ü. A7 bei Fichtenau		2-stegiger Plattenbalken	3
	1986	60/30	keine Angaben	34,1
113	B54n Hüttentalstraße Br." Morttenbach"		2-stegiger Plattenbalken	5
	1990	60/30	Lehrgerüst	35
114	A210 bei Achterwehr		zwei 2-stegige Plattenbalken	4
	1988	60/30	Lehrgerüst	36
115	B64 Emsbrücke		2-stegiger Plattenbalken	4
	1987	60/30	Lehrgerüst	36,3
116	B27 Enzbrücke Besigheim		2-stegiger Plattenbalken	6
	1990	60/30	Lehrgerüst	37
117	B462 Brücke ü. Murg		2-stegiger Plattenbalken	4
	1993	60/30	Lehrgerüst	37,9
118	B13 Willibaldsbrücke Eichstätt		3-stegiger Plattenbalken	3
	1985	60/30	Lehrgerüst	38
119	B55 ü. L541 bei Eslohe		2-stegiger Plattenbalken	3
	1992	60/30	Lehrgerüst	38,5
120	Überf. Flughafen München ü. A92		2-stegiger Plattenbalken	4
	1989	60/30	Lehrgerüst	39
121	L94 ü. B404		2-stegiger Plattenbalken	3
	1987	60/30	Lehrgerüst	49
122	A93 Naabbrücke bei Luhe		zwei 2-stegige Plattenbalken	4
	1985	60/30	Lehrgerüst	52,8
123	A23 "Schafstedt" ü. L132		zwei 2-stegige Plattenbalken	3
	1988	60/30	Lehrgerüst	53,4
124	B472 Isarbrücke Bad Tölz		2-stegiger Plattenbalken	3
	1981	60	Lehrgerüst	55
125	L379 Neckarbrücke in Tübingen		2-steg. gevouteter Plattenbalken	7
	1991	60/30	Lehrgerüst	55
126	B388 Rottbrücke bei Eggenfelden		2-stegiger Plattenbalken	3
	1980	60/30	Lehrgerüst	58
127	B436 Jann - Berghaus - Brücke		2-stegiger Plattenbalken	9
	1991	60/30	Vorschubrüstung	59

Länge in m / Stützweiten in m	Breite in m	Oberfl. in m²	$h_{Stütze}$ in m / h_{Feld} in m	Spannstahl kg/m²	Betonstahl kg/m²	Betonmenge m³/m²	Lfd.Nr.
59,5	14,8	879,1	1,3	35,0	66,0	0,72	107
14,50-30,50-14,50			1,3			B45	
145,0	12,8	1848,8	1,4	27,5	53,2	0,62	108
26,00-3*31,00-26,00			1,4			B35	
147,0	11,5	1690,5	1,8	18,9	76,3	0,59	109
25,50-3*32,00-25,50			1,8			B45	
73,4	29,5	2165,3	2,0	30,1	69,6	0,67	110
20,50-32,40-20,50			2,0			B45	
120,0	24,0	1864,0	2,1	25,0	46,7	0,62	111
28,00-2*34,00-24,00			2,1			B45	
68,3	13,8	966,6	1,7	27,6	51,6	0,59	112
17,10-34,10-17,10			1,7			B45	
161,0	22,8	3670,8	2,7	25,2	54,9	0,74	113
28,00-3*35,00-28,00			2,7			B45	
112,0	26,4	2956,8	1,6	31,8	84,6	0,75	114
24,00-28,00-36,00-24,00			1,6			B45	
112,8	14,5	1634,2	1,3	34,9	56,3	0,57	115
19,20-29,00-36,30-28,30			1,3			B45	
129,2	11,4	1472,9	1,8	38,0	94,4	0,68	116
17,00-3*18,60-37,00-19,40			1,3			B45	
123,1	13,2	1617,5	1,6	38,6	71,5	0,87	117
21,70-31,00-37,90-32,50			1,6			B45	
101,6	13,5	1370,3	1,6	21,9	63,5	0,58	118
31,70-38,00-31,80			1,6			B35	
100,5	15,5	1557,8	2,2	28,9	45,3	0,68	119
31,00-38,50-31,00			2,2			B35	
140,0	14,5	2030,0	2,0	22,2	69,0	0,57	120
31,00-2*39,00-31,00			2,0			B45	
113,8	12,8	1451,0	2,4	40,0	68,2	0,76	121
33,70-49,00-31,10			2,4			B35	
194,4	26,5	5151,6	4,0	27,3	53,0	0,60	122
44,40-2*52,80-44,40			2,6			B45	
138,8	27,5	3817,0	3,0	38,5	70,2	0,88	123
42,70-53,40-42,70			3,0			B45	
132,8	15,4	2038,5	3,0	26,5	45,4	0,82	124
38,90-55,00-38,90			3,0			B45	
243,0	16,2	3250,0	3,0	48,5	66,2	0,78	125
22,00-2*33,00-42,00-55,00-36,00-22,00			1,5			B45	
142,0	13,6	1931,2	2,3	31,6	54,9	0,65	126
42,00-58,00-42,00			2,3			B45	
468,0	12,0	5628,0	2,8	30,6	53,3	0,81	127
44,00-2*52,00-59,00-56,00-48,00-2*55,00-48,00			2,8			B35	

Verbundbrücken - Bogen

Lfd.Nr.	Bezeichnung		Querschnitt	Felderanzahl
	Baujahr	Brückenklasse	Bauverfahren	max. Stützweite in m
128	A 92 Donaubrücke Fischersdorf (Los 2)		Stahlrost	1
	1991	60/30	Vormontage, Einschwimmen	102,5
129	A30 ü. Dortmund - Ems - Kanal		Bogenbrücke	1
	1985	60/30	Hilfsstützen, Einschwimmen.	104,8

Verbundbrücken - Hohlkasten

Lfd.Nr.	Bezeichnung		Querschnitt	Felderanzahl
	Baujahr	Brückenklasse	Bauverfahren	max. Stützweite in m
130	Brücke B236 n bei Dortmund		4 einzellige Hohlkästen	4
	1980	60	Lehrgerüst	28,2
131	Westfaliastraße Dortmund		einzelliger Hohlkasten	4
	1991	60/30	Vorschubrüstung	28,7
132	B54 Volmetalbr. bei Hagen		zwei einzellige Hohlkästen	5
	1986	60/30		33,2
133	Brücke B236 n +OW III a bei Dortmund		einzelliger Hohlkasten	9
	1981	60		35,7
134	B 41 ü. B41 (alt) und Bach bei Heinitz		einzelliger Hohlkasten	3
	1989	60/30	Mobilkran; in situ verschweißt	37
135	Überführ. der K3 ü. A650 b. Oggersheim		einzelliger Hohlkasten	3
	1978	60		42
136	B256 Kreuzungsbauwerk bei Neuwied		zwei einzellige Hohlkästen	7
	1981	60	Feldweiser Vorbau	43
137	B270 Lautertalbrücke bei Lauterecken		einzelliger Hohlkasten	3
	1977	60	Lehrgerüst	51
138	B270 Talbrücke Schopp		einzelliger Hohlkasten	4
	1979	60		55,6
139	B495 Ostebrücke Hemmoor		zweizelliger Hohlkasten	3
	1973	60	Lehrgerüst bzw. Schwimmkran	66
140	Werratalbrücke Hedemünden		zwei einzellige Hohlkästen	5
	1993	60/30	Taktschiebeverfahren	96
141	B304 Innbrücke Wasserburg		einzelliger Hohlkasten	4
	1987	60/30	Taktschiebeverfahren	104,5
142	B240 Weserbrücke Bodenwerder		einzelliger Hohlkasten	3
	1984	60	Längseinschub über Hilfsst.	146,5

Verbundbrücken - Plattenbalken

Lfd.Nr.	Bezeichnung		Querschnitt	Felderanzahl
	Baujahr	Brückenklasse	Bauverfahren	max. Stützweite in m
143	B236 n ü. Körnebach bei Dortmund (BW II)		zweistegiger Plattenbalken	4
	1979	60	Lehrgerüst	19,6
144	B236 n ü. Körnebach bei Dortmund (BW I)		zweistegiger Plattenbalken	5
	1979	60	Lehrgerüst	27,1
145	A2 Lippebrücke bei Hamm		zwei vierstegige Plattenbalken	3
	1978	60		38,4
146	B9 Kreuzungsbauwerk Wörth		zwei zweistegige Plattenbalken	4
	1979	60		44

Länge in m	Breite in m / Stützweiten in m	Oberfl. in m²	$h_{Stütze}$ in m / h_{Feld} in m	Baustahl kg/m²	Spannstahl Betonstahl	Betonmenge m³/m²	Lfd.Nr.
102,5	23,5	2408,8	2,2	271,9		0,29	128
	102,50		2,2		78,9	B45	
104,8	16,6	3453,0	2,4	275,7	18,8	0,30	129
	104,80		2,4		54,4	B45	

Länge in m	Breite in m / Stützweiten in m	Oberfl. in m²	$h_{Stütze}$ in m / h_{Feld} in m	Baustahl kg/m²	Spannstahl Betonstahl	Betonmenge m³/m²	Lfd.Nr.
92,7	57,0	5556,0	1,8	82,1	12,7	0,40	130
	18,30-25,70-20,50-28,20		1,8		35,3	B45	
99,6	11,5	1145,4	1,4	165,9	7,9	0,32	131
	21-22-28,70-27,90		1,4		52,4	B45	
158,8	37,4	5939,1	2,6	86,7	8,9	0,16	132
	29,6-3*33,2-29,6		2,1		19,4	B45	
273,0	11,0	3003,0	2,1	81,7	7,1	0,32	133
	25,3-31,7-27,6-33,8-19-34,7-2*35,7-28,6		2,1		30,3	B45	
97,0	14,5	1406,5	2,2	122,0	10,8	0,36	134
	30-37-30		2,2		44,1	B45	
104,3	12,0	1251,6	2,0	75,9	7,2	0,29	135
	24-42-24		2,0		25,6	B45	
249,0	22,0	5350,0	2,1	112,3	18,5	0,35	136
	24,7-28,1-41,5-43-38,8-40-33		2,1		40,7	B45	
134,0	12,0	1608,0	2,6	97,9	11,2	0,40	137
	46-51-37		2,6		41,0	B45	
200,0	12,0	2400,0	2,6	108,8	15,4	0,40	138
	44,4-55,6-2*44,4		2,6		45,8	B45	
161,1	13,5	2174,9	3,2	195,0		0,39	139
	47,5-66-47,6		3,2		61,2	B45	
415,9	35,0	14556,5	5,8	219,8	12,0	0,42	140
	79,9-2*96-80-64		5,8		98,2	B45	
375,0	13,8	5156,3	4,2	155,2	31,0	0,51	141
	83-2*104,5-83		4,2		49,5	B45	
316,9	17,3	5466,0	7,4	230,9	39,2	0,41	142
	85,2-146,5-85,2		3,4		40,1	B45	

Länge in m	Breite in m / Stützweiten in m	Oberfl. in m²	$h_{Stütze}$ in m / h_{Feld} in m	Baustahl kg/m²	Spannstahl Betonstahl	Betonmenge m³/m²	Lfd.Nr.
67,3	11,0	740,3	1,2	50,5	9,1	0,26	143
	16,9-2*19,6-13,5		1,2		25,7	B45	
123,3	12,0	1479,6	1,9	50,5	9,0	0,27	144
	24,2-27,1-26,4-25,9-22,4		1,9		25,0	B45	
115,2	38,0	4377,6	2,2	180,7	7,7	0,34	145
	3*38,4		2,2		32,0	B45	
148,9	30,0	4558,0	2,4	137,8	23,5	0,41	146
	29,8-41,4-44-33,7		2,4		52,2	B45	

Stahlbrücken - Bogen

Lfd.Nr.	Bezeichnung		Querschnitt	Felderanzahl
	Baujahr	Brückenklasse	Bauverfahren	max. Stützweite in m
147	Lessingbrücke in Berlin		Bogenbrücke	1
	1983	60/30	Vormontage, Einschwimmen	52,5
148	Franz-Josef-Strauß-Brücke in Passau		Bogenbrücke	2
	1988	60/30	Vormontage, Einschwimmen	131,1
149	Donaubrücke Regensburg - Schwabelweis		Bogenbrücke	1
	1981	60	Vormontage, Einschwimmen	207,1

Stahlbrücken Fachwerk

Lfd.Nr.	Bezeichnung		Querschnitt	Felderanzahl
	Baujahr	Brückenklasse	Bauverfahren	max. Stützweite in m
150	A2 ü. Rhein-Herne-Kanal		2 räumliche Fachwerke	1
	1976	60	Längsverschub, Einschwimmen	133,4
151	Neue Hochbr. Grünental ü. Nord-Ostsee-Kanal		räumliches Fachwerk	3
	1986	60+Bahn	Freivorbau	187
152	B5 Hochbr. Brunsbüttel		räumliches Fachwerk	3
	1983	60	Freivorbau	237

Stahlbrücken - Hohlkasten

Lfd.Nr.	Bezeichnung		Querschnitt	Felderanzahl
	Baujahr	Brückenklasse	Bauverfahren	max. Stützweite in m
153	L253 Kleinblittersdorf		einzelliger Hohlkasten	2
	1983	60/30		95
154	B76 Kleiner Plöner See bei Plön		einzelliger Hohlkasten	2
	1977	60	Vormontage, Einschwimmen	102
155	Peter-Altmeier-Brücke über B49 bei Bruttig		einzelliger Hohlkasten	3
	1974	60	Freivorbau	105,5
156	A81 Neckartalbrücke Weitingen		einz. abgestrebter Hohlkasten	7
	1978	60	Freivorbau mit Hilfsstützen	139,3
157	A1 Weserbrücke bei Bremen		3-zelliger Hohlkasten	3
	1977	60	Freivorbau	143,4
158	A48 Sauertalbr. zw. Trier und Luxemburg		einz. abgestrebter Hohlkasten	11
	1986	60	Taktschiebeverfahren	150
159	La Cartuja , Expo '92 in Sevilla		einzelliger Hohlkasten	3
	1992	-60	Lehrgerüst	170
160	A23 Hochbrücke Hohenhörn		zwei einzellige Hohlkästen	3
	1989	60/30	Freivorbau z. T. mit Hilfsstützen	180
161	B76 Hochbr. Levensau ü. Nord-Ostsee-Kanal		einzelliger Hohlkasten	3
	1983	60	Freivorbau z. T. mit Hilfsstützen	182,5
162	A59 Grunewaldbr. Duisburg		2-stegiger Hohlbalken	3
	1975	60		190
163	A14 Moseltalbrücke bei Dieblich		einzelliger Hohlkasten	6
	1972	60	Freivorbau	218

Stahlbrücken - Plattenbalken

Lfd.Nr.	Bezeichnung		Querschnitt	Felderanzahl
	Baujahr	Brückenklasse	Bauverfahren	max. Stützweite in m
164	L165 Völklingen		2-stegiger Plattenbalken	1
	1980	60/30		36,5
165	B6 Nordwestknoten Achse 1 , Bremen		2-stegiger Plattenbalken	8
	1982	60	Freivorbau mit Hilfsstützen	60
166	B207 Kanalbrücke Mölln		2-stegiger Plattenbalken	5
	1975	60	Freivorbau z. T. mit Hilfsstützen	87

Länge in m / Stützweiten in m	Breite in m	Oberfl. in m²	$h_{Stütze}$ in m / h_{Feld} in m	Stahlgüte	Baustahl kg/m²	Lfd.Nr.
52,5	26,0	1365,0	1,9		384,6	147
52,50			9,9			
131,1	18,0	2359,8	2,4		389,9	148
(32,70-45,80-42,10)-131,10-(31,50)			22,1			
207,1	32,2	6672,8	3,8		404,6	149
(40,60-4*40,10-40,70)-207,10-(2*30,90)			35,6			

Länge in m / Stützweiten in m	Breite in m	Oberfl. in m²	$h_{Stütze}$ in m / h_{Feld} in m	Stahlgüte	Baustahl kg/m²	Lfd.Nr.
133,4	38,0	5069,2		St 37,St 52	465,6	150
133,40						
405,2	18,3	7415,2	15,5	RSt 37-2,St 37,52	472,0	151
109,10-187,00-109,10			15,5			
461,5	23,9	11029,9	15,3	St 37,St 52	453,3	152
112,25-237,00-112,25			15,3			

Länge in m / Stützweiten in m	Breite in m	Oberfl. in m²	$h_{Stütze}$ in m / h_{Feld} in m	Stahlgüte	Baustahl kg/m²	Lfd.Nr.
171,0	10,5	1795,5	3,1	St 37,St 52	349,8	153
76,00-95,00			3,1			
102,0	12,0	1224,0	3,3	St 37,St 52	440,4	154
33,35-34,65			3,3			
263,7	10,5	2768,9	4,0	St 37,St 52	346,0	155
79,10-105,50-79,10			3,0			
900,0	31,5	28350,0	6,2	Seile 470 t	370,4	156
109,50-124,40-3*134,30-139,30-123,90			6,2			
280,8	36,5	10249,2	5,1	St 37,St 52	410,9	157
69,10-143,40-68,30			5,1			
1195,0	27,0	32265,0	5,3	St 52	402,9	158
75-90-4*125-150-125-2*90-75			5,0			
238,0	11,0	2618,0	7,7		483,6	159
42,50-170,00-25,50			3,0			
390,5	27,0	10543,5	8,0	St 37,St 52	398,9	160
105,25-180,00-105,25			3,6			
365,0	27,5	10037,5	4,8	St 37,St 52	463,1	161
91,25-182,50-91,25			4,8			
439,0	35,4	15540,6	8,6	St 37,St 52	389,0	162
139-190-110			4,2			
935,0	30,5	28517,5	8,5		402,0	163
156-218-170-146-134-110			8,5			

Länge in m / Stützweiten in m	Breite in m	Oberfl. in m²	$h_{Stütze}$ in m / h_{Feld} in m	Stahlgüte	Baustahl kg/m²	Lfd.Nr.
142,5	12,1	1724,3	1,8	St 37,St 52	258,1	164
36,50-33,00-2*36,50			1,8			
325,8	20,8-24,55	7380,0	2,2	St 37,St 52	286,6	165
27-30-42-60-42-51-45-28,80			2,2			
357,5	14,5	5183,8	3,0	St 37,St 52	295,9	166
65,25-2*70,00-87,00-65,25			3,0			

Holzbrücken

Lfd.Nr.	Ort	Tragwerk	max. L in m	Schnittholz	Rundholz	Brettschichth.
		Brückenklasse	A in m²	in m³/m²	in m³/m²	in m³/m²
167	Esslingen	abgespannter Balken	60	0,12		0,23
		Fußgänger, Rad	258,5			
168	Limburg	abgespannter Balken, Holzpylon	71,5	0,08		0,31
		Fußgänger, Rad	387,5			
169	Ballaigues	abgespannter Balken, Holzpylon	17,1	0,08	0,2	
		Fußgänger, Rad	147,5			
170	S-Sillenbuch	Balken, gekoppelte Einfeldträger	16,6			0,5
		Fußgänger, Rad	132,5			
171	S-Büsnau	Balken, doppeltes Sprengwerk	33,5	0,21		0,25
		Fußgänger, Rad	170			
172	S-Weilimdorf	Balken, drei dreifache Sprengwerke	11,5	0,2		0,21
		30 t	190,1			
173	S-Weilimdorf	Balken, Sprengwerk	12,7	0,25		0,26
		30 t	153,4			
174	S-Weilimdorf	Balken, Sprengwerk	17,2	0,06		0,17
		30 t	122,4			
175	Neunheim	Balken, Sprengwerk	9,8	0,18		0,22
		30 t	122,8			
176	Wöllstein	Fachwerk, überdacht	20,4	0,55		
		Fußgänger, Rad	61,2			
177	Visp	Fachwerk, ohne Dach	22,5		0,26	
		Fußgänger, Rad	43			
178	Bächlingen	Fachwerk, überdacht	47,8	0,77		
		Fußgänger, Rad	201,0			
179	Hermetschwil	Fachwerk, überdacht	42	0,14		0,43
		Fußgänger, Rad	277,2			
180	Wimmis	Fachwerk, überdacht	54	0,09		0,25
		Fußgänger, Rad	378,0			
181	Remseck	Fachwerk, verglast	80			1,23
		Fußgänger, Rad	240,0			
182	Essing	Spannband	73	0,17		0,4
		Fußgänger, Rad	631,0			
183	untere Argen	Fachwerk, überdacht	30	0,15		0,27
		Fußgänger, Rad	75,0			
184	Günzburg	Fachwerk, überdacht	30	0,06		0,22
		Fußgänger, Rad	101,0			
185	Bruck	Balken auf Bogen, überdacht	21	0,71		0,14
		30 t	101,0			
186	Oberaudorf	Fachwerk, überdacht	45,2	0,37		0,31
		Fußgänger, Rad	383,1			
187	Willstädt	Fachwerk, überdacht	27	0,39		0,5
		Fußgänger, Rad	72,9			
188	Ketsch	Fachwerk, überdacht	54	0,37		0,52
		30 t	331			
189	Innbrücke	Fachwerk, überdacht	35	0,37		0,3
		Fußgänger, Rad	383			
190	Bächlingen	Fachwerk, überdacht	47,8	0,85		
		Fußgänger, Rad	181,6			
191	Pont de Ravines	Fachwerk, überdacht	36	0,26		0,296
		30 t	135			
192	Eching	Balken	21	0,11		0,23
		Fußgänger, Rad	42			
193	Erding	abgespannter Balken	39,6	0,08		0,18
		Fußgänger, Rad	99			
194	Ismaning	abgespannter Balken	60	0,1		0,164
		Fußgänger, Rad	291			

Furniersperrh. in m³/m²	Stahl in kg/m²	Beton in m³/m²	Glas in kg/m²	Bemerkungen	Lfd.Nr.
	128				167
	90,3			Bauen mit Holz 5/90, S.338; Mucha: Holzbrücken, S.189	168
	17			Bauen mit Holz 5/90, S.341; Mucha: Holzbrücken, S.190	169
0,035				Bauen mit Holz; 6/92; S.484	170
	28			Mucha: Holzbrücken, S.39	171
				Mucha: Holzbrücken, S.43	172
				s. Anmerkung Mucha: Holzbrücken, S.43	173
				s. Anmerkung Mucha: Holzbrücken, S.44	174
					175
					176
	40			Bauen mit Holz; 10/92; S.806	177
	53				178
	51			Stadelmann: Holzbrücken der Schweiz, S.73	179
0,05				Natterer: Holzbauatlas, S. 190; Stadelmann: Holzbrücken der Schweiz, S. III22	180
0,05	84		109	Mucha: Holzbrücken, S. 127; Natterer: Holzbauatlas, S. 171	181
				Mucha: Holzbrücken, S. 177; Natterer: Holzbauatlas, S. 237; db 10/87	182
	43				183
	77			Bauen mit Holz; 10/91; S.721	184
	104			Bauen mit Holz; 10/91; S.724	185
	44				186
	41			Bauen mit Holz; 10/91; S.722	187
	100			Bauen mit Holz; 10/91; S.723	188
	44			Bauen mit Holz; 10/91; S.726	189
	58			Bauen mit Holz; 3/92; S.184	190
0,08	44			Bauen mit Holz; 10/93; S.807	191
	3			Natterer: Holzbauatlas; S.160	192
	18			Natterer: Holzbauatlas; S.174	193
	?			Natterer: Holzbauatlas; S.187; Mucha: Holzbrücken, S.190	194

Holzbrücken (Fortsetzung)

Lfd.Nr.	Ort	Tragwerk	max. L in m	Schnittholz	Rundholz	Brettschichth.
		Brückenklasse	A in m²	in m³/m²	in m³/m²	in m³/m²
195	München	Fachwerk, überdacht	52	0,186		0,44
		Fußgänger, Rad	324			
196	Amberg	Faltwerk-Vollwand, überdacht	24,2	0,21		0,51
		Fußgänger, Rad	60,5			
197	Crailsheim	Balken als Gerberträger	24,3			0,595
		Fußgänger, Rad	283			
198	Le Sentier	Balken mit Beton verstärkt	13	0,55		
		30 t	50			
199	Fürstenfeld	Fachwerk, überdacht	27	0,35		0,19
		Fußgänger, Rad	67,5			
200	Rechenbeispiel	Balken	20	0,06		0,18
		Fußgänger, Rad	55,6			

Furniersperrh. in m³/m²	Stahl in kg/m²	Beton in m³/m²	Glas in kg/m²	Bemerkungen	Lfd.Nr.
	?			Natterer: Holzbauatlas; S.188	195
				Natterer: Holzbauatlas; S.248	196
				Informationsdienst Holz: Brücken	197
	?			Natterer: Holzbauatlas; S.327	198
	0,1				
	53			Holzforschung und Holzverwertung; 4/95	199
0,05	4,5			Informationsdienst Holz: Brücken	200

Sachwortverzeichnis

M
Mainbrücke Nantenbach 20
Mikroklima 56, 65
Minerale 74
mineralische Rohstoffe 74, 155
Minimal/Maximal-Konzept 162
Minimalareal 64
Modul 198
Monetarisierung 11

N
nachwachsende Rohstoffe 74
Nadelschnittholz 135
Naturhaushalt 2, 56
Nebenprodukte 33, 200
NMVOC 35, 83
Non Methan Volatile Organic Compound 35
nukleare Brennstoffe 77
Nutzungsdauer 25
Nutzwertanalyse 7, 11

O
Oberfläche 126
Öffnungsweite 67
Ökobilanz 1, 8, 18
Ökocontrolling 8
ökologische Buchhaltung 8
Ökopunktmethode 11
Ökotoxizität 79, 84
Oxygenstahl 33, 210, 213
Ozon 83, 156
Ozonabbau 79
Ozonbildung 79, 83
Ozonbildungspotential 84

P
Parameter 119
Parameterstudie 119
PE (Polyethylen) 34, 228
Pellets 211
Pfeiler-Formbeiwerte 70
Pfeilerstau 69
Pfeilerstauformel 70
Phenol-Resorcin-Harz 223
Photooxidantien 83
Polyethylen (PE) 34
Polyvinylchlorid (PVC) 34
Primärbrennstoff 77
Primärbrennstoffverbrauch 77
Primärenergieträger 77
Primärrohstoffverbrauch 76
Produktbewertung 1
Produktlinienanalyse 13

Profilstahl 219
Prozeßkette 42
Prozeßkettenanalyse 9
PVC 34, 228

Q
Qualitative Bewertung 167

R
Rechtsvorschriften 5, 18
Recycling 90
Recyclingmaterial 231
Referenzsubstanz 79
Regeneinfallwinkel 60
Reichweite 75, 77
Rekultivierbarkeit 56
Rekultivierung 59
Rekultivierungsdauer 59
Relative Öffnungsweite 68
Remontageaufwand 92
Ressourcen 2, 73
Ressourcenverbrauch 73
Richtlinie über die Umweltverträglich-
    keitsprüfung 6
Risikoanalyse 7
Rohstoffe 73
Rohstoffgewinnung 56

S
Sachbilanz 9, 10, 19, 54
Sachbilanzdaten 232
Sand 208
Sauerstoff 217
Schadstoffe 79
Schalarbeiten 37
Schnittholz 222
Schornbachtal 152
Schornbachtalbrücke 22, 46, 95, 166, 168,
    242
Schrott 216
Schutzgüter 2, 161
Schwachstellenanalyse 8
Schweißarbeiten 37
Schwellenwert 85
Soda 230
Sonderabfälle 88, 156
Spannbeton 134
Spannstahl 34, 134, 215, 220
Sperrholz 224
Spezialtiefbau 38
Stahl 33, 210
Stahlbeton 134
Stahlbrücken 138, 264

Ökologisches Bauen
beim Birkäuser – Verlag für Architektur

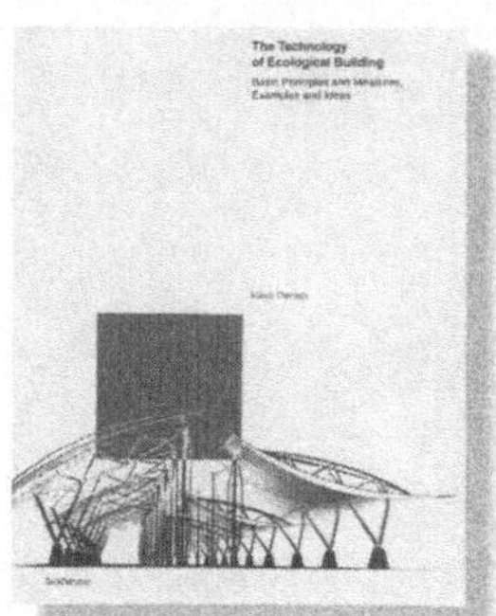

Technologie des ökologischen Bauens
Grundlagen und Maßnahmen,
Beispiele und Ideen
Klaus Daniels

304 Seiten, 470 farbige Skizzen und
Diagramme sowie 118 sw- Abbildungen.
23 x 29,7 cm.
Leinen mit Schutzumschlag
ISBN 3-7643-5229-9 deutsch
ISBN 3-7643-5461-5 englisch

"Klaus Daniels bietet eine an
Objektivität kaum zu überbietende
Darstellung von ökologischen Maßnahmen bei der Planung und Realisierung von Bauwerken. Klar und allge-
meinverständlich, ohne dabei den wissenschaftlichen Anspruch zu verlieren,
beschreibt der Autor die für Architekten und Ingenieure größte Heraus-
forderung der Gegenwart und Zukunft:
die Integration von Ökologie und gestalterischen Anforderungen angesichts
drohender Umweltkrisen zu einer
modernen aussagekräftigen
Architektur."
Bauwelt 1996

Birkhäuser –Verlag für Architectur
Postfach 133 · CH - 4010 Basel
e-mail: orders@birkhauser.ch
http://www.birkhauser.ch